思科网络技术学院教程
IT基础（第6版）

IT Essentials v6
Companion Guide

[美] Kathleen Czurda-Page 著

思科系统公司 译

人民邮电出版社
北 京

图书在版编目（CIP）数据

思科网络技术学院教程：第6版. IT基础 ／（美）凯
瑟琳·祖达-佩奇（Kathleen Czurda-Page）著；思科系
统公司译. -- 北京：人民邮电出版社，2017.7（2022.8重印）
ISBN 978-7-115-45708-0

Ⅰ. ①思… Ⅱ. ①凯… ②思… Ⅲ. ①计算机网络－
高等学校－教材 Ⅳ. ①TP393

中国版本图书馆CIP数据核字(2017)第111213号

版权声明

♦ 著　　　[美] Kathleen Czurda-Page

　　译　　　思科系统公司

　　责任编辑　傅道坤

　　责任印制　焦志炜

♦ 人民邮电出版社出版发行　　北京市丰台区成寿寺路 11 号

　　邮编　100164　　电子邮件　315@ptpress.com.cn

　　网址　http://www.ptpress.com.cn

　　固安县铭成印刷有限公司印刷

♦ 开本：787×1092　1/16

　　印张：28　　　　　　　　　　2017 年 7 月第 1 版

　　字数：827 千字　　　　　　　2022 年 8 月河北第 12 次印刷

　　著作权合同登记号　图字：01-2017-3133 号

定价：70.00 元

读者服务热线：**(010)81055410**　印装质量热线：**(010)81055316**
反盗版热线：**(010)81055315**
广告经营许可证：京东市监广登字20170147号

内容提要

  思科网络技术学院项目是 Cisco 公司在全球范围内推出的一个主要面向初级网络工程技术人员的培训项目，旨在让更多的年轻人学习最先进的网络技术知识，为互联网时代做好准备。

  本书是思科网络技术学院 IT 基础知识的配套书面课程，主要内容包括：个人计算机系统简介、实验程序和工具使用、计算机组装、预防性维护概述、操作系统、网络、笔记本电脑、移动设备、打印机的基本信息、计算机和网络的安全、IT 专业人员的沟通技巧、高级故障排除等知识。本书每章的最后还提供了复习题，并在附录中给出了答案和解释，以检验读者每章知识的掌握情况。

  本书适合开设了 IT 基础课程的学生阅读，还适合作为高等院校计算机基础的公共课程。

关于特约作者

Kathleen Czurda-Page 是北爱达荷学院思科网络技术学院的首席讲师。她教授 IT 基础和 CCNA 课程，以及企业中的计算机简介课程和企业领导力课程。Kathleen 拥有北爱达荷学院商务计算机应用专业学位。她获得了爱达荷大学职业技术教育学士学位、成人与组织学习硕士学位，以及成人/组织学习与领导力专业教育专家学位。她还持有思科和 CompTIA 认证。Kathleen 与家人一起居住在爱达荷州科达伦市。

前　　言

本书是思科网络技术学院课程《IT 基础（第 6 版）》的补充教材。该课程所包含的内容有助于您学习有关计算机和移动设备运行方式的工作知识。本书涵盖信息安全相关主题，并提供计算机流程、网络连接和故障排除方面的实践经验。

本书的读者

本书的读者对象是在思科网络技术学院学习本课程的学生。这些学生通常希望从事信息技术（IT）方面的工作，或者想要学习有关计算机工作原理、组装计算机的方法以及对硬件和软件问题进行故障排除的方法等方面的知识。

本书的特点

本书有助于理解计算机系统和对系统问题进行故障排除。每章中突出显示的部分包含如下几项内容。

- **学习目标**：每章都是从学习目标列表开篇，这些学习目标应当在本章结束时熟练掌握。学习目标作为重点问题，指出本章所涵盖的概念。
- **注释、列表、图和表**：本书包含图、流程和表，以配合对于目标内容详细的文字性解释，有助于解释理论、概念、命令及设置顺序并实现其可视化。
- **总结**：每章最后是本章所涵盖的概念的总结。该总结提供了本章的摘要，可以辅助学生的学习。
- **"检查你的理解"复习题**：复习题在每章的最后呈现出来，作为对本章所学知识的一个评估。此外，这些复习题用于巩固在本章中介绍的概念，并有助于在学习下一章之前测试您对本章的理解。这些问题的答案可在附录中找到。

本书的组织方式

本书共分为 14 章和一个附录。

- **第 1 章，"个人计算机简介"**。信息技术（IT）是指计算机硬件和软件应用程序的设计、开发、实施、支持和管理。计算机是按照一系列指令执行计算任务的电子机器。计算机系统由硬件和软件组件组成。本章讨论计算机系统中的硬件组件，选择替换的计算机组件，以及专用计算机系统的配置。
- **第 2 章，"实验程序和工具使用简介"**。本章介绍工作场所的基本安全实践、硬件和软件工具以及危险物质的处置。这些安全准则有助于保护个人安全，避免出事故或受伤，并且还能够保护设备以免损坏。其中有些准则旨在保护环境以免被弃置不当的物质所污染。您还将学习如何保护设备和数据以及如何正确使用手工工具和软件工具。
- **第 3 章，"计算机组装"**。技术人员很重要的工作之一就是组装计算机。作为一名技术人员，在处理计算机组件时，必须使用合理的方法有条不紊地操作。您可能时不时需要确定是升级还是更换客户计算机的组件。在安装流程、故障排除技术和诊断方法方面，培养自己的高级技能十分重要。本章将讨论组件的硬件和软件兼容性的重要性。

- **第 4 章，"预防性维护概述"**。故障排除是系统化的过程，用于找出计算机系统中故障的原因以及更正相关的硬件和软件问题。在本章中，您将学习用于创建预防性维护计划和故障排除流程的一般指导原则。这些指导原则是用于帮助您培养预防性维护和故障排除技能的起点。

- **第 5 章，"Windows 安装"**。作为技术人员，您将需要使用各种方法安装许多不同类型的操作系统。本章将讨论 Windows 8.x、Windows 7 和 Windows Vista 操作系统的组件、不同的 Windows 操作系统需求以及各种安装方法。

- **第 6 章，"Windows 配置和管理"**。在本章中，您将了解安装 Windows 操作系统后的支持和维护工作。您将学习如何使用优化和维护 Windows 中运行应用程序的操作系统的各种工具。执行了良好的预防性维护计划后，Windows 8.x、Windows 7 和 Windows Vista 将表现出更好的性能。本章将介绍预防性维护策略和程序。本章还详细介绍了解决问题的技巧；还将为您分步讲解操作系统的故障排除流程，以及确定问题以提供解决方案的相关知识。

- **第 7 章，"网络概念"**。本章概述了网络原理、标准和用途。本章还讨论了不同类型的网络、协议、参考模型以及组建网络所需的硬件。您还将了解用于支持小型有线和无线网络的网络软件、通信方法和硬件之间的关系。

- **第 8 章，"应用网络连接"**。在本章中，您将了解不同类型的 Internet 技术以及如何安装 SOHO 路由器并将其连接到 Internet。您还将了解创建网络用户、共享资源以及使用 Windows 操作系统远程访问的方法。技术人员必须能够安装、配置网络并排除网络故障。本章还将为您讲授当网络和 Internet 连接出现问题时排除故障的方法。

- **第 9 章，"笔记本电脑和移动设备"**。移动设备是指任何手持式轻便设备，它们通常使用触摸屏进行输入。与台式计算机或笔记本电脑类似，移动设备使用操作系统来运行应用程序（应用）、游戏以及播放电影和音乐。尽可能多地熟悉不同移动设备非常重要。您可能需要了解如何配置、维护和维修各种移动设备。掌握处理移动设备必需的技能对技术人员的职业发展很重要。本章将重点介绍移动设备的许多特点及其功能，包括配置、同步和数据备份。随着移动需求的增加，移动设备的普及度不断提高。在您的职业生涯中，您需要了解如何配置、维修和维护这些设备。之前学过的关于台式计算机的知识将对笔记本电脑和移动设备有所帮助。笔记本电脑与台式计算机运行相同的操作系统，并拥有内置的 WiFi、多媒体设备以及用于连接外部组件的端口。移动设备是指任何手持式轻便设备，它们通常使用触摸屏进行输入。与台式计算机或笔记本电脑类似，移动设备使用操作系统来运行应用程序（应用）、游戏，或播放电影和音乐。移动设备还具有不同的 CPU 架构，将其设计为与笔记本电脑和台式机的处理器相比拥有更精简的指令集。您可能需要了解如何配置、维护和维修各种移动设备。掌握处理移动设备必需的技能对技术人员的职业发展很重要。本章将重点介绍笔记本电脑、移动设备的许多特点及其功能。

- **第 10 章，"移动、Linux 和 OS X 操作系统"**。在之前的章节中，主要介绍了 Windows 操作系统和台式计算机。在本章中，您将了解不同的操作系统，例如 iOS、Android、OS X 和 Ubuntu Linux 以及它们的特征。在本章中，您还将了解主要的维护任务以及与这些操作系统相关的工具。您将学习如何在移动设备上使用这些工具、如何保护移动设备安全，针对移动设备的云基服务的使用，以及移动设备连接到网络、设备和外围组件的方式。

- **第 11 章，"打印机"**。本章将介绍有关打印机的基本信息。您将学习打印机如何工作、购买打印机时需要考虑哪些因素，以及如何将打印机连接至一台计算机或一个网络。

- **第 12 章，"安全性"**。技术人员需要理解计算机和网络安全。不能实施正确的安全规程将会对用户、计算机和普通大众造成不良影响。如果不遵循正确的安全规程，私人信息、企业机密、金融数据、计算机设备和国家安全项目就会处于危险境地。本章介绍了安全性如此重要

的原因、安全威胁、安全规程、如何排除安全性问题，以及如何与客户共同协作确保实施了
可能的最佳保护。

■　**第 13 章，"IT 专业人员"**。作为计算机技术人员，您不仅应当能够修理计算机，还应当能
够与人沟通交流。事实上，故障排除不仅是了解修理计算机的方法，也是与客户沟通的过程。
在本章中，您将学习如何像使用螺丝刀那样游刃有余地运用良好的沟通技巧。

■　**第 14 章，"高级故障排除"**。在技术人员的职业生涯中，学习计算机组件、操作系统、网络、
笔记本电脑、打印机和安全性问题的故障排除技术和诊断方法，掌握其高级技能极其重要。
高级故障排除有时可能意味着问题非常独特或解决方案难以执行。在本章中，您将学习如何
如何运用故障排除流程解决计算机问题。

■　**附录 A，"'检查你的理解'问题答案"**。该附录列出了包含在每章末尾的"检查你的理解"
复习题的答案。

目　　录

第 1 章

个人计算机系统简介

学习目标

通过完成本章的学习，您将能够回答下列问题：

- 什么是计算机系统；
- 如何识别机箱和电源的名称、用途和特征；
- 内部 PC 组件的名称、用途和特征是什么；
- 端口和电缆的名称、用途和特征是什么；
- 如何识别输入设备的名称、用途和特征；
- 如何识别输出设备的名称、用途和特征；
- 哪些情况下需要替换计算机组件；
- 如何确定需要购买或更新的组件；
- 如何选择组件的替代品或更新组件；
- 专业计算机系统的类型有哪些；
- 专业计算机系统的硬件和软件要求有哪些。

理解计算机硬件和软件的功能、亲自动手操作计算机组件，以及了解如何与客户交流沟通，这些对于学习作为 IT 领域的技术人员所必须掌握的知识和技能来说都是非常重要的。

了解组成个人计算机系统的各种计算机组件很有必要。这将引导您迈出本课程的第一步。而且在本课程的整个学习过程中，您将经常遇到在此介绍的术语和概念。

计算机是根据一组指令执行计算的电子机器。最初的计算机像房间一样大，需要几个团队来构建、管理和维护。当今计算机系统的速度成倍上升，其大小仅为最初计算机的很小一部分。

计算机系统包括硬件和软件组件。硬件是指物理设备。它包括机箱、键盘、显示器、电缆、存储驱动器、扬声器和打印机。软件包括操作系统和程序。操作系统管理计算机运行，例如识别、访问和处理信息。程序或应用执行不同的功能。根据访问或生成的信息类型不同，程序的差异很大。例如，收支平衡的指令不同于 Internet 上模拟一个虚拟现实世界的指令。

本章开启探索和了解计算机硬件之旅，将讨论计算机系统中的硬件组件、计算机组件的替代品，以及专用计算机系统的配置。

1.1 个人计算机系统

个人计算机系统（PC）由硬件和软件组件组成，它们必须根据特定的功能需求进行选择。所有组件必须兼容，才能作为一个系统正常运行。PC 基于用户的工作方式以及需要完成的工作任务而开发。当工作需求无法得到满足时，PC 可能需要进行更新升级。

1.1.1 机箱和电源

计算机机箱是容纳包括电源在内的计算机内部组件的外壳。它们大小不一，也被称为外形规格。

1. 机箱

台式计算机的机箱可容纳内部组件，例如电源、主板、中央处理单元（CPU）、内存、磁盘驱动器和各种各样的适配器卡。

机箱通常由塑料、钢铁或铝制成，提供对内部组件进行支撑、保护和散热的框架。

设备外形规格是指其物理设计和外观。台式计算机具有各种外形规格，具体如下。

- **卧式机箱**：这常见于早期的计算机系统。这种计算机机箱水平放置于用户桌面上，显示器置于其顶部。这种外形规格已不再流行。
- **全塔式机箱**：这是垂直放置的计算机机箱。它通常放置于工位或桌子的下方或旁边的地面上。它提供了扩展空间，可容纳附加组件（例如磁盘驱动器、适配器卡等）。它需要外部键盘、鼠标和显示器（如图 1-1a 所示）。
- **紧凑型塔式机箱**：这是全塔式机箱的较小版本，通常用于企业环境。它也可称为迷你塔式或小尺寸（SFF）型号。它可以放置于用户桌面或地面上。它提供有限的扩展空间。它需要外部键盘、鼠标和显示器（如图 1-1b 所示）。
- **一体机**：所有的计算机系统组件都集成到显示器中。一体机通常包括触摸屏输入以及内置的麦克风和扬声器。根据型号的不同，一体式计算机提供很少的扩展功能或不提供扩展功能。它需要外部键盘、鼠标和电源（如图 1-1c 所示）。

图 1-1a 计算机机箱类型——全塔式机箱

图 1-1b 计算机机箱类型——紧凑型塔式机箱

图 1-1c 计算机机箱类型——一体机

> **注意：** 此列表并不详尽，因为许多机箱制造商都有其自己的命名约定。这些可能包括超塔、全塔、中塔、微塔、立方体机箱等。

计算机组件往往会产生大量热量，因此，计算机机箱内含将机箱中空气排出的风扇。当空气流经发热的组件时会吸收热量，然后排出机箱。此过程可防止计算机组件过热。机箱还具有防止静电损坏的设计。计算机的内部组件通过与机箱的连接来接地。

注意： 计算机机箱也称为计算机机壳、机柜、塔、外壳或简单地称为盒子。

---

2. 电源

壁装电源插座提供的是交流电（AC）。但是，计算机内部的所有组件都需要直流电（DC）。要获得直流电，计算机需使用如图 1-2a 所示的电源将交流电转换成电压较低的直流电。

下面描述了随着时间推移不断发展的各种台式计算机电源的外形规格。

- **高级技术（AT）**：这是旧式计算机系统最初采用的电源，现在已过时。
- **AT 扩展（ATX）**：这是 AT 的更新版本，但也已过时。
- **ATX12V**：这是当今市场上最常见的电源。ATX12V 包括专为 CPU 供电的第二个主板接头。有多个版本的 ATX12V。
- **EPS12V**：它最初专为网络服务器而设计，但现在在高端台式机型号中也很常用。

电源包括几个不同的接头，如图 1-2b 所示。

图 1-2a　电源

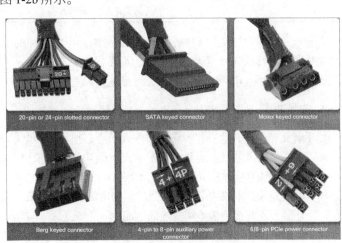

图 1-2b　计算机电源接头

这些接头用于为各种内部组件（如主板和磁盘驱动器）供电。这些接头为"锁定"接头，也就是它们设计为仅从一个方向插入。常见的电源接头包括以下几种。

- **与 Molex 匹配的接头**：连接光驱、硬盘驱动器或其他采用早期技术的设备。
- **与 Berg 匹配的接头**：连接到传统软盘驱动器。与 Berg 匹配的接头比与 Molex 匹配的接头要小。
- **与 SATA 匹配的接头**：连接光驱或硬盘驱动器。相比于与 Molex 匹配的接头，与 SATA 匹配的接头更宽更薄。
- **20 引脚或 24 引脚插槽式接头**：连接到主板。24 引脚接头有两行引脚，每行 12 个引脚；20 引脚接头有两行引脚，每行有 10 个引脚。
- **4 引脚至 8 引脚辅助电源接头**：接头有两行引脚，每行 2 个或 4 个引脚，为主板的所有区域供电。辅助电源接头与主电源接头形状相同，但尺寸较小。它还可以为计算机内的其他设备供电。
- **6/8 引脚 PCIe 电源接头**：接头有两行引脚，每行 3 个或 4 个引脚，为其他内部组件供电。

不同的接头可提供不同的电压。最常见的供电电压为 3.3 伏、5 伏和 12 伏。3.3 伏和 5 伏电源通常用于数字电路，而 12 伏电源用于运行磁盘驱动器和风扇中的电机。表 1-1 突出显示了电源提供的不同电压。

表 1-1　　　　　　　　　　　　　　　电源电压及颜色代码

电　压	导线颜色	用　　途	电 源 规 格		
			AT	ATX	ATX12V
+12V	黄色	磁盘驱动器电机、风扇、散热设备和系统总线插槽	✓	✓	✓
−12V	蓝色	部分串行端口电路以及早期的可编程只读存储器（PROM）	✓	✓	✓
+3.3V	橙色	最新的 CPU、部分类型的系统内存以及 AGP 显卡		✓	✓
+5V	红色	主板、小型 AT 和较早的 CPU，以及许多主板组件	✓	✓	✓
−5V	白色	ISA 总线卡以及早期的 PROM	✓	✓	✓
0V	黑色	接地；用于与其他电压形成回路	✓	✓	✓

电源也可能是单导轨、双导轨或多导轨。导轨是电源内部的印刷电路板（PCB），与外部电缆连接。单导轨将所有的接头连接至同一个 PCB，而多导轨 PCB 的每一个接头都有不同的 PCB。

计算机能够承受电源的轻微波动，但是重大偏差可能会导致电源发生故障。

3. 电源功率

要了解瓦特以及其他一些计算机技术人员所必须了解的电学基本单位，请参阅如下项目清单。

- 电压是将电荷从一点移动到另一点所做功的测量单位。电压以伏特（V）为度量单位。计算机电源通常会输出几种不同的电压。
- 电流是通过电路的电量的测量单位。电流以安培或安（A）为度量单位。对于每种输出电压，计算机电源都传输不同安培的电流。
- 电阻指的是对电路中电流的阻力。电阻越小，流经电路的电流越大，因而功率越大。好的导线电阻很小或电阻几乎为 0。电阻以欧姆为度量单位。
- 功率是推动电荷通过电路所需的压力（电压）与通过电路的电量（电流）的乘积。其度量单位称为瓦特（W）。计算机电源的额定单位为瓦特。

电源规格通常以瓦特（W）表示。

有一个基本公式（称为欧姆定律），即电压等于电流乘以电阻：**V=IR**。在电气系统中，功率等于电压乘以电流：**P=VI**。

计算机通常使用 250W ~ 800W 输出容量范围内的电源。但是，有些计算机要求 1200W 或更高容量的电源。在组装计算机时，请选择一个拥有足够功率的电源为所有组件供电。计算机内部的每一个组件都会消耗一些功率。请从制造商的文档中获取有关功率的信息。在确定电源时，请务必选择大于当前所有组件功率的电源。具有较高额定功率的电源拥有更多容量；因此，它可以带动更多设备。

有些电源的背后有一个称为电压选择开关的小开关，如图 1-3 所示。该开关将电源的输入电压设置为 110V/115V 或 220V/230V。配备该开关的电源称为双电压电源。恰当的电压设置由使用电源的国家/地区确定。将电压开关设置为错误的输入电压可

图 1-3　双电压电源

能会损坏电源及计算机的其他组件。如电源未配备此开关，它将自动检测并设置合适的电压。

警告：　　请勿拆开电源。位于电源内部的电容器（如图 1-4 所示）可能长时间带电。

图 1-4　电源电容

1.1.2　内部 PC 组件

本节将讨论计算机内部组件的名称、用途和特性。

1. 主板

主板也称为系统板或主机板，是计算机的中枢。主板是一块包含总线（或电气通路）的印刷电路板（PCB），与电子元件互相连接。这些元件可直接焊接到主板上或使用插座、扩展槽和端口进行添加。

主板上容纳或能够添加计算机组件的一些连接类型如下所示。

- **中央处理单元（CPU）**：它被视为计算机的大脑。
- **随机访问内存（RAM）**：这是存储数据和应用的临时位置。
- **扩展槽**：提供连接附加组件的位置。
- **基本输入/输出系统（BIOS）芯片和统一可扩展固件接口（UEFI）芯片**：BIOS 用于帮助启动计算机和管理硬盘驱动器、显卡、键盘、鼠标等设备之间的数据流。最近，BIOS 已通过 UEFI 得以增强。UEFI 指定用于启动和运行时服务的不同软件接口，但仍然依赖传统 BIOS 进行系统配置、加电自检（POST）和设置。
- **芯片组**：由主板上的集成电路组成，可控制系统硬件与 CPU 和主板交互的方式。它还确定能够添加到主板的内存数量以及主板上的接头类型。

大多数芯片组由以下两种类型组成。

- **北桥芯片**：控制到内存和显卡的高速访问。它还控制 CPU 与计算机中所有其他组件通信的速度。显示功能有时已集成在北桥芯片中。
- **南桥芯片**：可使 CPU 与速度较慢的设备（包括硬盘驱动器、通用串行总线（USB）端口和扩展槽）进行通信。

图 1-5 说明了主板与各种组件的连接方式。

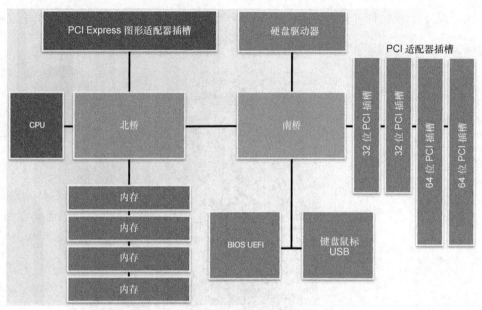

图 1-5　主板组件连接

主板的外形规格涉及主板的大小和形状。它还描述主板上的不同组件和设备的物理布局。

多年来，主板已发展为多种类型。有下面三种常见的主板外形规格。

- **ATX 结构**：这是最常见的主板外形规格。ATX 机箱适合于标准 ATX 主板上的集成 I/O 端口。ATX 电源通过单个 20 引脚接头连接到主板。尺寸：12 英寸 × 9.6 英寸（30.5cm × 24.4cm）。
- **Micro-ATX 结构**：这是一个较小的外形规格，设计为与 ATX 向后兼容。Micro-ATX 主板通常使用与全尺寸 ATX 主板相同的北桥芯片组和南桥芯片组以及电源插头，因此可使用许多相同组件。一般而言，Micro-ATX 主板适合用于标准 ATX 机箱。但是，Micro-ATX 主板比 ATX 主板小很多，而且扩展槽比 ATX 主板少。尺寸：9.6 英寸 × 9.6 英寸（24.4cm × 24.4cm）。
- **ITX 结构**：由于非常小巧，ITX 外形规格大受欢迎。有许多类型的 ITX 主板；但是，Mini-ITX 是最受欢迎的一种。Mini-ITX 外形规格耗电量小，因此不需要使用风扇进行散热。Mini-ITX 主板只有一个用于扩展卡的 PCI 插槽。使用 Mini-ITX 外形规格的计算机可用于不便放置较大或嘈杂计算机的地方。尺寸：8.5 英寸 × 7.5 英寸（21.5cm × 19.1cm）。
- **Mini-ITX**：Mini-ITX 外形规格适用于小型设备，如瘦客户端和机顶盒等。尺寸：6.7 英寸 × 6.7 英寸（17cm × 17cm）。

注意：　区分这些外形规格非常重要。主板外形规格的选择决定了各个组件与其连接的方式、所需的电源类型以及计算机机箱的形状。一些制造商还拥有基于 ATX 设计的专有外形规格。这会使某些主板、电源和其他组件与标准 ATX 机箱不兼容。

2. CPU 架构

主板被视为计算机的中枢，而中央处理单元（CPU）则被视为大脑。在计算能力方面，CPU（有时被称为处理器）是计算机系统最重要的组成部分。大多数计算在 CPU 中进行。

CPU 具有不同的外形规格，每种外形规格都要求主板上配备特定的插槽或插座。常见的 CPU 制造商包括 Intel 和 AMD。

CPU 插座或插槽是主板与处理器之间的连接。现代的 CPU 插座和处理器围绕以下架构而构建。

- **引脚栅格阵列（PGA）**：如图 1-6 所示，在 PGA 架构中，引脚位于处理器的底侧。使用零插力（ZIF）将 CPU 插入主板的 CPU 插座。ZIF 是指将 CPU 安装到主板插座或插槽所需的力量。
- 平面栅格阵列（LGA）：如图 1-7 所示，在 LGA 架构中，引脚位于插座而非处理器中。

图 1-6　PGA CPU 和插座　　　　　　　　图 1-7　LGA CPU 和插座

程序是一系列存储的指令。CPU 按照特定指令集执行这些指令。

CPU 可以使用两种截然不同的指令集类型。

- **精简指令集计算机（RISC）**：此架构使用相对较小的指令集。RISC 芯片旨在非常快速地执行这些指令。
- **复杂指令集计算机（CISC）**：此架构使用广泛的指令集，因此每个操作的步骤较少。

当 CPU 执行程序的一个步骤时，剩余的指令和数据存储于附近的一个特殊的高速内存（称为缓存）中。

3. 增强 CPU 性能

各个 CPU 制造商都使用增强性能的功能来完善其 CPU。例如，Intel 采用超线程技术来增强部分 CPU 的性能。借助超线程技术，多个代码片段（线程）同时在 CPU 中执行。对于操作系统而言，当有多个线程正在处理时，具备超线程技术的单个 CPU 就像两个 CPU 一样运行。AMD 处理器使用超传输技术来提升 CPU 性能。超传输是 CPU 和北桥芯片之间的高速连接。

CPU 的功能通过其处理数据的速度和数量来衡量。CPU 的速度为每秒周期数，例如每秒数百万个周期（称为兆赫[MHz]）或每秒数十亿个周期（称为千兆赫[GHz]）。CPU 一次可处理的数据量取决于前端总线（FSB）的大小。FSB 也称为 CPU 总线或处理器数据总线。FSB 越宽，则实现的性能越高。FSB 的宽度以位为单位。位是计算机中的最小数据单位。当今的处理器使用 32 位或 64 位 FSB。前端总线只是主板上的一种总线类型。总线是数据从计算机的一个部分传输到另一个部分所经过的位于主板上的线路。

超频是可使处理器的工作速度比其初始规格更快的一种技术。但超频不是一种提高计算机性能的推荐方式，它可能导致 CPU 损坏。与超频相对的是 CPU 降频。CPU 降频是一种处理器以低于额定速度运行时使用的技术，以达到节能或减少热量产生的目的。CPU 降频通常用于笔记本电脑和其他移动设备。

最新的处理器技术已促使 CPU 制造商寻求将多个 CPU 内核集成到单个芯片中的方法。多核处理器在同一个集成电路中有两个或多个处理器。下面展示了对各种类型的多核处理器的说明。

- **单核 CPU**：一个 CPU 中有一个执行所有处理的内核。主板制造商可能会提供插座以容纳多个处理器，从而提供组装功能强大的多处理器计算机的能力。
- **双核 CPU**：一个 CPU 中有 2 个内核，两个内核可以同时处理信息。
- **三核 CPU**：一个 CPU 中有 3 个内核，实际上是禁用了其中一个内核的四核处理器。
- **四核 CPU**：一个 CPU 中有 4 个内核。
- **六核 CPU**：一个 CPU 中有 6 个内核。
- **八核 CPU**：一个 CPU 中有 8 个内核。

将多个处理器集成到同一芯片上可实现处理器之间的快速连接。多核处理器比单核处理器执行指令的速度更快。指令可同时分配给所有处理器。因为多个核心位于同一芯片上，内存可在处理器之间共享。多核处理器建议用于视频编辑、游戏、照片处理等应用。

大功耗会在计算机机箱内产生更多热量。与多个单核处理器相比，多核处理器节省电力且产热较少，从而提高性能和效率。

CPU 的性能也通过 NX 位（也称为执行禁用位）的使用得以提升。若操作系统支持并启用该功能，可以保护包含操作系统文件的内存区域免受恶意软件的攻击。

4. 冷却系统

电子元件之间的电流流动会产生热量。当保持凉爽时，计算机组件的性能更佳。如果不能排出热量，计算机的运行可能会非常缓慢。如果积聚了太多热量，计算机可能会崩溃，或者组件受损。因此，必须使计算机保持凉爽。

注意：　计算机可使用主动和被动散热解决方案来保持凉爽。主动解决方案需要用电，而被动解决方案不需要用电。

增强计算机机箱内的空气流动可使更多热量排出。主动散热解决方案使用计算机机箱内的风扇以将热空气吹出。为了增强空气流动，一些机箱配有多个风扇将冷空气吹入，而另外一个风扇将热空气吹出。安装在计算机机箱内的机箱风扇（如图 1-8 所示）可使散热过程更为高效。

在机箱内部，CPU 会产生大量热量。要将热量从 CPU 内核排出，要在其顶部安装散热器，如图 1-9 所示。散热器有一个带多个金属翅片的很大表面，可将热量散发到周围的空气中。这就是所谓的被动散热。散热器和 CPU 之间有一层特殊的导热硅脂。这种导热硅脂通过填充 CPU 和散热器之间的细小缝隙来增加从 CPU 到散热器之间的热传递效率。

图 1-8　机箱风扇　　　　　　　　　　　　　图 1-9　CPU 散热器

超频或运行多个内核的 CPU 往往会产生过多热量。常规做法是在散热器顶部安装一个风扇，如图 1-10 所示。该风扇可将热量从散热器的金属翅片中排出。这就是所谓的主动散热。

一些其他组件也容易受到热损坏，因此通常也配备风扇。许多显卡自带处理器（称为图形处理单元[GPU]），它也会产生过多热量。有些显卡已经配备了一个或多个风扇，如图 1-11 所示。

图 1-10　CPU 风扇　　　　　　　　　　　　图 1-11　显卡散热系统

配备极速 CPU 和 GPU 的计算机可使用水冷系统。图 1-12 是水冷系统的一个示例。金属片放置于处理器之上，水被泵送到顶部，以吸收处理器产生的热量。水被泵送到散热器上，将热量散发到空气中，然后再进行循环。

CPU 风扇会产生噪音，高速运转时的噪音可能会非常烦人。借助风扇对 CPU 进行散热的另一种方案是使用热导管。热导管中包含在工厂中永久密封的液体并使用一个循环蒸发和冷凝的系统。

图 1-12　水冷系统

5. ROM

计算机的内存芯片有多种不同类型。但是，所有内存芯片都以字节的形式存储数据。字节是一组数字信息，用于表示字母、数字和符号等信息。具体而言，1 个字节就是一个 8 位二进制块，每个位以 0 或 1 的形式存储于内存芯片中。

一种基本的计算机芯片是只读存储器（ROM）芯片。ROM 芯片位于主板和其他电路板上，其中包含可由 CPU 直接访问的指令。ROM 中存储的指令包括基本的操作指令（例如启动计算机和加载操作系统）。

下面列出了有关不同类型的 ROM 存储器的详细说明。

- 只读存储器芯片（ROM）：信息在制造 ROM 芯片时写入。ROM 芯片不可擦除或重写。此类 ROM 现已不再使用。
- 可编程只读存储器（PROM）：信息在制造 PROM 芯片之后写入。PROM 芯片不可擦除或重写。
- 可擦写可编程只读存储器（EPROM）：信息在制造 EPROM 芯片之后写入。EPROM 芯片可用紫外线擦除。需使用特殊设备。
- 带电可擦写可编程只读存储器（EEPROM）：信息在制造 EEPROM 芯片之后写入。EEPROM 芯片也称作闪存 ROM。EEPROM 芯片无需从计算机上取下即可擦除和重写。

必须注意的是，即使计算机断电，ROM 芯片也能保留其内容。这些内容不会轻易地被擦除或更改。

> 注意：　ROM 有时也被称为固件。这种说法具有误导性，因为固件实际上是指存储于 ROM 芯片中的软件。

6. 内存

内存（RAM）是 CPU 工作时访问的数据和程序的临时工作存储器。

下面列出了计算机可使用的多种不同类型的内存。

- 动态 RAM（DRAM）：一种用作主内存的内存芯片。DRAM 必须随着电脉冲不断刷新，以便维护存储在芯片内的数据。
- 静态 RAM（SRAM）：一种用作缓存内存的内存芯片。SRAM 比 DRAM 快得多，且不需要频繁刷新。SRAM 比 DRAM 昂贵得多。
- 同步 RAM（SDRAM）：与内存总线同步运行的 DRAM。内存总线是 CPU 与主内存之间的数据路径。控制信号用于协调 SDRAM 与 CPU 之间的数据交换。
- 双倍数据速率 SDRAM（DDR SDRAM）：数据传输速度是 SDRAM 两倍的内存。DDR SDRAM 通过在每个时钟周期内进行两次数据传输来提升性能。

- **第二代双倍数据速率 SDRAM（DDR2 SDRAM）**：速度比 DDR SDRAM 内存更快。DDR2 SDRAM 通过减小信号线之间的噪音和串扰来改善性能，使之优于 DDR SDRAM。
- **第三代双倍数据速率 SDRAM（DDR3 SDRAM）**：通过加倍 DDR2 SDRAM 的时钟频率来扩展内存带宽。DDR3 SDRAM 比 DDR2 SDRAM 耗电少，产热也更少。
- **第四代双倍数据速率 SDRAM（DDR4 SDRAM）**：DDR3 最大存储容量的四倍，因其使用低电压，故所需能耗减少了 40%，并且具备高级的纠错功能。

与 ROM 不同，RAM 是易失性存储器，也就是说，每次计算机断电时内容都将擦除。

> **注意：** ROM 是非易失性存储器，也就是当计算机断电时，内容不会被擦除。

在计算机中添加更多内存可提升系统性能。例如，更多的内存会增加计算机存储和处理程序和文件的内存容量。内存不足时，计算机必须在内存和较慢的硬盘驱动器之间交换数据。可安装的内存的最大数量受主板的限制。

7. 内存模块

早期的计算机将内存作为单个芯片安装于主板上。单个内存芯片（称为双列直插式封装[DIP]芯片）安装不便且容易松动。为解决此问题，设计师将内存芯片焊接到电路板上，创建一个内存模块，然后将内存模块置于主板上的内存插槽中。

各种不同类型的内存模块如表 1-2 所示。

> **注意：** 内存模块可以是单面或双面。单面内存模块仅在模块的一个面上包含 RAM。双面内存模块的两个面上均包含 RAM。

表 1-2	内存模块
DIP	双列直插式封装是单个内存芯片。DIP 有两排用于将其连接到主板的引脚
SIMM	单列直插式内存模块是一种固定多个内存芯片的小型电路板。SIMM 有 30 引脚配置或 72 引脚配置
DIMM 内存	双列直插式内存模块是一种固定 SDRAM、DDR SDRAM、DDR2 SDRAM 和 DDR3 SDRAM 芯片的电路板。有 168 引脚的 SDRAM DIMM、184 引脚的 DDR DIMM 和 240 引脚的 DDR2 和 DDR3 DIMM
SODIMM	小型双列直插式内存模块具备支持 32 位传输的 72 引脚和 100 引脚配置，或支持 64 位传输的 144 引脚、200 引脚和 204 引脚配置。这种外形更小、压缩程度更高的 DIMM 版本提供随机访问数据存储，适合在笔记本电脑、打印机以及其他需要节约空间的设备中使用

内存的速度直接影响给定时间内处理器能够处理的数据量。随着处理器速度的提高，内存速度也必须提高。通过多通道技术也可以增加内存吞吐量。标准的内存为单通道，这意味着所有的内存插槽同时寻址。双通道内存增加了第二条通道，可同时访问第二个模块。三通道技术提供了第三条通道，可同时访问三个模块。

最快的内存通常是静态 RAM（SRAM），它是一种用于存储 CPU 最近使用的数据和指令的缓存内存。与较慢的动态 RAM（DRAM）或主内存相比，SRAM 在检索数据时为处理器提供了更快的数据访问速度。

三种最常见的缓存内存类型如下所述。

- L1 缓存是内部缓存，且集成在 CPU 中。
- L2 缓存是外部缓存，最初安装在 CPU 旁边的主板上。L2 缓存现在集成在 CPU 中。

■　L3 缓存用于某些高端工作站和服务器 CPU。

当数据在芯片中未正确存储时，会出现内存错误。计算机使用不同的方法来检测和纠正内存中的数据错误。

不同类型的错误检查方法如下所述。

■　非奇偶校验内存不检查内存中的错误。

■　奇偶校验内存包含 8 个数据位和 1 个错误检查位。错误检查位被称为奇偶校验位。

■　纠错码内存可检测内存中的多位错误并纠正内存中的单一位错误。

8.　适配器卡和扩展槽

适配器卡通过为特定设备添加控制器或更换故障端口来增强计算机的功能。

有各种各样的适配器卡，可用于扩展和定制计算机的功能。

■　**声卡**：声卡可提供音频功能。

■　**网络接口卡（NIC）**：网卡使用网线将计算机连接到网络。

■　**无线网卡**：无线网卡使用射频将计算机连接到网络。

■　**显卡**：显卡提供视频功能。

■　**采集卡**：采集卡将视频信号发送到计算机，以便将信号记录在配备视频采集软件的计算机硬盘驱动器中。

■　**电视调谐卡**：电视调谐卡通过将有线电视、卫星或天线连接到已安装的调谐器卡上以提供观看和录制电视信号的功能。

■　**通用串行总线（USB）端口**：USB 端口将计算机连接到外围设备。

■　**雷电卡**：雷电卡将计算机连接到外围设备。

■　**独立磁盘冗余阵列（RAID）**：RAID 适配器连接到多个硬盘驱动器（HDD）或固态驱动器（SSD），使其作为一个逻辑单元工作。

图 1-13 展示了其中的一些适配器卡。值得注意的是，其中一些适配器卡可以集成到主板上。

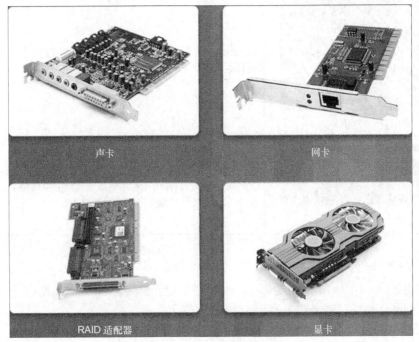

声卡　　　　　网卡

RAID 适配器　　　　　显卡

图 1-13　适配器卡

注意：	较旧的计算机也可能配备调制解调器适配器、加速图形端口（AGP）、小型计算机系统接口（SCSI）适配器等。

计算机的主板上有安装适配器卡的扩展槽。适配器卡接头类型必须与扩展槽的类型相匹配。各种不同类型的扩展槽如图 1-14 至图 1-17 所示（表 1-3 集中展示了这几类扩展槽）。

表 1-3　　　　　　　　　　　　　　　　　　　　扩展槽

图 1-14　PCI

外围组件互连（PCI）是一种 32 位或 64 位的扩展槽。PCI 是目前大多数计算机使用的标准插槽

图 1-15　Mini PCI

Mini-PCI 是一种笔记本电脑使用的 32 位总线。Mini-PCI 有三种不同的规格：Type Ⅰ、Type Ⅱ和 Type Ⅲ

图 1-16　PCI-X

PCI-Extended 是一种比 PCI 总线带宽更高的 32 位总线。PCI-X 的运行速度可比 PCI 快 4 倍

图 1-17　PCIe

PCI Express 是一种串行总线扩展槽。PCIe 有 x1、x4、x8 和 x16 几种插槽。PCIe 作为一种可供显卡使用的扩展槽，正在逐步取代 AGP，并且可供其他类型的适配器使用

9. 存储设备

存储驱动器（如图 1-18 所示）在磁性存储介质、光存储介质或半导体存储介质上读取或写入信息。存储驱动器可用于永久存储数据或从介质磁盘中检索信息。

以下是存储驱动器的常见类型。

■ **硬盘驱动器（HDD）**：HDD 是多年来一直使用的传统磁盘设备。其存储容量的范围从数千兆

字节（GB）到数兆兆字节（TB）。其速度以每分钟转数（RPM）来度量。该速度表明主轴旋转保存数据的盘片的速度。主轴的速度越快，硬盘驱动器可在盘片上查找数据的速度就越快。常见的硬盘驱动器主轴速度包括 5400、7200 和 10 000RPM。

- **固态驱动器（SSD）**：SSD 使用非易失性闪存芯片存储数据。这意味着 SSD 比磁性 HDD 速度更快。其存储容量的范围也是从数 GB 到数 TB。SSD 无活动部件，因此无噪音。SSD 更节能而且比 HDD 产热更少。SSD 的外形规格与 HDD 相同，而且正逐渐替代磁性 HDD。
- **混合驱动器**：也称为固态混合驱动器（SSHD），是磁性 HDD 和 SSD 之间的一个折衷。混合驱动器比 HDD 快，但是比 SSD 便宜。混合驱动器是带板载 SSD（作为缓存）的磁性 HDD。SSHD 驱动器自动缓存频繁访问的数据。
- **磁带驱动器**：磁带最常用于存档数据。磁带驱动器使用磁性的读/写磁头。尽管使用磁带驱动器进行数据检索非常快，但是查找特定数据却很慢，因为必须卷动磁带才能找到数据。常见的磁带存储容量从几 GB 到数 TB 不等。
- **外部闪存驱动器**：外部闪存驱动器（例如连接到 USB 端口的 USB 拇指驱动器）使用与 SSD 相同类型的非易失性存储器芯片。它不需要耗电来维护其数据。其存储容量的范围从数 MB 到数 GB 不等。

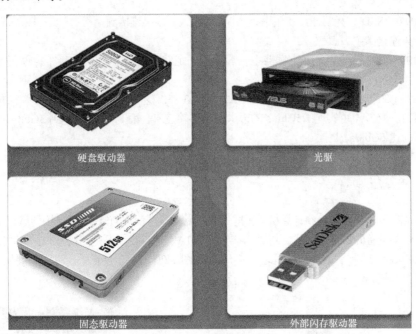

硬盘驱动器　　　　　　　　　光驱

固态驱动器　　　　　　　外部闪存驱动器

图 1-18　存储驱动器

光驱是另一种类型的存储驱动器，它使用激光读取光介质上的数据。共有三种类型的光驱，包括光盘（CD）、数字通用磁盘（DVD）和蓝光光盘（BD）。CD、DVD 和 BD 介质可以是预录制（只读）、可录制（写入一次）或可重写（多次读取和写入）。表 1-4 描述了各种类型的光介质及其大致存储容量。

表 1-4　　　　　　　　　　　　　　　　　光存储介质的类型

光 介 质	描 述	存 储 容 量
CD-ROM	预录制的 CD 只读存储介质	
CD-R	可以录制一次的 CD 可录介质	700MB
CD-RW	可录制、擦除和重新录制的 CD 可重写介质	

续表

光 介 质	描 述	存 储 容 量
DVD-ROM	预录制的 DVD 只读存储介质	4.7GB（单层） 8.5GB（双层）
DVD-RAM	可录制、擦除和重新录制的 DVD 可重写介质	
DVD+/-R	可以录制一次的 DVD 可录介质	
DVD+/-RW	可录制、擦除和重新录制的 DVD 可重写介质	
BD-ROM	预录制电影、游戏或软件的蓝光只读存储介质	25GB（单层） 50GB（双层）
BD-R	可以录制一次的蓝光可录介质	
BD-RE	可录制、擦除和重新录制的蓝光可重写介质	

注意： 较旧的计算机仍可能包含旧式存储设备，如软盘驱动器。

10. 存储设备接口和 RAID

内部 HDD、SSD 和光驱通常使用串行 ATA（SATA）接头连接到主板。SATA 驱动器使用 SATA 7 引脚数据接头连接到主板。

在电缆的一端，接头固定在驱动器上，另一端固定在驱动器控制器上。图 1-19 显示的是 SATA 电缆。

SATA 共有 3 个主要版本：SATA1、SATA2 和 SATA3。这三个版本的电缆和接头相同，但是数据传输速度不同。SATA1 可实现 1.5Gbit/s 的最大数据传输速率，而 SATA2 可达到 3Gbit/s。SATA3 的速度最快，可高达 6Gbit/s。

注意： 旧式内部驱动器连接方式包括电子集成驱动器（IDE）、增强型电子集成驱动器（EIDE）和并行 ATA。

存储设备也可从外部连接到计算机。便携式硬盘驱动器可使用 USB 电缆连接到笔记本电脑。USB 已成为连接外部设备的最常用方式。外部 SATA（eSATA）是连接外部存储设备的另一种方式。eSATA 电缆和接头的形状不同于 SATA 电缆和接头的形状。图 1-20 显示了便携式硬盘驱动器使用 USB 电缆连接到笔记本电脑。

图 1-19　SATA 电缆　　　　　图 1-20　连接便携式 USB 硬盘驱动器

根据 USB 3.x 规范，USB 3.0 和 USB 3.1 在计算机端口或线缆终端插头上的颜色为蓝色。由于其快速的传输速率，已成为连接外部存储设备的普遍方式。USB 驱动器还支持热插拔，也就是说，当添加或删除驱动器时无需重新启动计算机。计算机上一个 USB 端口理论上可支持多达 127 个不同设备（借助 USB 集线器）。USB 集线器可连接多个 USB 设备。最后，许多设备可通过 USB 端口供电，而无需外部电源。

有多种类型的 USB 接头。图 1-21 和图 1-22 展示了常见的 USB 接头类型，包括最新的 USB 接头 USB-C（或 USB Type C）。

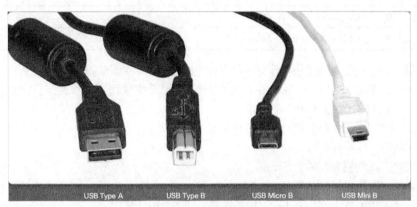

图 1-21　USB 接头类型

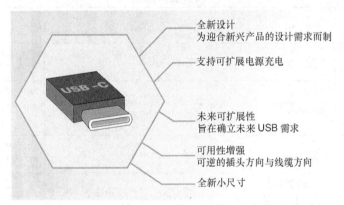

图 1-22　USB-C 接头

表 1-5 描述了连接外部存储设备的方法和带宽。

表 1-5　　　　　　　　　　　　　　　　外部连接类型和带宽

连接类型	描　　述	最大带宽	最大电缆长度
FireWire 400 (IEEE 1394a)	■ 支持热插拔驱动器 ■ 端口支持多达 63 台设备（使用集线器） ■ 提供电源	400Mbit/s	4.5 米（15 英尺）
FireWire 800 (IEEE 1394b)	■ 与 FireWire 400 向后兼容 ■ 也可使用以太网电缆连接	800Mbit/s	4.5 米（15 英尺） 100 米（328 英尺）
eSATA	■ 连接外部 SATA 驱动器 ■ 外部驱动器需要电源线 ■ 不与 SATA 兼容	3Gbit/s	2 米（6.6 英尺）

续表

连接类型	描 述	最大带宽	最大电缆长度
USB 2.0	■ 支持热插拔驱动器 ■ 端口支持多达 127 台设备（使用集线器） ■ 提供电源	480Mbit/s	5 米（16.4 英尺）
USB 3.0	■ 与 USB 2.0 向后兼容	5Gbit/s	3 米（9.8 英尺）
USB 3.1	■ 与 USB 2.0 和 3.0 向后兼容	10Gbit/s	3 米（9.8 英尺）

可对存储设备进行分组并设法创建更大的存储空间和冗余。为此，计算机可实施独立磁盘冗余阵列（RAID）技术。RAID 提供了一种跨多个硬盘存储数据从而实现冗余和/或性能提升的方式。对于操作系统而言，RAID 阵列看起来像一个磁盘。

以下术语描述了 RAID 将数据存储到各种磁盘中的方式。

- **奇偶校验**：检测数据错误。
- **条带化**：将数据写入多个驱动器。
- **镜像**：将重复数据存储在第二个驱动器上。

有多个可用的 RAID 级别。表 1-6 比较了这些不同的 RAID 级别。

表 1-6 RAID 级别比较

RAID	驱动器最小数目	描 述	优 点	缺 点
0	2	数据无冗余条带化	性能最高	无数据保护，一个驱动器故障会导致数据全部丢失
1	2	磁盘镜像	性能好，数据保护程度高，因为所有的数据都有备份	实施成本最高，因为需要多加一个同等容量的驱动器，或使用更大的容量
2	2	纠错码	此级别现已停用	使用 RAID 3 可达到相同性能，成本却更低
3	3	字节级数据条带化，使用专用的奇偶校验盘	适用于大量、有序的数据请求	不支持多个并发的读写请求
4	3	块级数据条带化，使用专用的奇偶校验盘	支持多个读请求，如果磁盘出现故障，专用的奇偶校验盘可用于创建替代磁盘	因为使用专用的奇偶校验盘，故存在写请求瓶颈
5	3	数据条带化和奇偶校验相结合	支持多个并发的读取和写入，数据写入所有带奇偶校验的驱动器，并且可以使用其他驱动器上的信息重建数据	写入性能比 RAID 0 和 RAID 1 慢
6	4	使用双奇偶校验的独立数据磁盘	使用分布在所有磁盘上的奇偶校验数据进行以块为单位的条带化，可处理两个同时发生的驱动器故障	性能低于 RAID 5，并非所有的磁盘控制器都支持
0+1	4	数据条带化和镜像相结合	性能高，数据保护程度最高	成本高，因为数据备份需要两倍的存储容量
10	4（必须为偶数）	条带集中的镜像集	提供容错能力并提高了性能	成本高，因为数据备份需要两倍的存储容量

1.1.3 外部端口和电缆

本节将描述并辨别用于在计算机内部及外部连接外围设备的常见电缆及端口。

1. 视频端口和电缆

视频端口使用电缆将显示器连接到计算机。视频端口和显示器电缆传输模拟信号、数字信号或两者兼有。计算机是创建数字信号的数字设备。数字信号发送到显卡上，然后通过电缆传输到数字显示屏。数字信号也可通过显卡转换为模拟信号并传输到模拟显示屏。将数字信号转换为模拟信号会降低影像质量。相比仅支持模拟信号的显示屏和显示器电缆，支持数字信号的显示屏和显示器电缆可提供更高的影像质量。

表 1-7 中的图 1-23 至图 1-29 列出了几种视频端口和接头类型。

表 1-7 视频端口和接头类型

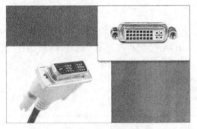 图 1-23　DVI	**数字视频接口（DVI）**：DVI 接头通常为白色，包括用于数字信号的 24 个引脚（三排，每排八个引脚），用于模拟信号的 4 个引脚，以及一个称为接地排的平引脚。具体而言，DVI-D 仅处理数字信号，而 DVI-A 仅处理模拟信号。DVI 使用双链路接口，该接口可创建能够承载高于 10Gbit/s 数字视频信息的两组数据通道
 图 1-24　DisplayPort	**DisplayPort 接头**：DisplayPort 是一种专门用于连接高端图形 PC 和显示屏以及家庭影院设备和显示屏的接口技术。这种接头包括 20 个引脚，可用于音频、视频或两者兼有。DisplayPort 支持高达 8.64Gbit/s 的视频数据速率
	Mini DisplayPort：DisplayPort 接头的较小版本称为 Mini DisplayPort。Mini DisplayPort 用于 Thunderbolt1 和 Thunderbolt2 实现
 图 1-25　miniHDMI	**HDMI**：专为高清电视而开发的高清多媒体接口。但是，其数字功能也使其成为计算机的合适选择。有两种常见的 HDMI 电缆类型。全尺寸 HDMI Type A 电缆是用于连接音频和视频设备的标准电缆。Mini-HDMI Type C 用于连接笔记本电脑和便携式设备（平板电脑等）。图 1-25 所示的 Type C 接头比 Type A 接头小，有 19 个引脚

续表

图 1-26　Thunderbolt 和 Thunderbolt 2 接头

Thunderbolt：Thunderbolt 1 和 Thunderbolt 2 使用 Mini DisplayPort（MDP）适配器，而 Thunderbolt 3 需要使用 USB-C 接头

图 1-27　VGA

VGA 接头：这是用于模拟视频的接头。VGA 接头有 3 排，共 15 个引脚。VGA 接头有时也称为 DE-15 或 HD-15 接头

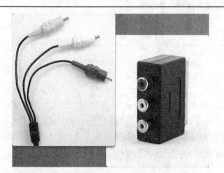

图 1-28　RCA

RCA 接头：RCA 接头有一个金属环环绕的中心插头，用于传输音频或视频。RCA 接头通常为三个一组，其中黄色接头传输视频，一对红色和白色接头传输左右声道

图 1-29　BNC

BNC 接头：BNC 接头使用直角回转连接方案将同轴电缆连接到设备。BNC 用于数字或模拟音频或视频

Din-6：此接头有 6 个引脚，通常用于模拟音频、视频，还用于安全摄像头应用的供电

无线：这些通常配备连接到外部显示器/电视的额外发射机

注意：　　旧式显示器的连接方法包括混合/RGB 或 S-Video。

2. 其他端口和电缆

计算机上的输入/输出（I/O）端口连接外围设备（例如打印机、扫描仪和便携式驱动器）。除了之前讨论过的端口和接口之外，计算机还可能有其他端口。

- **PS/2 端口**：PS/2 端口将键盘或鼠标连接到计算机。PS/2 端口是 6 引脚 Mini-DIN 凹式接头。用于键盘和鼠标的接头通常为不同颜色。如果端口未进行颜色标记，请查找每个端口旁边的鼠标或键盘小图标。PS/2 端口如图 1-30 所示。
- **音频端口**：音频端口将音频设备连接到计算机。模拟端口通常包括一个连接到外部音频源（例如立体声系统）的输入端口、一个麦克风端口以及一个连接到扬声器或耳机的输出端口。还有数字输入和输出端口，用于连接数字音频源和输出设备。这些接头和电缆通过光缆或铜缆传输光脉冲。
- **游戏端口/MIDI**：连接到摇杆或 MIDI 接口设备。在图 1-31 中，您可以看到音频和游戏端口接头的示例。

图 1-30　PS/2 电缆和接头

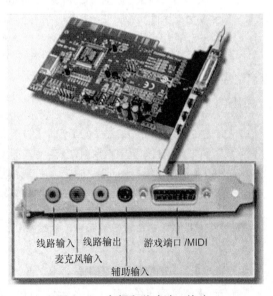

线路输入　　线路输出　　　　游戏端口 /MIDI
麦克风输入
辅助输入

图 1-31　音频和游戏端口接头

- **以太网端口**：图 1-32 展示了网线和接头。这是一种网络端口，过去称为 RJ-45 端口。以太网端口有 8 个引脚，用于将设备连接到网络。其连接速度取决于网络端口的类型。有两种正在使用的常见以太网标准。具体而言，快速以太网（或 100BASE）的传输速度高达 100Mbit/s，千兆以太网（1000BASE）的传输速度高达 1000Mbit/s。以太网网络电缆的最大长度为 100 米（328 英尺）。
- **USB 端口和电缆**：通用串行总线（USB）是将外围设备连接到计算机的标准接口。USB 设备支持热插拔，也就是说，当计算机保持开机状态时，用户可以连接和断开设备。USB 连接可用于计算机、摄像头、打印机、扫描仪、存储设备和许多其他电子设备。USB 集线器可连接多个 USB 设备。计算机上的单个 USB 端口可支持多达 127 个不同设备（借助 USB 集线器）。一些设备可通过 USB 端口供电，而无需外部电源。

图 1-32 网线和接头

- ○ USB 1.1 的传输速度在全速模式下最高可达 12Mbit/s，在低速模式下最高可达 1.5Mbit/s。USB 1.1 电缆的最大长度为 3 米（9.8 英尺）。
- ○ USB 2.0 的传输速度最高可达 480Mbit/s。USB 2.0 电缆的最大长度为 5 米（16.4 英尺）。USB 设备只能以特定端口允许的最大速度传输数据。
- ○ USB 3.0 的传输速度最高可达 5Gbit/s。USB 3.0 向后兼容以前版本的 USB。USB 3.0 电缆没有定义最大长度，不过普遍认同的最大长度为 3 米（9.8 英尺）。
- ■ **FireWire 端口和电缆**：FireWire 端口是一种将外围设备连接到计算机的高速、热插拔接口。计算机上的单个 FireWire 端口可支持多达 63 台设备。一些设备也可通过 FireWire 端口供电，而无需外部电源。FireWire 端口采用电气与电子工程师协会（IEEE）1394 标准，也称为 i.Link。IEEE 负责发布技术文档和制定技术标准。
  - ○ IEEE 1394a 标准针对长度为 4.5 米（15 英尺）或以下的电缆，支持高达 400Mbit/s 的数据传输速率。此标准使用 4 引脚或 6 引脚接头。
  - ○ IEEE 1394b（Firewire 800）标准支持更大范围的连接，包括 CAT5 UTP 和光纤。根据使用的介质不同，对于 100 米（328 英尺）或以下的距离，支持高达 3.2Gbit/s 的数据传输速率。
- ■ **eSATA 数据电缆**：eSATA 电缆使用 7 引脚数据电缆将 SATA 设备连接到 eSATA 接口。此电缆不为 SATA 设备供电。有单独的电源线为磁盘供电。

注意： 其他端口包括串行端口、并行端口和调制解调器端口。

3. 适配器和转换器

当前有许多连接标准在使用。许多标准具备互操作性，但需要专用组件。这些组件被称为适配器和转换器。

- ■ **适配器**：这是将一种技术物理连接到另一种技术的组件。例如，将 DVI 物理连接到 HDMI 的适配器。适配器可以是一个组件或一条带有不同终端的电缆。
- ■ **转换器**：转换器执行与适配器相同的功能，但它还能将信号从一种技术转换为另一种技术。例如，USB3.0 到 SATA 的转换器可支持将硬盘驱动器用作闪存驱动器。

有许多类型的适配器和转换器。

- ■ **DVI 转 HDMI 适配器**：此适配器用于将 HDMI 显示器连接到 DVI 端口。
- ■ **DVI 转 VGA 适配器**：如图 1-33 所示，此适配器用于将 VGA 电缆连接到 DVI 端口。

图 1-33　DVI 转 VGA 适配器

- **USB A 转 USB B 适配器**：此适配器用于将 USB A 端口连接到 USB B 端口。
- **USB 转以太网适配器**：此适配器用于将 USB 端口连接到以太网接头。图 1-34 显示的是此类适配器。
- **USB 转 PS/2 适配器**：图 1-35 显示的是该适配器类型。此适配器用于将 USB 键盘或鼠标连接到 PS/2 端口。

图 1-34　USB 转以太网适配器

图 1-35　USB 转 PS/2 适配器

- **HDMI 到 VGA 转换器**：此转换器将 PC 的 VGA 输出信号转换为 HDMI 输出信号，以便使用 HDMI 显示器。
- **Thunderbolt 到 DVI 转换器**：此转换器将 Thunderbolt Mini DisplayPort 视频信号转换为 DVI 视频信号，以便使用 DVI 显示器。

1.1.4　输入和输出设备

输入和输出设备通常位于计算机机箱的外部，通过电缆连接到端口，从而允许与计算机内部的组件进行通信。

1. 输入设备

输入设备将数据或指令输入计算机。

表 1-8 中的图 1-36 至图 1-42 列出了输入设备的示例。

表 1-8　　　　　　　　　　　　　　　　　输入设备示例

　图 1-36　鼠标、键盘和触控板	**鼠标和键盘**：这是两种最常用的输入设备。键盘用于输入文本，鼠标用于导航图形用户界面（GUI）。笔记本电脑还配备触摸板，以提供内置鼠标功能

图 1-37　触摸屏

触摸屏：这些输入设备具有触摸或压力感应屏幕。计算机接收用户在屏幕上触摸的特定位置的指令

图 1-38　摇杆和游戏手柄

摇杆和游戏手柄：这些是用于玩游戏的输入设备。游戏手柄可使玩家通过小摇杆和多个按钮控制移动和视图。许多游戏手柄还配备了记录玩家在其上施加多大压力的触发器。摇杆通常用于玩飞行模拟游戏

图 1-39　数码相机

数字照相机和数字摄像机：这些输入设备用于捕获可以存储、显示、打印或修改的图像。独立或集成网络摄像头可实时捕获图像

图 1-40　扫描仪

扫描仪：这些设备将图像或文档数字化。图像数字化后将存储为可以显示、打印或修改的文件。条形码扫描器是一种读取通用产品代码（UPC）条形码的扫描仪。它广泛应用于定价和库存信息

图 1-41　数字转换器

数字转换器：此设备可使设计师或艺术家通过在一个表面上（可感应触笔笔尖接触的位置）使用一种称为触笔的像钢笔一样的工具来创作蓝图、图像或其他艺术品。一些数字转换器具有多个表面或传感器，并可使用户通过用触笔在半空执行操作来创造 3D 模型

续表

 图 1-42 指纹阅读器	**生物识别设备**：这些输入设备根据唯一的物理特征（例如指纹或声音）来识别用户。现在，许多笔记本电脑都具有可自动登录设备的指纹识别功能
	智能卡读卡器：这些输入设备通常用于需要对用户进行身份验证的计算机上。智能卡可能像信用卡一样大，内置嵌入式微处理器，该处理器通常位于智能卡一侧金色接触垫的下方

键盘、视频、鼠标（KVM）切换器是一种硬件设备，可实现用一套键盘、显示器和鼠标控制多台计算机。对于企业而言，KVM 切换器可提供对多个服务器的经济高效访问。家庭用户可使用 KVM 切换器将多台计算机连接到一套键盘、显示器和鼠标，从而节省空间。

较新的 KVM 切换器具备可与多台计算机共享 USB 设备和扬声器的功能。一般而言，通过按下 KVM 切换器上的按钮，用户可将控制权从一台互联的计算机更改到另一台互联的计算机。某些型号的切换器通过使用键盘上特定的按键顺序将控制权从一台计算机转移至另一台计算机，例如将控制权交给下一台计算机。

图 1-43 展示的是 KVM 切换器的示例。

2. 输出设备

输出设备将计算机中的信息展示给用户。

显示器和投影仪是计算机的主要输出设备。有各种不同类型的显示器。不同显示器类型之间最重要的区别在于生成图像的技术不同。

图 1-43 KVM 切换器

- **LCD**：液晶显示屏（LCD）通常用于平板显示器和笔记本电脑。LCD 由两个偏振滤波器和位于偏振滤波器之间的液晶溶液组成。电子电流对液晶进行排列，以便光线可通过或受阻。光线在某些区域通过而在其他地方受阻的效应就生成了图像。LCD 有两种形式，主动矩阵和被动矩阵。主动矩阵有时称为薄膜晶体管（TFT）。TFT 可使每个像素受控，从而生成非常清晰的彩色图像。被动矩阵比主动矩阵便宜，但不能提供相同级别的图像控制。被动矩阵通常不用于笔记本电脑。

- **LED**：发光二极管（LED）显示屏是一种使用 LED 背光照亮显示屏的 LCD 显示屏。LED 比标准的 LCD 背光更节能，从而可以使面板更薄、更轻、更明亮，并显示更佳的对比度。

- **OLED**：有机 LED 显示屏使用一层有机材料，该材料对电刺激做出响应从而发光。此过程可使每个像素独立发光，从而形成比 LED 更深的黑度水平。OLED 显示屏比 LED 显示屏更薄、更轻。

- **等离子**：等离子显示屏是平板显示器的另一种类型，可以实现高亮度水平、深黑度水平以及非常广泛的色彩范围。等离子显示屏的最大尺寸可达到 150 英寸（381 厘米）或更大。等离子显示屏的命名源于其使用了在受到电刺激时能发光的电离气体微单元。

- **DLP**：数字光处理（DLP）是一种投影技术。DLP 投影仪使用旋转色轮和称为数字微镜装置（DMD）的微处理器控制的镜像阵列。每个镜像对应一个特定的像素。每个镜像将光反射到投影仪光学器件或远离投影仪光学器件。这将生成介于白与黑之间具有 1024 个灰阶的单色图像。然后，色轮添加颜色数据，以形成投影的彩色图像。

注意： 旧式显示器包括阴极射线管（CRT）。

打印机是生成计算机文件硬拷贝的输出设备。某些打印机专用于特殊应用，例如打印彩色照片。一体式打印机旨在提供多种服务，例如打印、扫描、传真和复印。

扬声器和耳机是音频信号的输出设备。大多数计算机的音频支持都集成在主板或适配器卡上。音频支持包括允许音频信号输入和输出的端口。声卡有一个用于驱动耳机和外置扬声器的放大器。

电视也是输出设备，但是电视也可具备输入功能。智能电视上运行有操作系统，这使得它能够接收用户的输入，连接获取到 Internet、智能手机、平板电脑和其他互联设备上的许多内容源。使用智能电视实际上无需机顶盒。机顶盒是将标准电视连接到各种内容来源（如有线、卫星或流传输）的设备。

3. 显示器特点

显示器分辨率是指可再现图像细节的级别。分辨率越高，显示的影像质量越高。

显示器分辨率涉及以下几种因素。

- **像素**：术语"像素"是图像元素的简称。像素是组成屏幕的微小圆点。每个像素由红色、绿色和蓝色（RGB）组成。
- **点距**：点距是屏幕上像素之间的距离。点距越小，生成的图像越好。
- **对比度**：对比度是指最亮点（白色）与最暗点（黑色）之间光强差异的度量。与对比度为 1,000,000:1 的显示器相比，对比度 10,000:1 显示的白色更暗而黑色更浅。
- **刷新率**：刷新率以赫兹（Hz）表示，是指每秒成像的频率。刷新率越高，生成的图像越好。
- **帧率**：帧率是指视频源能够将整个新数据的帧传输到显示器的频率。显示器的刷新率（以 Hz 为单位）直接等于该显示器的最大每秒帧数（FPS）。例如，刷新率为 144Hz 的显示器所显示的最大每秒帧数为 144。
- **隔行/逐行**：隔行显示器通过将屏幕扫描两次来生成图像。第一次扫描奇数行（自上而下），第二次扫描偶数行。逐行显示器通过将屏幕每行扫描一次（自上而下）来生成图像。
- **水平、垂直和色彩分辨率**：一行中的像素数量即水平分辨率。屏幕中的行数即垂直分辨率。可再现的颜色数量即色彩分辨率。
- **宽高比**：宽高比是显示器可视区域的水平尺寸与垂直尺寸的比率。例如，QSXGA 水平测量出 2,560 个像素，垂直测量出 2048 个像素，则其宽高比为 5:4。如果可视区域宽 16 英寸，高 12 英寸，则其宽高比为 4:3。24 英寸宽、18 英寸高的可视区域的宽高比也是 4:3。
- **原生分辨率**：原生分辨率即显示器具备的像素数量。分辨率为 1280 × 1024 的显示器拥有 1280 个水平像素和 1024 个垂直像素。原生模式是指发送到显示器的图像与显示器的原生分辨率相匹配的情况。

表 1-9 列出了常见的显示器类型及其分辨率和宽高比。

表 1-9   显示分辨率

显 示 标 准	线 性 像 素	宽 高 比
VGA	640 × 480	4 : 3
SVGA	800 × 600	4 : 3
HD	1280 × 720	16 : 9

续表

显 示 标 准	线 性 像 素	宽 高 比
WXGA	1280×800	16∶10
SXGA	1280×1024	5∶4
QHD	1440×2560	16∶9
UXGA	1600×1200	4∶3
FHD	1920×1080	16∶9
UHD	3840×2160	16∶9
WQUXGA	3840×2400	16∶10
FUHD	7680×4320	16∶9
QUHD	15360×8640	16∶9

显示器具有调整图像质量的控件。下面是一些常见的显示器设置。

- **亮度**：图像强度。
- **对比度**：明暗比。
- **定位**：图像在屏幕上的垂直和水平位置。
- **重置**：将显示器设置返回到出厂设置。

添加多台显示器可提高工作效率。添加的显示器可使您扩大桌面的尺寸或复制桌面，以便您能够查看更多打开的窗口。许多计算机具有针对多台显示器的内置支持。

将多台显示器连接到单个计算机

连接多台显示器需要多个显卡或具有多个端口的单个显卡。

注意： 要使用多台显示器，您需要两个或更多可用的视频端口以及额外的显示器。

How To

步骤 1 单击"开始">"控制面板">"显示"。

步骤 2 单击"更改显示设置"（"屏幕分辨率"窗口应显示两个显示器图标。如果屏幕上没有显示多个显示器，则可能不支持该显示器）。

步骤 3 单击表示您的主显示屏的显示器图标。如果显示器还不是主显示屏，可选中"使它成为我的主显示器"旁边的复选框。

步骤 4 从"多显示器"下拉框中，选择"扩展这些显示"。

步骤 5 单击"识别"。Windows 7 将会显示大号的数字来标识两台显示器。拖放显示器图标，使其与显示器的物理布局相匹配。

步骤 6 从下拉框中选择所需的"分辨率"和"方向"。

步骤 7 单击"确定"。

将多台显示器连接到单个计算机有如下几个优点。

- 在两台显示器上扩展 Windows 桌面是强化计算机的一种经济实用的方法。
- Dualview（双屏显示）也可用于将第二台显示器添加到笔记本电脑。
- 使用多台显示器可提高工作效率。例如，用户可以使用一个屏幕参加视频会议，同时在另一台显示器显示的应用中做记录。

1.2 选择计算机组件

在本节，您将学习如何为构建新系统或升级现有系统而选择计算机组件做出明智的选择。

1.2.1 选择 PC 组件

升级或组装新的计算机时，必须考虑若干因素。

1. 组装计算机

在进行任何采购之前，请确定计算机的用途。您要用计算机做什么？您是否想为家庭购买或组装新的计算机系统？您是否想为建筑公司的一位需要运行图形密集型应用（例如 AutoCAD）的客户组装工作站？或者，您是否想组装一台能够为您提供优于对手的优势的游戏计算机？

下一个问题是有多少外部设备以及什么类型的外部设备将连接到该计算机？您是否需要 RAID 系统？客户是否需要连接较旧组件或专有组件？您是否需要安装一块强大的显卡？

计算机的用途以及外部组件的类型最初会影响对主板的选择。主板必须满足所需的 CPU 和 CPU 散热解决方案、内存的类型和数量以及扩展槽和端口的类型和数量。

2. 选择主板

新主板（如图 1-44 所示）通常具有可能与较旧的组件不兼容的新功能或标准。选择置换主板时，请确保其支持 CPU、内存、显卡和其他适配器卡。主板上的插槽和芯片组必须与 CPU 兼容。重新使用 CPU 时，主板还必须容纳现有的散热器和风扇组件。特别要注意扩展槽的数量和类型。确保扩展槽的数量和类型与现有的适配器卡相匹配并支持即将使用的新卡。现有的电源必须具有适合新主板的连接。最后，新主板必须物理上适合当前的计算机机箱。

组装计算机时，请选择能够为您提供所需功能的芯片组。例如，您可以购买支持多个 USB 端口、eSATA 连接、立体声和视频的芯片组的主板。

图 1-44 主板

CPU 封装必须与主板插座类型或 CPU 插槽类型相匹配。CPU 封装包括 CPU、连接点以及包围 CPU 和散热的材料。

数据通过一组线缆（称为总线）从计算机的一部分传输到另一部分。总线有两个部分。总线的数据部分称为数据总线，用于在计算机组件之间传输数据。总线的地址部分称为地址总线，用于传输 CPU 读取或写入数据的位置的内存地址。

总线规格决定了一次可传输的数据量。32 位总线一次将 32 位数据从处理器传输到内存或者其他主板组件；而 64 位总线一次传输 64 位数据。数据通过总线的速度取决于时钟速度（以 MHz 或 GHz 为单位）。

PCI 扩展槽连接到并行总线，可以通过多条线缆同时发送多个位。PCI 扩展槽正被 PCIe 扩展槽取代，PCIe 扩展槽连接到以更快速率一次只发送一位的串行总线。

组装计算机时，请选择配备满足您当前和未来需求的插槽的主板。

3. 选择机箱和风扇

主板和外部组件的选择将影响机箱和电源的选择。主板外形规格必须与合适的计算机机箱和电源类型相匹配。例如，ATX 主板需要兼容 ATX 的机箱和电源。

机箱通常已预装了电源。在这种情况下，您仍需要验证该电源是否能为即将安装到机箱内的所有组件提供足够电力。

您可以选择一个较大的计算机机箱，以容纳未来可能需要的附加组件。或者您可以选择一个占用最小空间的较小机箱。一般来说，计算机机箱应耐用、便于维修并具备足够的扩展空间。

表 1-10 描述了影响计算机机箱选择的各种因素。

表 1-10　　　　　　　　　　　　　　选择计算机机箱

因　　素	原 理 阐 述
型号类型	您所选择的主板类型决定了可以使用的机箱类型。大小和形状必须完全匹配
尺寸	如果计算机有许多组件，它将需要更多通风空间以保持系统散热良好
电源（PSU）	电源的额定功率和连接类型必须与您所选择的主板类型相匹配
外观	对于有些人来说，机箱外观根本不重要。但对于另外一些人而言，机箱外观非常重要。如果需要一个引人注目的机箱，有许多机箱设计可供选择
状态显示	机箱内的运行状况非常重要。安装在机箱外部的 LED 指示灯可以告诉您系统是否通电、硬盘驱动器何时在运转，以及计算机何时处于睡眠或休眠模式
通风口	所有机箱都有一个电源通风口，以及其他一些通风口以帮助系统通风

计算机中有许多在计算机运行时产生热量的内部组件。应安装机箱风扇以将凉爽的空气带入计算机机箱，同时将热量排出机箱。选择机箱风扇时，应考虑如下几个因素。

- **机箱尺寸**：机箱越大，通常需要的风扇也越大，因为较小的风扇无法产生足够的气流。
- **风扇速度**：噪音可能是一个问题，使用转速较慢的大风扇可以减少噪音。
- **组件数量**：多个组件会产生更多的热量，需要更多的风扇。
- **物理环境**：机箱风扇必须能够驱散足够的热量以使机箱在各种温度下都能够保持凉爽。
- **可用的安装位置数**：风扇的安装位置数因机箱而异。
- **可用的安装位置**：风扇的安装位置因机箱而异。
- **电路连接**：有些机箱风扇直接连接到主板，有些则直接连接到电源。

注意：　机箱中所有风扇产生的气流方向必须协调一致，以将凉爽的空气带入，同时将较热的空气排出。反向安装风扇或使用尺寸或速度与机箱不匹配的风扇可能会导致气流相互抵消。

4. 选择电源

电源将交流输入电压转换为直流输出电压。电源通常提供 3.3V、5V 和 12V 的电压，并以瓦特为测量单位。电源必须为安装的组件提供足够的电力并支持未来可能添加的其他组件。如果您选择仅为当前组件供电的电源，当其他组件升级时，您可能需要更换电源。

表 1-11 描述了选择电源时要考虑的各种因素。

表 1-11 选择电源

要　　素	考 虑 因 素
主板类型	电源必须与主板兼容
所需功率	为每个组件添加功率
组件数量	确保电源提供的功率除了足够支持系统中的所有组件外，至少还要多出 25%
组件类型	确保电源提供正确的组件接头数量和类型
机箱类型	电源必须在外形规格及安装方面与机箱兼容

将电源电缆连接到其他组件时务必小心。如果您难以插入接头，请尝试调整位置重新插入，或检查以确保没有弯曲的引脚或异物的阻挡。如果难以插入电缆或其他部件，则说明有故障。电缆、接头和组件应紧密接合。不要强行插入接头或组件。若接头未正确插入，可能会损坏插头和接头。请花点时间并确保您正确连接了硬件。

5. 选择 CPU 和 CPU 冷却系统

购买 CPU 之前，请确保其与现有主板兼容。制造商的网站是研究 CPU 与其他设备之间兼容性的一个很好的资源。表 1-12 列出了制造商生产的各种可用插座及其支持的处理器。

表 1-12 Intel 和 AMD 插座

Intel 插座	架　　构	AMD 插座	架　　构
775	平面栅格阵列（LGA）	AM3	引脚栅格阵列（PGA）
1155	LGA	AM3+	PGA
1156	LGA	FM	PGA
1150	LGA	FM	PGA
1366	LGA	FM	PGA
2011	LGA		

升级 CPU 时，请确保电压正确。电压调节模块（VRM）已集成在主板上。您可以在 BIOS 或 UEFI 软件中配置 CPU 的电压设置。现代处理器的速度以 GHz 为度量单位。最大额定速度是指处理器无误运行时的最大速度。两个主要因素可能会限制处理器的速度。

- 处理器芯片是由线路互联的晶体管的集合。通过晶体管和线路传输数据会导致延迟。
- 当晶体管的状态从开启更改为关闭或从关闭更改为开启时会产生少量的热量。随着处理器速度的提高，产生的热量也随之增加。当处理器过热时，它会开始出错。

前端总线（FSB）是 CPU 和北桥芯片之间的路径。它用于连接各种组件，例如芯片组、扩展卡和内存等。数据可在 FSB 中双向传输。总线的频率以 MHz 为度量单位。CPU 运行的频率由应用于 FSB 速度的时钟倍频来决定。例如，以 3200MHz 运行的处理器可能使用 400MHz 的 FSB。3200MHz 除以 400MHz 等于 8，因此 CPU 的速度是 FSB 速度的 8 倍。

处理器进一步分为 32 位处理器和 64 位处理器。其主要区别是处理器一次能够处理的指令数量。64 位处理器在每个时钟周期能够比 32 位处理器处理更多的指令。64 位处理器还支持更多内存。要利用 64 位处理器的功能，请确保安装的操作系统和应用支持 64 位处理器。

CPU 是计算机机箱中最昂贵、最敏感的组件之一。CPU 可能变得很热；因此大多数 CPU 都需要散热器以及散热风扇来进行通风散热。

以下列出了选择 CPU 散热系统时要考虑的几个因素。

- 插槽类型。
- 主板物理规格。
- 机箱大小。
- 物理环境。

6. 选择内存

当应用频繁锁定或计算机经常显示错误消息时，可能需要新的内存。要确定问题是否在于内存，请在 BIOS 模式下执行内存测试。如果该测试不可用，可下载特殊的内存测试程序。另一种方法是用已知的良好内存替换旧的内存。重新启动计算机，以查看计算机运行时是否不显示错误消息。

当选择新的内存时，必须确保其与当前主板兼容。此外，芯片组必须支持新内存的运行速度。当您购买替换用的内存时，携带原始内存模块可能很有用。图 1-45 展示了内存的示例。

图 1-45 RAM

内存还可分为无缓冲内存和缓冲内存。

- **无缓冲内存**：这是计算机的常规内存。计算机直接从内存条读取数据，这使得无缓冲内存比缓冲内存更快。但是，可安装的内存量是有限制的。
- **缓冲内存**：这是针对使用大量内存的服务器和高端工作站的专用内存。这些内存芯片配备内置于模块中的控制芯片。控制芯片协助内存控制器管理大量的内存。避免将缓冲内存用于游戏计算机和普通工作站，因为额外的控制器芯片会降低内存速度。

7. 选择适配器卡

适配器卡也称为扩展卡，专门用于特定任务以及为计算机添加额外功能。购买适配器卡之前，请考虑以下问题。

- 是否有开放的扩展槽？
- 适配器卡是否与开放槽兼容？
- 客户当前和未来的需求是什么？
- 可能的配置选项有哪些？

注意： 如果主板未配备兼容的扩展槽，可考虑使用外部设备。

以下是可进行升级的扩展卡。

- **显卡**：安装的显卡类型会影响计算机的整体性能。例如，需要支持大量图形的显卡可能是内存密集型、CPU 密集型或两者兼有。计算机必须有插槽、内存和 CPU 才能支持升级显卡的全部功能。根据当前和未来需求选择显卡。例如，要玩 3D 游戏，则显卡必须满足或超出最低要求。某些 GPU 已集成到 CPU。当 GPU 已集成到 CPU 时，则无需购买显卡，除非需要高级视频功能（例如 3D 图形）或极高分辨率。购买新显卡时要考虑的因素包括插槽类型、端口类型、视频 RAM（VRAM）的数量和速度、图形处理单元（GPU）以及最大分辨率。

- **声卡**：安装的声卡的类型决定计算机的音质。计算机系统必须配备高质量的扬声器和超低音音箱，以支持升级声卡的全部功能。根据客户的当前和未来需求选择合适的声卡。例如，如果客户希望听到特定类型的立体声，则该声卡必须拥有合适的硬件解码器来重现该声音。此外，客户可以借助拥有较高采样速率的声卡获得更好的音准。购买新声卡时要考虑的因素包括插槽类型、数字信号处理器（DSP，可增强数字信号准确度与可靠性）、采样率、端口和连接类型、硬件解码器以及信噪比。

- **存储控制器**：存储控制器是可集成到主板或扩展卡中的芯片。存储控制器可实现计算机系统的内部和外部驱动器的扩展。RAID 控制器等存储控制器还可以提供容错功能或更快的速度。客户所需的数据量和数据保护级别会影响所需的存储控制器类型。根据客户的当前和未来需求选择合适的存储控制器。例如，如果客户希望实施 RAID 5，则需要具备至少三个驱动器的 RAID 存储控制器。购买新的存储控制器时要考虑的因素包括插槽类型、接头数、内部或外部接头、卡的尺寸、控制器卡 RAM、控制器卡处理器以及 RAID 类型。

- **I/O 卡**：在计算机中安装 I/O 卡是添加 I/O 端口的一个快速、简便的方法。USB 是计算机上安装的最常见的端口。根据客户的当前和未来需求选择合适的 I/O 卡。例如，如果客户希望添加内部读卡器而主板未配备内部 USB 连接，则需要具备内部 USB 连接的 USB I/O 卡。购买新 I/O 卡时要考虑的因素包括：插槽类型、I/O 端口类型、I/O 端口数量以及额外功率要求。

- **NIC**：客户通常对网络接口卡（NIC）进行升级以获得更快速度和更多带宽。购买新网卡时要考虑的因素包括：插槽类型、速度、接头类型、有线或无线连接以及标准兼容性。

- **采集卡**：采集卡将视频导入到计算机并记录在硬盘驱动器中。添加配备电视调谐器的采集卡让您能够观看并录制电视节目。计算机系统必须具备足够的 CPU 电源、足够的内存和高速存储系统，以支持客户的采集、录制和编辑需求。根据客户的当前和未来需求选择合适的采集卡。例如，如果客户希望录制一个节目并同时观看另一个节目，则必须安装多个采集卡或配备多个电视调谐器的采集卡。购买新采集卡时要考虑的因素包括：插槽类型、分辨率和帧率、I/O 端口以及格式标准。

8. 选择硬盘驱动器

当内部存储设备不能满足客户需求或发生故障时，您可能需要更换内部存储设备。内部存储设备发生故障的迹象可能是异常噪音、异常振动、错误消息，甚至是损坏数据或应用不能加载。

购买新硬盘驱动器时要考虑的因素包括：内置或外置；HDD、SSD 或 SSHD；热插拔；发热量；噪音量；以及电源要求。

内部驱动器通常借助 SATA 连接到主板，而外部驱动器通常借助 USB、eSATA 或 Thunderbolt 进行连接。

图 1-46 展示的是一个机械性的、磁性的 HDD。

固态驱动器（SSD）的各个组件如图 1-47 所示。

图 1-46　硬盘驱动器

注意：　SATA 电缆与 eSATA 电缆很相似，但它们不可互换。

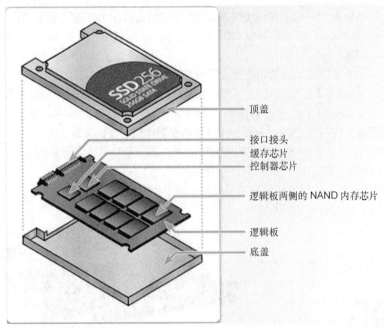

图 1-47 SDD 组件

标注文字：
顶盖
接口接头
缓存芯片
控制器芯片
逻辑板两侧的 NAND 内存芯片
逻辑板
底盖

9. 选择读卡器

读卡器是读取和写入到不同类型介质卡的设备，例如数码相机、智能手机或 MP3 播放器中的介质卡。

读卡器如图 1-48 所示。

更换读卡器时，请确保该读卡器支持即将使用的介质卡的类型和存储容量。

购买读卡器时要考虑的因素包括所支持的介质卡、内置或外置、接头类型。

根据客户的当前和未来需求选择合适的读卡器。例如，如果客户需要使用多种类型的读卡器，则需要多格式读卡器。一些常见的介质卡如图 1-49 所示。

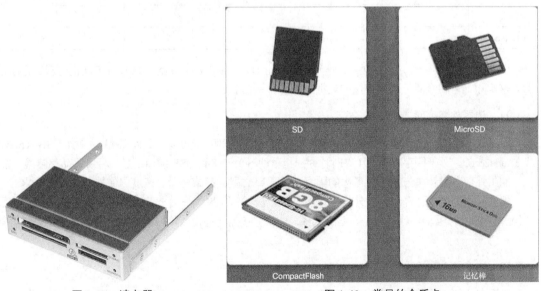

图 1-48 读卡器   图 1-49 常见的介质卡

- **安全数字（SD）**：SD 卡旨在用于各种便携式设备（例如照相机、MP3 播放器和笔记本电脑）。SD 卡的最高容量为 2GB。高容量 SD（SDHC）卡的最高容量为 32GB，而超高容量 SD（SDXC）卡的最高容量为 2TB。
- **MicroSD**：SD 卡的较小版本，通常用于智能手机和平板电脑。
- **MiniSD**：一种介于 SD 卡和 MicroSD 卡之间的 SD 版本。该格式专为移动电话而开发。
- **CompactFlash**：CompactFlash 是一种较旧的格式，但由于其高速度和高容量（通常高达 128GB），目前仍在广泛应用。CompactFlash 通常用作摄像机的存储设备。
- **记忆棒**：记忆棒由索尼公司开发，是用于照相机、MP3 播放器、手持式电子游戏系统、移动电话、摄像机和其他便携式电子设备的专用闪存。
- **eMMC**：嵌入式多媒体卡广泛应用于智能手机和一些平板电脑。
- **xD**：也称为图像卡，用于一些数码相机。

10. 选择光驱

光驱使用激光从光介质中读取数据并将数据写入光介质。

图 1-50 是 DVD-RW 光驱的一个示例。

购买光驱时要考虑的因素包括接头类型、读取功能、写入功能、光介质类型。

表 1-13 总结了光驱的功能。

图 1-50 光驱

表 1-13 购买新光驱

光驱	读取 CD	写入 CD	读取 DVD	写入 DVD	读入蓝光	写入蓝光	重写蓝光
CD-ROM	×						
CD-RW	×	×					
DVD-ROM	×		×				
DVD-RW	×	×	×	×			
BD-ROM	×		×		×		
BD-R	×	×	×	×	×	×	
BD-RE	×	×	×	×	×	×	×

DVD 可比 CD 存储更多数据，而蓝光磁盘可比 DVD 存储更多数据。DVD 和 BD 也可双层记录数据，这实际上可将介质上能够存储的数据量增加了一倍。

11. 选择外部存储

使用多台计算机时，外部存储提供了便携性和便利性。外部存储器连接到外部端口，例如 USB、eSATA 或 Thunderbolt。外部闪存驱动器（有时称为拇指驱动器）连接到 USB 端口，是一种可移动存储器。

购买外部存储解决方案时要考虑的因素包括端口类型、存储容量、速度、便携性、电源要求。

根据客户的需求选择合适的外部存储器类型。例如，如果客户需要传输少量数据（例如单个演示文档），外部闪存驱动器就是一个不错的选择。如果客户需要备份或传输大量数据，则选择外部硬盘驱动器。

12. 选择输入和输出设备

根据客户的需求选择硬件和软件。确定客户所需的输入或输出设备后，您必须确定如何将其连接到计算机。

图 1-51 显示了计算机的背板以及一些常见的输入和输出接头。技术人员应该非常了解这些接口和端口。

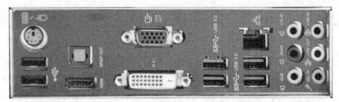

图 1-51 常见的输入和输出接头

1.3 专用计算机系统的配置

大多数计算机是用于处理各种各样任务和操作的通用计算机。专用计算机指的是用于执行特定任务的计算机。

1.3.1 专用计算机系统

本节将辨别并讨论这些专用计算机。

1. 胖客户端和瘦客户端

计算机有时还具有下述称呼。

- **厚客户端**：有时称为胖客户端，这是我们在本章中讨论的标准计算机。计算机有其自己的操作系统、多个应用和本地存储。这些计算机是独立系统，运行时无需网络连接。所有处理均在计算机上本地执行。
- **瘦客户端**：这通常是依赖远程服务器执行所有数据处理的低端网络计算机。瘦客户端需要与服务器建立网络连接，通常使用 Web 浏览器访问资源。但是，该客户端可以是运行瘦客户端软件的计算机，也可以是由显示器、键盘和鼠标组成的小型专用终端。通常瘦客户端不具备任何内部存储且几乎没有本地资源。

表 1-14 描述了胖客户端和瘦客户端之间的差异。

表 1-14　　　　　　　　　辨别胖客户端与瘦客户端之间的差异

	胖客户端	瘦客户端
所需资源	显示器、鼠标、键盘、塔式机箱（含 CPU 和内存）、内部存储	显示器、鼠标、键盘、小型计算机
占地面积	大	小
网络访问	可选	必需
执行的数据处理	在本地计算机上	在远程服务器上
协同部署所需的工作量	更多	更少
协同部署的成本	更多	更少

除了胖客户端和瘦客户端，还有针对特定用途而组装的计算机。计算机技术人员的一部分职责是评估、选择适当的组件以及升级或定制专用计算机以满足客户的需求。

2. CAx 工作站

专用计算机的其中一个示例是用于运行计算机辅助设计（CAD）或计算机辅助制造（CAM）软件的工作站。

CAD 或 CAM（CAx）工作站用于设计产品和控制制造流程。CAx 工作站用于创建蓝图，设计住宅、汽车、飞机、计算机以及许多日常使用的产品部件。用于运行 CAx 软件的计算机必须满足用户设计和制造产品所需的软件和 I/O 设备的需求。CAx 软件通常较为复杂且需要稳健的硬件。

当需要运行 CAx 软件时，请考虑以下硬件。

- **强大的处理器**：CAx 软件必须非常快速地进行巨大数量的计算。它应快速执行 2D 和 3D 图形绘制。建议 CAD 工作站使用快速的多核处理器。
- **高端显卡**：这些高分辨率显卡使用专用 GPU 快速执行 2D 和 3D 图形绘制。最好甚至是必须使用多个显示器，以便用户可以同时使用代码、2D 图形绘制以及 3D 模型。
- **内存**：由于 CAx 工作站要处理大量信息，因此内存非常重要。安装的内存越多，则处理器可以计算的数据就越多，以避免从较慢的硬盘驱动器读取更多数据。尽量安装主板和操作系统支持的最大内存数量。内存的数量和速度应高于 CAx 应用建议的最小值。

3. 音频和视频编辑工作站

音频编辑工作站用于录制音乐、制作音乐 CD 和 CD 标签。视频编辑工作站可用于制作电视广告、黄金时段节目，以及影院电影或家庭电影。

专用的硬件和软件协同工作以构建执行音频和视频编辑的计算机。音频编辑工作站上的音频软件用于录制音频、处理音频的混音和特殊效果，以及完成录制进行发布。视频软件用于剪切、复制、合并和更改视频剪辑。也可使用视频软件在视频中添加特效。

当需要运行音频和视频编辑软件时，请考虑以下硬件。

- **专用声卡**：将音乐录制到工作室的计算机中时，可能需要源自麦克风的多个输入以及到音效设备的多个输出。因此需要一张能够处理所有这些输入和输出的声卡。研究不同的声卡制造商并了解客户的需求，以安装可满足现代录制或母带后期处理等所有需求的声卡。
- **专用显卡**：一块能够处理高分辨率和多个显示屏的显卡，对于实时合并和编辑不同视频源和特效而言是必需的。您必须了解客户的需求并研究显卡，以确保安装能处理来自现代照相机和特效装置的大量信息的显卡。
- **大容量快速硬盘驱动器**：现代的摄像机以高分辨率、快速的帧率进行录制。这会生成大量数据。小容量的硬盘驱动器很快就会填满，而慢速的硬盘驱动器无法满足需求，甚至有时会丢弃帧。建议使用大容量快速硬盘驱动器（例如 SDD 或 SSHD 驱动器）录制高端视频，以避免错误且不丢失帧。采用条带化技术的 RAID 级别（例如 0 或 5）有助于提高读取或写入速度。
- **双显示器**：处理音频和视频时，两三个甚至更多个显示器可能非常有用，能够跟踪多个曲目、场景、设备和软件的情况。建议使用 HDMI、DisplayPort 和 Thunderbolt 卡，也可使用 DVI。如果需要多个显示器，则组装音频或视频工作站时就必须使用专用显卡。

4. 虚拟化工作站

您可能需要为一位使用虚拟化技术的客户组装计算机。同时在一台计算机上运行两个或多个操作系统的技术称为虚拟化。通常，一个操作系统已经安装，而虚拟化软件用于安装并管理其他操作系统的额外安装。可以使用来自多家软件公司的不同操作系统。

还有另一种称为虚拟桌面基础架构（VDI）的虚拟化类型。VDI 允许用户登录到服务器以访问虚拟计算机。鼠标和键盘的输入将发送到服务器以操纵虚拟计算机。声音和视频等输出将发回至访问虚拟计算机的客户端的扬声器和显示器。

低处理能力的瘦客户端使用更强大的服务器来执行复杂计算。笔记本电脑、智能手机和平板电脑也可访问 VDI 以使用虚拟计算机。下面是虚拟计算的其他一些功能。

- 在一个不损害您当前操作系统的环境中测试软件或进行软件升级。
- 在一台计算机上使用多种类型的操作系统（例如 Linux 或 Mac OS X）。
- 浏览 Internet 时避免有害软件损坏您的系统安装。
- 运行与现代操作系统不兼容的旧应用。

虚拟计算需要更强大的硬件配置，因为每个安装都需要其自己的资源。一两个虚拟环境可在配备普通硬件的现代计算机上运行，但是完整的 VDI 安装可能需要快速、昂贵的硬件，以支持处于不同环境中的多个用户。

以下是运行虚拟计算机的一些硬件要求。

- **最大内存**：您需要足够的内存以满足每个虚拟环境和主计算机的要求。仅使用几台虚拟机的标准安装只需 1GB 内存就可支持现代操作系统（例如 Windows 8）。对于多个用户，为支持每个用户的多个虚拟计算机，您可能需要安装 64GB 或更多内存。
- **CPU 内核**：虽然单核 CPU 可以执行虚拟计算，但是当托管多个用户和多台虚拟机时，拥有多个内核的 CPU 可提高速度和响应能力。一些 VDI 的安装使用配备多个内核的 CPU 的计算机。

5. 游戏 PC

许多人喜欢玩计算机游戏。每年，游戏都变得越来越先进并需要更强大的硬件、新的硬件类型以及其他资源，以确保获得流畅、愉悦的游戏体验。

您的一位客户可能希望您设计并组装一台用来玩电子游戏的计算机。下面是组装游戏计算机时所需的一些硬件。

- **强大的处理器**：游戏要求计算机的所有组件无缝协作。强大的处理器有助于确保所有软件和硬件数据能够得到及时处理。强大的处理器可支持高帧率、3D 图形绘制和高音频性能。多核处理器有助于提高硬件和软件的响应能力。
- **高端显卡**：现代游戏使用高分辨率并具有复杂的细节。配备拥有快速、专用 GPU 以及大量快速视频内存的显卡，对于确保显示器上显示的图像优质、清晰、流畅十分必要。一些游戏计算机使用多个显卡，以实现高帧率或能够使用多个显示器。
- **高端声卡**：电子游戏使用多个优质声道以使玩家沉浸于游戏中。优质声卡将声音质量提高至超过计算机内置声音的质量。专用声卡还可通过将某些需求从处理器中剔除来提高整体性能。游戏玩家通常使用专用耳机和麦克风与其他在线游戏玩家互动。
- **高端散热**：高端组件通常比标准组件产生更多热量。通常需要较强大的散热硬件，以确保计算机在运行高级游戏的重负荷情况下保持凉爽。通常使用大尺寸风扇、散热器和液冷装置来使 CPU、GPU 和内存保持凉爽。
- **大容量快速内存**：计算机游戏的运行需要大量内存。视频数据、声音数据以及玩游戏所需的各种信息都需要持续访问。计算机配备的内存越大，则计算机需要从存储驱动器读取的频率越低。较快的内存有助于处理器保持所有数据同步，因为计算所需的数据可在需要时进行检索。
- **快速存储**：相比 5400 RPM 硬盘驱动器，7200 RPM 和 10000 RPM 驱动器能够以更快的速率进行数据检索。SSD 和 SSHD 驱动器比较昂贵，但是它们能够显著提升游戏性能。
- **游戏专用硬件**：一些游戏涉及与其他玩家的沟通。因此需要麦克风与他们进行交谈，需要扬声器或耳机来听到他们的声音。了解客户所玩的游戏类型，以确定是否需要麦克风或耳机。

一些游戏可在 3D 模式下进行。可能需要使用特殊的眼镜和特定的显卡才能使用该功能。在一些游戏中使用多个显示器会带来更佳的效果。例如,可将飞行模拟器配置为同时通过两个、三个或更多显示器来显示驾驶舱图像。

6. 家庭影院 PC

组装家庭影院个人计算机(HTPC)需要专用硬件,以为客户提供高质量的观赏体验。每台设备必须连接并正确提供所需的服务和资源,以支持 HTPC 系统的不同需求。

HTPC 的一个有用功能是能够录制视频节目以便稍后观看,称为时间转移(time shifting)。可将 HTPC 系统设计为显示电视直播、流式电影和 Internet 内容,显示家庭照片和视频,甚至通过电视上网。组装 HTPC 时请考虑以下硬件。

- **专用机箱和电源**:组装 HTPC 时可使用较小的主板,以便各个组件能够安装到外形规格更为紧凑的机箱中。这种小型外观看起来像家庭影院的常用组件。HTPC 机箱通常包含大风扇,这些风扇比普通工作站中使用的风扇转速更低,产生的噪音更少。可以使用未配备风扇的电源(根据电源要求),以进一步降低 HTPC 产生的噪音量。有些 HTPC 设计包含高效组件且不需要风扇进行散热。
- **立体声音频**:立体声有助于让观众沉浸于视频节目中。HTPC 可以使用来自主板的立体声(如果芯片组支持),或者安装专用声卡来向扬声器输出优质立体声,或向额外的放大器输出更佳的音质。
- **HDMI 输出**:HDMI 标准用于将高清视频、立体声和数据传输到电视、媒体接收器和投影仪。HDMI 还可控制支持控制的许多设备的功能。
- **电视调谐器和有线电视卡**:HTPC 必须使用调谐器以显示电视信号。电视调谐器将模拟和数字电视信号转换为计算机可以使用和存储的音频和视频信号。有线电视卡可用于从有线电视公司接收电视信号。访问收费的有线频道时需要有线电视卡。一些有线电视卡可同时接收多达六个频道。
- **专用硬盘驱动器**:具备低噪音级别和低能耗的硬盘驱动器通常称为音频/视频(A/V)驱动器。这些驱动器专为较长、稳定的录制以及长期使用而设计。

一些客户不组装 HTPC 而可能选择组装家庭服务器 PC。家庭服务器 PC 可放置于家中的任何地方,并可通过多台设备同时访问。家庭服务器可通过网络与计算机、笔记本电脑、平板电脑、电视和其他媒体设备共享文件,提供打印机共享、流式音频、视频和照片。家庭服务器可以配备 RAID 阵列,以保护重要数据免受硬盘驱动器故障的影响。为使多台设备之间无延迟地传输数据,请安装千兆网卡。

1.4 总结

信息技术涉及与计算相关的种种事物,包括硬件、软件以及用于管理和处理信息的网络连接等。本章为您介绍了信息技术的多个方面。

本章介绍了构成个人计算机系统的组件,以及如何考虑升级这些组件。本章的很多内容贯穿整个课程,掌握本章内容有助于后续章节的学习。

- 信息技术包括使用计算机、网络硬件和软件来处理、存储、传输和检索信息。
- 个人计算机系统包括硬件组件和软件应用。
- 必须谨慎选择计算机机箱和电源,以支持机箱内部的硬件并允许组件添加。
- 计算机的内部组件要根据具体特性与功能进行选择。所有的内部组件必须与主板兼容。

- 连接设备时，要使用正确的端口和电缆类型。
- 典型的输入设备包括键盘、鼠标、触摸屏和数码相机。
- 典型的输出设备包括显示器、打印机和扬声器。
- 当设备发生故障或不再满足客户需求时，必须对机箱、电源、CPU 和散热系统、内存、硬盘驱动器和适配器卡进行升级。

专用计算机需要满足其特定功能的硬件。用于专用计算机的硬件类型取决于客户的工作方式以及客户想要完成的任务。

检查你的理解

您可以在附录中查找下列问题的答案。

1. 电压选择开关的用途是什么？
   - A. 设置电源电压以满足计算机组件的电压需求
   - B. 为电源设置正确的输入电压，这取决于使用电源的国家
   - C. 允许用户增加电源可支持的设备数量
   - D. 更改电压以匹配计算机中使用的主板类型

2. 哪项 IEEE 标准定义了 FireWire 技术？
   - A. 1284
   - B. 1394
   - C. 1451
   - D. 1539

3. 高速 USB 2.0 的最大数据速度为多少？
   - A. 1.5Mbit/s
   - B. 12Mbit/s
   - C. 380Mbit/s
   - D. 480Mbit/s
   - E. 480Gbit/s
   - F. 840Gbit/s

4. 当前网络管理员有三台服务器，需要添加第四台服务器，但是没有足够的空间来放置新增的显示器和键盘。下列哪类设备可以让管理员将所有的服务器连接到一台显示器和一个键盘？
   - A. 触摸屏显示器
   - B. PS/2 集线器
   - C. USB 切换器
   - D. KVM 切换器
   - E. UPS

5. 即使在拔下电源插头很长一段时间后，技术人员在打开电源时仍会有什么危险？
   - A. 因存储的高压引起电击
   - B. 热组件导致灼伤
   - C. 接触重金属
   - D. 吸入有毒气体导致中毒

6. 下面哪个术语是指在处理器制造商指定值的基础上提高处理器速度的技术？
   - A. 节流
   - B. 多任务
   - C. 超频
   - D. 超线程

7. 最好使用哪项技术来实现驱动器冗余和数据保护？
   - A. CD
   - B. DVD
   - C. PATA
   - D. RAID
   - E. SCSI

8. 可热插拔的 eSATA 驱动器的特征是什么？
   - A. 为了连接驱动器，必须关闭计算机
   - B. 可热插拔的 eSATA 驱动器产生的热量少

    C. 无须关闭计算机，即可将其连接至计算机或计算机上拔下

    D. 它具有较低的转速（RPM）

9. 哪一项是虚拟计算的可能用途？

    A. 允许用户浏览 Internet 而不必担心恶意软件感染主机软件安装

    B. 允许测试计算机硬件

    C. 允许测试计算机硬件升级

    D. 允许测试 ROM 固件升级

10. 组装计算机时，哪三个组件必须具有相同的外形规格？（选择 3 项）

    A. 机箱   B. 电源

    C. 显示器   D. 显卡

    E. 主板   F. 键盘

11. 电源的功能是什么？

    A. 将交流电转换为电压较低的直流电

    B. 将交流电转换为电压较高的直流电

    C. 将直流电转换为电压较低的交流电

    D. 将直流电转换为电压较高的交流电

第 2 章

实验流程和工具使用简介

学习目标

通过完成本章的学习，您将能够回答下列问题：

- 什么是安全的工作条件和流程；
- 哪些流程有助于保护设备和数据；

- 哪些流程有助于正确处理有害的计算机组件及相关材料，哪些工具和软件用于个人计算机组件，它们的用途是什么；
- 什么是正确的工具使用。

安全是工作场所中一项重要的话题和活动。安全指南有助于保护个人免受意外事故或伤害。它们还有助于保护设备免受损坏。

工作场所中不当的安全实践所造成的后果可能导致严重的伤害、更多的设备损坏、对环境造成破坏以及其他一些问题。即使一个很小的事故也将造成生产力的降低和成本的增加。对于所有的员工来说，理解工作中的安全非常重要。

本章包括工作场所的基本安全措施、硬件和软件工具以及有害物质的处理。安全指南有助于保护个人免受事故和伤害。它们还有助于保护设备免受损坏。其中一些指南旨在保护环境免受因随意丢弃的物料所导致的污染。

2.1 安全的实验流程

每个人都必须了解并遵循安全流程。

2.1.1 保护人员的流程

安全的工作条件有助于防止人身伤害以及对计算机设备的损坏。安全的工作空间应整洁、有序且光线充足。

1. 通用安全

请遵守安全指南，以防止划伤、烧伤、电击和视力损伤。作为一项最佳实践，请确保配备灭火器和急救箱。放置不当或未固定的电缆可能会在网络安装过程中造成绊倒的危险。电缆管理技术（例如将电缆安装在管道或电缆托架中）有助于防止发生危险。

下面是在计算机上进行操作时应采取的基本安全预防措施（部分）。

- 取下您的手表和首饰并束紧宽松的服装。
- 进行维修服务前请关闭电源并拔下设备插头。

- 用胶带缠住计算机机箱内部的锐边。
- 请勿打开电源或配备内置电源的显示器。
- 请勿触摸打印机上的发热区域或使用高压的区域。
- 了解灭火器的位置和使用方法。
- 请勿将食物或饮料带入您的工作空间。
- 请保持您的工作空间干净整洁。
- 抬举重物时应弯曲膝盖，以免损伤您的背部。
- 请佩戴安全护目镜，以免损伤视力。

清洁或维修设备之前，请确保您的工具状况良好。请清洁、维修或替换无法正常工作的部件。

2. 电气安全

请遵守电气安全指南，以防止电气火灾、伤害和死亡事故。

一些打印机部件在使用过程中会发热，而电源等其他部件都包含高压。查看打印机手册，了解高压组件的位置。有些组件在打印机关闭后仍包含高压。确保打印机在维修之前有足够的时间散热。

电气设备都有明确的功率要求。例如，交流适配器专为特定笔记本电脑而制造。与不同型号的笔记本电脑或设备互换交流适配器可能会损坏交流适配器和笔记本电脑。

3. 消防安全

请遵守消防安全指南，以保护生命、建筑物和设备。为了避免触电和防止计算机损坏，请在开始维修之前关闭计算机并拔下计算机电源插头。

火灾可能会迅速蔓延并带来巨额损失。正确使用灭火器可防止小型火灾失控。使用 P-A-S-S 帮助记忆灭火器操作的基本规则。

- P：拔掉插销。
- A：瞄准火源底部而不是火焰。
- S：按压把手。
- S：左右扫动喷嘴。

熟悉您所在的国家/地区使用的灭火器类型。每种类型的灭火器都含有特定的化学物质，以扑灭不同类型的火灾。

- 纸张、木材、塑料、硬纸板。
- 汽油、煤油、有机溶剂。
- 电气设备。
- 易燃金属。

处理计算机组件时，请注意从计算机和电子设备上散发的气味。电子元件过热或短路时会散发出一股烧焦的气味。遇到火灾时，请遵循以下安全流程。

- 不要试图扑灭失控或未封闭的火灾。
- 在开始任何工作之前，请务必规划好火灾安全逃生路线。
- 迅速离开建筑物。
- 联系紧急服务以获得帮助。
- 在不得不使用工作场所中的灭火器之前，请找到并阅读其说明书。

2.1.2　保护设备和数据的流程

更换设备和恢复数据可能成本高昂并且耗费时间。这一部分将辨别针对系统的潜在威胁并描述有助于预防丢失和损坏的流程。

1. ESD 和 EMI

更换设备和恢复数据可能成本高昂并且耗费时间。这一部分将辨别针对系统的潜在威胁并描述有助于预防丢失和损坏的流程。

静电放电

当存在电荷（静电）积聚的表面与另一个带有不同电荷的表面接触时，就会产生静电放电（ESD）。如果放电不当，ESD 会损坏计算机设备。请遵守正确的处理指南，注意环境问题，并使用稳定功率的设备来防止设备损坏和数据丢失。

静电积聚到至少 3,000 伏时人才会感觉到 ESD。例如，当您走过铺有地毯的地面时会积聚静电。当您接触另一个人时，你们双方都会受到"电击"。如果放电导致了疼痛或制造了噪音，则该电荷可能在 10,000 伏以上。而 30 伏以下的静电就能损坏计算机组件。

ESD 可对电子元件造成永久损坏。请遵循这些建议，以帮助防止 ESD 损坏。

- 在您准备进行安装之前，将所有组件放置在防静电袋中。
- 在工作台上使用接地桌垫。
- 在工作区域使用接地地垫。
- 操作计算机时，请使用防静电腕带。

电磁干扰

电磁干扰（EMI）是指外部电磁信号入侵到传输介质（例如铜缆）中。在网络环境中，EMI 会使信号失真，以致接收设备无法解译该信号。

EMI 并不总是来自预期的来源（例如移动电话）。其他类型的电气设备也会发出静默的、无形的电磁场，甚至可延伸至一英里以上。

EMI 有多种来源。

- 用于生成电磁能量的所有来源。
- 输电线或电机等人为来源。
- 雷雨、太阳能辐射、星际辐射等自然事件。

无线网络受无线电频率干扰（RFI）的影响。RFI 由在同一频率传输的无线电发射机和其他设备所引起。例如，当无绳电话与另一台设备使用同一频率时，可能会导致无线网络故障。当微波置于非常接近无线网络设备的位置时，也会导致干扰。

气候

气候通过多种方式影响计算机设备。

- 如果环境温度极高，设备可能会过热。
- 如果湿度水平极低，ESD 的可能性会增加。
- 如果湿度水平极高，设备可能会遭到湿气损坏。

2. 功率波动类型

电压是将电荷从一个位置移动到另一位置所需能量的测量单位。电子的移动称为电流。计算机电路需要电压和电流才能运行电子元件。当计算机内的电压不正确或不稳定时，计算机组件可能无法正常运行。不稳定的电压被称为功率波动。

以下类型的交流电功率波动可能会导致数据丢失或硬件故障。

- **断电**：完全无交流电源。熔断的保险丝、受损的变压器或故障电源线都可能导致断电。
- **低电压**：持续一段时间的交流电源电压水平降低。当电源线电压低至正常电压水平的 80% 以下或电路过载时，就会出现低电压。
- **噪音**：来自发电机和雷电的干扰。噪音会导致电源质量下降，进而导致计算机系统中的错误。
- **尖峰电压**：短暂持续并超过线路上正常电压 100% 的电压突增。尖峰电压可能因雷电而导致，但是当电气系统在断电后恢复时也会发生。
- **电源浪涌**：超出正常电流流量时电压剧增。电源浪涌可持续几纳秒（十亿分之一秒）。

3. 电源保护设备

为帮助防止功率波动问题，可使用设备来保护数据和计算机装置。

- **浪涌抑制器**：帮助防止电源浪涌和尖峰电压导致的损坏。浪涌抑制器可将线路上的额外电压转移到地面。
- **不间断电源（UPS）**：通过为计算机或其他设备提供恒定的功率水平来帮助防止潜在的电源问题。当 UPS 处于使用状态时，电池一直持续充电。出现低电压和断电时，UPS 会提供优质稳定的电力。许多 UPS 设备可直接与计算机操作系统进行通信。该通信可使 UPS 在损失所有电池电量之前安全地关闭计算机并保存数据。
- **备用电源（SPS）**：当输入电压降至正常水平以下时，通过提供备用电池来供电，帮助避免潜在的电源问题。在正常运行情况下，电池处于待命状态。当电压降低时，电池向功率逆变器提供直流电源，功率逆变器继而将直流电源转换为供计算机使用的交流电源。该设备的可靠性不及 UPS，因为它需要花时间才能切换到电池。如果交换设备发生故障，电池就不能向计算机供电。

图 2-1 展示了防止功率波动的设备示例。

图 2-1　电源保护设备的类型

> **警告：**　UPS 制造商建议勿将激光打印机接入 UPS，因为打印机会使 UPS 过载。

2.1.3　保护环境的流程

大多数计算机和外围设备都使用并含有至少一种可被认为对环境有害的物质。这一部分将描述有助于辨别这些物质的工具和流程以及正确处理和处置这些物质的步骤。

1. 安全数据表

计算机和外围设备含有对环境有害的物质。有害物质有时称为有毒废品。这些物质可能含有高浓度的重金属，例如镉、铅或汞。有害物质的处理法规因省/自治区或国家/地区而异。请联系您所在社区的本地回收或垃圾处理当局，了解有关处理流程和服务的信息。

安全数据表（SDS）过去称为物料安全数据表（MSDS）。安全数据表是一个汇总有关物质识别信息（包括可能会影响人身健康、火灾和急救要求的危险成分）的情况说明书。SDS 包括化学反应和不相容性信息。它还包括物质的安全处理和存储的保护性措施，以及溢出、泄漏和处置流程。

要确定某种物质是否属于有害物质，请查阅制造商的 SDS。在美国，职业安全与保健管理总署

（OSHA）要求所有有害物质在转移给新的所有者时必须随附 SDS。对于为计算机维修或维护而购置的产品，其随附的 SDS 信息可能与计算机技术人员密切相关。OSHA 还要求告知员工有关其所用的物料信息，并向员工提供物料的安全信息。

SDS 以最安全的方式解释潜在有害物质的处置方式。处理任何电子设备之前，请始终检查有关合理处置方法的地方法规。

SDS 包含以下重要信息：

- 物质的名称；
- 物质的物理性质；
- 物质中所包含的有害成分；
- 反应性数据，例如火灾和爆炸数据；
- 溢出和泄露的处理流程；
- 特殊预防措施；
- 健康危害；
- 特殊保护要求。

欧盟法规《化学品的注册、评估、授权和限制》（REACH）于 2007 年 6 月 1 日起生效，以一种制度取代了各种指令和法规。

2. 设备处理

有害计算机组件的正确处理或回收再利用是一个全球性问题。确保遵守监管特定物品处置方式的法规。违反这些法规的组织可能受到罚款或面临代价高昂的官司。此页中包括的物品的处置法规因省/自治区和国家/地区而异。咨询您的当地环境监管机构。

电池

电池通常含有可能对环境有害的稀土金属。便携式计算系统的电池可能含有铅、镉、锂、碱性锰和汞。这些金属不会腐烂，会在环境中保留多年。汞通常用于制造电池，有剧毒且对人类有害。

回收再利用电池应该是一种标准做法。所有电池（包括锂离子电池、镍镉电池、镍氢电池和铅酸电池）都必须遵守符合当地环境法规的处置程序。

显示器

谨慎处理 CRT 显示器。CRT 显示器中可能存储了极高的电压，甚至是在断电之后。

显示器含有玻璃、金属、塑料、铅、钡以及稀土金属。根据美国环保署（EPA）的数据，显示器可能含有大约 1.8 千克（4 磅）的铅。必须根据环境法规处理显示器。

硒鼓、墨盒和显影剂

用过的打印机硒鼓和打印机墨盒必须根据环境法规正确处理。它们可回收再利用。一些硒鼓供应商和制造商利用空硒鼓进行重新加粉。一些公司专业从事空硒鼓加粉。有重新填充喷墨打印机墨盒的工具包，但不建议使用，因为墨水可能会渗入打印机，造成无法修复的损坏。使用重新填充的喷墨打印机墨盒还可能使喷墨打印机保修失效。

化学溶剂和喷雾罐

联系当地保洁公司，了解用于清洁计算机的化学品和溶剂的处置地点和方式。请勿将化学品或溶剂倒入水槽，或利用与公共下水道相连的排水管进行处置。

必须谨慎处理含有溶剂和其他清洁用品的罐或瓶子。确保识别这些物品并按特殊有害废品进行处理。例如，一些喷雾罐在喷雾未用完时接触到热就会发生爆炸。

图 2-2 显示了各种不同类型的有害计算机组件。

图 2-2 有害计算机组件

2.2 正确使用工具

正确使用工具有助于预防意外事故以及对设备的损坏和对人员的伤害。这一部分描述并涵盖了各种硬件、软件以及专用于操作计算机和外围设备的组织工具的正确使用。

2.2.1 硬件工具

每一项工作都有适当的工具。请确保您熟悉每件工具的正确使用方法并且确保正确的工具用于恰当的任务中。熟练使用工具和软件会降低工作难度并确保任务能够正确安全地执行。

1. 一般工具使用

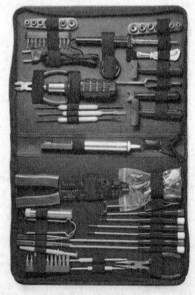

计算机维修需要一些特定于任务的工具。一定要熟悉每件工具的正确用法，并使用合适的工具执行任务。熟练使用工具和软件，会让工作变得轻松，同时确保任务安全正确地执行。

工具包内应备有完成硬件维修所需的全部工具。

图 2-3 显示了 PC 维修工具包的一个示例。

有了经验之后，您就会清楚，该用什么合适的工具来处理不同类型的任务。硬件工具分为 4 个类别：

- ESD 工具；
- 手工工具；
- 清洁工具；
- 诊断工具。

2. ESD 工具

图 2-3 工具包

有两种 ESD 工具：防静电腕带和防静电垫。当计算机机箱接地时，防静电腕带可保护计算机设备。

防静电垫可通过防止静电在硬件或在技术人员身上的积聚来保护计算机设备。图 2-4 和图 2-5 显示了上面所讨论的两类 ESD 工具。

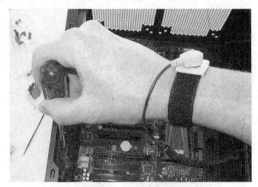

图 2-4　防静电腕带

图 2-5　防静电垫

3. 手工工具

计算机组装流程中使用的大多数工具都是小型手工工具。它们可单独买到或作为计算机维修工具包的一部分提供。工具包在大小、质量和价格方面存在巨大差别。

4. 电缆工具

维修和铺设电缆的工具也是计算机维修工具包的一部分。图 2-6 和图 2-7 提供了常见的电缆工具的图片。

图 2-6　压线钳

图 2-7　压线工具

5. 清洁工具

拥有合适的清洁工具在维护和维修计算机时至关重要。使用合适的清洁工具（例如无绒布、压缩空气、束线带、用于小部件的零件收纳盒等）可帮助确保计算机组件不会在清洁期间受损。

6. 诊断工具

诊断工具用于测试和诊断设备。

数字万用表

数字万用表是一种可用于多种测量的设备，如图 2-8 所示。它可测试电路的完整性以及计算机组件中的电力质量。数字万用表在 LCD 或 LED 屏幕上显示信息。

环回适配器

环回适配器，也称为回环塞，可测试计算机端口的基本功能。适配器应特定于您想要测试的端口。

音频发生器和探针

音频发生器和探针如图 2-9 所示，是一个由两部分组成的工具。音频部分使用特定的适配器连接到电缆的一端。音频部分会生成通过电缆长度的音频。探针部分用来跟踪电缆。当探针靠近与音频部分连接的电缆时，可通过探针中的扬声器听到音频。

图 2-8 数字万用表

图 2-9 音频发生器和探针

WiFi 分析器

WiFi 分析器是检查和排除无线网络故障的移动工具。许多 WiFi 分析器是专为企业网络的规划、安全性、合规性和维护而设计的强大工具。但 WiFi 分析器也可用于较小的无线 LAN。技术人员能够看到给定区域中的所有可用无线网络，确定信号强度，然后定位接入点以调整无线网络覆盖。

一些 WiFi 分析器可以通过检测错误配置、接入点故障和 RFI 问题来帮助排除无线网络故障。

外置硬盘驱动器盒

虽然外置硬盘驱动器盒不是一个诊断工具，但它在诊断和维修计算机时经常会用到。客户的硬盘驱动器放置于外置硬盘盒中，以便使用一台已知正常运行的计算机进行检测、诊断和维修。也可将备份保存到外置硬盘盒中的驱动器，以防止计算机维修期间的数据损坏。

2.2.2 软件工具

软件工具可帮助诊断计算机和网络问题并确定不能正常运行的计算机设备。技术人员必须能够使用一系列软件工具诊断问题、维护硬件并保护计算机上存储的数据。

1. 磁盘管理工具

您必须能够确定在不同情况下使用的软件。磁盘管理工具可帮助检测并纠正磁盘错误，为磁盘进行数据存储做好准备，同时删除不需要的文件。

- **磁盘管理**：初始化磁盘，创建分区，以及格式化分区。
- **格式化**：为硬盘驱动器存储信息做好准备。
- **磁盘检查工具或 CHKDSK**：通过扫描文件系统检查硬盘驱动器上的文件和文件夹的完整性。这些工具还能够检查磁盘表面的物理错误。
- **优化驱动器**：之前称为整理磁盘碎片，可优化硬盘驱动器上的空间，以实现到程序和数据的更快访问。

- **磁盘清理**：通过搜索可安全删除的文件清理硬盘驱动器上的空间。
- **系统文件检查器**（SFC）：扫描操作系统的重要文件并替换损坏的文件。使用 Windows 8 启动盘进行故障排除并修复损坏的文件。Windows 8 启动盘可修复 Windows 系统文件，恢复损坏或丢失的文件，并重新安装操作系统。还有许多第三方软件工具，可用于协助故障排除。

2. 保护软件工具

每一年，病毒、间谍软件和其他类型的恶意攻击都会感染数以百万计的计算机。这些攻击可能会损坏操作系统、应用和数据。被感染的计算机甚至可能存在硬件性能或组件故障问题。

要保护数据以及操作系统和硬件的完整性，请使用专门用于防止攻击并删除恶意程序的软件。

有各种类型的软件可用于保护硬件和数据。

- **Windows Action Center**：检查重要安全设置的状态。Action Center 持续进行检查，以确保软件防火墙和防病毒程序处于运行状态。它还可确保系统更新自动下载及安装。
- **Windows Defender**：防止病毒和间谍软件。
- **Windows Firewall**：持续运行以防止未经授权的通信进出您的计算机。

2.2.3　组织工具

在繁忙的工作日期间保存准确的记录和日志可能非常具有挑战性。许多组织工具（例如工作单系统）有助于技术人员记录他们的工作。

1. 参考工具

良好的客户服务包括为客户提供问题和解决方案的详细说明。技术人员必须记录所有维护和维修，并将该文档提供给其他所有技术人员，这一点非常重要。该文档随后可用作类似问题的参考资料。

个人参考工具

个人参考工具包括故障排除指南、制造商手册、快速参考指南以及维修记录。除了发票之外，技术人员应记录有关升级和维修的日志。

- **笔记**：当您进行故障排除和维修时，请做好笔记。请参阅这些笔记，以避免重复步骤并确定后续操作。
- **日志**：包括问题描述、已尝试的纠正问题的可能解决方案以及修复问题所采取的步骤。注意记录对设备进行的任何配置更改以及维修中使用的任何更换部件。您的日志及笔记在您未来遇到类似情况时会非常有用。
- **维修历史记录**：制作有关问题和维修的详细列表，包括日期、更换部件和客户信息。该历史记录可让技术人员确定该计算机上之前已执行的操作。

Internet 参考工具

Internet 是有关特定硬件问题以及可能解决方案的一个极好的信息来源：

- Internet 搜索引擎；
- 新闻组；
- 制造商常见问题解答；
- 在线计算机手册；
- 在线论坛和聊天；
- 技术网站。

2. 杂项工具

有了经验之后，您将发现许多其他物品都会添加到工具包中；例如，当无零件收纳盒可用时，纸胶带可用于标记从计算机上拆下的零件。

工作计算机也是进行计算机现场维修时要随身携带的重要资源。工作计算机可用于研究信息、下载工具或驱动程序，以及与其他技术人员进行沟通。

图 2-10 显示了工具包中要包含的计算机更换零件的类型。确保零件在使用之前处于良好状态。在计算机中使用已知的良好组件替换可能有故障的组件，有助于您快速确定不能正常运行的组件。

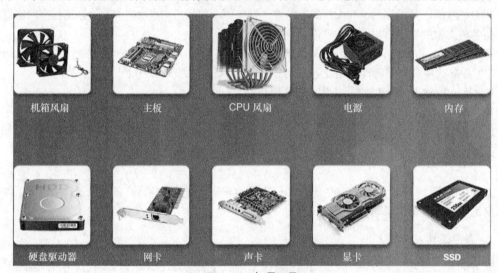

图 2-10   杂项工具

2.2.4   示范正确的工具使用方法

这一部分描述用于保护、维修和清洁计算机及外围设备的常见工具的正确使用方法。

1. 防静电腕带

防静电腕带是将您的身体连接到所操作设备的导体。当静电在您的身体里积聚时，腕带到设备或地面的连接可将静电通过连接到腕带的导线传输出去，使您与设备之间的电荷保持平衡。

当您走过铺设地毯的房间并触摸门把手时受到的小电击就是静电的一个示例。尽管小电击不会对您造成伤害，但是相同的电荷从您传输到计算机时可能会损坏其组件。佩戴防静电腕带可防止静电损坏计算机组件。

如图 2-4 所示，腕带有两个部分并且易于佩戴。

步骤 1   将腕带缠到您的手腕上并使用按扣或尼龙搭扣将其固定。腕带背面的金属必须始终与您的皮肤保持接触。

步骤 2   将导线一端的接头扣到腕带上，并将另一端连接到设备上，或连接到与防静电垫相同的接地点。机箱的金属框架就是一个连接导线的好地方。将导线连接到您所操作的设备时，应选择无涂层的金属表面。喷漆表面的导电性能不及无涂层表面。

注意：　将导线连接到设备上与佩戴防静电腕带的手臂相同的一侧。这样导线在您工作时就不会碍事。

尽管佩戴腕带有助于防止 ESD，但是您可以通过不穿丝质、涤纶或羊毛服装来进一步降低风险。这些织物产生静电荷的可能性更大。

注意：　技术人员应卷起袖子，取下围巾或领带，并束好衬衣，以防止服装带来的干扰。确保将耳环、项链和其他松散珠宝收好。

警告：　维修电源设备时请勿佩戴防静电腕带。除非您经过专门的电子培训，否则请勿处理电源设备的内部组件。

2. 防静电垫

防静电垫具有较弱的导电性。其工作原理是吸收组件中的静电，并将其安全地从设备传输到接地点。

How To　步骤 1　将防静电垫放置于计算机机箱下方或旁边的工作空间。

步骤 2　将防静电垫固定到计算机机箱，以提供一个您可以放置从系统中拆下的零件的接地表面。

当您在工作台进行操作时，请将工作台和防静电地垫接地。站立在地垫上并佩戴腕带，您的身体与设备具有相同的电荷，这降低了 ESD 的可能性。

降低 ESD 的可能性也就降低了损坏精密电路或组件的可能性。

注意：　始终从边缘拿取元件。

3. 手工工具

技术人员应能够正确使用工具包中的每一件工具。本页涵盖了维修计算机时使用的各种手工工具。

螺钉

对每种螺钉使用合适的螺丝刀。将螺丝刀的尖端放于螺钉的头部。顺时针旋转螺丝刀紧固螺钉，逆时针旋转松动螺钉。

如果您使用不当尺寸和类型的螺丝刀，螺钉可能会滑牙。滑牙的螺钉可能不能紧固或难以取下。丢弃滑牙的螺钉。

平头螺丝刀

当您使用有槽螺钉时，请使用平头螺丝刀。请勿使用平头螺丝刀取下十字头螺钉。请勿将螺丝刀作为撬杆。若无法拆下组件，请检查是否有夹子或闩锁固定着组件。

警告：　如果需要很大力量才能拆下或添加组件，可能是哪里出错了。细心看一下以确保您未漏掉螺钉或将组件固定住的固定夹。请参阅设备手册或图表了解详细信息。

十字头螺丝刀

使用十字头螺丝刀处理十字头螺钉。请勿使用此类螺丝刀戳任何东西。这会损坏螺丝刀的刀头。

六角扳手

使用六角扳手松动或紧固具有六角形（六个边）头的螺栓。六角螺栓不应过分紧固，因为螺栓的螺纹可能会受损。不要使用对于您所用螺栓来说过大的六角扳手。

> **警告：** 某些工具已磁化。当在电子设备周围工作时，请确保您使用的工具未被磁化。磁场可能会损坏磁性介质中存储的数据。磁性工具还会感应电流，这可能会损坏内部计算机组件。通过用螺钉接触您的工具来测试其磁性。如果螺钉被吸到工具上，则不要使用该工具。

零件捡拾工具

零件捡拾器用于放置和捡拾难以用手指触及的零件。使用这些工具时，请勿用这些工具划伤或碰撞任何元件。

> **警告：** 在计算机内不应使用铅笔来更改开关设置。铅笔芯可充当导体，并可能损坏计算机组件。

可使用各种专业工具（例如梅花头螺丝刀、防静电袋和手套，以及集成电路拆卸器等）维修和维护计算机。始终避免使用磁化的工具（例如带磁头的螺丝刀）或使用强磁的工具来捡拾无法触及的小金属物。此外，还有用于诊断计算机和电缆问题的专业测试设备。

- **万用表**：测量交流/直流电压、电流及其他电气特征的设备。
- **电源测试仪**：检查计算机电源是否正常工作的设备。简单的电源测试仪可能只有指示灯，而较高级的版本可显示电压和电流量。
- **电缆测试仪**：检查线路短路、故障或连接至错误引脚的电线的仪器。
- **环回塞**：连接到计算机、交换机或路由器端口以执行诊断流程（称为环回测试）的设备。在环回测试中，信号通过电路传出然后返回到发送设备，以测试数据传输的完整性。

4. 清洁材料

保持计算机内外清洁是维护计划中的一个重要部分。污垢可能会导致风扇、按钮和其他机械部件的实际操作问题。在电气元件上，过多堆积的灰尘会充当绝缘体并导致热量滞留。该绝缘层会削弱散热器和散热风扇使组件保持凉爽的能力，从而导致芯片和电路过热并发生故障。

> **注意：** 当使用压缩空气在计算机内部进行清洁时，请在离喷嘴至少 10 厘米（4 英寸）的位置向元件周围吹气。请从计算机内部向机箱后方的风扇方向吹气来清洁电源和风扇，以避免将灰尘吹回系统内。

> **警告：** 清洁任何设备之前，请将其关闭并拔掉设备电源。

计算机机箱和显示器

使用含中性洗涤液的不起毛湿布清洁计算机机箱以及显示器外部。将一滴洗洁精与 118 毫升（4 盎司）的水混合来配置洗涤液。如果机箱内有水滴下，请在启动计算机之前留出足够时间使液体变干。

当计算机处于有过多污垢和灰尘的区域时，请使用机柜，以防止大量灰尘对计算机的损坏。机柜应配备过滤装置以防止灰尘进入机柜。过滤装置需定期进行清洁或更换。

LCD 屏幕

请勿在 LCD 屏幕上使用含氨的玻璃清洁剂或任何其他溶剂,除非该清洁剂是专为此目的而设计的清洁剂。刺激性化学品会损坏屏幕上的涂层。这些屏幕通常没有玻璃保护,因此在清洁时动作要轻柔且不要用力按压屏幕。

使用一罐压缩空气来清洁积满灰尘的组件。压缩空气不会使静电积聚到组件上。吹除计算机的灰尘之前,请确保您处于一个通风良好的区域。最佳实践是佩戴着空气过滤面罩,以确保自己不吸入尘粒。

使用压缩空气罐的短暂爆发力将灰尘吹出。请勿倾斜压缩空气罐或将其倒置使用,因为这样做将导致空气罐冻结凝固。请勿使压缩空气的力量导致风扇叶片旋转。将风扇固定到位。当电机未开启时,风扇电机可能因旋转而遭到毁坏。

元件触点

请使用以异丙醇轻微润湿的不起毛的布清洁元件上的触点。请勿使用外用酒精。外用酒精含有可能损坏触点的杂质。在重新安装之前,请使用压缩空气吹除触点上的棉绒。

键盘

请使用压缩空气清洁台式机键盘,然后使用带有刷子的手持式真空吸尘器清除散落的灰尘。

> **警告:** 请勿在计算机机箱内部使用标准的真空吸尘器。真空吸尘器的塑料部分可能会积聚静电并向元件放电。仅使用准许用于电子元件的吸尘器。

鼠标

使用玻璃清洁剂和软布清洁鼠标的外部。请勿将玻璃清洁剂直接喷到鼠标上。如果要清洁机械鼠标,可将滚球拆下并使用玻璃清洁剂和软布来进行清洁。使用相同的布擦拭鼠标内部的滚动装置。请勿向鼠标内部喷任何液体。

表 2-1 显示了需要清洁的计算机零件以及所使用的清洁材料。

表 2-1	计算机清洁材料
计算机机箱和显示器外部	中性清洁溶剂和不起毛的布
LCD 屏幕	LCD 清洁溶剂或蒸馏水和不起毛的布
CRT 屏幕	蒸馏水和不起毛的布
散热器	压缩空气
内存	异丙醇和不起毛的清洁棉棒
键盘	带有刷子的手持式真空吸尘器
鼠标	中性清洁溶剂和不起毛的布

2.3 总结

本章着重强调了工作人员应当采取的行为和采用的流程,以帮助保持工作场所环境的安全和高效多产。

您已通过实验熟悉了用于组装、维修和清洁计算机和电子元件的许多工具。您还学习了组织工具的重要性，以及这些工具如何帮助您更高效地工作。本章中要牢记的一些重要概念如下所示。

- 以安全方式进行操作以保护用户和设备。
- 遵守所有的安全指南，防止对您和他人造成伤害。
- 了解如何保护设备免受 ESD 损坏。
- 了解并能够防止可能导致设备损坏或数据丢失的电源问题。
- 了解需要特殊处置流程的产品和物料。
- 熟悉 SDS 的安全问题和有助于保护环境的处置限制。
- 能够使用适当的工具完成任务。
- 学会如何安全地清洁组件。
- 在进行计算机维修过程中使用组织工具。

检查你的理解

您可以在附录中查找下列问题的答案。

1. 清洁计算机组件的认可方法是什么？
   A. 使用氨水清洁 LCD 屏幕
   B. 使用蘸有玻璃清洁剂的软布清洁鼠标的外部
   C. 使用不起毛的布擦除计算机机箱内部的灰尘
   D. 使用外用酒精清洁组件触点

2. 技术人员意外将清洁溶液泼洒到工作室的地面上。技术人员应在何处找到有关如何正确清洁和处理该产品的说明？
   A. 安全数据表　　　　　　　　　　　　B. 公司的保险单
   C. 本地有害物质团队　　　　　　　　　D. 由本地职业健康和安全管理部门提供的法规

3. 哪个工具可用来测量电阻和电压？
   A. 回环塞　　　　　　　　　　　　　　B. 电缆测试仪
   C. 电源测试仪　　　　　　　　　　　　D. 万用表

4. 哪个工具可用于在硬盘驱动器上创建分区？
   A. 格式化　　　　　　　　　　　　　　B. SFC
   C. 磁盘管理　　　　　　　　　　　　　D. 碎片整理
   E. Chkdsk

5. 下面哪一项陈述正确描述了术语静电放电（ESD）？
   A. 它是由电动机所产生的一种干扰。
   B. 它是向计算机提供恒定电力水平的设备。
   C. 它是流经电子设备的电流的度量单位。
   D. 它是可能对组件有负面影响的静电突然释放。

6. 哪个工具可以保护计算机组件免受 ESD 的影响？
   A. SPS　　　　　　　　　　　　　　　B. 电涌抑制器
   C. 防静电腕带　　　　　　　　　　　　D. UPS

7. 哪种紧固件需要用六角螺丝刀来松紧？
   A. 六角螺栓　　　　　　　　　　　　　B. 梅花螺栓

C. 有槽螺钉   D. 十字头螺钉

8. 如果未完全充满的气雾剂罐暴露于高温下，可能会发生哪种安全隐患？

    A. 铅中毒   B. 爆炸

    C. 致命的电压电位   D. 呼吸危害

9. 哪个工具可用来扫描 Windows 的关键系统文件以及替换任何损坏的文件？

    A. Chkdsk   B. Fdisk

    C. SFC   D. 碎片整理

10. 什么工具用于确定哪个网络端口连接到特定的办公室插孔？

    A. 环回适配器   B. 压线工具

    C. 音频探针   D. 压线钳

11. 哪台设备可以通过提供稳定质量的电力来防止计算机设备持续低压？

    A. SPS   B. 电涌抑制器

    C. UPS   D. 交流适配器

12. 技术人员应写好个人_____，其中记录着修复计算机问题所采取的所有步骤，包括所进行的任何配置更改。

    A. 日志   B. 工具包

    C. 软盘   D. 软件列表

13. 什么可以让技术人员更轻松地排除之前由其他技术人员解决过的问题？

    A. 在线计算机手册   B. 集中、封闭式故障通知单

    C. 个人故障排除日记   D. 制造商在线论坛

14. 以下哪两种设备通常会影响无线网络？（选择两项）

    A. 微波炉   B. 外置硬盘驱动器

    C. 无绳电话   D. 白炽灯泡

    E. 蓝光播放器   F. 家庭影院

15. 使用激光打印机时有哪两个安全隐患？（选择两项）

    A. 高压   B. 专有电源模块

    C. 笨重的插件框架   D. 重金属

    E. 发热组件

16. 维修计算机设备时，应遵循哪三项指南才能提供安全的条件？（选择三项）

    A. 请勿打开电源。

    B. 在开始前应关闭打印机和计算机的电源。

    C. 如果没有螺丝刀，请使用带有尖角的刀子松动螺丝

    D. 请勿佩戴松散首饰（除非是金饰），因为金不导电

    E. 确保您带有 ID 徽章，且 ID 徽章可见

    F. 将所有额外部件、螺丝、仪表和工具放在机箱旁备用

    G. 举起重物时，请弯曲膝盖

17. 使用压缩空气罐清洁 PC 的正确指示是什么？

    A. 用压缩空气喷射 CPU 散热扇，以确认风扇叶片旋转自如

    B. 使用罐中喷出的长而稳定的气流

    C. 不要使用压缩空气清洁 CPU 风扇

    D. 不要倒置气罐喷射压缩空气

第 3 章

计算机组装

学习目标

通过完成本章的学习，您将能够回答下列问题：

- 如何打开计算机机箱；
- 安装电源的流程是什么；
- 如何将组件连接到主板；
- 如何将主板安装到计算机机箱；
- 如何处理和安装一个集成有风扇和散热片组件的 CPU；
- 如何将内部驱动器安装到计算机机箱；
- 如何安装外部设备；

- 连接外部电缆的流程是什么；
- 如何安装适配器卡；
- 将所有内部线缆连接起来的流程是什么；
- 如何重新组装计算机机箱；
- 第一次启动计算机时，期望的结果是什么；
- 什么是 BIOS 安装程序；
- 如何使用蜂鸣声代码。

组装计算机是技术人员重要的工作组成部分。身为技术人员，在处理计算机组件时，必须采用合乎逻辑且有条理的方式。有时，您可能需要确定客户计算机的组件是否需要升级或更换。培养您的安装流程技能、故障排除技术以及诊断方法非常重要。

在本章，您将详细探索用于组装计算机和首次启动系统的步骤。您将了解机箱和其他组件的外形规格，主要的计算机内部组件（如 CPU 和 RAM 等），以及各种外围组件及它们如何协同工作以搭建一台功能运行良好的 PC。

本章将讨论组装一台计算机以及组件兼容性的重要性。本章还将讨论高效运行客户的硬件和软件需要具备充足的系统资源。

3.1 组装计算机

在组装计算机时，选择正确的计算机组件非常重要，但恰当地为组装准备工作区域也同样重要。

3.1.1 打开机箱并连接电源

无论您是正在使用所有全新的组件组装一台计算机或者是正在执行更新升级，准备好所需的工具并理解如何操作机箱非常重要。这一部分将讨论访问计算机机箱的内部以及安装电源。

1. 打开机箱

在组装或维修计算机时，一定要有足够的工作空间，然后再打开计算机机箱。您需要充足的照明、良好的通风和舒适的室温。要能够从工作台或桌子的四边进行操作。避免在工作区域的表面上乱放各种工具和计算机组件。在桌子上放一张防静电垫,以防对电子设备造成 ESD 损坏。在拆卸螺钉和其他零件时,用小容器保存它们会很有用。

计算机机箱具有各种外形规格。回想一下,外形规格是指机箱的大小和形状。打开机箱也有很多种不同的方法。要了解如何打开特定的计算机机箱,请查阅用户手册或制造商的网站。

您可采用以下方法之一打开大多数计算机机箱。

- 拆下整个计算机机箱盖。
- 拆下机箱顶板和侧板。
- 先拆下机箱顶板,然后才能拆下侧板。
- 拉出插销,取出侧板(可以旋转打开)。

图 3-1 显示了一个新的空 ATX 计算机机箱。机箱或机壳是一个空壳,里面预装了风扇和连接风扇与前面板按钮的电缆、LED 指示灯、USB、音频或其他连接。

2. 安装电源

更换或安装电源可能需要由技术人员来完成,如图 3-2 所示。大多数电源只能用一种方式安装在计算机机箱中。请始终按照机箱和电源手册中的电源安装说明来操作。

图 3-1　新的空计算机机箱　　　　　　　　　图 3-2　电源

安装电源的基本步骤如下。

How To　　**步骤 1**　将电源插入机箱。
　　　　　　步骤 2　将电源上的孔与机箱中的孔对齐。
　　　　　　步骤 3　使用正确的螺钉将电源固定在机箱上。

安装提示:　请用手稍微拧紧所有螺钉后,再将其全部拧紧。这样做便于拧紧最后两个螺钉。

电源中的风扇可能会导致振动,并使未正确拧紧的螺钉出现松动。在安装电源时,请确保所有螺钉正确就位并已正确拧紧。

将所有未使用的电源线放在机箱中不会影响任何其他组件或风扇的位置。使用束线带、橡皮筋或钩环将电源线绑在一起,并避开其他组件。为了帮助避免机箱内出现电源线混乱情况,有些电源是模块化电源。这意味着只需将必需的电源线连接到电源。将来安装组件时,可以根据需要安装更多的电源线。

安装提示:　请使用束线带将所有电源线固定到不碍事的地方,需要使用时再进行连接。

3.1.2 安装主板

本节将研究直接安装在主板上的许多组件的安装以及将主板自身安装到计算机机箱内。通过本章的学习，您还将了解到计算机系统中的所有组件都以某种方式与主板相连接。

1. 安装 CPU、散热器和风扇组件

先在主板上安装 CPU、散热器和风扇组件，然后再将主板放入计算机机箱中。这样在安装期间就可以有额外的空间来查看和安排组件。

在主板上安装 CPU 之前，确定 CPU 是否与 CPU 插槽兼容，如图 3-3 所示。

主板只能使用特定类型的 CPU，并不是所有 CPU 都使用相同的主板插槽。表 3-1 介绍了常见的插槽类型和安装说明。

图 3-3　验证插槽兼容性

表 3-1　　　　　　　　　　　　　　CPU 插槽架构

CPU 架构	安 装 说 明
单边接头（SEC）	将 CPU 上的槽口与 SEC 插槽中的凸起对齐
低插拔力（LIF）	调整 CPU，以便将连接 1 指示器与 CPU 插槽中的引脚 1 对齐
零插拔力（ZIF）	
引脚栅格阵列（PGA）	
平面栅格阵列（LGA）	调整 CPU，使 CPU 上的两个槽口插入两个插槽扩展中

注意：　SEC 和 LIF 是最初采用的插槽连接类型。

CPU 和主板很容易受静电放电（ESD）的影响。如果处理不当，ESD 很容易损坏这些组件。因此，在安装和拆卸 CPU 时，请务必将组件放在防静电垫上，并戴上腕带（或防静电手套）。

警告：　在处理 CPU 时，任何时候都不要触碰 CPU 的触点。准备使用 CPU 之前，请将 CPU 放在防静电垫上。将 CPU 存放在防静电包装中。

要在主板上安装 CPU、散热器和风扇组件，请执行以下步骤。

How To

步骤 1　将 CPU 引脚 1 与插槽引脚 1 对齐，如图 3-4 所示。注意，CPU 上的点和插槽上的三角形表示引脚 1。请查阅 CPU 和主板文档，确保其引脚 1 的标志与上述内容一致。轻轻地将 CPU 放到插槽中。不要用力将 CPU 放到插槽中，因为用力过大很容易损坏 CPU 和插槽。如果遇到任何阻力，请停止操作，确保您已正确对齐 CPU。

图 3-4　CPU 安装

步骤 2　使用插销板将 CPU 固定在主板上的插槽中。合上 CPU 插销板，如图 3-5 所示。

图 3-5　合上插销板

步骤 3　合上负载锁杆，固定插销板，如图 3-6 所示。

图 3-6　关闭负载锁杆

步骤 4　将负载锁杆固定在负载锁杆的固定卡舌下，如图 3-7 所示。

图 3-7　固定负载锁杆

步骤 5　在 CPU 的顶部为 CPU 涂抹散热膏。散热膏有助于为 CPU 散热。在许多情况下，只需使用少量的散热膏。散热膏在散热器和风扇组件的重量和压力下会均匀分布。请按照散热膏制造商提供的使用说明操作。

步骤 6　将散热器和风扇组件护圈与主板上的孔对齐，并将组件放在 CPU 插槽上，如图 3-8 所示。避免挤压 CPU 风扇电线。

图 3-8　安装散热器和风扇组件

步骤 7　拧紧组件护圈，将组件固定到位。仔细按照散热器和风扇组件制造商的说明操作。

如果安装的是二手 CPU，请用异丙醇和无绒布清洁 CPU 的顶部和散热器的底座。这样可以除去旧的散热膏和污垢。CPU 和散热器之间残留的任何污垢都会降低散热膏吸收 CPU 热量的能力。请遵循制造商有关使用散热膏的建议。

安装提示：　咖啡滤纸可以作为无绒布使用。

注意：　在 CPU 安装过程中，应始终按照主板随附的说明操作。

---

2. 安装内存

当计算机运行时，内存为 CPU 提供快速、临时的数据存储。内存是易失性存储器，也就是说，每次关闭计算机电源时其内容都会丢失。

您可以先在主板上安装内存，然后再将主板安装到计算机机箱中。在安装之前，请查阅主板制造商的主板文档或网站，以确保内存与主板兼容。

与 CPU 一样，内存也非常容易受 ESD 的影响。因此，在安装和拆卸内存时，请务必在防静电垫上操作，并戴上腕带或防静电手套。

要在主板上安装内存，请执行以下步骤。

How To　步骤 1　打开 DIMM 插槽上的锁定钮，如图 3-9 所示。

锁定钮

图 3-9　打开锁定钮

步骤 2 如图 3-10 所示，将内存模块上的槽口与插槽上的突起对齐，然后用力向下按内存。

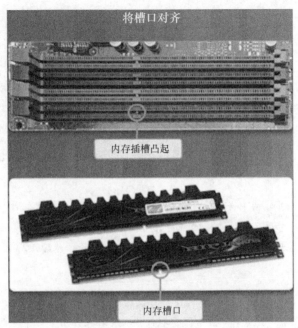

图 3-10 将槽口对齐

步骤 3 确保锁定钮卡入到位。

> **警告：** 如果没有对齐，当计算机启动时，内存可能会损坏，并且可能严重损坏主板。

步骤 4 确保每个内存模块完全插入插槽，并用锁定钮固定内存模块。

步骤 5 目视检查是否有触点暴露在外。

安装提示： 将内存模块正确按入插槽中时，会听到咔哒声并感觉到锁定钮卡入到位。

3. 安装主板

现在可将主板安装到计算机机箱中。

要安装主板，请执行以下步骤。

How To

步骤 1 为机箱选择适当的主板支架，主板支架是将主板连接到机箱同时避免主板与机箱接触的特殊固定螺丝。主板印刷电路板（PCB）不能触碰到计算机机箱的任何金属部分。因此，必须使用特殊的塑料或金属支架将其安装到机箱上。

步骤 2 将支架安装在计算机机箱内的主板安装孔处。对于 ATX 主板，仅安装与主板安装孔对齐的支架。安装额外的支架可能导致无法正确地将主板安装在计算机机箱中，或者造成主板损坏。

> **步骤 3** 在计算机机箱背面安装 I/O 接线板，如图 3-11 所示。I/O 接线板的切口与主板的接头布局相匹配。

图 3-11 I/O 接线板

> **步骤 4** 将主板背面的 I/O 接头与 I/O 接线板中的开口对齐。
>
> **步骤 5** 将主板的螺钉孔与支架对齐。
>
> **步骤 6** 插入所有主板螺钉并用手拧紧，然后用螺丝刀拧紧所有螺钉。请勿过度拧紧安装螺钉。

安装提示： 将主板推向 I/O 接线板，以将安装孔与支架对齐，并从第一个螺钉开始拧紧螺钉。此外，使用零件捡拾器将螺钉放入安装孔并用手拧紧螺钉，这样做非常有用。

3.1.3 安装驱动器

在本节，您将学习在内部槽位和使用外部连接安装各种驱动器的步骤。

1. 安装硬盘驱动器

可在计算机机箱中的驱动器槽位内安装驱动器。表 3-2 介绍了三种最常见的驱动器槽位。

表 3-2 驱动器槽位类型

驱动器槽位宽度	描 述
5.25 英寸 （13.34 厘米）	■ 通常用于光驱 ■ 大多数全塔式机箱有两个或更多槽位
3.5 英寸 （8.9 厘米）	■ 常用于 3.5 英寸 HDD ■ 提供额外的 USB 端口或智能卡读卡器 ■ 大多数全塔式机箱有两个或更多内部槽位
2.5 英寸 （6.35 厘米）	■ 用于较小的 2.5 英寸 HDD 和 SSD ■ 最小宽度槽位 ■ 在新机箱中使用得越来越普遍

要安装硬盘驱动器（HDD），请在机箱中找到与驱动器宽度相符的空硬盘驱动器槽位。对于较小的驱动器，通常可以使用特殊的托架或适配器将其安装在较宽的驱动器槽位中。

要在 3.5 英寸驱动器槽位中安装 3.5 英寸（8.9 厘米）HDD，请执行以下步骤。

How To🔍

步骤 1 放置好 HDD，使其与驱动器槽位开口对齐。

步骤 2 将 HDD 插入驱动器槽位，以便驱动器中的螺钉孔与机箱中的螺钉孔对齐。

步骤 3 使用适当的螺钉将 HDD 固定在机箱上。

在机箱中安装多个驱动器时，建议在驱动器之间留出一些空间，便于空气流通，加快冷却速度。此外，安装驱动器时让驱动器的金属面朝上。此金属面有助于硬盘驱动器散热。

安装提示： 稍微用手拧紧所有螺钉，然后用螺丝刀拧紧这些螺钉。这样做便于拧紧最后两个螺钉。

2. 安装光驱

光驱安装在 5.25 英寸（13.34 厘米）驱动器槽位中，可从机箱前面安装。该槽位可以在不打开机箱的情况下安装驱动器。

要安装光驱，请执行以下步骤。

How To🔍

步骤 1 放置好光驱，使其与机箱前面的 5.25 英寸（13.34 厘米）驱动器槽位开口对齐。

步骤 2 将光驱插入驱动器槽位，使光驱螺钉孔与机箱上的螺钉孔对齐。

步骤 3 使用正确的螺钉将光驱固定在机箱上。

安装提示： 稍微用手拧紧所有螺钉，然后用螺丝刀拧紧这些螺钉。这样做便于拧紧最后两个螺钉。

3.1.4 安装适配器卡

在这一部分，您会学习到将不同类型的适配器卡安装到主板上与其兼容的扩展槽中的步骤。

1. 适配器卡的类型

适配器卡可增加计算机的功能。适配器卡有许多不同类型，包括视频、以太网和无线网络、声音、电视调谐器、视频捕获、外部端口（如 USB、FireWire、Thunderbolt 等）。

可将适配器卡插入主板上的以下扩展槽。

■ **PCI**：外围组件互连（PCI）通常用于支持较早的扩展卡。图 3-12 显示了 PCI 插槽的一个示例。

■ **PCIe**：PCI Express 有 4 种插槽：x1、x4、x8 和 x16，如图 3-13 所示。注意这些 PCIe 插槽从最短（x1）到最长（x16）有何变化。

图 3-12　PCI 扩展槽　　　　　　　　　图 3-13　PCIe x1 和 x16 扩展槽

适配器卡必须与主板上的扩展槽兼容。

2. 安装无线网卡

无线网卡可以使计算机连接到无线（WiFi）网络。无线网卡使用主板上的 PCI 或 PCIe 扩展槽。许多外部无线网卡使用 USB 接头连接。

要安装无线网卡，请执行以下步骤。

How To   **步骤 1**   找到机箱上的空 PCI 插槽，取下小金属盖，如图 3-14 所示。

图 3-14   取下金属盖

步骤 2   将卡与主板上的相应扩展槽对齐。

步骤 3   轻轻按下卡，直至卡完全到位，如图 3-15 所示。

图 3-15   将无线网卡插入 PCI 插槽

步骤 4   图 3-16 显示了使用适当的螺钉将卡的安装支架固定在机箱上。

图 3-16   固定无线网卡

安装提示： 在取下盖子后，有些机箱的孔底部有一些小插槽。将安装支架的底部滑入此插槽，然后将卡放入。

3. 安装显卡

显卡使用主板上的 PCI、AGP 或 PCIe 扩展槽。

要安装显卡，请执行以下步骤。

How To

步骤 1 找到机箱上的空 PCI x16 插槽，取下小金属盖。

步骤 2 将显卡与主板上的相应扩展槽对齐。

步骤 3 轻轻按下显卡，直至卡完全到位。

步骤 4 使用适当的螺钉将显卡的安装支架固定在机箱上。

许多显卡需要使用 6 引脚或 8 引脚电源接头，通过电源单独供电。某些卡可能需要两个接头。如果可能，请在显卡和其他扩展卡之间留出一些空间。显卡会产生大量的热量，通常会通过风扇为该卡散热。

安装提示： 在购买前要确定显卡（和其他适配器卡）的长度。较长的卡可能无法与特定主板兼容。尝试将适配器卡安装在扩展槽中时，芯片和其他电子元件可能让您无法放入适配器卡。某些机箱可能还会限制可安装的适配器卡的大小。一些适配器卡可能附带不同高度的安装支架，以满足这些机箱的要求。

3.1.5 安装电缆

计算机将电缆用作不同的目的。计算机电缆有两种主要的类型：数据线和电源线。数据线为两台设备之间的通信提供了一种方法。SATA 数据线将硬盘驱动器等存储设备连接至主板，以实现在存储设备与主板及其他计算机组件之间传输数据。电源线是为设备提供电源的电缆。交流电源线是用于计算机的电源线的一个示例。电源线使用该交流电源并将其转换为直流电源，从而为主板提供运行所需的电源。在这一部分，您将了解连接至主板从而为组件提供数据和电源所需的许多电缆和连接。

1. 将电源连接到主板

主板需要有电才能运行。主板还会为连接到主板的各种组件供电。所需的电源接头数量和类型取决于主板和处理器的组合。表 3-3 突出显示了主板上使用的各种接头类型。注意，主板通常需要两个电源接头。

表 3-3 主板接头的类型

ATX 标准	主板连接描述
ATX	■ 20 引脚主要主板接头 ■ 6 引脚辅助接头
ATX12V v2.x	■ 24 引脚主要主板接头 ■ 4 引脚辅助接头
AMD GES	■ 24 引脚主要主板接头 ■ 8 引脚辅助接头
EPS12V	■ 24 引脚主要主板接头 ■ 提供的 8 引脚辅助接头通常是两组 4 引脚接头

警告： 连接电源线与其他组件时，请务必小心。电缆、接头和组件应紧密接合。如果难以插入电缆或其他部件，则说明有故障。不要强行插入接头或组件。强行插入可能会损坏插头和接头。如果难以插入接头，请检查以确保接头方向正确并且引脚没有弯曲。

安装主板电源接头的步骤如下所示。

How To

步骤 1 将 24 引脚（或 20 引脚）ATX 电源接头与主板上的插槽对齐。图 3-17 显示了将 ATX 电源接头对齐并准备卡入到位。

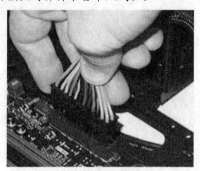

图 3-17 连接主要主板接头

步骤 2 轻轻按下接头，直到固定夹卡入到位。

步骤 3 将 4 引脚（或 8 引脚）辅助电源接头与主板上的插槽对齐。图 3-18 显示了将辅助电源接头对齐并准备卡入到位。

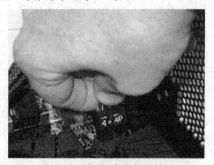

图 3-18 连接辅助电源接头

步骤 4 轻轻按下接头，直到固定夹卡入到位。

步骤 5 如图 3-19 所示，将 CPU 风扇电源接头与主板上的插槽对齐。

图 3-19 连接 4 引脚 CPU 风扇

步骤 6 轻轻按下接头，直到完全到位。

安装提示：　电源接头上有防插反装置，所以只能沿一个方向插入电源插槽。接头的某些部分是方形，而其他部分略圆。如果接头由于形状原因无法放入插槽，请记住，略圆部分可以放入方孔，但是方形部分不能放入圆孔。这是由设计决定的。

---

2. 连接内部驱动器和机箱风扇电源

过去，HDD 和光驱由 4 引脚 Molex 电源接头供电。现在这些驱动器通常使用 15 引脚 SATA 接头，如图 3-20 所示。

为了增加灵活性，有些驱动器同时配有 15 引脚 SATA 接头和 4 引脚 Molex 接头。在这些驱动器上，同一时间只能使用一种电源接头，切勿同时使用两种接头。许多较旧的电源可能没有 SATA 接头。可以使用 Molex 转 SATA 适配器（如图 3-21 所示）连接驱动器。

图 3-20　SATA 电源接头　　　　图 3-21　Molex 转 SATA 电源适配器

连接 SATA 电缆与驱动器的步骤如下。

How To　**步骤 1**　将 15 引脚 SATA 电源接头与驱动器上的端口对齐。
　　　　　步骤 2　轻轻按下接头，直至接头完全到位。

安装提示：　在连接 SATA 电缆时，请务必小心。如果按下时接头有一定的角度，可能会折断驱动器接头。

其他外围设备（例如机箱风扇）也需要供电。大多数主板提供 3 引脚或 4 引脚接头来连接风扇。连接机箱风扇电源的基本步骤如下所示。

How To　**步骤 1**　将 3 引脚或 4 引脚风扇电源接头与主板上的端口对齐。
　　　　　步骤 2　轻按下接头，直至接头完全到位。

按照主板和机箱的手册说明，将机箱所有其余的电缆插入相应的接头。

安装提示：　3 引脚风扇电源接头可以连接到 4 引脚端口。接头和插槽都有防插反装置，因此即使某个引脚未连接，它们也可以组装在一起。

---

3. 连接内部数据线

通常使用 SATA 数据线将内部驱动器和光驱连接到主板。

SATA 数据线具有 7 引脚接头，如图 3-22 所示。SATA 电缆有防插反装置，因此只能按一种方式连接。许多 SATA 电缆带有锁紧接头，可防止电缆被拔出。要取下已锁紧的电缆，请按下插头上抬起的金属卡舌，然后拔出接头。

使用 SATA 数据线连接驱动器与主板的步骤如下所示。

图 3-22　7 引脚 SATA 数据线

How To

步骤 1　将 SATA 电缆的一端插入主板插槽中。注意，主板上有多个 SATA 接头。

步骤 2　将 SATA 电缆的另一端插入驱动器上较小的 SATA 端口。

安装提示：　在安装 SATA 数据线时，应与安装 SATA 电源线一样谨慎。此外，避免电缆出现弯曲或折叠。这可能会导致传输速率下降。

4. 连接前面板电缆

计算机机箱上有用来控制主板电源的按钮和指示活动情况的指示灯。可使用电缆将机箱前面的这些按钮和指示灯连接到主板。图 3-23 显示了计算机机箱中常用的某些前面板电缆。图 3-24 显示了主板上连接电缆的常用系统面板接头。主板上系统面板接头旁边的文字显示了每条电缆可连接到何处。

图 3-23　前面板接头

图 3-24　系统面板接头

系统面板接头没有防插反装置。关于连接电缆与系统面板接头的以下准则是通用准则，因为目前尚未规定标记机箱电缆或系统面板接头的标准。但是，每个前面板电缆通常有指示引脚 1 的小箭头。系统面板接头如下所示。

- **电源按钮**：电源按钮可打开/关闭计算机。如果电源按钮无法关闭计算机，请按住电源按钮 5 秒钟。
- **重置按钮**：重置按钮（如果有）可重新启动计算机，而不会关闭计算机。
- **电源 LED**：当计算机打开时，电源 LED 保持亮起，当计算机处于睡眠模式时，电源 LED 将闪烁。主板系统面板接头上的每对 LED 引脚在引脚 1 上标有加号（+）。
- **驱动器活动 LED**：当系统正在对硬盘驱动器进行数据读写操作时，驱动器活动 LED 保持亮起或闪烁。
- **系统扬声器**：主板使用机箱扬声器（如果有）来指示计算机状态。例如，一次蜂鸣声表示计算机正常启动。如果存在硬件问题，将会发出一系列诊断蜂鸣声来表示问题类型。请注意，系统扬声器不同于计算机用来播放音乐和其他音频的扬声器。系统扬声器电缆通常使用系统面板接头上的四个引脚。

- **音频**：某些机箱外面有音频端口和插孔，可连接麦克风、外部音频设备（例如信号处理器、调音台和仪器）。还可以购买特殊的音频面板并将其直接连接到主板。这些面板可以安装到一个或多个外部驱动器槽位，也可作为独立的面板安装。

- **USB**：USB 端口位于许多计算机机箱的外部。USB 主板接头通常包括两排 9 个或 10 个引脚。这种排列方式支持两个 USB 连接，因此 USB 接头通常成对出现。有时两个接头在一起，并可以连接到整个 USB 主板接头。USB 接头也可能有四到五个引脚或独立的四五个引脚一组。大多数 USB 设备只需要连接四个引脚。第五个引脚用于将一些 USB 线的屏蔽套接地。

注意：	前面板电缆和系统面板接头上的标记可能因不同制造商的主板而不同。请务必查阅主板手册，查看有关连接前面板电缆的图表和其他信息。

警告：	确保主板接头上标记有 USB。FireWire 接头与 USB 接头非常相似。将 USB 线连接到 FireWire 接头将造成损坏。

表 3-4 提供了有关各种前面板指示灯的连接说明。

表 3-4 **前面板电缆连接具体情况**

前 面 板	具 体 连 接
电源按钮	■ 将 2 引脚前面板电源按钮电缆的引脚 1 与主板上的电源 按钮引脚对齐
重置按钮	■ 将 2 引脚前面板重置按钮电缆的引脚 1 与主板上的重置按钮引脚对齐
电源 LED	■ 将前面板电源 LED 电缆的引脚 1 与主板上的电源 LED 引脚对齐
驱动器活动 LED	■ 将前面板驱动器活动电缆的引脚 1 与主板上的驱动器活动引脚对齐
系统扬声器	■ 将前面板系统扬声器电缆的引脚 1 与主板上的系统扬声器引脚对齐
音频电缆	■ 由于专门的功能和硬件各有不同，请查阅主板、机箱和音频面板的专门说明文档
USB	■ 将 USB 线的引脚 1 与主板上的 USB 引脚对齐

新型机箱和主板支持 USB 3.0，甚至可能支持 USB 3.1 功能。USB 3.0 和 3.1 主板接头在设计上与 USB 接头相似，但是有更多的引脚。

连接前面板电缆的基本步骤如下所示。

How To

步骤 1 将电源线插入到标有 PWR_SW 的位置处的系统面板接头。

步骤 2 将重置线插入到标有 RESET 的位置处的系统面板接头。

步骤 3 将电源 LED 线插入到标有 PWR_LED 的位置处的系统面板接头。

步骤 4 将驱动器活动 LED 线插入到标有 HDD_LED 的位置处的系统面板接头。

步骤 5 将扬声器线插入到标有 SPEAKER 的位置处的系统面板接头。

步骤 6 将 USB 线插入 USB 接头。

步骤 7 将音频线插入音频接头。

通常，如果某个按钮或 LED 不起作用，说明接头方向不正确。要解决此问题，请关闭计算机并拔出接头，打开机箱，然后颠倒不起作用的按钮或 LED 接头的方向。为了避免接线不正确，有些制造商附带一个可将多个前面板电缆（例如电源和重置 LED）接头组合成一个接头的且带有防引脚插反装置的扩展器。

安装提示： 面板接头和机箱电缆两端均非常小。可以通过拍照来找到引脚 1。由于在组装结束时机箱中的空间有限，因此可以使用零件捡拾器将电缆插入接头。

---

5. 重新组装机箱组件

将侧面板重新连接到计算机机箱之前，请确保所有设备已正确对齐并安装到位。这包括 CPU、内存、适配器卡、数据线、前面板电缆和电源线。

盖上机箱盖后，请确保所有螺钉位置都已固定就位。某些计算机机箱使用的螺钉需要用螺丝刀来插入。其他机箱使用旋转式螺钉，因此可以用手拧紧。

如果您不确定如何拆解或更换计算机机箱，请参阅制造商的文档或网站。

警告： 谨慎处理机箱零件。某些计算机机箱盖有锋利的或锯齿状的边缘。

安装提示： 检查面板与机箱框架相交的区域。让电缆远离这些区域，以免挤压或划坏电缆。

---

6. 安装外部电缆

在重新连接机箱面板后，将电缆连接到计算机背面。

注意： 连接所有其他电缆后，再插入电源线。

在连接电缆时，请确保将其连接到计算机上的正确位置。例如，较旧的系统为鼠标和键盘线使用同一种 PS/2 接头，但会用颜色区分它们，以免接错。通常，接头上会显示所连设备的图标，例如键盘、鼠标、显示器或 USB 符号。

警告： 当连接电缆不顺利时，不要强行连接。

要安装各种外部电缆，请执行以下步骤。

How To

步骤 1 将显示器电缆连接到视频端口。拧紧接头上的螺钉，固定电缆。如果您组装的计算机上装有显卡，确保将电缆连接到该卡，而不是主板视频端口。

步骤 2 将键盘线插入 PS/2 键盘端口。

步骤 3 将鼠标线插入 PS/2 鼠标端口。

步骤 4 将 USB 线插入 USB 端口。

步骤 5 将电源线插入电源。

注意： 某些主板只有一个 PS/2 端口。某些主板可能没有连接键盘和鼠标的 PS/2 端口。可将 USB 键盘、USB 鼠标或两者连接到此类主板。

安装提示： 使用 PS/2 转 USB 适配器可将较旧的外围设备连接到没有 PS/2 接头的主板。

3.2　启动计算机

　　启动计算机指的是将计算机打开并开始启动顺序、检验硬件以及加载操作系统软件。ROM BIOS是启动程序的一个集成部分。

3.2.1　POST、BIOS、UEFI

　　当启动（开启）计算机时，基本输入/输出系统（BIOS）可对计算机的主要组件执行硬件检查。此检查称为加电自检（POST）。这一部分将关注BIOS、统一可扩展固件接口（UEFI）和POST。

1. BIOS 蜂鸣声代码和设置

　　POST（如图 3-25 所示）可检查计算机硬件是否正确运行。如果设备出现故障，错误或蜂鸣声代码会警告技术人员有问题。通常，一声蜂鸣声意味着计算机正常运行。如果有硬件问题，在启动时会显示空白屏幕，而且计算机将发出一系列蜂鸣声。每个 BIOS 制造商都使用不同的蜂鸣声代码表示硬件问题。

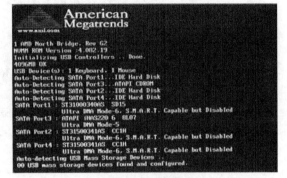

图 3-25　POST

　　表 3-5 显示了常见的蜂鸣声代码示例。请务必查阅主板文档来获取计算机的蜂鸣声代码详细信息。

表 3-5　　　　　　　　　　　　　　常见蜂鸣声代码

蜂鸣声代码	含　　义	原　　因
1 声蜂鸣声（无视频）	内存更新故障	故障存储器
2 声蜂鸣声	内存奇偶校验错误	故障存储器
3 声蜂鸣声	基本 64 位内存故障	故障存储器
4 声蜂鸣声	不可操作的计时器	故障主板
5 声蜂鸣声	处理器错误	故障处理器
6 声蜂鸣声	8042 Gate A20 故障	故障 CPU 或主板
7 声蜂鸣声	处理器异常	故障处理器
8 声蜂鸣声	视频内存错误	故障显卡或内存
9 声蜂鸣声	ROM 校验和错误	故障 BIOS
10 声蜂鸣声	CMOS 校验和错误	故障主板
11 声蜂鸣声	高速缓存错误	故障 CPU 或主板

　　显示器显示内容之前就可能会出现 POST 问题。在排除没有视频的计算机问题时，可以使用 POST卡。POST 卡有时称为调试卡，安装在主板的某个端口上，例如 PCI、PCIe 或 USB 端口。

　　当计算机启动时，计算机会显示一系列两位或四位的十六进制代码，这些代码也会显示在 POST卡上。如果出现错误，POST 代码有助于您通过主板、BIOS 或 POST 卡制造商来诊断问题的起因。

安装提示： 要判断 POST 是否正常工作，请从计算机中卸下所有内存并启动计算机。如果计算机没有安装内存，计算机应该会发出蜂鸣声代码。这不会损坏计算机。

2. BIOS 和 CMOS

所有主板都需要 BIOS 才能运行。BIOS 是主板上内含一个小程序的 ROM 芯片。此程序可控制操作系统与硬件之间的通信。

如果与 POST 结合使用，BIOS 还可确定：

- 哪些驱动器可用；
- 哪些驱动器可启动；
- 如何配置内存及何时使用内存；
- 如何配置 PCIe 和 PCI 扩展槽；
- 如何配置 SATA 和 USB 端口；
- 主板电源管理功能；
- 主板制造商在互补金属氧化物半导体（CMOS）内存芯片中保存主板 BIOS 设置（如图 3-26 所示）。

在计算机启动时，BIOS 软件读取 CMOS 中存储的配置设置，以确定如何配置硬件。

CMOS 使用电池（如图 3-27 所示）保留 BIOS 设置。如果电池发生故障，可能会丢失重要设置。因此，建议您始终记录 BIOS 设置。

图 3-26　CMOS 芯片

图 3-27　CMOS 电池

注意： 记录这些设置的一种简单方法是为各个 BIOS 设置拍照。

安装提示： 如果计算机时间和日期不正确，可能表示 CMOS 电池不佳或电量极低。

3. BIOS 设置程序

当您添加或更改内存模块、存储设备和适配器卡等硬件时，可能需要更改默认 BIOS 设置。必须使用 BIOS 设置程序更改设置。

要进入 BIOS 设置程序，可在 POST 期间按相应的按键或按键序列。该按键序列因制造商的不同而异，不过通常使用 DEL 键或功能键进入 BIOS 设置程序。例如，对于 ASUS 主板，可在 POST 期间使用 DEL 键或 F2 功能键进入 BIOS 程序。

注意： 请查阅主板文档，了解您的计算机的正确按键或按键组合。

在计算机执行 POST 进程时，许多主板会显示一个称为启动屏幕的图形。启动屏幕有时显示该制造商进入 BIOS 的按键组合。

虽然 BIOS 设置程序因制造商的不同而异，但它们都提供类似的菜单项（如图 3-28 所示）。

- Main（主要）：基本系统配置。
- Advanced（高级）：高级系统设置。
- Boot（启动）：启动设备选项和启动顺序。
- Security（安全）：安全设置。
- Power（电源）：高级电源管理配置。
- JUSTw00t!：高级电压和时钟设置。
- Exit（退出）：BIOS 退出选项和加载默认设置。

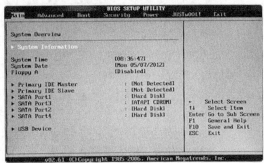

图 3-28　BIOS 设置实用程序

4. UEFI 设置程序

某些计算机运行统一可扩展固件接口（UEFI）。UEFI 配置的设置与传统的 BIOS 相同，但它提供了额外的选项。例如，UEFI 提供了一个支持鼠标的软件界面，而不是传统的 BIOS 屏幕。

3.2.2　BIOS 和 UEFI 配置

BIOS 和 UEFI 是计算机的两种固件接口，用作操作系统和计算机固件之间的翻译。这两种接口在计算机启动时用于初始化硬件组件并加载操作系统。在这一部分，您将探索使用 BIOS 和 UEFI 了解系统硬件以及两种程序中的各种配置选项。这些配置选项因 BIOS 制造商的不同而有所差异。

1. BIOS 组件信息

技术人员可以使用 BIOS 信息了解计算机中已安装的组件及其某些属性。在排除无法正常工作的硬件的故障和确定升级选项时，此信息可能非常有用。以下是 BIOS 中显示的一些常见组件信息项。

- CPU：显示 CPU 制造商和速度。还会显示已安装的处理器数量。
- 内存：显示内存制造商和速度。可能还会显示插槽数量和内存模块占用了哪些插槽。
- Hard Drive（硬盘驱动器）：显示硬盘驱动器的制造商、大小和类型。可能还会显示硬盘控制器的类型和数量。
- Optical Drive（光驱）：显示光驱的制造商和类型。

2. BIOS 配置

BIOS 设置程序的另一功能是自定义计算机硬件的特定方面，以满足个人的需求。可以自定义哪些功能取决于 BIOS 制造商和版本。对 BIOS 做出更改之前，必须清楚了解这些更改对计算机有何影响。不正确的设置可能会有负面影响。

可配置的主要 BIOS 配置设置如下所示。

- Time and Date（时间和日期）：BIOS 的主页有一个 "System Time"（系统时间）字段和一个 "System Date"（系统日期）字段，可以用来设置系统时钟。

- Disable Devices（禁用设备）：您可以配置高级 BIOS 设置，以禁用计算机不需要或不使用的设备。

- Boot Order（启动顺序）：在完成 POST 设置不久后，计算机会尝试加载操作系统。BIOS 在启动顺序列表中的第一个设备上寻找可启动的分区。启动顺序列表（或启动顺序）是一个已排序的设备列表，可通过这些设备启动计算机。如果该设备上没有可启动的分区，计算机会检查列表中的下一个设备。如果找到了具有可启动分区的设备，BIOS 会检查已安装的操作系统。此列表通常位于 "Boot"（启动）选项卡下的 BIOS 中。您可以在启动顺序中指定硬盘驱动器、光驱、网络启动、USB 和闪存介质。

- Clock Speed（时钟频率）：一些 BIOS 设置程序允许您更改 CPU 时钟频率。降低 CPU 时钟频率可以使计算机运行速度更慢、温度更低，这称为"降频"。这样可以减少风扇产生的噪音，如果需要一个较为安静的计算机（例如家庭影院或卧室）运行环境，该选项可能非常有用。CPU 超频会提高 CPU 的时钟频率，使计算机运行速度更快，但温度更高，可能会因风扇速度增加而使计算机的声音更大。

- Virtualization（虚拟化）：虚拟化技术允许计算机以多个单独的文件形式或在多个分区中运行多个操作系统。为此，计算机虚拟化程序会模拟整个计算机的特征，包括硬件、BIOS、操作系统和程序。在 BIOS 中为将要使用虚拟化技术的计算机启用虚拟化设置。

表 3-6 提供了 BIOS 设置建议。

表 3-6	BIOS 设置
BIOS 设置	**具 体 设 置**
时间和日期	- 始终将这些字段设置为正确的时间和日期，因为操作系统和其他程序需要参考时间和日期 - 不正确的日期和时间可能导致意想不到的问题
禁用设备	- 如果安装专用的显卡、声卡或网卡，将禁用主板内置功能 - 如果设备未正常工作，请检查高级 BIOS 设置以查看是否默认禁用了设备或意外禁用了设备
启动顺序	- 创建基于用户需求的启动顺序 - 从启动顺序列表中禁用或删除未使用的设备
时钟速度	- CPU 超频会使 CPU 的保修失效，可能会缩短 CPU 的生命周期，或者导致 CPU 损坏 - 请始终记得安装一个能够驱散超频产生的多余热量的冷却系统，以避免 CPU 损坏
虚拟化	- 如果无法正确进行虚拟化或不使用虚拟化，请禁用此设置

3. BIOS 安全配置

如果计算机被盗，BIOS 通常支持许多安全功能来保护 BIOS 设置、硬盘驱动器上的数据，并提供了多个恢复选项。

以下是 BIOS 中提供的一些常见安全功能。

- BIOS passwords（BIOS 密码）：密码允许您对 BIOS 设置进行不同级别的访问。可以修改两个密码设置。"Supervisor Password"（管理引擎密码）可以访问所有用户访问密码和所有 BIOS 屏幕与设置。必须先设置管理引擎密码，然后才能设置用户密码。"User Password"（用户密码）可以根据既定的级别访问 BIOS 设置。表 3-7 显示了 BIOS 的常见用户访问级别。

表 3-7 用户访问级别

访 问 级 别	级 别 描 述
完全访问	可以访问除管理引擎密码设置以外的所有屏幕和设置
受限访问	只能更改某些设置，例如时间和日期
只读访问	可访问所有屏幕，但不能更改设置
禁止访问	禁止访问 BIOS 设置实用程序

- **Drive encryption（驱动器加密）**：可对硬盘驱动器进行加密，防止数据被窃。加密可将驱动器上的数据变为代码。没有正确的密码，将无法启动计算机，并且无法理解从硬盘驱动器读取的数据。即使将该硬盘驱动器放入另一台计算机中，数据仍是加密的。
- **LoJack**：这项安全功能包括两个程序：一个是 Persistence Module，嵌入在 BIOS 中；另一个是 Application Agent，由用户安装。在安装时，BIOS 中的 Persistence Module 将会被激活，并且无法关闭。Application Agent 通过 Internet 定期与监控中心联系，以报告设备信息和位置。所有者可以执行表 3-8 中介绍的功能。

表 3-8 LoJack 功能

LoJack 功能	描 述
查找	使用 Wi-Fi 或 IP 地理位置查找设备以查看最后位置
锁定	- 远程锁定设备以阻止对您的个人信息的访问 - 它还可以在屏幕上显示自定义消息
删除	删除设备上的所有文件以保护个人信息和防止身份盗窃

- **Trusted Platform Module（可信平台模块，TPM）**：这种芯片旨在通过存储加密密钥、数字证书、密码和数据来保护硬件的安全。Windows 使用 TPM 来支持 BitLocker 全磁盘加密。
- **Secure boot（安全启动）**：安全启动是一项 UEFI 安全标准，可确保计算机只启动主板制造商所信任的操作系统。安全启动可防止在启动时加载"未经授权的"操作系统。

4. BIOS 硬件诊断和监控

BIOS 硬件监控功能在收集信息和监控主板及相连硬件的活动方面很有用。监控功能的类型和数量因主板型号而异。使用硬件监控页面可查看温度、风扇速度、电压和其他内容。此页面可能还有关于入侵检测设备的信息。

以下是一些常见的 BIOS 硬件诊断和监控功能。

- **Temperatures（温度）**：主板使用热传感器监控热敏感型硬件。例如，CPU 插槽下的热传感器可监控 CPU 温度。如果 CPU 过热，BIOS 可以增加 CPU 风扇的速度来冷却 CPU，减缓 CPU 速度来降低 CPU 温度，甚至关闭计算机来避免 CPU 损坏。其他热传感器监控机箱或电源内部的温度。此外，热传感器可以监控内存模块或芯片组的温度。
- **Fan Speeds（风扇速度）**：一些 BIOS 设置允许您设置配置文件，以设置风扇速度来获得特定的结果。常见的 CPU 风扇速度配置文件包括标准、涡轮、静音和手动。
- **Voltages（电压）**：您可以监控主板上的 CPU 或电压调节器的电压。如果电压太高或太低，可能会损坏计算机组件。如果您发现电压没有达到或接近正确的水平，请确保电源运行正常。如果电源未提供正确的电压，可能是因为主板电压调节器损坏了。在这种情况下，可能需要维修或更换主板。

- Clock and Bus Speeds（时钟和总线速度）：在一些 BIOS 设置中，您可以监控 CPU 的速度。一些 BIOS 设置也允许您监控一个或多个总线。您可能需要查看这些项目，以确定 BIOS 是否检测到正确的 CPU 设置，或者是否已由客户或计算机制造者手动输入。不正确的总线速度可能会导致 CPU 和相连硬件的发热量增加，或者导致适配器卡或内存发生故障。

- Intrusion Detection（入侵检测）：有些计算机机箱有一个开关，在打开计算机机箱时会触发该开关。您可以将 BIOS 设置为记录此开关被触发的时间，这样所有者就可以辨别机箱是否被篡改过。该开关连接到主板。

- Built-in Diagnostics（内置诊断）：如果您发现连接到计算机的某个设备（例如风扇）或某个基本功能（例如温度或电压控制）出现故障，您可以使用内置诊断功能确定问题所在。通常，该程序会提供问题描述或错误代码，以便进一步排除故障。许多内置诊断程序会保留一个日志，其中包含所遇到的问题的记录。您可以使用此信息调查问题和错误代码。如果设备在保修期内，可以使用此信息将问题报告给产品支持部门。一些常见的内置诊断有：开始检测（用于在计算机无法正确启动时检查主要组件的功能）、硬盘驱动器测试、内存测试以及电池测试。

5. UEFI EZ 模式

新型计算机用 UEFI 取代了 BIOS 界面。虽然 UEFI 屏幕因供应商而异，但是它们均提供类似的功能。

图 3-29 显示了 EZ 模式下的 ASUS UEFI BIOS 实用程序。默认情况下，进入 UEFI 时就会出现 EZ 模式屏幕。EZ 模式提供了基本系统信息概述，显示 CPU/主板温度、CPU 电压输出、风扇速度、内存信息和 SATA 信息。

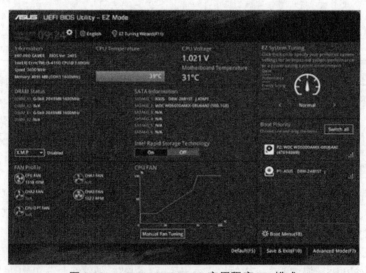

图 3-29　ASUS UEFI BIOS 实用程序 EZ 模式

具体而言，通过 EZ 模式可以完成以下操作。
- 更改时间和日期。
- 选择程序语言。
- 使用 "EZ Tuning Wizard"（EZ 调节向导）自动创建 RAID 存储和协助完成系统超频。
- 使用 "EZ System Tuning"（EZ 系统调节）设置系统性能模式。
- 启用或禁用 SATA RAID。
- 选择启动设备优先级。

还有一个模式名为 "Advanced Mode"（高级模式），可以用来配置和管理高级设置。

6. UEFI 高级模式

进入高级模式时会显示 ASUS 高级模式主菜单屏幕。此模式提供的选项用于配置高级 UEFI 设置。

注意： 要在 EZ 模式和高级模式之间进行切换，请按 F7 键。

在 ASUS 高级模式主菜单屏幕顶部的菜单中可找到以下项目。

- My Favorites（**我的收藏夹**）：用于快速访问常用设置。按 F3 键或单击 My Favorites（我的收藏夹）（F3）可打开 "Setup Tree Map"（设置树形图）屏幕。
- Main（**主要**）：用于显示计算机信息和更改基本配置。它允许您设置日期、时间、语言和安全设置。
- Ai Tweaker：用于更改 CPU 超频设置和内存操作设置。更改这些设置时务必谨慎。不正确的设置可能导致系统发生故障。
- Advanced（**高级**）：用于更改 CPU 和其他设备的设置。更改这些设置时务必谨慎。不正确的设置可能导致系统发生故障。
- Monitor（**监控**）：用于显示温度、电源状态和更改风扇速度设置。
- Boot（**启动**）：用于更改启动选项。
- Tool（**工具**）：用于配置特定功能的选项。
- Exit（**退出**）：用于选择退出选项和加载默认设置。

3.3 升级并配置计算机

由于各种原因，需要定期升级计算机：
- 用户要求发生变化；
- 升级后的软件包需要新的硬件；
- 新的硬件提供更高的性能。

3.3.1 主板和相关组件

计算机系统中的所有组件都与主板相连。如果您升级或更换主板，请考虑可能必须更换其他组件，包括 CPU、散热器和风扇组件及内存。新的主板还必须与旧计算机机箱相符，并且电源必须支持新主板。这一部分将研究升级各种组件的原因和方法。

1. 主板组件升级

对计算机的更改可能导致您需要升级或更换组件和外围设备。研究升级和更换的效率与成本。

升级主板时，如果要重复利用，可将 CPU、散热器和风扇组件移到新主板上。将这些部件放在机箱外部会更容易操作。在防静电垫上操作，并佩戴防静电手套或防静电腕带，以免损坏 CPU。如果新主板需要不同的 CPU 和内存，可在此时进行安装。清理 CPU 和散热器上的散热膏。切记在 CPU 和散热器之间重新涂抹散热膏。

许多旧式主板配有跳线，在引脚之间移动跳线可以更改设置。但是，新式主板很少有跳线。高级电子设备允许在 UEFI 或 BIOS 设置程序中配置这些选项。

CMOS 电池可以用若干年。但是，如果计算机不能提供正确的时间和日期，或在每次关机后都会丢失配置设置，很可能是因为电池耗尽，必须更换电池。确保新电池与主板所需的电池型号相符。

要安装 CMOS 电池，请执行以下步骤。

How To

步骤 1　轻轻滑开或抬起薄金属夹，取下旧电池。

步骤 2　按正确的方向安放新电池的正极和负极。

2. 升级主板

在开始升级前，请确保您了解相连设备的位置和连接方式。始终在日志中记录当前计算机的设置方式。一种比较快捷的方法是用手机拍摄重要内容，例如组件与主板的连接方式。重新组装计算机时，这些图片可能非常有用。

要升级计算机机箱中的主板，请执行以下步骤。

How To

步骤 1　记录电源、机箱风扇、机箱 LED 和机箱按钮与旧主板的连接方式。

步骤 2　断开旧主板的电缆连接。

步骤 3　从机箱上取出扩展卡。取下每个扩展卡并将它们放在防静电袋中或防静电垫上。

步骤 4　仔细记录旧主板如何固定在机箱上。有些安装螺钉起支撑作用，而有些安装螺钉可在主板和机箱之间提供重要的接地连接。特别是要注意非金属的螺钉和支架，因为这些可能是绝缘体。换用带有可导电的金属硬件的绝缘螺钉和支座可能会损坏电子组件。

步骤 5　从机箱上取下旧主板。

步骤 6　检查新主板并确定所有接头的位置，例如电源、SATA、风扇、USB、音频、前面板接头等。

步骤 7　检查计算机机箱背面的 I/O 盖片。用新主板附带的 I/O 盖片更换旧的 I/O 盖片。

步骤 8　将主板插入并固定到机箱中。务必查阅机箱和主板制造商用户指南。使用正确的螺钉类型。不要将平头螺钉换成金属自攻螺钉，因为它们可能会损坏平头螺钉孔，并且可能不安全。确保平头螺钉的长度正确无误，并且每英寸的螺纹数量相同。如果螺纹正确，那么安装起来很轻松。如果强行安装螺钉，可能会损坏螺纹孔，而且无法安全固定主板。使用错误的螺钉还可能产生会导致短路的金属削片。

步骤 9　接下来，连接电源、机箱风扇、机箱 LED、前面板和所有其他所需的电缆。如果 ATX 电源接头大小不同（有些接头的引脚要比其他接头的引脚多），可能要使用适配器。请参阅主板文档以了解这些连接的布局。

步骤 10　在新主板安置妥当并且连接了电缆之后，应安装并固定扩展卡。

现在是时候检查您的工作了。确保没有松动的零件或未连接的电缆。连接键盘、鼠标、显示器和电源。如果检测到问题，应立即关闭电源。

3. 升级 BIOS

主板制造商可能会发布更新后的 BIOS 版本，以提供更高的系统稳定性、兼容性和性能。但是，更新固件有一定的风险。版本说明介绍了产品升级、兼容性改进和已解决的已知漏洞。一些新式设备只有安装更新后的 BIOS 才能正确运行。要检查计算机上安装的 BIOS 版本，请查询 BIOS 设置或 UEFI BIOS 实用程序。

在更新主板固件前，记录 BIOS 的制造商和主板型号。使用此信息确定要从主板制造商网站下载的确切文件。如果系统硬件存在问题或要在系统中添加功能，只需更新固件。

ROM 芯片中包含之前的计算机 BIOS 信息。要想升级 BIOS 信息，必须更换 ROM 芯片，而这并非总是可行。现代 BIOS 芯片是电子可擦除可编程只读存储器（EEPROM），用户无需打开计算机机箱即可进行升级。这一过程称为"刷新 BIOS"。

要下载新的 BIOS，请查询制造商的网站并按照建议的安装步骤操作。在线安装 BIOS 软件可能需要下载新的 BIOS 文件，将文件复制或提取到可移动介质，然后从可移动介质启动系统。安装程序会提示用户提供信息来完成此过程。

许多主板制造商现在提供能够从操作系统内刷新 BIOS 的软件。例如，ASUS EZ 更新实用程序自动更新主板的软件、驱动程序和 BIOS 版本。系统进入 POST 过程时，它还支持用户手动更新已保存的 BIOS 和选择启动徽标。主板随附该实用程序，也可以从 ASUS 网站下载它。

警告：　安装错误或已废弃的 BIOS 更新可能导致计算机不能使用。

---

4. 升级 CPU、散热器和风扇组件

提升计算机能力的一种方法是提高处理速度。升级 CPU 即可达到这一目的。但是，CPU 必须满足下面所列的要求：

- 新的 CPU 必须适合现有的 CPU 插槽；
- 新的 CPU 必须与主板芯片组兼容；
- 新的 CPU 必须搭配现有的主板和电源运行。

新的 CPU 可能需要不同的散热器和风扇组件。该组件必须符合 CPU 的物理外形并与 CPU 插槽兼容。它还必须足以驱散速度更快的 CPU 所散发的热量。

警告：　您必须在新的 CPU 与散热器和风扇组件之间涂抹散热膏。

查看 BIOS 中的散热设置，确定 CPU 与散热器和风扇组件是否存在任何问题。第三方软件应用还会以方便阅读的格式报告 CPU 温度信息。请参阅主板或 CPU 用户文档，确定芯片是否在正确的温度范围内运行。

要在机箱中安装额外的风扇来帮助散热，请执行以下步骤。

How To　**步骤 1**　调整风扇，使其面向正确的吸气或出气方向。

步骤 2　使用机箱上预先钻好的孔安装风扇。通常，将风扇安装在机箱顶部用于吹出热气，而将风扇安装在机箱底部用于吸入空气。避免将两个空气流动方向相反的风扇安装在一起。

步骤 3　将风扇的电源线连接到电源或主板，具体取决于机箱风扇插头类型。

5. 升级内存

增加内存通常都能提高计算机的性能。在升级或更换内存之前，请务必回答下列问题。

- 主板当前使用什么类型的内存?
- 是否有可用内存插槽?

- 此内存可以一次安装一个模块，还是必须将其分为相匹配的内存库？
- 新内存是否与现有内存的速度、延迟和电压相匹配？

注意： 通常必须按特定顺序在主板上安装内存。务必查阅主板用户指南来获取更多信息。

要升级主板上的内存，请执行以下步骤。

步骤 1 松开固定夹，取下现有的内存模块。
步骤 2 直接从插槽中拉出内存模块。
步骤 3 将新的内存模块直接插入插槽。
步骤 4 锁定固定夹。

如果内存兼容且安装正确，系统将会发现最近安装的内存。如果 BIOS 没有指示正确的内存数量，请确保内存与主板兼容且安装正确。

3.3.2 存储设备

计算机系统中的存储设备有很多用途。一个关键的用途是用户数据的存储。随着用户收集越来越多的数据，他们可能需要增加存储容量。这一部分将讨论通过升级硬盘驱动器添加更多存储的原因和方法。

1. 升级硬盘驱动器

您可以考虑添加另一个硬盘驱动器，而不需要购买一台新计算机来获得更快的速度和更多的存储空间。安装额外驱动器的几个原因如下：

- 增加存储空间；
- 增加硬盘驱动器速度；
- 安装第二个操作系统；
- 存储系统交换文件；
- 提供容错能力；
- 备份原始硬盘驱动器。

所建议的许多原因将在本书的后续章节中予以详细讨论。

为计算机选择适当的硬盘驱动器后，请在安装时遵循以下一般原则。

步骤 1 将硬盘驱动器放在空的驱动器槽位中，拧紧螺钉以固定硬盘驱动器。
步骤 2 使用正确的电缆将驱动器连接至主板。
步骤 3 将电源线连接到驱动器。

3.3.3 外围设备

外围设备可增加计算机的功能和用途。为使计算机功能能够满足用户的需求，通常有必要添加或升级外围设备。

1. 升级输入和输出设备

外围设备需要定期升级。例如，如果设备停止运行，或者您希望提高性能和工作效率，可能需要进行升级。

升级键盘和/或鼠标的几个原因如下。

■ 将键盘和鼠标改为人体工程学设计设备。人体工程学设备可提高使用的舒适度并帮助预防反复性动作损伤。

■ 重新配置键盘以满足特定的任务要求，例如键入具有其他字符的第二种语言。

■ 满足残障人士的需求。

可通过不同的方式升级显示器。

■ 添加防窥片，防止显示器侧面的人读取屏幕上的信息。只有用户和用户身后的人能够读取屏幕上的信息。

■ 添加防闪光过滤器，防止太阳和明亮的灯光让屏幕反光。在白天或灯光在用户身后时，防闪光过滤器可以让用户更容易阅读屏幕上的信息。

■ 添加多个显示器，让用户显示更多信息并更加轻松、快速地在已打开的程序之间移动数据，从而提高工作效率。这通常需要一个高级显卡来支持其他连接，或者必须安装第二个显卡。

有时，使用现有扩展槽或插槽无法进行升级。在这种情况下，可以使用 USB 连接完成升级工作。如果计算机没有额外的 USB 连接，那么您必须安装 USB 适配器卡或购买 USB 集线器，如图 3-30 所示。

在获得新硬件后，您可能需要安装新的驱动程序。通常，您可以使用安装介质来完成这一操作。如果没有安装介质，可以从制造商的网站上获得更新的驱动程序。

图 3-30 USB 集线器

注意： 已签名的驱动程序是指通过了 Windows 硬件质量实验室的测试并由 Microsoft 授予了驱动程序签名的驱动程序。安装未签名的驱动程序可能导致系统不稳定、出现错误消息和启动问题。安装硬件期间，如果检测到未签名的驱动程序，系统将询问您是停止安装还是继续安装。只有您信任驱动程序的来源，才能安装未签名的驱动程序。一些 Windows 操作系统不允许安装未签名的驱动程序。

3.4 总结

计算机组装是计算机技术人员的一项重要技能。

组装计算机需要大量的计划和决策。组件选择需要考虑众多因素，准备工作区域和工具也是流程中的一个重要组成部分。本章概述了预防组件损坏所必需的预防措施、要使用的工具以及选择组件时需要考虑的问题。

本章还详细介绍了组装计算机和首次启动系统的步骤。需要记住以下几个要点。

■ 计算机机箱的大小和配置各不相同。许多计算机组件必须与机箱的外形规格相匹配。

■ CPU 安装在有散热膏以及散热器和风扇组件的主板上。

■ 内存安装在主板上的内存插槽中。

■ 适配器卡安装在主板上的 PCI 和 PCIe 扩展槽中。

- 硬盘驱动器安装在机箱内的 3.5 英寸（8.9 厘米）驱动器槽位中。
- 光驱安装在 5.25 英寸（13.34 厘米）驱动器槽位中，可从机箱前面安装光驱。
- 电源线连接到所有驱动器和主板。
- 内部数据线在主板和驱动器之间传输数据。
- 外部电缆将外围设备连接到计算机。
- 蜂鸣声代码表示有硬件故障。
- BIOS 设置程序显示有关计算机组件的信息，并允许用户更改系统设置。
- 计算机组件需要定期升级和更换零件。
- 额外的硬盘驱动器可以提供容错能力，并能够安装额外的操作系统。

检查你的理解

您可以在附录中查找下列问题的答案。

1. 在计算机机箱内安装主板时，使用什么来防止主板接触机箱底部？
   - A. 螺柱
   - B. 接地故障绝缘体
   - C. 硅脂喷剂
   - D. 接地腕带
2. 在重新安装之前应该使用什么来清洁 CPU 散热器的底座？
   - A. 外用酒精
   - B. 水
   - C. 异丙醇
   - D. 散热膏
3. 将 RAM 安装到主板上之前应该执行以下哪项操作？
   - A. 查阅制造商的主板文档或网站以确保 RAM 与主板兼容
   - B. 更改电压选择器以满足 RAM 的电压规格
   - C. 在插入 RAM 模块之前确保内存扩展槽舌片处于锁定位置
   - D. 插入新 RAM 之前先填充中央内存插槽
4. 主板上有一个适用于主电源连接器的 24 引脚插座。可以使用哪种 ATX 电源连接器？
   - A. 12 引脚连接器
   - B. 16 引脚连接器
   - C. 18 引脚连接器
   - D. 20 引脚连接器
5. 技术人员应该查阅哪个网站来查找用于更新计算机上的 BIOS 的说明？
   - A. CPU 制造商
   - B. 机箱制造商
   - C. 主板制造商
   - D. 操作系统开发人员
6. 请选择描述适用于技术人员安装 CPU 的安装步骤的最佳答案。
   - A. 将其与机箱中的支架对齐
   - B. 通过关闭负载锁杆固定插销板
   - C. 将其插入适当的槽位
   - D. 将模块上的凹槽与插槽中的凸起对齐，并用力将其按下
7. 请选择描述适用于技术人员安装主板的安装步骤的最佳答案。
   - A. 将其与机箱中的支架对齐
   - B. 将设备连接到机箱并固定螺丝，使内部风扇不会振动
   - C. 将模块上的凹槽与插槽中的凸起对齐，并用力将其按下
   - D. 通过关闭负载锁杆固定插销板

8. 根据描述，"最多带三个 3.5 英寸驱动器槽位的 ATX"，是指哪个 PC 的组件？
   - A. CPU
   - B. 机箱
   - C. 硬盘驱动器
   - D. 主板

9. 哪个部件应该用螺丝紧固到机箱上，这样内部风扇就不会振动？
   - A. CPU 和散热器
   - B. 硬盘驱动器
   - C. 电源
   - D. RAM

10. 组装计算机后，技术人员开启计算机。系统发出几次蜂鸣声。哪个组件会导致该蜂鸣声？该组件在什么位置？（选择两项）
   - A. 计时器
   - B. 事件查看器
   - C. 主板
   - D. CMOS
   - E. BIOS
   - F. 硬盘驱动器

11. 已保存的 BIOS 配置数据存储在哪里？
   - A. RAM
   - B. 缓存
   - C. CMOS
   - D. 硬盘驱动器

12. 哪两个设置示例可在 BIOS 设置程序中进行修改？（选择两项）
   - A. 引导顺序
   - B. 交换文件大小
   - C. 驱动器分区大小
   - D. 设备驱动程序
   - E. 启用和禁用设备

13. 下面哪一个定义描述了术语"超频"？
   - A. 更改主板的总线速度以增加连接的适配器的速度
   - B. 修改主板时钟晶体以增加定时信号
   - C. 增加 CPU 的速度，使其超过制造商的建议值
   - D. 用较快的内存更换较慢的 SDRAM

14. 使用带有签名的驱动程序有何优点？
   - A. 保证可用于所有操作系统
   - B. 制造商保证其可用于任何硬件
   - C. 已验证可与操作系统兼容
   - D. 永远不需要升级

15. 安装新主板时最后执行哪个程序？
   - A. 连接外围设备
   - B. 固定扩展卡
   - C. 安装 I/O 挡板
   - D. 拧紧主板螺钉

16. 什么表明 CMOS 电池上的电量正在降低？
   - A. 访问硬盘驱动器上的文件时性能较低
   - B. 计算机无法启动
   - C. 计算机时间和日期不正确
   - D. POST 期间出现蜂鸣声错误代码

第 4 章

预防性维护概述

学习目标

通过完成本章的学习，您将能够回答下列问题：

- 预防性维护的优点是什么；
- 最常见的预防性维护任务有哪些；
- 故障排除程序的组成要素有哪些；
- 排除 PC 故障时常见的问题和解决方法有哪些。

预防性维护是防止计算机系统出现数据丢失、硬件故障等严重问题的关键，并且有助于系统拥有更长的使用寿命。

在本章，您将学习计算机系统预防性维护的需求。遵循良好的预防性维护计划能够防止计算机问题变得过于棘手。此处涉及的预防性维护例行程序类型，其范围涵盖面向组件和电源的预防性维护以及管理数据。并非所有的问题都可以避免，因此，这一部分还囊括了系统性的故障排除流程来促进问题的解决。

预防性维护是指定期系统性地检测、清理和更换破损的零件、材料和系统。有效的预防性维护可减少零件、材料和系统故障，并使硬件和软件保持良好运行状态。

故障排除是用于确定计算机系统中故障的原因并修复相关硬件和软件问题的系统性流程。

在本章中，您将了解故障排除过程和制定预防性维护计划的一般原则。这些原则是帮助您培养预防性维护和故障排除技能的起点。

4.1 预防性维护

"未雨绸缪而非消极应对"是计算机系统问题预防的一个很好的方法。

4.1.1 PC 预防性维护概述

通过制定计划并安排维护来理解创建预防性维护例行程序的重要性对于 PC 技术人员来说是至关重要的。预防性维护成功的另一个关键要素是跟踪并确保计划得以实施。

1. 预防性维护的好处

预防性维护计划有几个考虑事项。制定预防性维护计划时至少要依据两个因素。

- **计算机位置或环境**：与位于办公室环境中的计算机相比，更需要注意暴露在多尘环境中的计算机（例如在施工现场使用的计算机）。

- **计算机的使用情况**：高流量网络（例如学校网络）可能需要额外的扫描并删除恶意软件和不需要的文件。

记录必须对计算机组件执行的日常维护任务及每项任务的执行频率。然后您可以使用此任务列表制定预防性维护计划。

主动进行计算机维护和数据保护。通过执行定期的日常维护任务，可以减少潜在的硬件和软件问题。定期的日常维护任务可减少计算机停机时间和维修成本。预防性维护还具有以下优点：

- 加强数据保护；
- 延长组件的寿命；
- 提高设备的稳定性；
- 减少设备的故障次数。

2. 预防性维护任务

硬件

检查电缆、组件和外围设备的情况。清洁组件以减少过热情况出现的可能性。维修或更换有损坏或过度磨损等迹象的所有组件。

依照这些任务制定硬件维护计划。

- 除去风扇上的灰尘。
- 除去电源上的灰尘。
- 除去计算机内部组件和外围设备（如打印机）上的灰尘。
- 清洁鼠标、键盘和显示屏。
- 检查并固定已松动的电缆。

软件

验证已安装的软件为最新版本。在安装安全更新、操作系统更新和程序更新时，请遵循企业政策。许多企业不允许安装更新，直到完成大量测试工作为止。这些测试的目的是确认更新不会导致操作系统和软件出现问题。

依照这些任务制定可满足您需求的软件维护计划。

- 查看并安装适当的安全更新。
- 查看并安装适当的软件更新。
- 查看并安装适当的驱动程序更新。
- 更新病毒定义文件。
- 扫描病毒和间谍软件。
- 删除不需要的或未使用的程序。
- 扫描硬盘驱动器错误。
- 优化（碎片整理）硬盘驱动器。

3. 清理机箱和内部组件

保持计算机机箱和内部组件清洁非常重要。环境中的灰尘和其他悬浮颗粒的数量以及用户的使用习惯决定了清洁计算机组件的频率。定期清洁（或更换）计算机所在建筑物中的空气过滤器能够显著减少空气中的灰尘数量。

计算机外部的灰尘或污垢可能会通过散热风扇进入到计算机内部。计算机内部的灰尘积聚过多时，可能会阻碍空气流通并降低组件的散热速度。发热的计算机组件比散热良好的组件更容易发生故障。大多数清洁工作是为了防止灰尘积聚。

要除去计算机内部的灰尘，请组合使用压缩空气、低气流 ESD 吸尘器和小块无绒布。某些清洁设备的气压可能会产生静电并造成损坏，也可能使组件和跳线松动。保持以下这些组件清洁非常重要：

- 散热器和风扇组件；
- 内存；
- 适配器卡；
- 主板；
- 风扇；
- 电源；
- 内部驱动器。

您可以使用低气流 ESD 吸尘器除去机箱内部积聚的灰尘和材料。您还可以使用吸尘器吸掉压缩空气吹出的灰尘。如果使用罐装压缩空气，请保持罐体直立，以防止液体泄漏到计算机组件上。始终按照压缩空气罐上的说明和警告操作，使压缩空气与敏感设备和组件保持安全距离。使用无绒布除去组件上残留的所有灰尘。

警告： 使用压缩空气清洁风扇时，请将风扇叶片固定。这样可以防止转子转速过快或风扇沿错误的方向旋转。

定期清洁也让您有机会对系统要素进行一般性的维护检查，举例如下。

- 检查机箱内部组件的螺丝是否松动。
- 检查扩展槽盖是否丢失。丢失扩展槽盖会导致灰尘、污垢或活害虫进入计算机并且有可能干扰旨在将热量从机箱中散除的气流模式。
- 查看固定适配器卡的螺丝是否松动或丢失。
- 查看主板或适配器卡上的接头是否松动。
- 查看可以从机箱和组件上轻松拉下的电缆是否松动或缠绕在一起。

使用抹布或除尘器清理计算机机箱外部。如果使用清洁产品，不要将其直接喷在机箱上。相反，请将少量清洁产品倒在清洁布上，然后用清洁布擦拭机箱外部。

4. 检查内部组件

让计算机保持良好状态的最佳方法是定期检查计算机。下面是需要检查的基本组件清单。

- **CPU 散热器和风扇组件**：检查 CPU 散热器和风扇组件是否积聚有灰尘。确保风扇可以自由旋转。检查风扇电源线是否固定。接通电源后检查风扇，查看风扇是否转动。
- **内存模块**：内存模块应牢固地安装在内存插槽中。有时固定夹可能会松动。如有必要，请重新安装内存。使用压缩空气除去灰尘。
- **存储设备**：检查所有存储设备。所有电缆都应牢固连接。检查跳线是否出现松动、丢失或设置不正确。驱动器不能发出咯吱声、咔嗒声或摩擦声。
- **适配器卡**：适配器卡应正确安装在扩展槽中。适配器卡松动可能导致短路。用固定螺钉或固定夹固定适配器卡，以免扩展槽中的适配器卡松动。使用压缩空气除去适配器卡和扩展槽中的灰尘和污垢。
- **螺钉**：如果不立即固定或卸下已松动的螺钉，可能导致故障。如果机箱中的螺钉松动，可能会导致短路或螺钉滚动到某个难以取出的位置。
- **电缆**：检查所有电缆连接。检查引脚是否有破损和弯曲。确保用手指拧紧所有接头固定螺钉。确保电缆没有卷曲、受挤压或严重弯曲。
- **电源设备**：检查电源插排、浪涌抑制器（浪涌保护器）和 UPS 设备。确保有适当的和干净的通风。如果电源设备不能正常工作，请更换电源设备。

■ **键盘和鼠标**：使用压缩空气清洁键盘、鼠标和鼠标传感器。

5. 环境问题

计算机的最佳运行环境要干净、不存在潜在的污染物，并且符合制造商规定的温度和湿度范围。对于大多数台式计算机来说，运行环境是可控的。但是，由于笔记本电脑的便携性，您并非总能控制温度、湿度和工作条件。虽然计算机的设计可以应对各种不利环境，但是技术人员应始终采取预防措施，保护计算机免受损坏和数据丢失。

遵循以下指导原则可帮助您确保计算机实现最佳的操作性能：

■ 不要阻碍通向内部组件的通风孔或气流；
■ 室温应保持在 45～90 华氏度（7～32 摄氏度）之间；
■ 湿度应保持在 10%～80%之间。

温度和湿度建议因计算机制造商而异。如果您计划在极端条件下使用计算机，应研究这些建议值。

4.2 故障排除流程

使用逻辑清晰、条理分明的方法达到解决问题的目的对于成功的问题解决而言至关重要。尽管经验对于问题解决来说是非常有用的，但遵循故障排除模型将提升有效性和速度。

4.2.1 故障排除流程步骤

在这一部分，您将学习到如何着手解决问题所需的理论知识，以便快速有效地对问题进行故障排除。故障排除是发现导致问题的因素并解决问题的一种方法。

1. 故障排除简介

对于计算机和其他组件故障，故障排除工作需要一种组织有序且合乎逻辑的方法。有时，问题出现在预防性维护过程中。在其他时候，客户可能会就某个问题与您联系。合乎逻辑的故障排除方法可以让您按系统性的顺序消除可变因素并确定问题起因。提出适宜的问题、测试正确的硬件并检查正确的数据，有助于您了解问题并提出建议的解决方案。

故障排除是一项随着时间推移而不断完善的技能。每当您解决了一个问题，就会获得更多经验，您的故障排除技能也会提升。您将学习如何及何时组合各个步骤或跳过某些步骤，从而快速得到解决方案。故障排除流程是一种指南，对其进行修改后可满足您的需求。

本节介绍适用于硬件和软件的一种问题解决方法。

注意： 本课程中使用的术语"客户"是指需要计算机技术协助的所有用户。

开始对问题进行排除故障前，请始终遵循必要的预防措施来保护计算机上的数据。某些维修（例如更换硬盘驱动器或重新安装操作系统）可能会给计算机上的数据带来风险。尝试维修时，确保尽一切努力防止数据丢失。

警告： 在开始任何故障排除程序之前务必执行备份。在对客户的计算机执行任何操作之前，您必须先保护数据。如果您的工作导致客户的数据丢失，您或您的公司可能需要承担责任。

数据备份

数据备份是指将计算机硬盘驱动器上保存的数据复制到另一个存储设备或云存储上。云存储是通过 Internet 访问的在线存储。在企业中，可以按天、按周或按月执行备份。

如果您不确定是否已备份了数据，请不要尝试任何故障排除活动，直到您向客户确认。要确认是否已进行备份，需要向客户确认以下几个事项：

- 上次进行备份的日期；
- 备份的内容；
- 备份的数据完整性；
- 用于数据还原的所有备份介质的可用性。

如果客户没有最新的备份，并且您无法创建备份，请让客户签署一份免责书。免责书至少应包含以下信息：

- 允许在没有最新备份的情况下操作计算机；
- 如果数据丢失或损坏，应豁免其责任；
- 要执行的工作说明。

2. 确定问题

故障排除流程的第一步是确定问题。在此步骤中，应从客户和计算机处收集尽可能多的信息。

交谈礼仪

与客户交谈时，应遵循以下准则。

- 直接提出问题来收集信息。
- 不要使用行话。
- 不要居高临下地与客户交谈。
- 不要侮辱客户。
- 不要指责是客户导致了问题。

表 4-1 列出了应从客户处收集的一些信息。

表 4-1　　　　　　　　　　　　　　　　步骤 1：确定问题

客户信息	■ 公司名称 ■ 联系人姓名 ■ 地址 ■ 电话号码
计算机配置	■ 制造商和型号 ■ 操作系统 ■ 网络环境 ■ 连接类型
问题描述	■ 开放式问题 ■ 封闭式问题
错误消息	
蜂鸣声顺序	
LED	
POST	

开放式和封闭式问题

开放式问题让客户可以用自己的语言解释问题的详细信息。使用开放式问题可获取一般信息。根据客户提供的信息，您可以继续提出封闭式问题。封闭式问题通常需要回答是或否。

记录回答

在工作单、维修日志和维修日记中记录客户提供的信息。记下您认为可能对您或其他技术人员非常重要的任何内容。小细节通常有助于解决困难的或复杂的问题。

蜂鸣声代码

每个 BIOS 制造商都用唯一的蜂鸣声序列来表示硬件故障，这种序列是长蜂鸣声和短蜂鸣声的组合。进行故障排除时，请启动计算机并听声音。系统继续执行 POST 过程时，大多数计算机会发出一声蜂鸣声，表示系统正常启动。如果出现错误，您可能会听到多次蜂鸣声。记录蜂鸣声代码序列，并研究代码以确定具体问题。

BIOS 信息

如果计算机启动但在完成 POST 后停止，此时应检查 BIOS 设置。可能未检测到某个设备或设备配置错误。请参阅主板文档，确保 BIOS 设置正确无误。

事件查看器

当计算机上出现系统、用户或软件错误时，事件查看器中会更新有关错误的信息。事件查看器应用（如图 4-1 所示）记录了关于问题的以下信息：

- 发生了什么问题；
- 问题的日期和时间；
- 问题的严重程度；
- 问题的来源；
- 事件 ID 编号；
- 问题发生时哪个用户已登录。

虽然事件查看器会列出关于错误的详细信息，但是您可能需要进一步研究问题才能确定解决方案。

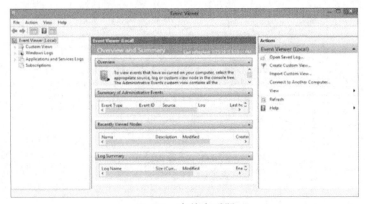

图 4-1　事件查看器

设备管理器

设备管理器（如图 4-2 所示）显示计算机上已配置的所有设备。操作系统会在未正确运行的设备上标记错误图标。带感叹号（!）的黄色圆圈表示设备存在问题。带 X 的红色圆圈表示设备已禁用。
黄色问号（?）表示系统不知道为该硬件安装哪个驱动程序。

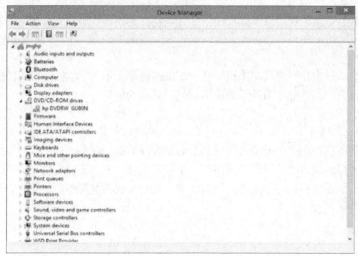

图 4-2　设备管理器

任务管理器

　　任务管理器（如图 4-3 所示）显示当前正在运行的应用和后台进程。使用任务管理器可以结束已
停止响应的应用。您还可以监控 CPU 和虚拟存储器的性能，查看当前运行的所有进程，并查看网络连
接信息。

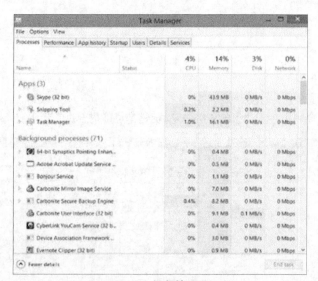

图 4-3　任务管理器

诊断工具

　　通过调查研究来确定哪个软件可用于帮助您诊断和解决问题。许多程序都可以帮助您排除硬件故
障。系统硬件制造商通常会提供他们自己的诊断工具。例如，硬盘驱动器制造商可能会提供一种工具
来启动计算机，并诊断硬盘驱动器为何不能启动操作系统。

3. 推测潜在原因

故障排除流程的第二步是推测潜在原因。首先，列出错误最常见的原因。即使客户可能认为存在重大问题，也要先从明显的问题开始，然后再进行更复杂的诊断。在最上面列出最简单或最明显的原因。在最下面列出较为复杂的原因。如有必要，请根据问题的症状进行内部（日志、日记）或外部（Internet）研究。表 4-2 列出了潜在原因的示例。

表 4-2	步骤 2：推测潜在原因

- 设备电源已关闭
- 插座的电源开关已关闭
- 浪涌保护器已关闭
- 外部电缆连接松动
- 指定的启动驱动器中有无法启动的磁盘
- BIOS 设置中的启动顺序不正确

故障排除流程的后续步骤涉及测试每个潜在原因。

4. 测试自己的推测，确定问题原因

您可以从最快速和最简单的原因开始，逐个测试您对潜在原因的推测，从而确定确切的问题原因。表 4-3 显示了确定问题原因的一些常用步骤。确定问题的确切原因后，确定解决问题的步骤。随着您在排除计算机故障方面越来越有经验，您完成这一过程中的步骤也会更快。现在请练习每个步骤，以更好地了解故障排除流程。

表 4-3	步骤 3：测试自己的推测，确定问题原因

- 确保设备已通电
- 确保插座的电源开关已打开
- 确保浪涌保护器已启动
- 确保外部电缆连接稳固
- 确保指定的启动驱动器是可启动的
- 验证 BIOS 设置中的启动顺序

如果您在测试所有推测后仍无法确定问题的确切原因，请重新推测潜在原因并进行测试。如有必要，请将问题上报给更有经验的技术人员。在上报之前，请记录您尝试过的每个测试，如图 4-4 所示。

图 4-4 工作单

5. 制定行动方案以解决问题，并实施解决方案

确定问题的确切原因后，请制定行动方案以解决问题，并实施解决方案。有时快速程序就可以解决问题。如果快速程序能够解决问题，请检验完整的系统功能，并在适当时实施各种预防措施。如果快速程序没有解决问题，请进一步研究问题，然后返回第 3 步，重新推测潜在原因。

制定行动方案后，您应研究可能的解决方案。表 4-4 列出了可能的研究位置。将大问题分成可以逐个分析和解决的多个小问题。确定解决方案的优先顺序，首先从最简单和最快速的解决方案开始实施。列出可能的解决方案，然后逐个实施解决方案。如果您实施了一个可能的解决方案后没有解决问题，请取消您刚执行的操作，然后尝试另一个解决方案。请继续此过程，直至您找到合适的解决方案。

表 4-4	步骤 4：制定行动方案以解决问题，并实施解决方案
如果在上一步中没有实现任何解决方案，则需要进一步研究，以实施此解决方案	■ 帮助台修复日志 ■ 其他技术人员 ■ 制造商常见问题解答网站 ■ 技术网站 ■ 新闻组 ■ 计算机手册 ■ 设备手册 ■ 在线论坛 ■ Internet 搜索

6. 检验完整的系统功能，如果适用，并实施预防措施

完成对计算机的维修工作后，请继续完成故障排除流程，即检验完整的系统功能并实施必要的预防措施。表 4-5 列出了检验功能所需的步骤。检验完整的系统功能可确认您已解决了最初的问题，并可确保您在维修计算机时没有引起其他问题。尽可能让客户验证解决方案和系统功能。

表 4-5	步骤 5：检验完整的系统功能，如果适用，并实施预防措施

■ 重启计算机
■ 确保多个应用工作正常
■ 验证网络和 Internet 连接
■ 至少从一个应用中打印文档
■ 确保所有已连接的设备正常工作
■ 确保未收到任何错误信息

7. 记录调查结果、措施和结果

完成对计算机的维修工作后，请与客户一起完成故障排除流程。以口头形式和书面形式向客户阐述问题和解决方案。表 4-6 显示了完成维修后要执行的步骤。

表 4-6	步骤 6：记录调查结果、措施和结果

- 与客户讨论已实施的解决方案
- 让客户验证问题已得到解决
- 为客户提供所有文书
- 在工作单和技术人员日志中记录解决问题所采取的步骤
- 记录维修工作中使用的所有组件
- 记录解决问题所花费的时间

与客户一起验证解决方案。如果客户有时间，请演示解决方案如何解决了计算机问题。让客户测试解决方案并试着重现问题。客户验证问题已经得到解决后，您可以在工作单和日志中填写修复记录。文档中应包括以下信息：

- 问题描述；
- 解决问题的步骤；
- 维修时使用的组件。

4.2.2 常见问题和解决方案

计算机问题可归因于硬件、软件、网络或三者的组合。某些类型的问题比其他类型的问题更常见。

1. PC 常见问题和解决方案

以下是一些常见的硬件问题。

存储设备

存储设备问题通常与电缆连接松动或连接错误、驱动器或介质格式错误以及跳线和 BIOS 设置错误等原因有关，如表 4-7 所示。

表 4-7	存储设备的常见问题和解决方案	
确定问题	**潜在原因**	**可能的解决方案**
计算机无法识别存储设备	■ 电源线松动 ■ 数据线松动 ■ 跳线设置不正确 ■ 存储设备故障 ■ BIOS 中的存储设备设置不正确	■ 固定电源线 ■ 固定数据线 ■ 重置跳线 ■ 更换存储设备 ■ 重置 BIOS 中的存储设备设置
计算机无法识别光盘	■ 光盘颠倒插入 ■ 将多个光盘插入驱动器 ■ 光盘损坏 ■ 光盘格式出错 ■ 光驱出现故障	■ 正确插入光盘 ■ 确保驱动器内仅插入一张光盘 ■ 更换损坏的光盘 ■ 使用正确的光盘类型 ■ 更换故障光驱
计算机无法弹出光盘	■ 光驱被卡住 ■ 光驱被软件锁定 ■ 光驱出现故障	■ 在驱动器弹出按钮旁的小孔中插入一根针，以手动打开托架 ■ 重启计算机 ■ 更换故障光驱

续表

确 定 问 题	潜 在 原 因	可能的解决方案
计算机无法识别可移动外部驱动器	■ 可移动外部驱动器未正确就位 ■ 外部端口在 BIOS 设置中被禁用 ■ 外部驱动器出现故障	■ 取下并重新插入驱动器 ■ 在 BIOS 设置中启用端口 ■ 更换可移动外部驱动器
读卡器无法读取在照相机中正常工作的存储卡	■ 读卡器不支持此存储卡类型 ■ 读卡器没有正确连接 ■ 读卡器在 BIOS 设置中配置不正确 ■ 读卡器出现故障	■ 使用不同的存储卡类型 ■ 确保读卡器已正确连接 ■ 在 BIOS 设置中正确配置读卡器 ■ 安装一个已知良好的读卡器
USB 闪存驱动器的检索或保存数据的速度很慢	■ 主板不支持 USB 3.0 ■ 在 BIOS 中端口未设置为正确的速度	■ 更新主板或 USB 闪存驱动器以支持 USB 3.0 ■ 在 BIOS 设置中将端口速度设置为高速

主板和内部组件

这些问题通常是由电缆错误或松动、组件发生故障、驱动程序错误及更新损坏等原因引起的，如表 4-8 所示。

表 4-8　　　　　　　　　主板和内部组件的常见问题和解决方案

确 定 问 题	潜 在 原 因	可能的解决方案
计算机上的时钟无法保持正确的时间，或计算机重启时 BIOS 设置发生了更改	■ CMOS 电池可能松动 ■ CMOS 电池可能出现故障	■ 固定电池 ■ 更换电池
更新 BIOS 固件后，计算机无法启动	没有正确安装 BIOS 固件更新	请与主板制造商联系，获取新的 BIOS 芯片。如果主板有两个 BIOS 芯片，可使用第二个 BIOS 芯片
计算机启动时显示不正确的 CPU 信息	■ 高级 BIOS 设置中的 CPU 设置不正确 ■ BIOS 未能正确识别 CPU	■ 正确设置 CPU 的高级 BIOS 设置 ■ 更新 BIOS
计算机前端的硬盘驱动器 LED 不亮	■ 硬盘驱动器 LED 电缆未连接或松动 ■ 硬盘驱动器 LED 电缆连接到前机箱面板的方向不正确	■ 重新将硬盘驱动器 LED 电缆连接到主板 ■ 按正确的方向将硬盘驱动器 LED 电缆重新连接到前机箱面板
内置网卡已停止工作	网卡硬件发生故障	将新的网卡插入开放扩展槽中
安装新的 PCIe 显卡后计算机不显示任何视频	■ BIOS 设置为使用内置视频 ■ 电缆仍连接到内置显卡端口 ■ 新显卡出现故障	■ 在 BIOS 设置中禁用内置视频 ■ 将电缆连接到新的显卡 ■ 新显卡需要额外的电源连接 ■ 安装一个已知良好的显卡
新声卡不起作用	■ 扬声器未连接到正确的插孔 ■ 音频为静音 ■ 此声卡出现故障 ■ BIOS 设置已设为使用板载声音设备	■ 将扬声器连接到正确的插孔 ■ 取消静音 ■ 安装一个已知良好的声卡 ■ 在 BIOS 设置中禁用板载音频设备

电源

电源问题通常是由电源发生故障、连接松动及功率不足等原因引起的,如表 4-9 所示。

表 4-9 电源的常见问题和解决方案

确 定 问 题	潜 在 原 因	可能的解决方案
计算机无法开机	■ 计算机尚未插入交流插座 ■ 交流插座出现故障 ■ 电源线出现故障 ■ 电源开关没有打开 ■ 电源开关置为不正确的电压 ■ 电源按钮未正确连接到前面板接头 ■ 电源出现故障	■ 将计算机插入已知良好的交流插座 ■ 使用已确认完好的电源线 ■ 打开电源开关 ■ 将电源开关设置为正确的电压设置 ■ 将电源按钮正确对准前面板连接器并重新连接 ■ 安装已知良好的电源
计算机重新启动,意外关闭;或冒烟,或产生电子元件烧焦的气味	电源开始出现故障	更换电源

CPU 和存储器

处理器和存储器问题通常是由安装故障、BIOS 设置错误、散热和通风不良以及兼容性问题等原因引起的,如表 4-10 所示。

表 4-10 CPU 和存储器的常见问题和解决方案

确 定 问 题	潜 在 原 因	可能的解决方案
计算机不能启动或计算机锁死	■ CPU 过热 ■ CPU 风扇发生故障 ■ CPU 发生故障	■ 重装 CPU ■ 更换 CPU 风扇 ■ 给机箱添加风扇 ■ 更换 CPU
CPU 风扇发出异常声音	CPU 风扇发生故障	更换 CPU 风扇
计算机在无警告的情况下重启、锁死或显示错误消息	■ 前端总线设置得太高 ■ CPU 倍率设置得太高 ■ CPU 电压设置得太高	■ 降低前端总线设置 ■ 降低 CPU 倍率设置 ■ 降低 CPU 电压设置 ■ 重置为主板出厂默认设置,从而将之前更改的所有设置恢复为主板出厂规格
从单核 CPU 升级到双核 CPU 后,计算机运行更加缓慢并且任务管理器中仅显示一个 CPU 图形	BIOS 无法识别双核 CPU	■ 更新 BIOS 固件以支持双核 CPU ■ 可能需要新的主板和芯片组
CPU 无法安装在主板上	CPU 类型不正确	使用与主板插槽类型相符的 CPU 更换此 CPU

续表

确 定 问 题	潜 在 原 因	可能的解决方案
计算机无法识别已添加的内存	■ 新内存发生故障 ■ 安装的内存类型不正确 ■ 已添加的内存和已安装的内存类型不同 ■ 内存插槽内的新内存松动	■ 更换内存 ■ 安装正确类型的内存 ■ 使新内存与现有内存相匹配 ■ 固定内存插槽中的内存
升级 Windows 后，计算机运行速度极慢	■ 计算机没有足够的内存 ■ 显卡没有足够的内存	■ 安装额外的内存 ■ 安装拥有更大内存的显卡

显示屏

显示屏问题通常是由设置错误、连接松动及驱动程序错误或损坏等原因引起的，如表 4-11 所示。

表 4-11 显示屏的常见问题和解决方案

确 定 问 题	潜 在 原 因	可能的解决方案
显示屏已通电，但屏幕上不显示图像	■ 视频电缆松动或损坏 ■ 计算机不向外部显示屏发送视频信号	■ 重新连接或更换视频电缆 ■ 使用 Fn 键和多功能键切换到外部显示屏
显示屏闪烁	■ 屏幕上的图像刷新速度不够快 ■ 显示屏变换器损坏或出现故障	■ 调整屏幕刷新速度 ■ 拆开显示单元并更换变换器
显示屏上的图像看起来很模糊	LCD 背光调节不正确	查看修复手册中有关校准 LCD 背光的说明
屏幕像素点坏了，或者无法生成颜色	像素电源被切断了	请联系制造商
屏幕上的图像会显示闪烁的线条或不同颜色和大小的图案（非自然信号）	■ 显示屏未正确连接 ■ GPU 过热 ■ GPU 存在缺陷或出现故障	■ 检查显示屏连接 ■ 拆开并清洁计算机，检查灰尘和碎屑 ■ 更换 GPU
屏幕的色彩模式不正确	■ 显示屏未正确连接 ■ GPU 过热 ■ GPU 存在缺陷或出现故障	■ 检查显示屏连接 ■ 拆开并清洁计算机，检查灰尘和碎屑 ■ 更换 GPU
显示屏上的图像失真	■ 显示屏设置已更改 ■ 显示屏未正确连接 ■ GPU 过热 ■ GPU 存在缺陷或出现故障	■ 将显示屏设置恢复到原始出厂设置 ■ 检查显示屏连接 ■ 拆开并清洁计算机，检查灰尘和碎屑 ■ 更换 GPU
显示屏出现"鬼"影	显示屏老化	■ 关闭显示屏并断电数小时 ■ 如果可用，请使用消磁功能 ■ 更换显示屏

续表

确定问题	潜在原因	可能的解决方案
显示屏中的图像存在几何失真	■ 驱动程序已崩溃 ■ 显示屏设置不正确	■ 在安全模式下更新或重装驱动程序 ■ 使用显示屏的设置校正几何形状
显示器图像和图标过大	■ 驱动程序已崩溃 ■ 显示屏设置不正确	■ 在安全模式下更新或重装驱动程序 ■ 使用显示屏的设置校正几何形状
投影仪过热并关闭	■ 风扇发生故障 ■ 通风口被阻塞 ■ 投影仪在机柜中	■ 更换风扇 ■ 清洁通风口 ■ 将投影仪移出机柜或确保合适的通风
在多显示器设置中，显示屏没有对齐或方向错误	■ 多个显示器的设置不正确 ■ 驱动程序已崩溃	■ 使用显示控制面板识别每个显示屏并设置对齐和方向 ■ 在安全模式下更新或重装驱动程序
显示屏在 VGA 模式下	■ 计算机在安全模式下 ■ 驱动程序已崩溃	■ 重启计算机 ■ 在安全模式下更新或重装驱动程序

4.3　总结

本章讨论了预防性维护和故障排除流程的概念。

在本章中，详细介绍了预防性维护和对计算机系统的问题进行故障排除的需求。本章讨论了遵循良好的预防性维护计划很有必要的原因以及预防性维护例行程序的类型。由于并非所有问题都能通过预防性维护予以避免，本章还涵盖了促进问题解决的系统性故障排除流程。

下面总结了在本章中进一步予以扩展说明的重要内容。

■ 定期进行预防性维护可减少硬件和软件问题。

■ 在开始维修前，应备份计算机上的数据。

■ 故障排除流程是帮助您有效解决计算机问题的指南。

■ 记录您尝试过的一切操作（即使操作未能解决问题也要记录下来）。您创建的文档对于您和其他技术人员来说将是非常有用的资源。

检查你的理解

您可以在附录中查找下列问题的答案。

1. 一位用户注意到计算机正面的硬盘驱动器 LED 已经停止工作。但计算机似乎工作正常。此问题最可能的原因是什么？

A. 需要更新主板 BIOS

B. 电源向主板提供的电压不足

C. 主板上的硬盘驱动器 LED 电缆已经松动

D. 硬盘驱动器数据电缆有故障

2. 发现问题后，故障排除人员下一步要做什么？
    A. 记录发现的问题　　　　　　B. 推测潜在原因
    C. 实施解决方案　　　　　　　D. 验证解决方案
    E. 确定确切原因

3. 确定 CPU 风扇是否正常旋转的最佳方法是什么？
    A. 打开电源时目视检查风扇以确保风扇旋转
    B. 用手指快速旋转风扇的叶片
    C. 对风扇喷射压缩空气以使叶片旋转
    D. 打开电源后聆听风扇旋转的声音

4. 某位员工报告说工作站显示器的输出失真。技术人员查阅制造商网站并下载最新版本的视频驱动程序。安装视频驱动程序之后，技术人员下一步应如何操作？
    A. 记录视频驱动程序以前的版本号和当前版本号
    B. 与该员工一起制定下一次的系统检查计划
    C. 打开视频编辑应用程序以检验视频性能
    D. 将显卡移到另一个插槽以查看视频性能是否更佳

5. 哪一项是故障电源的症状？
    A. 电源线不能正确连接到电源和/或墙壁插座
    B. 计算机有时打不开
    C. 计算机显示 POST 错误代码
    D. 显示器上只有一个闪烁的光标

6. 某位员工反馈打开较大的文档文件所用时间比平常所用时间长。桌面支持技术人员怀疑硬盘可能有故障。技术人员下一步应如何操作？
    A. 执行磁盘清洁程序
    B. 与数据恢复公司联系进行维修
    C. 将硬盘更换为新硬盘以查明确切的问题
    D. 备份工作站中的用户数据

7. 应使用哪种清洁工具清除计算机机箱内部组件上的灰尘？
    A. 抹布　　　　　　　　　　　B. 棉签
    C. 湿布　　　　　　　　　　　D. 压缩空气

8. 如果闻到明显的烧焦的电子元件的气味，什么组件最为可疑？
    A. 电源　　　　　　　　　　　B. 硬盘驱动器
    C. CPU　　　　　　　　　　　D. 内存模块

9. 在故障排除流程的哪个步骤中技术人员需要在 Internet 上或计算机手册中进行更多的研究工作，以便解决问题？
    A. 记录调查结果、措施和结果
    B. 确定问题
    C. 制定行动方案以解决问题，并实施解决方案
    D. 检验完整的系统功能，如果适用，并实施预防措施
    E. 验证推测以确定原因

10. 作为预防性维护计划的一部分，应对硬盘驱动器执行哪项任务？
    A. 确保电缆牢固连接
    B. 用棉签清洁读写头
    C. 用压缩空气吹驱动器的内部，进行除尘

D. 确保磁盘自由旋转

11. PC 的预防性维护的主要优点是什么？

    A. 增强故障排除流程

    B. 延长组件的寿命

    C. 简化最终用户的 PC 使用方式

    D. 帮助用户进行软件开发

12. 用户刚刚升级了 PC 中的 CPU。通电后计算机可以引导，但在引导时不显示有关新 CPU 的正确信息。此问题最可能的原因是什么？

    A. 需要对 CPU 进行超频才能正确显示它

    B. 主板上有不正确的 BIOS 设置

    C. 需要添加更多内存以支持更快的 CPU

    D. 需要对操作系统进行升级

13. 技术人员应使用什么方法确定问题的确切原因？

    A. 从最复杂、最困难的潜在原因开始排除

    B. 首先排除最快、最容易的潜在原因

    C. 同时测试所有潜在原因

    D. 从客户认为的问题开始

14. 清洁计算机内部时的建议流程是什么？

    A. 喷射时颠倒压缩空气罐

    B. 抓住 CPU 风扇阻止其旋转并用压缩空气吹风扇

    C. 用棉签清洁硬盘驱动器磁头

    D. 清洁前拆除 CPU

15. 技术人员帮助客户将新的 2 GB 内存模块添加到当前已安装了一个 2 GB 内存模块的工作站中。有三个空的内存插槽可用。但是添加新的内存模块后，BIOS 仅报告 2 GB 内存。技术人员应执行哪两个流程以查明或解决该问题？（选择两项）

    A. 确保正确安装了新的内存模块

    B. 换用两个 1 GB 的内存模块

    C. 查看制造商网站是否提供了 BIOS 补丁

    D. 在另一个工作站上测试新内存模块

    E. 将操作系统升级到 Windows 7，以支持更多内存

16. 技术人员在故障排除流程中的哪个步骤向客户演示解决方案如何纠正了问题？

    A. 记录调查结果、措施和结果　　　B. 推测潜在原因

    C. 验证完整的系统功能　　　　　　D. 制定行动方案来解决问题

第 5 章

安装 Windows

学习目标

通过完成本章的学习，您将能够回答下列问题：

- 操作系统的用途是什么；
- 理解操作系统功能的关键术语有哪些；
- 如何根据用户需求确定合适的操作系统；
- 如何安装 Windows 操作系统；
- 如何更新操作系统；

- 桌面操作系统和网络操作系统之间有何差异；
- 安装操作系统有哪些不同的存储类型和配置；
- 当前 Windows 操作系统的启动流程是什么。

操作系统是大多数类型的计算机运行所需的软件。操作系统承担许多职能，例如控制系统资源、设备管理、内存管理以及用户界面。

PC 和笔记本电脑是需要操作系统才能使用的两种计算机。有许多不同的操作系统可用，包括 Linux、Unix、Macintosh 和 Windows。在本章中，您将了解几种 Microsoft Windows 操作系统。

操作系统（OS）控制着计算机上几乎所有的功能。在本章中，您将了解与 Windows 8.x、Windows 7 和 Windows Vista 操作系统相关的组件、功能和术语。

5.1 现代操作系统

操作系统为用户提供接口，并管理着为硬件和应用分配资源的方式。操作系统可启动计算机并管理文件系统。操作系统能够支持多个用户、任务或 CPU。

5.1.1 操作系统术语和特征

要理解操作系统的功能，首先需要理解一些基本术语，这一点非常重要。

1. 术语

操作系统（OS）有很多种功能。它的主要任务之一是充当用户与连接到计算机的硬件之间的接口。

图 5-1 显示了操作系统与系统的其他组件的交互。

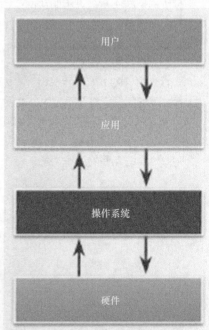

图 5-1 操作系统图

操作系统还控制着其他功能：

- 软件资源；
- 内存分配和所有外围设备；
- 计算机应用软件的通用服务。

从数字手表到计算机，几乎所有计算机都需要操作系统才能操作，操作系统由此得名。

在描述操作系统时，经常使用以下术语。

- **多用户**：具有个人账户的两个或多个用户可以同时使用程序和外围设备。
- **多任务**：计算机可以同时操作多个应用。
- **多重处理**：操作系统可支持两个或多个 CPU。
- **多线程**：可将一个程序划分为多个更小的部分，然后由操作系统根据需要进行加载。多线程允许同时运行一个程序的不同部分。

2. 操作系统的基本功能

无论计算机和操作系统的大小和复杂程度如何，所有操作系统都执行相同的 4 个基本功能：

- 控制硬件访问；
- 管理文件和文件夹；
- 提供用户界面；
- 管理应用。

硬件访问

操作系统管理应用与硬件之间的交互。为了访问每个硬件组件并与之进行通信，操作系统使用一个称为"设备驱动程序"的程序。安装硬件设备时，操作系统会查找并安装该组件的设备驱动程序。通过即插即用（PnP）过程即可分配系统资源和安装驱动程序。操作系统随后配置设备并更新注册表，注册表是一个数据库，其中包含了有关计算机的所有信息。

如果操作系统无法找到设备驱动程序，技术人员必须使用设备随附的介质手动安装驱动程序，或从设备制造商的网站下载。

文件和文件夹管理

操作系统在硬盘驱动器上创建一种文件结构来存储数据。文件是具有单个名称并被视为单个单元的一块相关数据。程序和数据文件会放在一个目录中。为了便于检索和使用，我们将对文件和目录进行组织。目录可处于在其他目录内。这些嵌套的目录称为"子目录"。在 Windows 操作系统中，目录称为"文件夹"，而子目录称为"子文件夹"。

用户界面

操作系统可以让用户与软件和硬件交互。操作系统包括两种用户界面。

- **命令行界面（CLI）**：用户在提示符处键入命令，如图 5-2 所示。
- **图形用户界面（GUI）**：用户使用菜单和图标进行交互，如图 5-3 所示。

应用管理

操作系统找到一种应用并将应用加载到计算机的内存中。应用是各种软件程序，例如文字处理程序、数据库、电子表格和游戏。操作系统为正在运行的应用分配可用的系统资源。

为了确保新应用与操作系统兼容，程序员会遵循一组称为"应用程序编程接口（API）"的准则。API 可以让程序用一致、可靠的方式访问操作系统所管理的各种资源。以下是 API 的一些例子。

- 开源图形库（OpenGL）：这是多媒体图形的跨平台标准规范。
- DirectX：这是与 Microsoft Windows 多媒体任务相关的 API 集合。
- Windows API：它允许旧版 Windows 的应用在新版 Windows 上运行。
- Java API：这是与 Java 编程开发相关的 API 集合。

图 5-2　命令行界面　　　　　　　　　　　　　　　图 5-3　图形用户界面

3. 处理器架构

中央处理单元（CPU）的处理器架构会影响计算机的性能。CPU 内含寄存器，这是一个存储位置，可在此对数据执行逻辑功能。较大的寄存器能够比较小的寄存器指向更多的地址。

为了更好地理解 CPU 架构，可以把 CPU 比作一位厨师。他的手里拿着一个厨具和一些食物。可以把他的手想象成一个寄存器。如果这位厨师的手非常大，那么他就可以拿住更多马上要用的东西。在桌台（缓存）上，还有很快要用但现在不用的其他厨具和食材。在厨房（主存储器）中有做菜所需的食材和厨具，但是没有桌台上的物品那样急。与烹饪相关的其他厨具和食材存放在城镇的仓库（硬盘驱动器）里。如有需要，可以订购这些物品并将其运送到他的厨房。

术语"32 位"和"64 位"是指计算机 CPU 可以管理的数据量。32 位寄存器可存储 2^32 个不同的二进制值。因此，32 位处理器可以直接处理 4,294,967,295 个字节。64 位寄存器可存储 2^64 个不同的二进制值。因此，64 位处理器可以直接处理 9,223,372,036,854,775,807 个字节。

表 5-1 显示了 32 位和 64 位架构之间的主要区别。

表 5-1　　　　　　　　　　　　　　　　　处理器架构

架　　构	描　　述
32 位（x86-32）	<ul><li>使用 32 位地址空间处理多个指令</li><li>支持 32 位操作系统</li><li>支持最大 4GB 的内存</li></ul>
64 位（x86-64）	<ul><li>专门为使用 64 位地址空间的指令添加了额外的寄存器</li><li>与 32 位处理器向后兼容</li><li>支持 32 位和 64 位操作系统</li></ul>

5.1.2　操作系统类型

桌面操作系统和网络操作系统是两种主要的操作系统类型。桌面（或工作站）操作系统被加以优化以运行应用，且尽管它们能够运行服务，但这并非它们的设计目的。网络（NOS）操作系统（或服务器）旨在为桌面操作系统提供服务。两种操作系统都能够执行许多相同的任务，但它们的主要用途有所不同，这一部分将对此进行介绍。

1. 桌面操作系统

技术人员可能需要为客户选择和安装操作系统。操作系统有两种不同的类型：桌面和网络。桌面操作系统适用于用户数量有限的小型办公室和家庭办公室（SOHO）环境。网络操作系统（NOS）适用于为有各种需求的多个用户提供服务的企业环境。

桌面操作系统具有以下特征：

- 支持单个用户；
- 运行单用户应用；
- 在小型网络上共享文件和文件夹，但安全性有限。

在当前的软件市场中，最常用的桌面操作系统可以分为三类：Microsoft Windows、Apple Mac OS 和 Linux。本章着重介绍 Microsoft 操作系统。

- **Windows 8.1**：Window 8.1 是 Windows 8 的更新版。此更新版包括一些改进，可以让拥有触摸屏或鼠标和键盘接口的设备用户更加熟悉 Windows。
- **Windows 8**：Windows 8 推出了 Metro 用户界面，它统一了台式机、笔记本电脑、移动电话和平板电脑上的 Windows 外观。用户可以使用触摸屏或键盘和鼠标与操作系统交互。另一个版本是 Windows 8 专业版，它有一些附加功能，面向业务和技术专业人员。
- **Windows 7**：Windows 7 是 Windows XP 或 Vista 的升级版。它旨在个人计算机上运行。相比于以前的版本，此版本提供了增强的图形用户界面和更好的性能。
- **Windows Vista**：Windows Vista 是个人计算机操作系统。作为 Windows XP 的后续版本，它提升了安全性并引入了 Windows Aero 用户界面。

2. 网络操作系统

网络操作系统（NOS）包含可提高网络环境的功能和可管理性的多项功能。NOS 具有以下具体特点。

- 支持多名用户。
- 运行多用户应用。
- 为远程客户端提供网络服务。
- 与桌面操作系统相比，提高了安全性。

NOS 为计算机提供特定网络资源。

- 服务器应用，例如共享数据库。
- 集中式数据存储。
- 用户账户和网络资源的集中式存储库。
- 网络打印队列。
- 冗余存储系统，例如 RAID 和备份。

Windows Server 便是 NOS 的一个例子。

5.1.3　客户对操作系统的要求

向客户推荐操作系统时，了解计算机的用途非常重要。操作系统必须与现有的硬件和所需的应用兼容；如果无法满足兼容需求，可能会推荐客户购买一台新的计算机或者对计算机进行更新升级。

1. 与操作系统兼容的应用和环境

要提供操作系统建议，技术人员必须查看预算限制，了解计算机的用途，并确定要安装的应用类型，以及是否购买新计算机。以下原则可帮助您为客户确定最佳的操作系统。

- 客户是否会为此计算机使用现成的应用？现成的应用在应用软件包中标明了兼容的操作系统列表。
- 客户是否使用了专为客户编写的自定义应用？如果客户使用的是自定义应用，该应用的程序员会指定可使用的操作系统。

2. 最低硬件要求和操作系统平台兼容性

要想正确安装并运行操作系统，必须满足操作系统的最低硬件要求。

确定客户当前拥有的设备。如果需要进行硬件升级才能满足操作系统的最低要求，应进行成本分析以确定最佳的行动方案。有时，客户购买一台新计算机可能要比升级当前系统的成本更低。在其他情况下，升级一个或多个以下组件可能更为经济高效：

- 内存；
- 硬盘驱动器；
- CPU；
- 显卡；
- 主板。

图 5-4 显示了以上列出的组件图片。

图 5-4 可升级的计算机组件

注意： 如果应用所需的硬件要求超过操作系统的硬件要求，则必须满足应用的其他要求才能让应用正常运行。

确定最低硬件要求后，请确保计算机中的所有硬件与您为客户选择的操作系统兼容。

5.1.4 操作系统升级

是否升级操作系统是一项需要做大量思考和准备工作的决策。您可能会因为想要升级版本的系统，或者希望系统能够更有效地使用硬件，或者希望操作系统拥有更高级的软件功能，而对操作系统进行升级。但是需要牢记的一点是，操作系统升级可能还意味着升级硬件、应用和驱动程序以满足兼容性。这一部分将探讨这些话题。

1. Microsoft 兼容中心

操作系统必须定期升级，这样才能与最新的硬件和软件保持兼容。制造商停止提供硬件支持时，也需要升级操作系统。升级操作系统可以提高性能。新的硬件产品通常需要安装最新的操作系统版本才能正确运行。虽然升级操作系统可能很昂贵，但是您可以通过新功能和对新型硬件的支持获得增强的功能。

注意： 发布操作系统的较新版本时，最终会撤销对较旧版本的支持。

在升级操作系统前，请检查新操作系统的最低硬件要求，确保可在计算机上成功安装它。

升级助手和升级顾问

Microsoft 提供了免费的实用程序，在 Windows 8.1 和 Windows 8 中称为"升级助手"，在 Windows 7 和 Vista 中称为"升级顾问"。这些实用程序的功能相同，在升级到 Windows 操作系统的较新版本前，可扫描系统来查找硬件和软件不兼容问题。升级助手和升级顾问会创建所有问题的报告，然后逐步引导您解决这些问题。您可以从 Microsoft Windows 网站下载升级助手和升级顾问。

要使用 Windows 7 升级顾问，请执行以下步骤。

How To

步骤 1 根据需要检查的 Windows 版本下载并运行正确的实用程序。

步骤 2 单击"开始检查"。该程序将扫描计算机硬件、设备和已安装的软件。随后提供一份兼容性报告。

步骤 3 如果想保存报告或稍后打印报告，单击"保存报告"。

步骤 4 检查报告。针对发现的问题记录所推荐的修复方法。

步骤 5 单击"关闭"。

2. Windows 操作系统升级

升级操作系统的过程可能要比执行新的安装过程更快。升级过程因版本而异。例如，Windows 8.1 安装实用程序将现有的 Windows 文件替换成 Windows 8.1 文件。但是，它会保存现有的应用和设置。

操作系统的版本决定了可用的升级选项。例如，不能将 32 位操作系统升级到 64 位操作系统。另一个例子是不能将 Windows XP 升级到 Windows 8.1。在尝试升级之前，请检查操作系统开发人员的网站，查找可能的升级路径列表。

注意： 在进行升级之前备份所有数据，以防安装出现问题。

不同操作系统版本的 Windows 升级实用程序的差别很小。以下步骤是升级到 Windows 8.1 的示例，但适用于所有 Windows 版本。

How To

步骤 1 将 Windows 8.1 光盘插入光驱。此时会显示"安装"窗口。

步骤 2 选择"现在安装"选项。

步骤 3 系统会提示您下载所有重要更新来完成安装。

步骤 4 接受最终用户许可协议（EULA），然后单击"下一步"。

步骤 5 单击"升级"。系统开始复制安装文件。

步骤 6 按照提示完成升级。安装完成时，计算机将重新启动。

3. 数据迁移

在需要执行全新安装时，必须将用户数据从旧操作系统迁移到新操作系统。有三种工具可以用来传输数据和设置。选择哪个工具取决于您的经验水平和需求。

用户状态迁移工具

Windows 用户状态迁移工具（USMT）可将所有用户文件和设置迁移到新操作系统中，如图 5-5 所示。从 Microsoft 下载并安装 USMT。它是 Windows 评估和部署工具包（Windows ADK）的一部分。然后您可使用该软件创建用户文件和设置的存储库，这些文件和设置的存储位置与操作系统的不同。安装新的操作系统后，再次下载并安装 USMT，将用户文件和设置加载到新的操作系统中。

图 5-5　Windows 用户状态迁移工具

注意：　　USMT 第 5 版支持将数据从 Windows 8、7 和 Vista 迁移到 Windows 8、7 和 Vista，但迁移双方要均为 32 位或 64 位版本。

Windows 轻松传送

如果用户从旧计算机转到新计算机，应使用 Windows 轻松传送功能迁移个人文件和设置。您可以使用 USB 线、CD 或 DVD、USB 闪存驱动器、外部驱动器或网络连接执行文件传输工作。

使用 Windows 轻松传送功能可将信息从运行以下操作系统之一的计算机迁移到运行 Windows 8.1 的计算机：

- Windows 8;
- Windows 7;
- Windows Vista。

Windows 轻松传送功能无法备份 Windows 8.1 计算机上的文件，因此无法将这些文件传输到另一台计算机。要备份和传输 Windows 8.1 计算机上的文件，应使用外接存储设备手动传输文件。

运行 Windows 轻松传送功能后，您可以查看已传送文件的日志。

在 Windows 8.1 或 Windows 8 中访问 Windows 轻松传送功能的方法如下所示。

How To　　在"开始"屏幕中，键入"Windows 轻松传送"，然后从搜索结果中选择"Windows 轻松传送"。

在 Windows 7 或 Windows Vista 中访问 Windows 轻松传送功能的方法如下所示。

How To　　开始>所有程序>附件>系统工具>Windows 轻松传送

5.2　操作系统安装

操作系统有各种各样的系统要求，因此请确保您的系统满足您的操作系统安装选择所需的要求。需要对安装方法做出决策，例如安装介质或是通过网络安装，以及安装类型：全新安装、升级或者甚至采用双重启动？您还必须确定安装过程中操作系统的存储位置。在这一部分，您将了解适当的操作系统安装所需的许多选择和决策。

5.2.1　存储设备设置过程

您可能会选择将操作系统安装在您已选择并在系统上准备的存储介质设备中。有多种可用的存储设备类型，它们可用于接收新的操作系统。当今使用的两种最常见的数据存储设备为硬盘驱动器和基于闪存的驱动器。

1. 存储设备类型

作为技术人员，您可能需要全新安装一个操作系统。在以下情况下执行全新安装：

- 计算机从一个员工转到另一个员工时；
- 操作系统已损坏时；
- 更换计算机中的主硬盘驱动器时。

安装并开始操作系统启动的过程称为操作系统设置。虽然可以通过网络从服务器或本地硬盘驱动器安装操作系统，但是家庭或小型企业最常用的安装方法是通过外部介质（如 CD、DVD 或 USB 驱动器）进行安装。要通过外部介质安装操作系统，应配置 BIOS 设置，从该介质启动系统。大多数现代 BIOS 应支持从 CD、DVD 或 USB 启动计算机。

注意： 执行全新安装时，如果操作系统不支持某个硬件，您可能需要安装第三方驱动程序。

在安装操作系统前，必须选择和准备好存储介质设备。

硬盘驱动器

虽然硬盘驱动器（HDD）被视为旧技术，但这些驱动器在现代计算机中仍然非常常见，可用于存储和检索数据。HDD 包含多个磁体、转轴、硬钢磁盘和磁头（安装在活动臂上）。磁头负责读取旋转磁盘中的数据以及写入数据。

图 5-6 和图 5-7 提供了硬盘驱动器结构的详细信息。

图 5-6 硬盘驱动器的结构

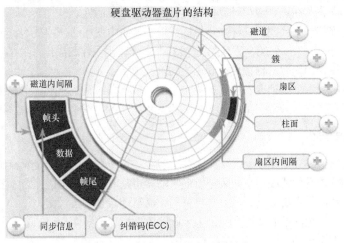

图 5-7 硬盘驱动器盘片的结构

表 5-2 介绍了硬盘驱动器的结构组件的详细信息。

表 5-2   硬盘驱动器结构

组 件	描 述
磁道	■ 写入和读取数据的盘片一面上的一个完整的圆形轨迹 ■ 一个磁道可分为多个扇区
簇	■ 分配给数据存储的若干个扇区 ■ 因为大多数文件都比一个扇区大，所以文件系统会分配簇进行存储
扇区	■ 包含同步信息、数据和纠错码（ECC）的磁道的一部分
柱面	■ 磁道围绕硬盘驱动器盘片形成同心圆。所有对应的磁道组合在一起，在盘片上彼此上下对齐，沿盘片向下形成柱面

基于闪存的驱动器

闪存是一种非易失性数据存储介质，可用电子方式对其进行擦除和重写。随着闪存技术不断发展和变得更加可靠，在过去的十年它很受欢迎。不同的应用使用不同类型的闪存。

- **USB 闪存驱动器**：USB 闪存驱动器是存储操作系统安装映像的一种有效解决方案。它们快速、可靠、灵活且低廉。USB 闪存驱动器由闪存和可管理数据传输的小型控制板组成。它们最常用于存储操作系统安装映像，但也可用于存储完整的操作系统安装内容（如果空间允许）。
- **固态硬盘（SSD）**：闪存的另一种常用应用是 SSD。作为硬盘的一种备用方案，SSD 是使用高性能闪存技术实现快速数据存储的磁盘，无需 HDD 的活动零件。SSD 速度更快，更不容易出现物理问题。由于所使用的闪存具有很高的性能，因此 SSD 往往比 USB 闪存驱动器更高效，并且是操作系统托管的一种理想选择。
- **固态混合磁盘（SSHD）**：一种非常普遍但成本低于 SSD 的选项，SSHD 设备在同一个外壳中采用两种技术，将 SSD 的速度与 HDD 的低价集于一身。在 SSHD 中，数据存储在硬盘驱动器中，但是小型闪存用于缓存经常使用的数据。这样操作系统能够以 SSD 的速度访问经常使用的数据，而其他数据则以 HDD 速度传输。SSHD 是存储操作系统的一个理想选择。
- **嵌入式多媒体卡（eMMC）**：虽然与 SSD 相比速度较慢、价格较低，但 eMMC 在手机、掌上电脑和数码相机中使用得非常普遍。

无论应用哪种存储，基于闪存的存储设备都可用于存储完整的操作系统安装内容。基于闪存的驱动器其性能各不相同，这在设计现代计算机硬件时能够提高灵活性。

计算机之间的连接有不同的管理标准。热插拔是服务器中使用的一项技术，允许在不关闭计算机的情况下连接或断开设备（例如硬盘驱动器）。虽然整个计算机硬件和操作系统必须支持此功能，但这在服务器中非常有用，因为它允许在更换零件的同时不中断服务。

选择存储设备类型后，必须准备接收新操作系统。现代操作系统随附一个安装程序。安装程序通常会准备磁盘来保存操作系统，但是技术人员必须了解此准备过程中涉及的术语和方法。

2. 硬盘驱动器分区

一个硬盘驱动器会被划分成多个区域，称为"分区"。每个分区是一个逻辑存储单元，格式化后即可存储信息，例如数据文件或应用。如果把硬盘驱动器想象成一个木箱，那么分区就是多个架子。在安装过程中，大多数操作系统会自动分区并将可用硬盘驱动器空间格式化。

为驱动器分区是一个简单的过程，但是为了确保成功启动，固件必须知道哪个磁盘和该磁盘上的哪个分区安装了操作系统。

BIOS（基本输入/输出系统）和 UEFI（统一可扩展固件接口）是个人计算机使用的两种固件类型；BIOS 是一种传统技术，而 UEFI 是一种现代技术。UEFI 弥补了 BIOS 的许多不足。UEFI 固件可执行与 BIOS 相同的功能，同时还具备其他一些功能。从 2015 年起，现代个人计算机主板仅提供 UEFI。

计算机在加电后将执行固件程序。该固件首先会运行大量的测试，确保重要计算机组件（例如显卡和内存）存在且正常运行。在完成测试并确定所有关键组件存在且正常运行后，该固件继续从磁盘查找操作系统并将其加载到内存以供执行。

注意： BIOS 和 UEFI 在自检阶段的区别不在本课程的讨论范围之内。

要在基于 BIOS 的固件中查找操作系统，BIOS 会检查首个已安装磁盘的第一个区域。该区域称为引导扇区，专门用于让 BIOS 查找有关分区和操作系统位置等信息。BIOS 在引导扇区中寻找的是一个称为"引导加载程序"的小程序。引导加载程序知道操作系统在磁盘上的位置以及如何启动系统。注意，基于 BIOS 的固件没有关于分区或操作系统本身的信息；BIOS 只是尝试在第一个磁盘的开头位置查找有效的引导加载程序并运行该程序。

UEFI 固件比 BIOS 更加智能。UEFI 知道所有已安装的磁盘和操作系统。UEFI 是 Intel 设计的一项标准，包括 Intel、Microsoft、Apple 和 AMD 在内的许多公司都遵循这一标准，UEFI 可以理解简单的分区并从这些分区中执行引导加载程序代码。起初这似乎是一项无关紧要的功能，但与 BIOS 相比，它让启动过程更可靠。UEFI 相比于 BIOS 的另一项关键改进是，UEFI 了解磁盘上已安装的操作系统及其位置。有了 UEFI，操作系统可以将自己添加到 UEFI 的启动列表中。

如前所述，操作系统存储在磁盘分区中，具有多个分区的磁盘可以存储多个操作系统。分区方案直接影响操作系统在磁盘中的位置。查找并启动操作系统是计算机固件的职责之一。分区方案对固件而言非常重要。最常用的两个分区方案标准是 MBR 和 GPT。

主引导记录

主引导记录（MBR）发布于 1983 年，其中包含了如何组织硬盘驱动器分区的信息。MBR 的长度为 512 个字节，并且包含引导加载程序，该可执行程序允许用户从多个操作系统中进行选择。MBR 已成为一项约定俗成的标准，但仍有一些局限性问题有待解决。MBR 通常用于使用 BIOS 固件的计算机。

GUID 分区表

全局唯一标识符（GUID）分区表（GPT）也是一个硬盘驱动器分区表方案标准，它利用大量的现代技术扩展了老式 MBR 分区方案。GPT 通常用于使用 UEFI 固件的计算机。大多数现代操作系统现在都支持 GPT。

表 5-3 显示了 MBR 和 GPT 之间的比较。

表 5-3   MBR 和 GPT 比较

MBR	GPT
最多 4 个主分区	在 Windows 中最多 128 个分区
分区最大 2TB	分区最大 9.4ZB（9.4×10^{21} 字节）
分区和引导数据存储在一个位置	分区和引导数据存储在磁盘的多个位置
所有计算机均可从 MBR 启动	计算机必须基于 UEFI 并运行 64 位操作系统

技术人员应了解与硬盘驱动器设置相关的流程和术语。

- **主分区**：主分区内包含操作系统文件，通常是第一个分区。无法将主分区进一步划分为更小的部分。在 GPT 分区磁盘上，所有分区都是主分区。在 MBR 分区磁盘上，最多可以有 4 个分区。

- **活动分区**：在 MBR 磁盘中，活动分区是指存储和启动操作系统的分区。注意，在 MBR 磁盘中只能将主分区标记为活动分区。另一项限制是，一次只能将每个磁盘上的一个主分区标记为活动分区。在大多数情况下，C:盘是活动分区，包含启动和系统文件。有些用户会创建其他分区来组织文件，或者用来双重引导计算机。只能在具有 MBR 分区表的驱动器上可以找到活动分区。

- **扩展分区**：如果在 MBR 分区磁盘上需要的分区超过 4 个，则可以将其中一个主分区指定为扩展分区。创建扩展分区后，可在该扩展分区中最多创建 23 个逻辑驱动器（或逻辑分区）。一种常见的设置方法是为操作系统创建主分区（C:盘），并允许扩展分区占用硬盘驱动器上除主分区以外的剩余可用空间。在扩展分区中可以创建额外的分区（D:盘、E:盘等等）。虽然不能使用逻辑驱动器来启动操作系统，但它们是存储用户数据的理想之选。注意，每个 MBR 硬盘驱动器只能有一个扩展分区，并且只能在具有 MBR 分区表的驱动器上找到该扩展分区。

- **逻辑驱动器**：逻辑驱动器是扩展分区的一部分。为了便于管理信息，可使用逻辑驱动器分别存放不同的信息。由于 GPT 分区驱动器不能创建扩展分区，因此它们没有逻辑驱动器。

- **基本磁盘**：基本磁盘（默认）包含分区（例如主分区和扩展分区）和逻辑驱动器（格式化后可存储数据）。通过扩展到相邻的未分配空间（连续即可），就可以为分区添加更多空间。MBR 或 GPT 都可以用作基本磁盘的基础分区方案。

- **动态磁盘**：动态磁盘提供基本磁盘不支持的功能。动态磁盘可以创建多个卷，而一个卷可以位于多个磁盘上。即使未分配的空间不连续，在设置分区后仍然可以更改分区大小。可从相同的磁盘或不同的磁盘添加可用空间，这样用户即可有效地存储大型文件。扩展一个分区后，如果不删除整个分区，是无法缩小分区的。MBR 或 GPT 都可以用作动态磁盘的分区方案。

- **格式化**：此过程可在分区中创建一个文件系统，以便存储文件。

3. 文件系统

安装全新的操作系统，就像磁盘是全新的一样。不会保留目标分区上的当前信息。安装过程的第一个阶段是对硬盘驱动器进行分区和格式化。此过程是让磁盘准备接受新的文件系统。文件系统提供了可组织用户操作系统、应用、配置和数据文件的目录结构。有许多不同类型的文件系统，每种文件系统都有不同的结构和逻辑。不同的文件系统也有速度、灵活性、安全性、大小和其他属性方面的区别。以下是 5 种常见的文件系统。

- **文件分配表，32 位（FAT32）**：支持的分区大小最高为 2TB 或 2,048GB。Windows XP 和较早的操作系统版本使用 FAT32 文件系统。

- **新技术文件系统（NTFS）**：在理论上分区大小最高为 16EB。NTFS 融合了文件系统安全功能和更多的属性。Windows 8.1、Windows 7 和 Windows Vista 使用整个硬盘驱动器自动创建一个分区。如果用户未通过选择带有"未分配空间"的驱动器字符并单击"新建"选项创建自定义分区，系统会将整个可用空间格式化为分区并开始安装 Windows。如果用户选择创建多个分区，他们也可确定分区的大小。

- **exFAT（FAT 64）**：用于解决 FAT、FAT32 和 NTFS 在格式化 USB 闪存驱动器时的局限性，例如文件大小和目录大小。exFAT 的一个主要优点是，它支持大于 4GB 的文件。

- **光盘文件系统（CDFS）**：专门用于光盘介质。

- **NFS（网络文件系统）**：NFS 是一个基于网络的文件系统，允许通过网络访问文件。从用户的角度来看，访问本地存储的文件与访问网络中另一台计算机上存储的文件之间没有区别。NFS 是一项开放标准，任何人都可以实施它。

快速格式化与完全格式化

快速格式化从分区中删除文件，但是不会扫描磁盘中是否有坏扇区。扫描磁盘中的坏扇区可以防止将来丢失数据。因此，不要对已经格式化过的磁盘使用快速格式化。虽然在安装操作系统后可以对分区或磁盘进行快速格式化，但是安装 Windows 8.1、Windows 7 或 Windows Vista 时，并没有快速格式化选项。

完全格式化可从分区中删除文件，同时扫描磁盘中是否有坏扇区。对于所有新的硬盘驱动器，这是一个必须执行的操作。完全格式化工作需要更长的时间才能完成。

4. 使用默认设置安装操作系统

Windows 8.x、7 和 Vista 等 Windows 操作系统的安装过程很相似。下面以 Windows 8.1 为例详细介绍这一过程。

Windows 8.1

使用 Windows 8.1 安装光盘（或 USB 闪存驱动器）启动计算机时，安装向导会显示两个选项。

- **现在安装**：允许用户安装 Windows 8.1。
- **修复计算机**：打开恢复环境以修复安装内容。选择需要修复的 Windows 8.1 安装并单击"下一步"。从多个恢复工具中进行选择，例如"启动修复"。"启动修复"会查找操作系统文件中的问题并修复问题。如果"启动修复"不能解决问题，可以使用其他选项，例如"系统还原"或"系统映像恢复"。

> **注意：** 执行修复安装之前，应将重要的文件备份至不同的物理位置，如备用硬盘驱动器、光盘或 USB 存储设备。

如果您选择"现在安装"选项，有两个可用选项：

- **升级**：安装 Windows 并保留文件、设置和应用程序：升级 Windows，但保留当前的文件、设置和程序。使用此选项修复安装。
- **自定义**：仅安装 Windows（高级）：在您选定的位置安装 Windows 的新副本，并允许您更改磁盘和分区。

如果未找到现有的 Windows 安装，则会禁用"升级"选项。

> **注意：** 仅升级 Windows 操作系统时，以前的 Windows 文件夹将与 Documents and Settings 和 Program Files 文件夹一起保留。在 Windows 8.1 安装过程中，这些文件夹将被移至名为 Windows.old 的文件夹中。您可以将文件从以前的安装复制到新的安装。

安装程序将复制文件并重新启动几次，然后会出现"个性化"屏幕。为了简化这一过程，如果找不到分区，Windows 8.1 将自动对驱动器进行分区并格式化。安装过程还将擦除驱动器上之前存储的所有数据。如果驱动器中存在分区，安装程序将显示这些分区并允许您自定义分区方案。

在"个性化"屏幕中，安装程序要求您提供计算机名称，并选择主题颜色。

安装程序现在将尝试连接网络。如果有网卡（NIC）并且已连接网线，安装程序将请求一个网络地址。如果安装了无线网卡，安装程序将列出范围内的无线网络，提示用户选择一个无线网络并提供密码（如果需要）。如果此时没有可用的网络，将会跳过网络配置，但是可以在安装系统后完成该配置工作。

安装程序提供快速设置列表。这些是安装程序在扫描计算机后推荐的值。单击"使用快速设置"接受并使用默认设置。或者，单击"自定义"更改默认设置。

安装程序会提示用户提供电子邮件地址来登录 Microsoft 账户。虽然这是可选操作，但是它可授予对 Windows 在线商店的访问权限。输入电子邮件地址，然后单击"下一步"。要跳过账户关联并创建本地用户账户，单击"不使用 Microsoft 账户登录"。

如果未创建 Microsoft 账户，安装程序将显示允许创建本地账户的屏幕。安装程序允许用户创建 Microsoft 账户或使用本地账户。如果没有创建本地用户账户，下一屏幕将显示要求用户提供信息来创建本地用户账户。

Windows 将完成这一过程并显示"开始"屏幕，如图 5-8 所示。出现 Windows 8.1"开始"屏幕时，表示安装过程已经完成，可以使用计算机了。

图 5-8　Windows 8.1 开始屏幕

根据计算机的当前位置和操作系统的版本，系统将提示您选择一种方法来组织计算机并在网络上共享资源。如下所述，工作组、家庭组和域是在网络中组织计算机的不同方式。

- **工作组**：同一个工作组中的所有计算机可以通过局域网共享文件和资源。共享设置用于在网络上共享特定资源。
- **家庭组**：家庭组是 Windows 7 中开始使用的一项新功能，允许同一个网络中的计算机自动共享文件和打印机。
- **域**：一个域中的计算机由中心管理员管理，并且必须遵守管理员设定的规则和程序。用户可以借助域共享文件和设备。

5. 账户创建

用户尝试登录设备或访问系统资源时，Windows 使用身份验证过程验证用户的身份。用户输入用户名和密码来访问用户账户时，便会进行身份验证。Windows 操作系统使用单点登录（SSO）身份验证，用户只需要登录一次即可访问所有系统功能，无需在每次访问个别资源时都进行登录。

用户账户允许多个用户使用自己的文件和设置共享一台计算机。Windows 8.1、Windows 7 和 Windows Vista 有三种用户账户：管理员、标准用户和来宾。每种账户都为用户提供了不同级别的系统资源控制。

在 Windows 8.1 中，在安装过程中创建的账户具有管理员权限。具有管理员权限的用户可以做出会影响所有计算机用户的更改，例如修改安全设置或为所有用户安装软件。具有管理员权限的账户只应该用于管理一台计算机并且不应该用于常规用途，因为使用管理员账户可以做出会影响所有人的重大更改。由于它很强大，因此攻击者也会搜寻管理员账户。因此对于常规用途，建议您创建标准用户账户。

管理员可以随时创建标准用户账户。标准用户账户可以使用计算机的大多数功能；但是，用户不能做出会影响其他用户或计算机安全的更改。例如，标准用户不能安装打印机。

在计算机上没有用户账户的个人可以使用来宾账户。来宾账户的权限有限，并且必须由管理员启用。"管理账户"控制面板应用可用于管理用户账户。"控制面板"是 Windows 的一个位置，包含用来操控 Windows 配置和设置的许多工具。Windows 的每个版本中都有许多访问控制面板的方法。

要访问 Windows 7 和 Vista 中的控制面板，请单击桌面底部任务栏左侧的"开始"按钮。这将显示"开始"菜单。在"开始"菜单中单击"控制面板"。您还可以单击"开始"按钮并在"搜索程序和文件"框中键入"控制",然后按 Enter 键。

Windows 8 的界面与 Windows 7 和 Vista 界面差别很大。要从 Windows 8 的桌面上访问控制面板,请将光标置于桌面右上角,等待显示超级按钮。单击"搜索"超级按钮,并在搜索框中键入"控制",然后按 Enter 键。在触摸屏上,您还可以从屏幕右侧滑入,这样可显示超级按钮。

默认情况下,Windows 8 不带"开始"菜单。Windows 8 使用"开始"屏幕。要访问"开始"屏幕,首先访问超级按钮并单击"开始"图标。要从"开始"屏幕访问控制面板,请键入"控制"并按 Enter 键。您还可以单击桌面底部任务栏左侧的"开始"按钮,访问 Windows 8.1 中的"开始"屏幕。

查看控制面板的方法有很多,具体取决于您使用的 Windows 版本。在本课程中,控制面板工具的路径假设您已将视图设置为大图标或小图标。选择控制面板中的"查看方式:"下拉菜单中的"大图标"或"小图标"即可进行设置。在 Windows Vista 中,单击控制面板中的"经典视图"即可查看图标。

在本课程中,控制面板工具的路径都从控制面板开始。

要在 Windows 8.1 和 Windows 8 中管理用户账户,请使用以下路径:

控制面板>用户账户>管理账户

要在 Windows 7 和 Windows Vista 中创建或删除用户账户,请使用以下路径:

开始>控制面板>用户账户>添加或删除用户账户

图 5-9 显示了 Windows 8.1 账户管理窗口。

6. 完成安装

Windows 操作系统安装完成后,确保软件是最新版本并且所有硬件都能正常运行非常重要。

Windows 更新

完成初始安装后,要更新操作系统,可以使用 Microsoft Windows 更新来扫描新的软件并安装服务包和修补程序。

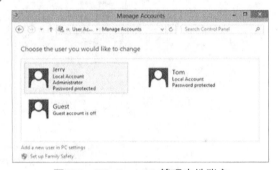

图 5-9　Windows 8.1 管理本地账户

要在 Windows 8 或 Windows 8.1 中安装修补程序和服务包,请使用以下路径:

控制面板>Windows 更新

要在 Windows 7 或 Windows Vista 中安装修补程序和服务包,请使用以下路径:

开始>所有程序>Windows 更新

图 5-10 显示了 Windows 8.1 和 Windows 8 中的 Windows 更新。

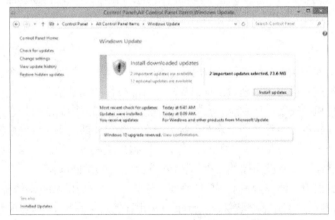

图 5-10　Windows 8.1 Windows 更新

设备管理器

安装完操作系统后，请验证是否已正确安装了所有硬件。在 Windows Vista、Windows 7 和 Windows 8.x 中，设备管理器用于确定设备问题以及安装正确的或更新的驱动程序。

在 Windows 8 或 Windows 8.1 中，请使用以下路径：

控制面板>设备管理器

图 5-11 显示了 Windows 8.1 和 Windows 8 中的设备管理器。

在 Windows 7 或 Windows Vista 中，请使用以下路径：

开始>控制面板>设备管理器

带感叹号的黄色三角形表示设备有问题。要查看问题描述，请右键单击设备并选择 "属性"。带向下箭头的灰色圆圈表示设备已禁用。要启用该设备，请右键单击设备并选择 "启用"。要扩展设备类别，请单击类别旁边的右指三角。

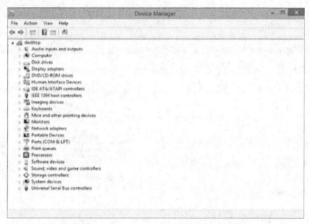

图 5-11　Windows 8.x 设备管理器

5.2.2　自定义安装选项

当需要使用新的操作系统安装部署多个系统时，自定义安装可以节约时间和成本。如果您需要恢复已经停止正常工作的系统，使用系统映像完成安装也会非常有用。正如这一部分所讨论的，一种自定义安装选项是磁盘克隆，它将整个硬盘驱动器的内容复制到另一个硬盘驱动器，因此减少了在另一个驱动器上安装驱动程序、应用、更新等项目的时间。

1. 磁盘克隆

在单台计算机上安装操作系统需要一些时间。想象一下在多台计算机上逐个安装操作系统会需要多少时间。为了简化这一活动，管理员通常选择一台计算机作为基础系统，并完成正常的操作系统安装过程。在基础计算机中安装操作系统后，使用特定的程序将磁盘中的所有信息（逐个扇区）复制到另一个磁盘。这个新磁盘（通常是一个外部设备）现在包含完全部署好的操作系统，可用于快速部署基础操作系统的一个全新已安装内容的副本。由于目标磁盘现在包含的内容与原始磁盘是扇区到扇区的映射，因此目标磁盘的目录就是原始磁盘的映像。这是基于映像的安装。

如果基础安装过程中意外包含了不需要的设置，管理员可以使用 Microsoft 系统准备（Sysprep）工具删除这些设置，然后再创建最终映像。Sysprep 可用于在多台计算机上安装并配置相同的操作系统。Sysprep 使用不同的硬件配置准备操作系统。借助 Sysprep，技术人员可快速安装操作系统，完成最后的配置步骤，并安装应用。

图 5-12 显示了 Windows 8.1 和 Windows 8 中的 Sysprep。

2. 其他安装方法

Windows 的标准安装对于家庭或小型办公室环境中的大多数计算机而言足够了，但有时需要用户自定义安装过程。

以 IT 支持部门为例，这些环境中的技术人员必须安装数百个 Windows 系统。以标准方式执行这么多次安装并不可行。

标准安装通过 Microsoft 提供的安装介质（DVD 或 USB 驱动器）来完成，它是一个交互式的过程；安装程序会提示用户完成时区和系统语言等设置。

图 5-12 磁盘克隆

Windows 的自定义安装可以节省时间，并使大型企业中各个计算机的配置保持一致。在多台计算机上安装 Windows 的一种常用技术是，在一台计算机上执行安装并将其用作参考安装。完成安装后，创建一个映像。映像是一个包含某个分区所有数据的文件。

映像准备就绪后，技术人员可以将映像复制并部署到企业中的所有计算机上，从而显著缩短安装时间。如果需要调整新的安装，可以在部署映像后快速进行调整。

创建系统映像的步骤如下。

How To

步骤 1 在一台计算机上执行完整 Windows 安装。此计算机必须尽量与稍后接收安装内容的计算机相似，以免出现驱动程序不兼容问题。

步骤 2 使用软件工具（如 imageX）创建安装映像。图 5-13 显示了 imageX 命令行工具。

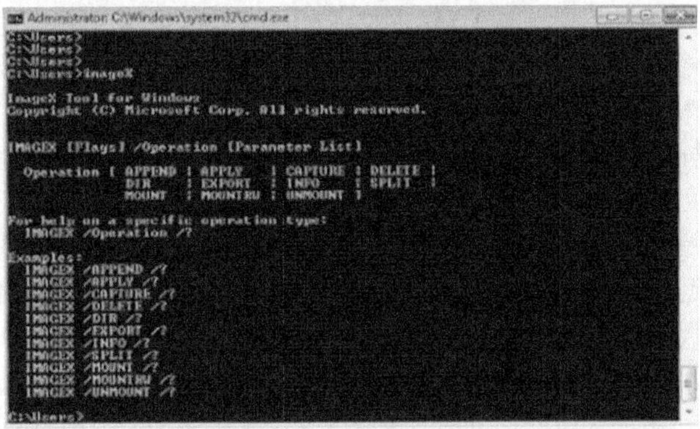

图 5-13 ImageX 命令行工具

步骤 3 结果应该是一个大型映像文件，其中包含当前在参考系统上的整个操作系统安装内容的副本。

在 Windows Vista 和以前的版本中，标准安装通过 DVD 安装光盘中包含的各个文件来完成。如今，在安装 Windows 7 或 Windows 8.x 时，安装过程基于映像文件，因为它对硬盘应用 DVD 安装光盘中的映像：install.wim。

Windows 支持几种不同的自定义安装。

- **网络安装**：这包括预启动执行环境（PXE）安装、无人参与安装和远程安装。
- **基于映像的内部分区安装**：这包括指向压缩映像的指针文件，以及由最终用户创建的任何新文件的可用空间，包括注册表文件、页面文件、休眠文件、用户数据和用户安装的应用和更新。
- **其他自定义安装类型**：这包括 Windows 高级启动选项、恢复电脑（仅限 Windows 8.x）、系统还原、升级、修复安装、远程网络安装、恢复分区及恢复/还原。

3. 网络安装

网络安装可以减少现场为每台客户端计算机安装操作系统（OS）所需的成本和时间。这一部分将介绍无需操作每台客户端计算机即可为整个企业网络中的计算机安装操作系统的方法。

远程网络安装

在有多台计算机的环境中，安装操作系统的一种常见方法是远程网络安装。使用此方法时，操作系统安装文件存储在服务器上，这样客户端计算机便可以远程访问文件来开始安装过程。软件包（如远程安装服务（RIS））可用于同客户端通信，存储设置文件，并为客户端提供必要的指示，使其访问设置文件、下载设置文件并开始安装操作系统。

由于客户端计算机未安装操作系统，因此必须使用特殊的环境来启动计算机、连接网络并与服务器通信，进而开始安装过程。这个特殊的环境称为预启动执行环境（PXE）。要想使用 PXE，网卡必须已启用 PXE。BIOS 或网卡上的固件可能附带此功能。计算机启动时，网卡会侦听网络中用于开始 PXE 的特殊指令。如图 5-14 所示，这是在 PXE Windows 安装启动过程中显示的第一个屏幕。所显示的安装选项是在基于 Windows 的服务器上创建为 PXE 映像且随后放在 TFTP 文件夹中的安装文件。PXE 客户端可以通过 TFTP 查找并获取文件。

注意： 如果网卡未启用 PXE，可使用第三方软件从存储介质中加载 PXE。

无人参与安装

无人参与安装是另一种基于网络的安装，几乎无需用户干预即可安装或升级 Windows 系统。Windows 无人参与安装基于一个应答文件。此文件包含了指示 Windows 安装程序如何配置和安装操作系统的简单文本。

要执行 Windows 无人参与安装，必须使用应答文件中的用户选项运行 setup.exe。安装过程将像往常一样开始，但安装程序不会提示用户，而是用应答文件中列出的应答。

要自定义标准 Windows 7 和 8 或 Windows Vista 安装，可使用系统映像管理器（SIM）创建安装程序应答文件。您还可以在应答文件中添加软件包，例如应用或驱动程序。

图 5-15 显示了应答文件的一个示例。回答所有问题后，系统将该文件复制到服务器上的分布式共享文件夹中。此时，您可以做以下两件事之一。

- 在客户端计算机上运行 unattended.bat 文件，准备硬盘驱动器并通过网络从服务器安装操作系统。
- 创建一个启动磁盘，负责启动计算机并连接到服务器的分布式共享文件夹。然后运行批处理文件，其中包含一组通过网络安装操作系统的指令。

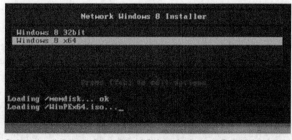

图 5-14　Windows PXE 安装

图 5-15　Windows 无人参与安装

注意： Windows SIM 是 Windows 自动安装工具包（AIK）的一部分，可从 Microsoft 网站下载。

4. 还原、刷新和恢复

这一部分将探讨用于将系统恢复至之前的工作状态或出厂默认设置的工具。

系统还原

此工具可将计算机还原到早期的还原点状态。由于可从 Windows 内或在启动时访问系统还原工具，所以此工具可帮助您修复已损坏的系统，使其重新启动。

刷新电脑（仅限 Windows 8.x）

此工具可将计算机系统软件还原到出厂状态，而不删除用户文件或删除现代应用。随着时间的推移，计算机往往往会变得更慢。这是因为文件系统的正常使用会产生大量片段文件、孤立的驱动程序和库。此工具可以使系统回到出厂状态，且不会太影响用户数据。刷新计算机（仅限 Windows 8.x）将删除所有已安装的桌面应用。

恢复分区

装有 Windows 的某些计算机包含一个用户不可访问的磁盘区域。此分区称为恢复分区，其中包含的映像可用于将计算机恢复到原始配置。

恢复分区通常是隐藏的，以防恢复之外的其他用途。要使用恢复分区还原计算机，必须在计算机启动时使用特定的按键或按键组合。有时，从出厂恢复分区进行还原的选项位于 BIOS 中。请与计算机制造商联系，了解如何访问该分区和还原计算机的原始配置。

注意： 如果操作系统因硬盘驱动器故障而损坏，恢复分区也可能也损坏了，并将无法恢复操作系统。

5. 系统恢复选项

系统发生故障时，用户可以使用以下恢复工具：
- Windows 高级启动选项（Windows 8.x）；
- 系统恢复选项（Windows 7 和 Windows Vista）；
- 出厂恢复分区。

Windows 8.x 高级启动选项

高级启动选项是一系列 Windows 8.x 工具，允许用户在操作系统无法启动时排除故障、恢复或还原操作系统。"高级选项"是 Windows 恢复环境（WinRE）的一部分。WinRE 是基于 Windows 预安装环境（PE）的一个恢复平台。

访问高级工具的方法如下所示。

How To 请在启动过程中按 F8 中断启动过程。在"选择一个选项"窗口中，选择"疑难解答"。在"疑难解答"窗口中，选择"高级选项"。

"高级选项"窗口中包含以下工具。
- **系统还原**：此工具可将计算机还原到早期的还原点状态。这与使用 Windows 中的系统还原功能是相同的。

- **系统映像恢复**：此工具使用系统映像文件还原计算机。
- **自动修复**：此工具可扫描系统并尝试自动修复那些阻止 Windows 正确启动的问题。
- **命令提示符**：打开恢复环境命令提示符，授予对多个命令行故障排除工具的访问权限。
- **UEFI 固件设置**：仅当计算机支持 UEFI 时才会显示此工具。使用此工具可更改计算机的 UEFI 设置。
- **Windows 启动设置**："启动设置"选项允许您启用安全模式。您也可以禁止在发生故障后自动重启，这样可以看到蓝屏上显示的错误消息。

Windows 7 和 Windows Vista

与 Windows 8.x 高级选项类似，系统恢复选项是 Windows 7 和 Windows Vista 的一组故障排除工具。系统恢复选项也是 Windows 7 恢复环境的一部分。

与 Windows 8.x 中一样，在 Windows 7 和 Windows Vista 中，在计算机启动过程中按住 F8 键即可访问 Windows 恢复环境。出现"高级启动选项"屏幕时，突出显示"修复计算机"并按 Enter 键访问系统恢复选项。随后您可使用系统恢复工具修复那些阻止系统启动的错误。"系统恢复选项"菜单提供了以下工具。

- **启动修复**：此工具可扫描硬盘驱动器中的问题，并可自动修复那些阻止 Windows 启动的已丢失或已损坏的系统文件。
- **系统还原**：此工具可使用还原点将 Windows 系统文件还原到早期的时间点状态。
- **系统映像恢复**：此工具可将之前创建的映像还原到磁盘。
- **Windows 内存诊断**：此工具可检查计算机的内存，以检测故障和诊断问题。
- **命令提示符**：此工具可打开一个命令提示符窗口，其中 bootrec.exe 工具可以用来修复和排除 Windows 启动问题。

使用恢复光盘时，确保它与要恢复的操作系统使用相同的架构。例如，如果计算机运行的是 64 位版本的 Windows 7，则恢复光盘必须使用 64 位架构。

5.2.3　启动顺序和注册表文件

启动过程有两种确定启动活动顺序模式：用户模式和内核模式。在这一部分，您将了解 Windows 正常启动过程中控制启动顺序的主要程序。您还将了解 Windows 注册表文件，它是包含运行安装在 Windows 计算机上的硬件和软件所需的所有信息的数据库。了解启动顺序和注册表对于计算机技术人员排除 PC 故障并维护 PC 而言非常重要。

1. Windows 启动过程

了解 Windows 启动过程有助于技术人员排除启动故障。

Windows 启动过程

要开始启动过程，请开启计算机。这种方式称为冷启动。计算机启动时会执行加电自检（POST）。由于显卡尚未初始化，如果此时在启动过程中出现错误，计算机会发出一系列提示音，称为蜂鸣声代码。

完成 POST 过程后，BIOS 会查找并读取 CMOS 内存中保存的配置设置。启动设备优先级（如图 5-16 所示）是指按什么顺序检查设备，以查找可启动分区。启动设备优先级在 BIOS 中设置，并可以按任意顺序排列。BIOS 使用包含有效启动扇区的第一个驱动器启动计算机。

硬盘驱动器、网络驱动器、USB 驱动器甚至可移动介质都可用于启动顺序，具体取决于主板的功能。某些 BIOS 还有一个启动设备优先级菜单，在计算机启动过程中使用特定按键即可访问该菜单。您可使用此菜单选择要启动的设备。

Windows 引导加载程序和 Windows 启动管理器

此时将会执行引导扇区中的代码，而启动过程将由 Windows 启动管理器（BOOTMGR）来控制。BOOTMGR 控制多个启动步骤。

1. WinLoad（WINLOAD.EXE）使用 BOOTMGR 中指定的路径查找启动分区。
2. WinLoad 加载构成 Windows 核心的两个文件：NTOSKRNL.EXE 和 HAL.DLL。
3. WinLoad 读取注册表文件，选择硬件配置文件，并加载设备驱动程序。

Windows 内核

此时，Windows 内核将接管此进程。此文件的名称为 NTOSKRNL.EXE。它将启动名为 WINLOGON.EXE 的登录文件并显示 Windows 欢迎屏幕。

2. 启动模式

Windows 可以以众多不同模式中的一种启动，这可以使用高级启动选项菜单进行选择。高级启动选项菜单让您在高级故障排除模式下启动 Windows。

启动模式

某些问题会导致 Windows 无法启动。要排除和修复此类问题，请使用某个 Windows 启动模式。

在启动过程中按 F8 键可打开 Windows "高级启动选项"菜单，如图 5-17 所示。用户可以使用此菜单选择他们希望启动 Windows 的方式。以下是 4 个常用的启动选项。

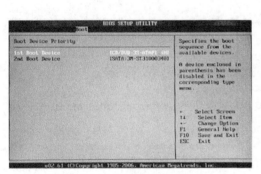

图 5-16 启动设备优先级

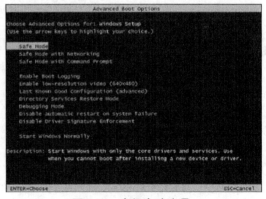

图 5-17 高级启动选项

- **安全模式**：用于排除 Windows 和 Windows 启动故障的诊断模式。功能有限，因为许多设备驱动程序尚未加载。
- **网络安全模式**：在网络支持下以安全模式启动 Windows。
- **带命令提示符的安全模式**：启动 Windows 并加载命令提示符，而不是 GUI。
- **最近一次的正确配置**：加载 Windows 最近一次成功启动所使用的配置设置。访问为此创建的注册表副本即可完成此操作。

注意： 除非在发生故障后立即使用此设置，否则最近一次的正确配置将没有用。如果计算机重启并设法打开 Windows，则会用错误信息更新注册表。

3. Windows 注册表

Windows 注册表键是 Windows 启动过程的一个重要部分。这些注册表键用特定名称标识，以 HKEY_开头，如表 5-4 所示。HKEY_后面的单词和字母表示该注册表键控制的操作系统部分。Windows 中的所有设置都保存在注册表中，涵盖从桌面背景和屏幕按钮的颜色到应用许可。用户对控制面板设置、文件关联、系统策略或已安装的软件做出更改时，这些更改将保存在注册表中。

表 5-4　　　　　　　　　　　　　　注册表键

HKEY	描　　述
HKEY_CLASSES_ROOT	有关将哪些文件扩展名映射到特定应用的信息
HKEY_CURRENT_USER	桌面设置和历史记录等与 PC 的当前用户相关的信息
HKEY_USERS	有关已登录系统的所有用户的信息
HKEY_LOCAL_MACHINE	与硬件和软件相关的信息
HKEY_CURRENT_CONFIG	与系统上所有活动设备相关的信息

每个用户账户都会占用注册表的唯一一个部分。Windows 登录过程从注册表中加载系统设置，以便为每个个人用户账户重新配置系统。

注册表还负责记录动态链接库（DLL）文件的位置。DLL 文件包含不同程序用来执行常见功能的程序代码。DLL 文件对于用户安装的操作系统和所有应用的功能都非常重要。

为了确保操作系统或程序可以正确找到 DLL，必须注册 DLL。在安装过程中，通常会自动注册 DLL。遇到问题时，用户可能需要手动注册 DLL 文件。注册 DLL 可将路径映射到文件，便于程序查找必要的文件。

要使用命令行工具在 Windows 8.0 和 8.1 中注册 DLL 文件，请使用以下路径：

 将鼠标移至屏幕右上角>显示超级按钮栏>搜索并键入 "命令" >单击 "命令提示符" >键入 regsvr32 filename.dll

要使用命令行工具在 Windows 7 和 Vista 中注册 DLL 文件，请使用以下路径：

 开始>在 "搜索程序和文件" 栏中键入 "命令" >键入 regsvr32 filename.dll

注意：　dll 文件的文件名必须包含文件名的完整路径，例如 C:\Windows\System32\wuapi.dll。

5.2.4　多重启动

安装两个或更多操作系统的功能称为多重启动。每个操作系统都需要一个独立的分区，用户可以使用启动管理程序选择从哪个操作系统启动。在这一部分，我们将讨论用于多个操作系统安装的多重启动程序和磁盘管理。

1. 多重启动过程

您可以在一台计算机上安装多个操作系统。某些软件应用可能需要最新版本的操作系统，而其他应用可能需要较旧版本。一台计算机上的多个操作系统可以执行双重启动过程。在启动过程中，如果

Windows 启动管理器（BOOTMGR）确定存在多个操作系统，它将提示您选择要加载哪个操作系统。图 5-18 显示了 Windows 8.x 中的 BOOTMGR。图 5-19 显示了 Windows 7.x 和 Vista 中的 BOOTMGR。

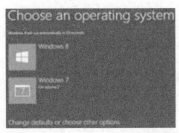

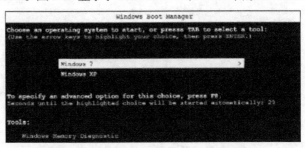

图 5-18　Windows 8.x 启动管理器　　　　图 5-19　Windows 7 和 Vista 启动管理器

要在 Microsoft Windows 中创建双重启动系统，硬盘驱动器必须包含多个分区。

最旧的操作系统应首先安装在主分区上或标记为活动分区的硬盘驱动器上。在第二个分区或硬盘驱动器上安装第二个操作系统。启动文件被自动安装在活动分区中。

BOOTMGR 文件

在安装过程中，会在活动分区上创建 BOOTMGR 文件，以选择在引导时将启动的操作系统。您可以编辑 BOOTMGR 文件，以更改操作系统的顺序。也可以更改在启动阶段允许选择操作系统的时间长度。一般来说，默认时间为 30 秒。此时间段会将计算机的启动时间延迟指定的时间，除非用户进行干预，选择特定的操作系统。如果磁盘上只有一个操作系统，可将时间更改为 5 或 10 秒，以更快速启动计算机。

要更改显示操作系统列表的时间，请使用以下路径：

　选择"开始>控制面板>系统和安全>系统>高级系统设置"，单击"高级"选项卡，
在"启动和故障恢复"区域中，选择"设置"

2. 磁盘管理工具

多重启动设置需要多个硬盘驱动器或具有多个分区的硬盘驱动器。要创建新的分区，请访问磁盘管理工具。您还可以使用磁盘管理工具完成以下任务：

- 查看驱动器状态；
- 扩展分区；
- 拆分分区；
- 分配驱动器号；
- 添加驱动器；
- 添加阵列。

要访问 Windows 8.x 中的磁盘管理工具，请访问"开始"屏幕并键入 diskmgmt.msc。单击搜索结果列表中显示的"磁盘管理工具"图标。

要访问 Windows 7 和 Windows Vista 中的磁盘管理工具，请使用以下路径：

开始>右键单击计算机>管理>选择磁盘管理

Windows 8.x（如图 5-20 所示）、Windows 7 和 Windows Vista（如图 5-21 所示）均提供了磁盘管理工具。

驱动器状态

磁盘管理工具显示每个磁盘的状态，如图 5-20 和图 5-21 所示。

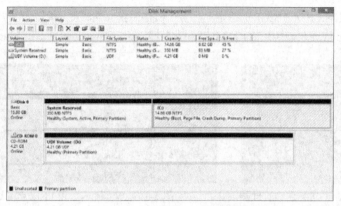

图 5-20　Windows 8.x 磁盘管理

图 5-21　Windows 7 和 Vista 磁盘管理

计算机中的驱动器显示以下状态之一。

- **外部**：从运行 Windows 的另一台计算机移至本计算机的动态磁盘。
- **状态良好**：正常运行的卷。
- **正在初始化**：正在转换为动态磁盘的基本磁盘。
- **丢失**：已损坏、已关闭或已断开的动态磁盘。
- **未初始化**：不包含有效签名的磁盘。
- **联机**：可以访问且未显示任何问题的基本或动态磁盘。
- **联机（错误）**：动态磁盘上检测到 I/O 错误。
- **离线**：已损坏或不可用的动态磁盘。
- **不可读取**：经历硬件故障、损坏或 I/O 错误的基本或动态磁盘。

使用除硬盘驱动器以外的其他驱动器时，例如光驱中的音频 CD 或空的可移动驱动器，可能会显示其他驱动器状态指示符。

3. 分区

在磁盘管理器中，您可以更改主分区和逻辑驱动器的大小和数量。

扩展分区

要扩展基本卷，该卷必须处于未分配状态或采用 NTFS 文件格式进行格式化。扩展基本卷可以增加逻辑驱动器中的可用空间。

要在磁盘管理器中扩展分区，请执行以下步骤。

步骤1　右键单击所需的分区。

步骤2　单击"扩展卷"。

步骤3　按照屏幕上的指示操作。

压缩分区

图 5-22 显示了可使用磁盘管理器压缩或拆分具有可用空间的分区。可用空间也称为未分配空间，现在可使用它创建新的分区。要压缩基本磁盘，请执行以下步骤。

步骤1　右键单击所需的分区。

步骤2　单击"压缩卷"。

步骤3　按照屏幕上的指示操作。

如果您想将分区拆分成两个分区，请先使用"压缩卷"功能。压缩磁盘之后，分区中将包含未分配的空间。可使用此空间创建一个或多个新的分区。必须将新的分区格式化并为其分配驱动器号。

4. 驱动器映射或驱动器号分配

Windows 中使用字母为物理或逻辑驱动器命名。这一过程称为驱动器映射或驱动器号分配。Windows 计算机最多可以有 26 个物理和逻辑驱动器，因为英语字母表中有 26 个字母。C 盘留作主活动分区。在 Windows Vista 和 Windows 7 中，如果您没有软盘驱动器，可以为驱动器分配字母 A 或 B。随着将额外的存储设备添加到系统中，

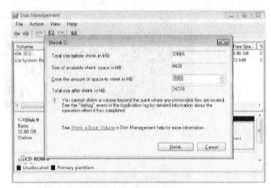

图 5-22　压缩卷

Windows 尝试将它们自动映射到下一个可用字母。这样，光驱、额外的内部磁盘和外部存储设备在传统上标记为 D 盘、E 盘、F 盘。最多可有多少额外的驱动器取决于具体的计算机硬件。

您可以更改、添加和删除驱动器号和路径。默认情况下，在创建或添加分区或驱动器后，Windows 会为其分配一个字母。只要字母未被使用，您就可以将驱动器指定为任意字母。

要从 Windows 的磁盘管理工具中更改驱动器号，请右键单击该驱动器并选择"更改驱动器号和路径"。

添加驱动器

要增加计算机上的可用存储空间，或实施独立磁盘冗余阵列（RAID）设置，您可以在计算机中添加驱动器。如果正确安装了额外的硬盘驱动器，BIOS 应该自动识别该驱动器。安装驱动器后，您可以使用磁盘管理工具检查是否已识别了该驱动器。如果磁盘可用，可能需要进行格式化后才能使用。如果磁盘未出现，请排除故障。

添加阵列

要设置独立磁盘冗余阵列（RAID），一台计算机中必须安装两个或多个驱动器。您可以使用磁盘管理工具添加阵列。您有以下选择。

- **新建跨区卷**：创建一个磁盘分区，分区中包含来自多个物理磁盘的磁盘空间。跨区卷上的数据没有容错能力。

- **新建带区卷**：一种动态分区，在多个物理磁盘的带区中存储数据。这也称为 RAID 0，这种卷可实现较高的读写速度。数据分布在多个物理磁盘上，因而可以同时访问数据的各个部分。由于带区卷上的数据没有容错能力，因此不能使用这种卷存储重要数据。
- **新建镜像卷**：需要两个物理磁盘。这也称为 RAID 1，写入卷的所有数据将同时写入两个磁盘。此操作可以使镜像卷上存储的数据具有容错能力。
- **新建 RAID-5 卷**：RAID 5 是在多个物理磁盘的带区中存储数据的动态分区，同时也会存储每个条带的恢复信息。这些恢复信息称为奇偶校验数据，可用于重建故障磁盘上的数据。创建奇偶校验信息可以使 RAID-5 卷上的数据具备容错能力。

要在磁盘管理工具中添加阵列，请右键单击所需的磁盘并选择一个选项。

除了上述磁盘管理工具选项，另一种常见的 RAID 类型是 RAID 10，也称为 RAID 1+0。RAID 10 是由 RAID 0 和 RAID 1 组成的混合卷。RAID 10 在多个物理磁盘的带区中存储数据，同时在另一组磁盘上创建数据镜像。RAID 10 速度很快，而且具备容错能力。

> **注意：**　有哪些添加阵列的选项取决于系统限制。并非所有选项都可用。

图 5-23 描述了有关磁盘阵列的其他信息。

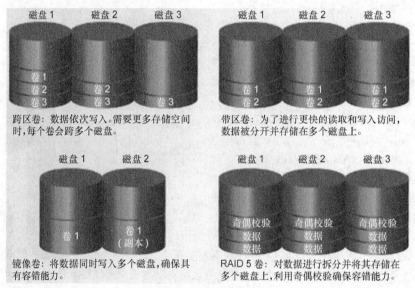

跨区卷：数据依次写入。需要更多存储空间时，每个卷会跨多个磁盘。

带区卷：为了进行更快的读取和写入访问，数据被分开并存储在多个磁盘上。

镜像卷：将数据同时写入多个磁盘，确保具有容错能力。

RAID 5 卷：对数据进行拆分并将其存储在多个磁盘上，利用奇偶校验确保容错能力。

图 5-23　磁盘阵列

5.2.5　磁盘目录

在 Windows 中，用目录结构的形式组织各个文件。目录结构用于存储系统文件、用户文件和程序文件。

1. 目录结构

根级 Windows 目录结构（即分区）通常标为 C 盘。C 盘包含一组用于操作系统、应用、配置信息和数据文件的标准化目录，称为文件夹。目录中可能包含子目录。子目录通常称为子文件夹。

如果 Windows 无法识别新磁盘中的文件系统，则必须对磁盘进行初始化和格式化后才能使用。在磁盘初始化过程中，会删除有关文件在磁盘上的位置信息。如果没有磁盘内容的位置，则磁盘对于操作系统而言是空的。在格式化过程中，将会覆盖磁盘上的数据，并且不能再访问这些数据。此外在格式化过程中，磁盘的所有坏扇区会被重新映射，并且会创建操作系统的文件系统结构。

完成初始安装后，可在您选择的任意目录中安装大多数应用和数据。Windows 安装程序会创建专用目录，例如用于存储照片或音乐文件的目录。将同一类型的文件保存到一个特定位置，找到它们会更容易。

> **注意：** 虽然磁盘初始化会销毁磁盘上的所有数据，但是有的公司和组织甚至可以从重新初始化后的磁盘上恢复数据。

> **注意：** 最佳做法是在文件夹和子文件夹中存储文件，而不是在驱动器的根级存储文件。

挂载卷

您可以将驱动器映射到某个卷上的空文件夹。该驱动器称为"已挂载的驱动器"。系统会为已挂载的驱动器分配驱动器路径，而不是字母，并在 Windows 资源管理器中显示为驱动器图标。Windows 资源管理器工具允许用户以有组织的方式查看所有驱动器、文件夹和文件。使用已挂载的驱动器可在计算机上配置 26 个以上的驱动器，或者在卷上需要额外的存储空间时配置它。

要在 Windows 8.x 中挂载卷，请执行以下步骤。

How To
- **步骤 1** 打开"磁盘管理"并在空白的空间中右键单击。
- **步骤 2** 选择"新建简单卷"启动"新建简单卷向导"。
- **步骤 3** 指定新分区的大小。
- **步骤 4** 单击"下一步"。
- **步骤 5** 选择"装入以下空白 NTFS 文件夹中："并指定空白文件夹的位置。
- **步骤 6** 选择是否要对卷进行格式化以及使用哪个文件系统。
- **步骤 7** 完成设置并关闭"磁盘管理"。

要在 Windows 7.x 或 Vista 中安装卷，请执行以下步骤。

How To
- **步骤 1** 选择开始>控制面板>管理工具>计算机管理。
- **步骤 2** 单击左侧窗格中的"磁盘管理"。
- **步骤 3** 右键单击要安装的分区或卷。
- **步骤 4** 单击"更改驱动器号和路径"。
- **步骤 5** 单击"添加"。
- **步骤 6** 单击"装入以下空白 NTFS 文件夹中"。
- **步骤 7** 浏览至 NTFS 卷上的空白文件夹或创建一个文件夹，并单击"确定"。
- **步骤 8** 关闭"计算机管理"。

2. 用户和系统文件位置

在安装过程中会创建 Windows 操作系统的主文件夹。它们包含操作系统功能正常运行所必需的操作系统文件和其他系统文件，以及存放用户创建的文件的默认文件夹位置。

用户文件位置

默认情况下，Windows 将用户创建的大多数文件存储在文件夹 C:\Users\User_name\中。每个用户的文件夹都包含了用于音乐、视频、网站和照片的文件夹。许多程序还会在此存储特定的用户数据。如果一台计算机上有多个用户，那么他们都有自己的文件夹，其中包含收藏夹、桌面项目和 cookie。cookie 文件包含用户访问过的网页的信息。

系统文件夹

安装 Windows 操作系统后，用于运行计算机的大多数文件位于文件夹 C:\Windows\system32 中。

字体

文件夹 C:\Windows\Fonts 包含了计算机上已安装的字体。字体有多种格式，包括 TrueType、OpenType、Composite 和 PostScript。字体的一些例子包括 Arial、Times New Roman 和 Courier。您可以通过控制面板访问 Fonts 文件夹。您可以双击字体文件并选择"安装"来安装字体。

临时文件

Temporary Files 文件夹包含了操作系统和程序创建的、在短时间内需要使用的文件。例如，在安装应用时可以创建临时文件，以便为其他应用留出更多的内存。

几乎每个程序都会使用临时文件，应用或操作系统结束使用后，通常会自动删除临时文件。但是，某些临时文件必须手动删除。由于临时文件占用的硬盘驱动器空间可供其他文件使用，因此最好每两三个月根据需要删除临时文件。

在 Windows 中，临时文件通常位于以下文件夹中。

- C:\Windows\Temp
- C:\Users\User_Name\AppData\Local\Temp
- %USERPROFILE%\AppData\Local\Temp

注意：ㅤㅤ%USERPROFILE%是操作系统使用当前登录到计算机的用户名所设置的一个环境变量。操作系统、应用和软件安装程序都会使用环境变量。

要查看 Windows 中已配置的环境变量，请使用以下路径：
控制面板>系统>高级系统设置>"高级"选项卡>环境变量

程序文件

大多数应用安装程序使用"Program Files"文件夹来安装软件。在 32 位系统中，所有程序都是 32 位，并且安装在文件夹 C:\Program Files 中。在 64 位系统中，64 位程序安装在文件夹 C:\Program Files 中，32 位程序则安装在文件夹 C:\Program Files（x86）中。

3. 文件扩展名和属性

目录结构中的文件遵循 Windows 命名惯例。

- 最多允许 255 个字符。
- 不允许使用斜杠或反斜线（/\）等字符。
- 在文件名中添加由三个或四个字母组成的扩展名可识别文件的类型。
- 文件名不区分大小写。

默认情况下，文件扩展名是隐藏的。要显示文件扩展名，必须在"文件夹选项"控制面板实用程序中禁用"隐藏已知文件类型的扩展名"，如图 5-24 所示。

要显示文件扩展名，请使用以下路径：
控制面板>文件夹选项>视图>取消选中"隐藏已知文件类型的扩展名"

常用的文件名扩展名如下。

- **.docx**：Microsoft Word（2007 及更高版本）。
- **.txt**：仅 ASCII 文本。
- **.jpg**：图形格式。
- **.pptx**：Microsoft PowerPoint。
- **.zip**：压缩格式。

目录结构维护着每个文件的一系列属性，这些属性可控制文件的查看或修改方式。最常见的文件属性如下。

- **R**：该文件为只读文件。
- **A**：下次备份磁盘时将对文件进行存档。
- **S**：文件被标记为系统文件，如果尝试删除或修改此文件，则会给出一条警告。
- **H**：文件在目录显示中被隐藏。

4. 应用、文件和文件夹属性

要查看或更改应用、文件或文件夹的属性，请右键单击该图标并选择"属性"。

应用和文件属性

应用或文件的"属性"视图（如图 5-25 所示）可能包含以下选项卡。

- **常规**：显示基本信息，包括位置和属性。
- **安全**：提供的选项可更改用户账户和系统的文件访问权限。
- **详细信息**：显示文件的基本信息，包括属性。
- **兼容性**：提供的选项可配置文件兼容性模式和操作设置。在 Windows 7 中，兼容性模式允许用户运行为早期 Windows 操作系统版本创建的程序。对于 Windows Vista，兼容性模式中的可用选项数量有限。

图 5-24　显示已知的文件扩展名

图 5-25　应用属性

文件夹属性

单个文件夹的"属性"视图可能包含以下选项卡。

- **常规**：显示基本信息，例如位置和大小。提供的选项可更改属性，例如使文件夹进入只读或隐藏状态。
- **共享**：显示文件夹共享选项。用户可以与同一网络上的计算机共享文件夹。还可以配置密码保护设置。

- **安全**：显示基本和高级安全设置选项。
- **自定义**：显示的选项可自定义文件夹的外观并针对特定的文件类型（例如音乐或照片文件）进行优化。

5.3　总结

本章讨论了选择操作系统、安装操作系统以及了解操作系统的配置。

有许多不同类型的操作系统，因此，了解哪种操作系统最适合用户的需求非常重要。本章主要介绍的操作系统是 Windows。这是安装和使用最广泛的操作系统，因此对于 IT 技术人员来说，了解操作系统的功能及安装流程非常重要。

本章介绍了计算机操作系统。作为技术人员，您应该能够熟练地安装 Windows 操作系统。本章中要牢记的一些重要概念如下。

- 目前有几种不同的操作系统，在选择操作系统时，必须考虑客户的需求和环境。
- 设置客户计算机的主要步骤包括准备驱动器、安装操作系统、创建用户账户和配置安装选项。

检查你的理解

您可以在附录中查找下列问题的答案。

1. 网络操作系统（NOS）与桌面操作系统有哪两种区别？（选择两项）

   A. 网络操作系统允许在网络上共享文件和文件夹，而桌面操作系统无法共享文件或文件夹

   B. 网络操作系统的账户用户管理功能有限，但是桌面操作系统可以管理许多用户账户

   C. 网络操作系统具有强大的安全性和账户管理功能，但是桌面操作系统的安全性和账户管理功能有限

   D. 网络操作系统支持单个用户，但是桌面操作系统可支持许多用户

   E. 网络操作系统可同时支持许多用户，但是桌面操作系统一次只能支持有限数量的用户

2. 哪个文件系统用于访问网络上的文件？

   A. NFS
   B. FAT
   C. CDFS
   D. NTFS

3. 技术人员可以使用名为_____的 Microsoft 工具，在创建磁盘映像以克隆操作系统时，删除不需要的设置。

   A. 系统准备
   B. 磁盘管理
   C. 磁盘清理
   D. 分区

4. 有哪两种类型的计算机用户界面？（选择两项）

   A. OpenGL
   B. CLI
   C. PnP
   D. API
   E. GUI

5. 当用户对 Windows 系统的设置进行更改时，这些更改存储在何处？

   A. win.ini
   B. boot.ini
   C. 注册表
   D. 控制面板

6. 技术人员尝试在硬盘驱动器上创建多个分区，该硬盘驱动器使用的引导扇区标准支持最大分区大小为 2TB。每个硬盘驱动器允许的最大主分区数是多少？

    A. 16
    B. 4
    C. 128
    D. 2
    E. 32
    F. 1

7. 下列哪个术语用于描述可以进行格式化，以存储数据的逻辑驱动器？

    A. 分区
    B. 磁道
    C. 卷
    D. 扇区
    E. 簇

8. 哪个免费的 Microsoft 实用程序可以扫描 Windows 7 的硬件和软件不兼容问题？

    A. 升级顾问
    B. Windows 兼容中心
    C. Windows Easy Transfer
    D. Microsoft 系统准备工具

9. 什么类型的磁盘卷将数据以条带形式存储在多个物理磁盘中，并为每个条带使用奇偶校验，以提供容错能力？

    A. 区段
    B. 条带
    C. RAID 5
    D. 镜像

10. 哪个术语最准确地描述了将程序分成可由操作系统根据需要加载的较小部分的过程？

    A. 多重处理
    B. 多用户
    C. 多线程处理
    D. 多任务

11. 硬盘驱动器 　　　　 是硬盘盘片一个面上的完整圆圈。

    A. 分区
    B. 磁道
    C. 卷
    D. 扇区
    E. 簇

12. 在引导过程中按下哪个键可让用户选择在安全模式下启动 Windows？

    A. F1
    B. Windows
    C. F8
    D. Esc

13. 操作系统的什么功能可使其支持两个或多个 CPU？

    A. 多重处理
    B. 多用户
    C. 多线程
    D. 多任务

14. 什么包含有关如何组织硬盘驱动器分区的信息？

    A. MBR
    B. CPU
    C. Windows 注册表
    D. BOOTMGR

第 6 章

Windows 配置和管理

学习目标

通过完成本章的学习，您将能够回答下列问题：

- 操作系统的用途是什么；
- 根据用途、局限性以及兼容性，各种操作系统之间相比有何不同；
- 如何根据用户需求确定合适的操作系统；
- 如何安装操作系统；

- 如何更新操作系统；
- 如何在操作系统 GUI 中导航；
- 常见的操作系统预防性维护技术有哪些，如何应用它们；
- 哪些工作可以排除操作系统故障。

Windows 是一种包含图形用户界面的操作系统。这是一种广泛使用的操作系统，拥有桌面操作系统版本和网络操作系统版本。Windows 使用图形用户界面实现轻松导航并简化对操作系统所执行的复杂操作的管理，旨在成为一种用户友好型操作系统。

Windows 有许多内置于操作系统的非常有用并且功能强大的工具。有些工具用于修改配置、创建日志以记录用于监控性能的详细信息、记录设置以及在图形用户环境下工作时追踪已安装的软件。

在本章中，您将学习如何导航 Windows GUI。您还将学习如何使用控制面板和其他工具确保 Windows 操作系统顺畅运行。

6.1　Windows GUI 和控制面板

本节将研究允许用户与计算机进行交互的图形用户界面（GUI）。本节还将讨论控制面板。控制面板是 Windows 中的集中配置区域，可在此对系统设置进行修改；控制面板还用于对硬件和软件的几乎所有方面（包括操作系统功能）进行修改并控制其中的任务。这些设置在控制面板小程序中进行分类。本节讨论的其他许多工具有助于用户对 Windows 的运行进行微调。

6.1.1　Windows 桌面、工具和应用

本节将研究允许用户与操作系统应用和工具进行交互的图形用户界面（GUI）。本节还将讨论 Windows 控制面板。Windows 将控制计算机行为和外观的许多功能集中于此。

1. Windows 桌面

安装完操作系统后，您可以根据个人需求自定义计算机桌面。计算机桌面是工作空间的一种图形表示，通常称为图形用户界面（或 GUI）。桌面上有便于您操作文件的各种图标、工具栏和菜单。您可以添加或更改桌面上的图像、声音和颜色，从而提供更为个性化的外观。将这些可自定义的内容结合

在一起就构成一个主题。

Windows 8 引入了一种在"开始"屏幕上使用磁贴的新桌面，如图 6-1 所示。这一环境可用于台式电脑和笔记本电脑，而且针对移动设备进行了优化。"开始"屏幕显示了一系列可自定义的磁贴，其作用是让您访问应用以及其他信息，比如社交媒体更新和日历通知等。这些磁贴代表各种通知、应用或桌面程序。可显示动态内容的磁贴称为动态磁贴。另一个新的 GUI 元素是一个称为超级按钮的垂直栏。用手指从屏幕右边缘向左滑动，或将鼠标光标放在屏幕右上角即可访问超级按钮。

图 6-1　Windows 8 应用环境

Windows 8 的硬件要求如下所示。

- 1GHz 32 位或 64 位处理器。
- 1GB RAM（32 位）或 2GB RAM（64 位）。
- 支持 DirectX9 的显卡。
- 硬盘空间：16GB（32 位）或 20GB（64 位）。

Windows 7 和 Vista 有一个称为 Aero 的默认主题。Aero 拥有半透明的窗口边框、许多动画以及代表文件内容缩略图的图标。由于支持该主题需要多个高级图形功能，所以仅在符合以下硬件要求的计算机上提供 Aero 特性。

- 1GHz 32 位或 64 位处理器。
- 1GB RAM。
- 128MB 显卡。
- 支持 Windows Display Driver Model Driver 的 DirectX9 类图形处理器，硬件提供 Pixel Shader 2.0 功能和每像素 32 位。

Windows 8.1、8.0 和 7 包含以下桌面功能。

- **摇动**：单击并按住一个窗口的标题栏并用鼠标摇动，使所有未使用的窗口最小化。重复此操作可将所有窗口最大化。
- **窥视**：将光标移到任务栏右边缘的"显示"桌面按钮上，查看已打开窗口后面的桌面图标。这一操作会让已打开的窗口变为透明的。单击此按钮使所有窗口最小化。
- **贴靠**：通过将窗口拖到屏幕的一个边缘来调整窗口大小。将窗口拖动到桌面的左边缘，使窗口适合屏幕左半部分的大小。将窗口拖动到桌面的右边缘，使窗口适合屏幕右半部分的大小。将窗口拖动到屏幕顶部可将其最大化。

在 Windows 7 和 Vista 中，用户可以在桌面上放置小工具。小工具是一些小的应用，如游戏、便签、日历或时钟。您可以将小工具贴靠或放置于桌面的边角处，也可以将它们与其他小工具对齐。

注意：　Microsoft 已经不再支持小工具功能。

要将小工具添加到 Windows 7 或 Vista 桌面，请执行以下步骤。

How To

步骤 1　右键单击桌面上的任意位置，并选择小工具。

步骤 2　将小工具从菜单拖放到桌面，或双击小工具将其添加到桌面，或者右键单击小工具并选择"添加"。

步骤 3　要贴靠小工具，请将其拖动到所需的桌面位置。小工具会自动与屏幕边缘和其他小工具对齐。

在 Windows Vista 中，您还可以个性化设置一个称为侧边栏的功能。侧边栏是桌面上一个可保持小工具整齐有序的图形窗格。

2. 桌面属性

您可高度自定义 Windows 8 应用环境。

- 要重新排列各个磁贴，请单击并拖动磁贴。
- 要重命名磁贴组，请右键单击屏幕上的任何空白区域，并选择"命名组"。
- 要将磁贴添加到主屏幕，请在完成搜索后右键单击所需的 Windows 应用，然后选择"固定到'开始'"。
- 要搜索某应用，请单击超级按钮栏中的"搜索"。也可以在 Windows 应用环境下开始键入应用的名称。搜索将自动开始。

要自定义桌面，请右键单击桌面任意位置，并选择"个性化"。

注意： 在 Windows 8 中，单击"桌面"磁贴将离开应用环境并显示桌面。

在"个性化"窗口中，您可以更改桌面外观、显示设置和声音设置。

表 6-1 显示了不同版本的 Windows 个性化桌面窗口（图 6-2 至图 6-4）。

表 6-1 Windows 个性化桌面

Windows 个性化桌面	描　　述
 图 6-2　Windows 8	在个性化窗口中，您可以更改桌面外观、显示设置和声音设置（Windows 8）
图 6-3　Windows 7	个性化设置桌面（Windows 7）

续表

 图 6-4　Windows Vista	个性化设置桌面（Windows Vista）

3. 开始菜单

"开始"菜单是类似于计算机程序、文件夹和设置列表的菜单。"开始"菜单是执行任务和运行计算机程序的中心发射点。

Windows 8.1 和 8.0 中的"开始"菜单

在 Windows 8.0 中，随着 Windows 应用环境的引入，Microsoft 删除了"开始"按钮和"开始"菜单。"开始"菜单由"开始"屏幕所取代，"开始"屏幕是放置各种磁贴的主屏幕。

经多方请求，Microsoft 在 Windows 8.1 中又重新使用"开始"按钮。"开始"屏幕仍然扮演着"开始"菜单的角色，但现在 Windows 8.1 用户可以通过一个按钮访问"开始"屏幕。其他访问"开始"屏幕的方式包括：在键盘上按 Windows 键，或单击"超级按钮"栏上的"开始"按钮。

在 Windows 8.1 中右键单击"开始"按钮可以显示有限的"开始"菜单，如图 6-5 所示。

"开始"菜单和任务栏允许用户管理程序、搜索计算机和操纵正在运行中的应用。要自定义"开始"菜单或任务栏，可右键单击此菜单或任务栏，然后选择"属性"。

Windows 7 和 Vista 中的"开始"菜单

单击桌面左下角的 Windows 图标可访问"开始"菜单。"开始"菜单（如图 6-6 所示）会显示计算机上已安装的所有应用，列出最近打开的文档，还有搜索功能、帮助和支持以及控制面板等其他元素列表。

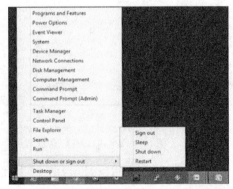

图 6-5　Windows 8.1 有限的"开始"菜单

图 6-6　Windows 7 和 Vista "开始"菜单

要自定义 Windows 7 或 Vista 中的"开始"菜单设置,请使用以下路径:

右键单击任务栏的空白部分,并选择"属性">"开始"菜单>"自定义"。

任务栏

在 Windows 8 和 7 中,任务栏中新增了以下新功能,让您可以更轻松地导航、组织和访问各个窗口和通知。

- **跳转列表**:要显示某个应用的独特任务列表,可右键单击任务栏中应用程序的图标。
- **固定应用**:要将应用添加到任务栏中以便轻松访问,可右键单击应用图标,并选择"固定到任务栏"。
- **缩略图预览**:要查看正在运行的程序的缩略图,可将鼠标悬停在任务栏中该程序的图标上。

4. 任务管理器

使用任务管理器可以查看正在运行的所有应用和关闭任何应用。

单击"详细信息"后,Windows 8 任务管理器(如图 6-7 所示)显示以下选项卡。

- **进程**:该选项卡列出了计算机上当前正在运行的进程。进程是由用户、程序或操作系统启动的一组指令。正在运行的进程分为应用、后台进程和 Windows 系统进程。
- **性能**:该选项卡包含系统性能图。您可以选择任何选项,CPU、内存、磁盘或以太网,以便在选项卡的右列中查看性能图。
- **应用历史记录**:"进程"选项卡会显示实时的进程信息,而此选项卡包含历史信息,例如 CPU 时间和网络带宽。这在分析哪些应用消耗资源最多时非常有用。
- **启动**:此选项卡显示 Windows 8 启动期间将自动启动哪些进程。Windows 8 还会测算每个进程对系统总体启动时间的影响。要阻止某个进程自动启动,请右键单击该进程并禁用自动启动。
- **用户**:此选项卡显示每个用户正在消耗多少系统资源。展开某个用户可显示该用户拥有的所有进程。
- **详细信息**:此选项卡允许您调整特定进程的 CPU 优先级。还可以指定使用哪个 CPU 运行某个进程(CPU 亲和力)。
- **服务**:此选项卡显示系统上当前正在运行的所有服务,并且允许您停止、启动或重启这些服务。

Windows 7 和 Vista 任务管理器(如图 6-8 所示)具有以下选项卡。

图 6-7 Windows 8 任务管理器

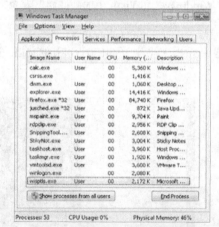

图 6-8 Windows 7 任务管理器

- **应用**:此选项卡显示所有正在运行的应用。通过该选项卡,您可以创建应用、切换到其他应用或关闭已停止响应的应用。

- ■ **进程**：此选项卡显示所有正在运行的进程。在此选项卡下，您可以关闭进程或设置进程优先级。
- ■ **服务**：此选项卡显示可用服务，包括其运行状态。
- ■ **性能**：此选项卡显示 CPU 和页面文件的使用情况。
- ■ **网络**：此选项卡显示所有网络适配器的使用情况。
- ■ **用户**：此选项卡显示所有已登录计算机的用户。在此选项卡下，您可以断开远程用户的连接或注销本地用户。

要打开任务管理器，可按 **CTRL-ALT-DEL** 键并选择"启动任务管理器"。

或者，您可以右键单击任务栏，然后选择"任务管理器"（Windows 8 中）或"启动任务管理器"（Windows 7 和 Vista 中）来打开任务管理器。

关闭某个进程或更改进程的优先级时需慎重。关闭进程会使该程序立即关闭而不保存任何信息。关闭某些进程可能会使系统无法正确运行。而且，更改进程的优先级可能会对计算机的性能造成不利影响。

5. 计算机和 Windows 资源管理器

Windows 资源管理器和计算机可导航其文件系统并使用任意程序。您可以浏览并编辑计算机上的文件和文件夹。

文件资源管理器和 Windows 资源管理器

文件资源管理器是 Window 8 中的一个文件管理应用。它允许您导航文件系统并管理您的存储介质上的文件夹、子文件夹和应用。打开某个文件夹或驱动器时，文件资源管理器会自动启动。在文件资源管理器中，可使用功能区完成复制和移动文件以及创建新文件夹等常见任务。在文件资源管理器中选择不同类型的项目时，窗口顶部的选项卡也会随之改变。图 6-9 显示了"主页"选项卡的功能区。如果功能区未显示出来，可单击窗口右上角的向下箭头所表示的"展开功能区"。

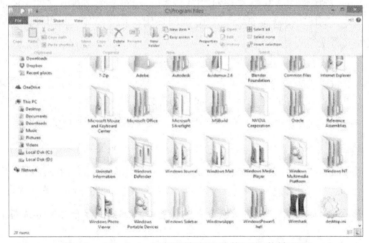

图 6-9　Windows 8 资源管理器功能区任务管理器

Windows 资源管理器是 Windows 7 及更早版本中文件管理应用的名称。Windows 资源管理器与文件资源管理器执行的功能类似，但不使用功能区。

"此电脑"和"计算机"

在 Windows 8.1 中，"此电脑"功能允许您访问计算机上已安装的各种驱动器。在 Windows 7 和 Vista 中，这一相同功能称为"计算机"。

在 Windows 8.1 中，可通过文件资源管理器或从"开始"屏幕访问"此电脑"功能。要通过文件资源管理器打开"此电脑"，请直接打开文件资源管理器，默认应显示"此电脑"。要通过"开始"屏幕打开"此电脑"，首先键入此电脑。当其出现在屏幕右侧的搜索结果中时，单击"此电脑"。

在 Windows 8.0、7 或 Vista 中，单击"开始"并选择"计算机"。

打开文件

您可以使用与打开应用相同的方式来打开文件。打开文件时，Windows 会确定哪种应用已经与该文件类型相关联。例如，如果您打开一个文档，Windows 将打开包含相关程序的文件。这可能是 Microsoft Word、WordPad、Notepad 或其他文档编辑程序。

以管理员身份运行

现代操作系统使用很多方法来提高安全性。其中一个方法就是文件权限。根据文件权限，只有具备足够权限的用户才能访问该文件。系统文件、其他用户文件或使用权限已提升的文件都是可能拒绝用户访问的文件示例。要想覆盖此行为，获得对这些文件的访问权限，您必须以系统管理员的身份打开或执行这些文件。

要使用已提升的权限打开或执行某文件，请右键单击此文件并选择"以管理员身份运行"。您需要提供管理员账户的密码。

6. Windows 库

Windows 库允许您在不移动文件的情况下，轻松管理您的计算机和网络位置上各种存储设备（包括可移动媒体）中的内容。一个库会在同一文件夹中显示来自不同位置的内容。您可以搜索库，也可以使用文件名、文件类型或修改日期等条件过滤内容。

安装 Windows 时，每位用户都有 4 个默认库：文档、音乐、图片和视频。要访问 Windows7 中的库，请打开 Windows 资源管理器并单击左列中的"库"。要将某个文件或文件夹添加到库中，可右键单击此文件或文件夹，选择"包含到库中"，然后选择您想将此文件或文件夹添加到哪个库。打开该库时，该文件或文件夹将变得可用。

要创建一个新库，可打开某个文件夹，并选择"库">"新建库"。

要自定义库，可右键单击该库并单击"属性"。在"属性"窗口可单击"包含文件夹"，将文件夹添加到库中。您还可以更改库的图标和自定义项目的排列方式。

默认情况下系统隐藏了库功能。在 Windows 8.1 中要显示指向库的链接，请执行以下步骤。

步骤 1　打开文件资源管理器并展开"查看"选项卡。

步骤 2　在功能区右侧转到"选项">"文件夹选项"，然后单击"更改文件夹和搜索选项"。

步骤 3　转到"常规"选项卡并选中窗口底部的"显示库"复选框。单击"确定"。

7. 安装和卸载应用

作为技术人员，您将负责为客户的计算机添加和删除软件。将应用磁盘插入光驱后，大多数应用会使用一种自动安装流程。用户需要根据安装向导点击选项并提供所需信息。

安装应用

将 CD 或 DVD 插入光驱，或打开已下载的程序文件。该程序的安装程序应该启动。如果未启动，运行光盘上的设置或安装文件可开始安装，或者重新下载程序。

应用安装完成后，您可以从"开始"菜单或该应用安装在桌面上的快捷方式图标运行它。检查应用以确保其正常运行。如果有问题，请修复或卸载该应用。有些应用，比如 Microsoft Office，在安装程序内提供了修复选项。除了上述流程，Windows 8 还提供了对 Windows 应用商店的访问方法。Windows 应用商店允许用户在 Windows 8 计算机（或其他 Windows 8 设备）上搜索并安装应用。要打开 Windows 应用商店应用，请执行以下操作：

从"开始"屏幕上键入"应用商店"，并在其出现在搜索结果中时单击"应用商店"图标。

卸载或更改程序

如果未正确卸载某个应用，硬盘驱动器中可能会遗留文件，而且注册表中可能会遗留不必要的设置，这些文件和设置会耗尽硬盘驱动器的空间和系统资源。不必要的文件可能还会减慢注册表的读取速度。Microsoft 建议您在删除、更改或修复应用时，始终使用"程序和功能"实用程序。该实用程序会引导您完成软件删除过程，并会删除所有已安装的相关文件。

在某些情况下，您可以使用"程序和功能"实用程序安装或卸载某个程序的可选功能。但并非所有程序都提供这一选项。

要打开"程序和功能"实用程序，请使用以下路径：

控制面板>程序和功能

要卸载或更改程序，请执行以下操作。

How To 步骤 1 单击"控制面板">"程序和功能"。

步骤 2 选择程序，然后单击"卸载"。要更改程序，请单击"更改或修复"。可能需要您具备管理员权限。如果系统提示您输入管理员密码或进行确认，请键入密码或提供确认信息。

图 6-10 显示了 Windows 8"程序和功能"窗口。

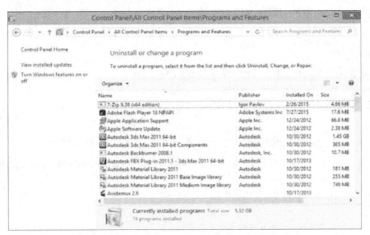

图 6-10　Windows 8 程序和功能

6.1.2　控制面板实用程序

控制面板由一组独立的控制面板小程序组成，是在 Windows 操作系统中对配置进行更改的中心位置。当您在控制面板中做出更改时，您在更改 Windows 注册表。可用的实用程序会根据您所运行的 Windows 版本不同而略有差异。在这一部分，您将研究控制面板实用程序。

1. 控制面板实用程序简介

Windows 将很多功能的设置集中在一起，这些功能可控制计算机的行为和外观。这些设置分类为"控制面板"中的多个实用程序或小程序中，如图 6-11 所示。

图 6-11　Windows 8 分类视图下的控制面板

根据所安装的 Windows 版本，控制面板中各个类别的名称略有不同。默认情况下，这些图标可分为以下 8 个类别。

- **系统和安全**：配置系统和安全设置。
- **网络和 Internet**：配置网络连接类型。
- **硬件和声音**：配置已连接到计算机的设备和声音设置。
- **程序**：安装、卸载、更改和修复应用。
- **用户账户和家庭安全**：创建和删除用户账户，以及设置家长控制。
- **外观和个性化**：控制 Windows GUI 的外观。
- **时钟、语言和区域**：配置区域和语言。
- **轻松访问**：根据视觉、听觉和移动性需求配置 Windows。

您可以更改控制面板的显示方式。所选的查看方式决定了您可立即访问控制面板中的哪些实用程序。查看选项如下所示。

- **类别**：将控制面板实用程序分为易于导航的多个组。
- **大图标**：按字母顺序使用大图标显示实用程序。
- **小图标**：按字母顺序使用小图标显示实用程序。

注意：　本课程假定提供路径时您使用小图标查看方式，如图 6-12 所示。

图 6-12　Windows 8 小图标显示的控制面板

在 Windows Vista 中，有两种查看选项。

- **控制面板主页**：将控制面板实用程序分为易于导航的多个组。
- **经典视图**：独立显示所有控制面板实用程序。

2. 用户账户

安装 Windows 时会创建一个管理账户。安装完 Windows 后要创建用户账户，可使用以下路径打开"用户账户"实用程序（如图 6-13 所示）：

"控制面板" > "用户账户"。

"用户账户"实用程序为您提供了多种选项，可帮助您管理密码、更改账户图片、更改账户名称和类型以及更改用户账户控制（UAC）设置。

图 6-13　Windows 8 用户账户

> **注意：**　"用户账户"实用程序的某些功能要求您具有管理权限，使用标准用户账户可能无法访问这些功能。

用户账户控制（UAC）设置

UAC 会监控计算机上的程序，并在某项操作可能对计算机造成威胁时提醒用户。在 Windows 8 或 7 中，您可以调整 UAC 执行监控的级别，如图 6-14 所示。安装 Windows 8 或 7 后，主账户的 UAC 默认设置为"仅当应用尝试更改计算机时通知我"，如图 6-14 所示。当您对这些设置进行更改时不会通知您。

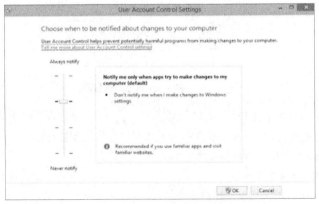

图 6-14　用户账户控制设置

要调整 UAC 监控级别，请使用以下路径：

控制面板>用户账户>更改用户账户控制设置

3. Internet 选项

"Internet 选项"具有以下选项卡。

- **常规**：配置基本 Internet 设置，例如选择 Internet Explorer（IE）主页、查看和删除浏览历史、调整搜索设置以及自定义浏览器外观。
- **安全**：调整 Internet、本地 Intranet、受信任站点和受限制站点的安全设置。每个区域安全级别的范围是从低（最低安全性）到高（最高安全性）。
- **隐私**：配置 Internet 区域的隐私设置，管理位置服务和启用弹出窗口阻止程序。
- **内容**：访问家长控制、控制计算机上可查看的内容、调整自动完成设置和配置在 IE 中可查看的源和网页快讯。网页快讯是指一些网站上的具体内容，这些网站允许用户订阅和查看更新后的内容，例如当前的温度和股市行情。
- **连接**：设置 Internet 连接和调整网络设置。
- **程序**：选择默认的 Web 浏览器、启用浏览器加载项、为 IE 选择 HTML 编辑器和选择用于 Internet 服务的程序。超文本标记语言（HTML）是一种系统，可通过标记文本文件来影响网页的外观。HTML 编辑器是一个可以编辑网页的计算机程序。
- **高级**：调整高级设置和将 IE 的设置重置为默认状态。

要访问"Internet 选项"实用程序，请使用以下路径：

控制面板>Internet 选项

4. 显示器设置

您可以使用"显示器设置"实用程序修改分辨率和颜色质量，从而更改桌面外观，如图 6-15 所示。如果屏幕分辨率设置不合适，您可能会看到意外的显示结果，就像使用其他的显卡和监视器一样。您还可以更改更多高级显示器设置，例如墙纸、屏幕保护程序、电源设置和其他选项。

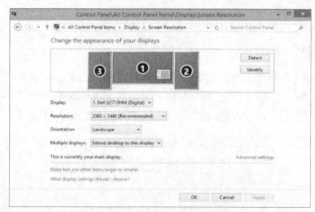

图 6-15　Windows 8 显示器设置

使用 LCD 屏幕时，请将分辨率设置为原始分辨率。原始分辨率将视频输出设置为与监视器拥有相同的像素数。如果不使用原始分辨率，监视器将无法提供最佳的图片显示。

要更改 Windows 8 和 7 中的显示器设置，请使用以下路径：

控制面板>显示>更改显示器设置

在 Windows Vista 中，请使用以下路径：

控制面板>个性化>显示器设置

在 Windows 8 和 7 中您可调整以下功能。

■ **屏幕分辨率**：指定像素数。像素数量越高，分辨率越好。

■ **方向**：确定显示器是以横向、纵向、横向（翻转）还是纵向（翻转）方向显示。

■ **刷新率**：设置屏幕中图像的重绘频率。刷新率用赫兹（Hz）表示。刷新率越高，屏幕图像越稳定。

■ **显示器颜色**：指定屏幕上同时可见的颜色数量。位数越多，颜色数越多。8 位调色板包含 256 种颜色。16 位（增强色）调色板包含 65,536 种颜色。24 位（真彩色）调色板包含 1600 万种颜色。32 位调色板包含 24 位颜色，8 位用于透明度等其他数据。

5. 文件夹选项

要确保正确地访问文件，需要对目录和文件夹设置进行管理。要配置文件夹设置，请使用"文件夹选项"实用程序。

文件夹选项有三个选项卡。

"常规"选项卡用于调整以下设置。

■ **浏览文件夹**：配置文件夹打开时的显示方式。

■ **打开项目的方式**：指定打开文件所需的点击次数。

■ **导航窗格**：确定是否显示所有文件夹以及在导航窗格中选定某文件夹时，该文件夹是否自动展开。

"查看"选项卡用于调整以下设置。

■ **文件夹视图**：将正在查看的文件夹的视图设置应用到所有这种类型的文件夹中。

■ **高级设置**：自定义查看体验。

"搜索"选项卡用于调整以下设置。

■ **搜索内容（仅限 Windows 7 和 Vista）**：根据有索引和没有索引的位置来配置搜索设置，以便更轻松地查找文件和文件夹。

■ **搜索方式**：确定搜索期间要考虑哪些选项。

■ **在搜索没有索引的位置时**：确定在搜索没有索引的位置时是否包含系统目录和压缩文件。

要访问"文件夹选项"实用程序，请使用以下路径：

控制面板>文件夹选项

6. 操作中心

Windows 8 和 7 中的 Windows 操作中心可让您在一个地方集中查看可帮助您确保 Windows 良好运行的各种警告。它分为"安全"部分和"维护"部分。重要消息用红色高亮显示。这些问题应尽快处理，比如 Windows 防火墙关闭或设置不正确。黄色项目表示可能需要您执行操作的建议任务，比如设置备份。操作中心有许多实用程序，如下所示。

■ **更改操作中心设置**：打开或关闭安全和维护程序的消息。

■ **更改用户账户控制设置**：调整 UAC 的设置。

■ **查看存档的消息**：查看有关过去计算机问题的已存档消息。

■ **查看性能信息**：查看并评估系统组件的性能。

要访问 Windows 8 和 7 中的操作中心，请使用以下路径：

控制面板>操作中心

注意： Windows 8.0 和 Windows 7 在操作中心提供了"查看性能信息"功能。Microsoft 在 Windows 8.1 中删除了此实用程序。

Windows Vista 中没有操作中心。Windows Vista 安全中心只提供操作中心的安全功能。"安全中心"显示有关防火墙、自动更新、恶意软件防护、Internet 安全设置和用户账户控制的彩色标记信息。

要访问 Windows Vista 中的安全中心，请使用以下路径：

控制面板>安全中心

7. Windows 防火墙

除了操作中心提供的安全设置，您还可以使用 "Windows 防火墙" 实用程序阻止对计算机的恶意攻击。防火墙通过选择性地允许和拒绝发往计算机的流量来实施安全策略。防火墙的名称源于旨在阻止火势从某建筑物的一个部分蔓延到另一部分的真正防火墙。

您可以对家庭网络、工作网络和公用网络配置防火墙设置。使用以下选项可作出进一步更改。

- **允许程序或功能通过 Windows 防火墙**：确定 Windows 7 和 Vista 中哪些程序可通过 Windows 防火墙进行通信。
- **允许应用或功能通过 Windows 防火墙**：确定 Windows 8 中哪些程序可通过 Windows 防火墙进行通信。
- **更改通知设置**：管理来自 Windows 防火墙的通知。
- **打开或关闭 Windows 防火墙**：打开或关闭 Windows 防火墙。
- **还原默认设置**：将 Windows 防火墙还原到默认设置。
- **高级设置**：调整高级安全设置。

要访问 Windows 防火墙，请使用以下路径：

开始>控制面板>Windows 防火墙

图 6-16 显示了 Window 7 的 Windows 防火墙。

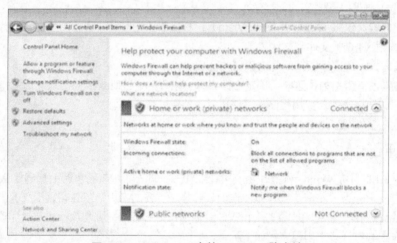

图 6-16 Windows 7 中的 Windows 防火墙

8. 电源选项

Windows 中的 "电源选项" 实用程序允许您更改某些设备或整个计算机的功耗。使用 "电源选项" 配置电源计划可最大限度提高性能或实现节能。电源计划是管理计算机用电情况的硬件和系统设置集合。

Windows 已预置了多个电源计划。这些计划是默认设置，安装 Windows 时就已经创建。您可以使用默认设置或基于特定工作需求的自定义计划。

图 6-17 显示了 Windows 7 中的电源选项。

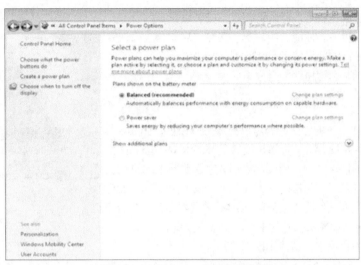

图 6-17 Windows 7 中的电源选项

注意: 电源选项会自动检测已连接到计算机的一些设备。因此，"电源选项"窗口将因已检测到的硬件的不同而不同。

要访问电源选项，请使用以下路径：

控制面板>电源选项

您可以选择以下选项：

- 唤醒时需要密码；
- 选择电源按钮的功能；
- 选择关闭盖子的功能（仅限笔记本电脑）；
- 创建电源计划；
- 选择关闭显示器的时间；
- 更改计算机睡眠时间。

选择"选择电源按钮的功能"或"选择关闭盖子的功能"，配置在按下电源或睡眠按钮时或者关闭笔记本电脑机盖时计算机如何反应。如果用户不希望完全关闭计算机，可选择以下选项。

- **不采取任何操作**：计算机继续全功率运行。
- **睡眠**：将文档、应用和操作系统的状态保存到 RAM 中。这可以使计算机快速开机，但需要消耗一些电量来保留 RAM 中的信息。
- **休眠**：将文档、应用和操作系统的状态保存到硬盘驱动器上的临时文件中。选择此选项时，计算机开机所用的时间要比睡眠状态稍长，但不需要使用任何电量来保留硬盘驱动器中的信息。
- **关机**：关闭计算机。

9. 系统实用程序

"系统"实用程序允许所有用户查看基本系统信息、访问工具和配置高级系统设置。

要访问"系统"实用程序，请使用以下路径：

控制面板>系统

单击左侧面板上的链接可访问各种设置。

单击"远程设置"或"系统保护"时，"系统属性"实用程序会显示以下选项卡。

- **计算机名**：查看或修改计算机的名称和工作组设置，以及更改域或工作组。

- **硬件**：访问设备管理器或调整设备安装设置。
- **高级**：配置各种性能、用户配置文件、启动和故障恢复设置。
- **系统保护**：访问系统还原和配置保护设置。
- **远程**：调整远程协助和远程桌面设置。

提升性能

为了提高操作系统的性能，您可以更改某些设置，比如虚拟内存配置设置，如图 6-18 所示。计算机没有足够的 RAM 运行程序时，操作系统就会使用虚拟内存并将其置于硬盘驱动器上的页面文件中。页面文件是计算机有足够的 RAM 可用于处理数据之前存储数据的地方。访问页面文件比直接访问 RAM 要慢得多。如果计算机的 RAM 较少，可考虑购买额外的 RAM 以减少分页。

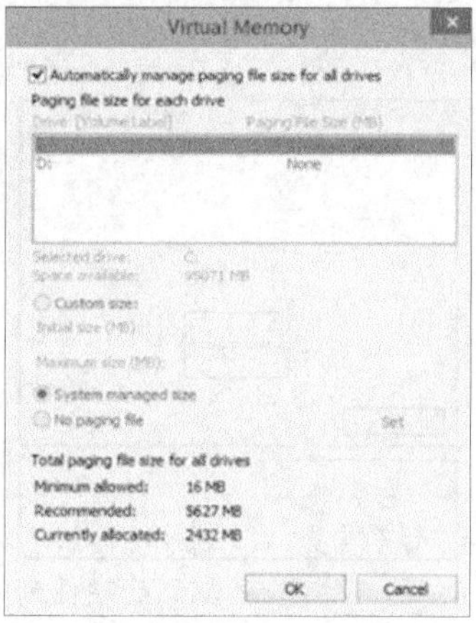

要查看虚拟内存设置，请使用以下路径：

"控制面板" > "系统" > "高级系统设置" > "高级" 选项卡> "性能" 区> "设置" 按钮> "高级" 选项卡>单击 "更改"

Windows ReadyBoost

如果用户无法安装更多的 RAM，他们可以使用外部闪存设备和
Windows ReadyBoost 来提高 Windows 的性能。Windows ReadyBoost 让 Windows 可以将外部闪存设备（例如 USB 驱动器）视为硬盘驱动器缓存。

图 6-18　虚拟内存设置

要激活 Windows ReadyBoost，请插入闪存设备并使用以下路径：

右键单击所需的外部闪存设备>单击 "属性" >单击 ReadyBoost 选项卡

为设备激活 ReadyBoost 后，确定将该设备上的多少空间保留为缓存。至少必须选择 256MB，最大保留空间 FAT32 文件系统为 4GB，NTFS 文件系统为 32GB。

10. 设备管理器、设备和打印机、声音

设备管理器、设备和打印机以及声音是用于配置和管理硬件设备和打印机的工具和实用程序。配置设备和安装驱动程序有几种选项可用。

设备管理器

设备管理器会列出计算机上已安装的所有设备，使您能够诊断并解决设备问题。您可以查看有关已安装的硬件和驱动程序的详细信息，还可执行以下功能。

- **更新驱动程序**：更改当前已安装的驱动程序。
- **回滚驱动程序**：将当前已安装的驱动程序更改为之前所安装的驱动程序。
- **卸载驱动程序**：删除驱动程序。
- **禁用设备**：禁用设备。

要访问设备管理器，请使用以下路径：

控制面板>设备管理器

双击设备名称可查看系统中任何设备的属性。

"设备管理器" 实用程序使用图标来表示设备出现了问题，如图 6-19 所示。

设备和打印机

使用 "设备和打印机" 可查看已连接到计算机的设备的概况。在 "设备和打印机" 中显示的设备，通常是您可以通过一个端口或网络连接与您的计算机相连的外部设备。"设备和打印机" 还允许您将新

的设备快速添加到计算机中。Windows 将自动安装任何所需的驱动程序。

Device Manager Icon	Explanation
!	The device has an error. A problem code is displayed to explain the problem.
✕	The device is disabled. The device is installed in the computer, but no driver is loaded for it.
(i)	The device was manually selected. The Use Automatic Settings option is not selected for the device.
?	A device-specific driver is not available. A compatible driver has been installed.

图 6-19 设备管理器图标

所列的设备包括：

- 您随身携带且有时连接到计算机的便携式设备，比如手机、便携式音乐播放器和数码相机；
- 所有可插入计算机 USB 端口中的设备，包括外部 USB 硬盘驱动器、闪存驱动器、摄像头、键盘和鼠标；
- 所有已连接到计算机的打印机；
- 已连接到计算机的无线设备，包括蓝牙设备和无线 USB 设备；
- 已连接到计算机的兼容网络设备，比如启用网络的扫描仪、媒体扩展器或网络附加存储设备（NAS 设备）。

要访问 Windows 8 和 7 中的"设备和打印机"，请使用以下路径：

控制面板>设备和打印机

要安装新设备，请单击"添加设备"按钮。

图 6-20 显示了 Windows 8 中的"设备和打印机"工具。

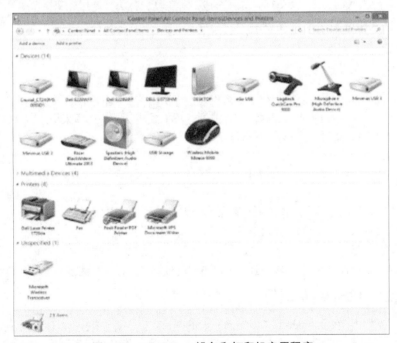

图 6-20　Windows 8 设备和打印机实用程序

在 Windows Vista 中，您可以使用"添加硬件"将新设备添加到您的计算机中。要访问"添加硬件"，请使用以下路径：

控制面板>添加硬件

声音

使用"声音"实用程序可配置音频设备或更改计算机的声音方案。例如，您可以将电子邮件的通知声音从蜂鸣声改为鸣钟声。"声音"实用程序还允许用户选择使用哪个音频设备来播放音频或录音。

要访问"声音"实用程序，请使用以下路径：

控制面板>声音

11. 区域、程序和功能、疑难解答

控制面板用于配置和管理 Windows 的许多方面，包括程序的安装和删除、配置区域特定信息（例如 Windows 中的日期、时间、货币和数字的显示格式）以及允许用户访问疑难解答向导的小程序从而帮助用户修复系统遇到的问题。

区域

Windows 8 允许您使用"区域"工具更改数字、货币、日期和时间的显示格式。您还可以使用"语言"工具更改主要语言或安装其他的语言。

要访问 Windows 8 中的"区域"工具，请使用以下路径：

控制面板>区域

要访问 Windows 8 中的"语言"工具，请使用以下路径：

控制面板>语言

区域和语言选项

在 Windows 7 和 Vista 中，这两种工具结合成一种工具，称为"区域和语言"。

要访问"区域和语言"工具，请使用以下路径：

控制面板>区域和语言

程序和功能

如果您不再使用某个程序或者想释放硬盘空间，可使用"程序和功能"工具从您的计算机上卸载程序。您可以使用"程序和功能"卸载程序，或通过添加或删除某些选项来更改程序的配置。

要访问"程序和功能"，请使用以下路径：

控制面板>程序和功能

疑难解答

"疑难解答"工具拥有多个内置的脚本来帮助您识别并解决问题。

要访问 Windows 8 和 7 中的"疑难解答"工具，请使用以下路径：

控制面板>疑难解答

要显示所有可用的疑难解答脚本列表，请单击"疑难解答"窗口左侧窗格中的"查看全部"链接。

12. 家庭组、网络和共享中心

家庭组允许网络中运行 Windows 7 或更新系统的两台或多台计算机共享打印机、媒体文件和文档库。网络和共享中心允许管理员在 Windows 计算机上配置和检查几乎所有网络操作。

家庭组（Windows 8 和 7）

家庭组是自动创建的，而且网络位置必须设置为"家庭"。为了提高安全性，系统使用密码来保护家庭组。它还允许用户选择要共享的文件。除非得到授权，否则其他用户无法更改共享的文件。

加入或创建家庭组

如果网络中已有某个家庭组，您可以加入该家庭组。如果网络中没有家庭组，可以创建一个新的家庭组。在创建过程中，您可以选择要共享的文件或设备，并设置权限级别，如图 6-21 所示。在家庭组中添加其他计算机的过程结束时，会生成一个密码。

如果您的计算机属于某个域，那么该计算机可以加入一个家庭组，以访问网络中的共享资源，但它无法共享自己的资源或创建新的家庭组。

要加入一个家庭组，请使用以下路径：

控制面板>家庭组>立即加入

要创建新的家庭组，请使用以下路径：

控制面板>家庭组>创建家庭组

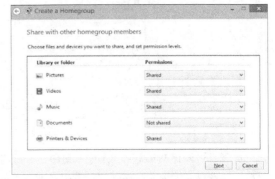

图 6-21　家庭组、网络和共享中心

创建工作组或加入工作组或域

在 Windows 7 和 Vista 中，Windows 会在一个网络中自动创建并命名一个工作组。您可以加入此工作组或创建一个新的工作组。或者，您可以加入一个域。要加入域，您需要知道域名，并且拥有该域中的一个用户账户。

要在 Windows Vista 或更新的系统中创建工作组、加入工作组或加入域，请使用以下路径：

"开始">右键单击"计算机">"属性">在"计算机名称、域和工作组设置"下，选择"更改设置"

网络和共享中心

"网络和共享中心"显示了您的计算机如何连接到网络。如果有 Internet 连接，也将在此显示。窗口底部显示了共享的网络资源并且允许您配置它。窗口的左窗格中显示了一些常见且有用的网络相关任务。

6.1.3　管理工具

管理工具是一组能够从根本上改变操作系统的功能非常强大的工具。与自定义桌面主题不同，这些实用程序能够创建分区、安装驱动程序、启用服务以及执行其他重要的修改。

1. 计算机管理

Windows 包含许多用来管理权限和用户或者配置计算机组件和服务的实用程序。如图 6-22 所示，"计算机管理"控制台允许您在一个工具中管理您的计算机和远程计算机的许多方面。

通过"计算机管理"控制台可访问许多实用程序：

- 任务计划程序；
- 事件查看器；
- 共享文件夹；
- 本地用户和组；
- 性能；
- 设备管理器；
- 磁盘管理。

要打开"计算机管理"控制台，请使用以下路径：

控制面板>管理工具>计算机管理

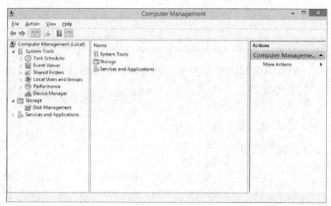

图 6-22　计算机管理

或者，可以在 Windows 8.1 中右键单击"此电脑"或在 Windows 8.0、7 和 Vista 中右键单击"计算机"并选择"管理"来访问"计算机管理"工具。

要查看远程计算机的"计算机管理"控制台，请执行以下步骤。

步骤 1　在控制台树中，单击"计算机管理（本地）"并选择"连接到另一台计算机"。

步骤 2　在"另一台计算机"字段中，键入计算机的名称，或者通过浏览来查找要管理的计算机。

2. 事件查看器

"事件查看器"会记录应用、安全和系统事件的历史信息。这些日志文件是非常有价值的疑难解答工具，因为他们可以提供识别问题所需的信息。

要访问"事件查看器"（如图 6-23 所示），请使用以下路径：

控制面板>管理工具>事件查看器

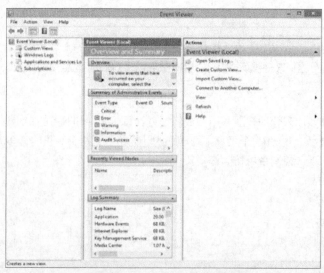

图 6-23　Windows 事件查看器

组件服务

组件服务是管理员和开发人员使用的一种管理工具，用于部署、配置和管理组件对象模型（COM）

组件。COM 是一种让您在创建组件环境以外的环境中使用这些组件的方式。

要访问组件服务（如图 6-24 所示），请使用以下路径：

控制面板>管理工具>组件服务

数据源

"数据源"是管理员使用的一种工具，允许您使用开放式数据库连接（ODBC）来添加、删除或管理数据源。ODBC 是程序用于访问各种数据库或数据源的一种技术。要访问 Windows 8 中的数据源（ODBC），如图 6-25 所示，请使用以下路径：

"控制面板" > "管理工具" > "ODBC 数据源（32 位）"或"ODBC 数据源（64 位）"

要访问 Windows 7 和 Vista 中的数据源（ODBC），请使用以下路径：

控制面板>管理工具>数据源（ODBC）

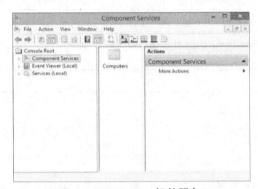

图 6-24　Windows 组件服务

图 6-25　Windows 8　ODBC 数据源

3. 服务

"服务"控制台（SERVICES.MSC）允许您管理计算机和远程计算机上的所有服务。服务是一种在后台运行的应用，用于实现某个特定目标或等待某个请求。为了降低安全风险，只启动必要的服务。您可使用以下设置或状态来控制服务。

- **自动**：在计算机启动时服务也启动。此状态优先用于最重要的服务。
- **自动（延迟启动）**：在设置为"自动"的服务启动后这些服务才启动。"自动（延迟启动）"设置仅在 Windows 7 和 Vista 中可用。
- **手动**：服务必须由用户或需要该服务的服务或程序手动启动。
- **禁用**：在未启用之前服务无法启动。
- **已停止**：服务未运行。

要打开"服务"控制台，请使用以下路径：

控制面板>管理工具>服务

要查看远程计算机的"服务"控制台，请执行以下步骤：

步骤 1　在控制台树中，右键单击"服务（本地）"并选择"连接到另一台计算机"。

步骤 2　在"另一台计算机"字段中，键入计算机的名称，或者通过浏览来查找您要管理的计算机。

4. 系统配置

系统配置（MSCONFIG）是一种可识别哪些问题让 Windows 无法正确启动的工具。为了便于隔离问题，可以关闭服务和启动程序，然后一次重新打开一个。确定问题的原因后，请您永久性地删除或禁用相关程序或服务，或重新安装它们。

表 6-2 简要介绍了"系统配置"中可用的选项卡和选项。

表 6-2 系统配置

选项卡	描 述
常规	显示一个启动选择列表： ■ **正常启动**：正常启动 ■ **诊断启动**：只启动基本服务和驱动程序 ■ **有选择的启动**：只启动基本服务和驱动程序以及用户选择的启动程序
引导	显示可用的 Windows 操作系统列表并显示引导选项
服务	列出与操作系统一同启动的服务；允许您禁用服务以进行故障排除
启动	列出计算机启动时运行的所有应用；此列表包括应用（包含制造商名称）、可执行文件位置和注册表位置
工具	列出您可以启动的诊断工具

要打开"系统配置"，请使用以下路径：

控制面板>管理工具>系统配置

5. 性能监视器和 Windows 内存诊断

性能监视器（如图 6-26 所示）会显示性能监视器和系统摘要概述。您必须拥有管理权限才能访问"性能监视器"控制台。在"性能监视器"工具的主页上还能够找到指向"资源监视器"的链接。

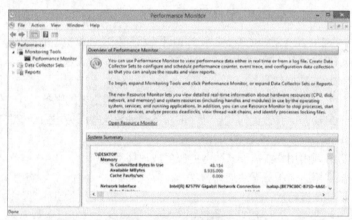

图 6-26 性能监视器

"系统摘要"显示有关处理器、磁盘、内存和网络使用情况的实时信息。执行特定任务或多项任务时，可以使用"系统摘要"来显示有关您正在使用的资源的详细数据。所显示的数据可帮助您了解计算机的工作负荷如何影响系统资源，比如 CPU、内存和网络。您可使用柱状图、图表和报告来总结使用情况数据。这些数据还可以帮助您确定何时可能需要升级系统。

要在 Windows 8 和 7 中打开"性能监视器"，请使用以下路径：

控制面板>管理工具>性能监视器

在 Windows Vista 中，请使用以下路径：

控制面板>管理工具>可靠性和性能监视器

Windows 内存诊断是一种管理工具，可检查计算机上已安装的物理内存是否出现错误。

要在 Windows 8 和 7 中访问 "Windows 内存诊断"，请使用以下路径：

控制面板>管理工具>Windows 内存诊断

要在 Windows Vista 中访问 "Windows 内存诊断"，请使用以下路径：

控制面板>管理工具>内存诊断工具

6. 编程工具

管理工具中还提供了编程工具。这些工具可帮助人们对某些应用进行编程。

组件服务

Microsoft 开发了许多支持数据对象共享的不同工具。像 COM、COM+和 DCOM 等工具就是这类工具的一些示例。数据对象简单来说就是程序元素。"组件服务" 工具允许您对程序进行手动更改，使其工作效果更佳或以另一种方式运行。

要在 Windows 8 和 7 中访问 "组件服务"，请使用以下路径：

控制面板>管理工具>组件服务

要在 Windows Vista 中访问 "组件服务"，请使用以下路径：

搜索>dcomcnfg

数据源（ODBC）

开放式数据库连接（ODBC）是一个编程接口，使用它可访问数据库管理系统。ODBC 已经创建，因此对这些系统的访问不依赖任何特定的数据库系统或操作系统。例如，如果要创建共享数据库，将会使用此编程工具。

要访问 Windows 7 和 Vista 中的数据源（ODBC），请使用以下路径：

控制面板>管理工具>数据源（ODBC）

要在 Windows 8 中访问数据源（ODBC），请使用以下路径：

控制面板>管理工具>ODBC 数据源

6.1.4　磁盘碎片整理程序和磁盘错误检查工具

Windows 以及其他操作系统都有一些内置的实用工具，这对于 PC 维护而言是非常重要的。这一部分将研究几种 Windows 实用程序。

1. 磁盘碎片整理程序和磁盘错误检查工具

要维护和优化操作系统，您可以使用 Windows 中的许多工具。这些工具包括通过合并文件来加快访问速度的硬盘碎片整理工具，以及扫描硬盘，以查看是否存在文件结构和磁盘表面错误的磁盘错误检查工具。

磁盘碎片整理程序（或磁盘优化）

随着文件的大小不断增加，系统会将某些数据写入磁盘上下一个可用的簇中。时间一长，数据就变得很零碎并且散布在硬盘驱动器上不相邻的各个簇上。从而需要花费更长的时间才能查找和检索数据的每个部分。磁盘碎片整理程序会将非连续数据收集到一个地方，使操作系统能够更快地运行。

注意：　不建议在 SSD 上执行磁盘碎片整理。SSD 已通过它们所使用的控制器和固件进行了优化。对混合 SSD（SSHD）进行磁盘碎片整理不会对其造成损害，因为它们使用硬盘来存储数据，而非固态 RAM。

要在 Windows 8 中访问磁盘碎片整理程序，请使用以下路径：

右键单击要检查的驱动器，然后选择>"属性">"工具">，单击"优化"

要在 Windows 7 和 Vista 中访问磁盘碎片整理程序，请使用以下路径：

右键单击要检查的驱动器，然后选择>"属性">"工具">，单击"立即进行碎片整理"

磁盘错误检查工具

磁盘错误检查工具通过扫描硬盘表面是否存在物理错误来检查文件和文件夹的完整性。如果检测到错误，此工具会尝试修复它们。可通过磁盘碎片整理程序或通过搜索 CHKDSK 来访问 CHKDSK。或者，您可以使用以下步骤检查驱动器错误。

How To	
步骤 1	右键单击要检查的驱动器并选择"属性"。
步骤 2	单击"工具"选项卡。
步骤 3	在 Windows 8 中，在"查错"下方单击"检查"。在 Windows 7 或 Vista 中，单击"开始检查"。
步骤 4	在 Windows 8 中，在"检查磁盘"选项下方选择"扫描驱动器"，尝试恢复坏扇区。在 Windows 7 和 Vista 中，选择"扫描并尝试恢复坏扇区"，并单击"开始"。

该工具会修复文件系统错误，并检查磁盘是否存在坏扇区。它还会尝试恢复坏扇区中的数据。

注意：　每次突然断电导致系统关闭后，请使用磁盘错误检查工具检查磁盘。

2. 系统信息

管理员可以使用系统信息工具收集和显示有关本地和远程计算机的信息。系统信息工具可快速查找有关软件、驱动器、硬件配置和计算机组件的信息。支持人员可利用此信息诊断和排除计算机问题。

要访问 Windows 8 中的系统信息工具，请搜索 msinfo32.exe 并按 Enter 键。

要访问 Windows 7 或 Vista 中的系统信息工具，请使用以下路径：

开始>所有程序>附件>系统工具>系统信息

您还可以创建一个包含所有计算机相关信息的文件，将其发送给其他技术人员或技术支持人员。要导出系统信息文件，请选择"文件">"导出"，键入文件名，选择位置，并单击"保存"。

6.1.5　命令行工具

命令行工具是可以使用基于文本的命令行接口（CLI）进行访问的工具。与通过使用图标导航操作系统任务不同，您可以使用文本命令指导计算机执行任务。了解在命令行接口中所使用的命令在排除故障时非常有用。在这一部分，您将学习一些常用的 Windows CLI 命令。

1. Windows. CLI 命令

在计算机拥有 GUI 之前，我们通过命令行界面（CLI）访问程序和数据。CLI 是一个纯文本环境，在该环境中发出各种命令来运行程序、创建和移动文件和文件夹，以及执行任何其他计算机功能。CLI 不使用鼠标或其他输入设备。CLI 在 Windows 中仍然可用，但其功能有限。对操作系统问题进行故障排除时，您可能需要使用 CLI 命令和选项来执行任务。

要访问 Windows 中的 CLI，请搜索"命令"。

在命令窗口打开后，您可以输入命令来执行具体的任务。表 6-3 介绍了最常见的命令，如何使用它们以及它们执行什么操作。

表 6-3　　　　　　　　　　　　常用 Windows CLI 命令

命　　令	命　令　功　能
Help[command-name]	提供有关任何 CLI 命令的具体信息。或者您可以使用[command-name] /?
Taskkill	停止一个正在运行的应用
Bootrec	修复 MBR
Shutdown	关闭本地或远程计算机
Tasklist	显示当前正在运行的应用
MD	创建新目录
RD	删除目录
CD	更改到另一个目录
DEL	删除文件
FORMAT	将一个驱动器、装入点或包含一个文件系统的卷格式化
COPY	将文件从一个位置复制到另一个位置
XCOPY	■　将多个文件、目录或整个驱动器从一个位置复制到另一个位置 ■　将一个目录及其内容从一个位置复制到另一个位置，除非此目录是空 ■　只复制具有存档属性集的文件 ■　复制并确认每个新文件与源文件相同 ■　在不提示覆盖现有文件的情况下复制
ROBOCOPY	复制一个文件
SFC	如果系统文件已被损坏或删除，该命令可检查所有受保护的系统文件，并使用已知的完好版本取代它们
CHKDSK	■　创建有关磁盘的报告 ■　修复任何文件分配表条目 ■　尝试恢复驱动器坏扇区中的数据
RUNAS	允许用户使用与用户当前登录后所提供的不同的权限来运行特定工具和程序
GPUPDATE	刷新组策略设置，包括安全设置
GPRESULT	显示一个用户或计算机的组策略设置和策略的结果集（RSOP）
DIR	显示目录文件和子目录的列表
EXIT	退出命令提示符
EXPAND	从 CAB（Cabinet）文件中解压一个或多个文件
RSTRUI	启动系统还原使用程序
BOOTREC	修复会阻止 Windows 启动的启动扇区问题。此工具只在恢复环境中可用。请参阅 BOOTREC 帮助了解更多信息
DEFRAG	优化磁盘上的文件以改善系统性能
DISKPART	创建、删除硬盘驱动器分区和调整其大小。DISKPART 还可以分配或重新分配驱动器号。使用 DISKPART 时应谨慎操作

如果使用某个命令时遭到拒绝，可能需要您以管理员身份访问 CLI。要在 Windows 中以管理员身份访问 CLI，请搜索命令。接下来右键单击"命令提示符"图标>单击"以管理员身份运行">单击"是"。您需要提供管理员密码才能完成此命令。

2. 系统实用程序

"运行"行实用程序（如图 6-27 所示）允许您通过输入命令来配置 Windows 中的设置。其中的许多命令用于系统诊断和修改。

图 6-27　Windows"运行"行实用程序

注意：　由于 Windows 8 中纳入了新的 GUI，所以"运行"行实用程序已失去其很多功能。这是因为 Windows 8 允许用户在"开始"屏幕上直接键入命令。

要访问 Windows 中的"运行"行实用程序，请搜索"运行"。
以下是常用命令的列表。

- **COMMAND**：这将启动 Windows 命令行。该命令行用于执行命令行程序和实用程序。
- **DXDIAG**：这将显示计算机中已安装的所有 DirectX 组件和驱动程序的详细信息。
- **EXPLORER**：这将打开 Windows 资源管理器。
- **MMC**：这将打开 Microsoft 管理控制台（MMC），该控制台允许您在一个位置组织各种管理工具（称为嵌入式管理单元），以实现轻松管理。您还可以添加网页链接、任务、ActiveX 控件和文件夹。您可以根据需要创建很多自定义 MMC，每个使用不同的名称。这在多个管理员管理同一计算机的不同方面时非常有用。每个管理员都可以使用一个个性化的 MMC 来监控和配置计算机设置。
- **MSINFO32**：这将显示"系统信息"窗口，该窗口是计算机的完整系统摘要，包含硬件组件和软件信息。
- **MSTSC**：这将打开"远程桌面"实用程序。
- **NOTEPAD**：这将打开记事本，这是一个基本的文本编辑器。
- **REGEDIT**：这将打开"注册表编辑器"，该编辑器允许用户编辑注册表。错误地使用"注册表编辑器"实用程序可能会导致硬件、应用或操作系统问题，包括需要您重新安装操作系统的问题。

6.2　客户端虚拟化

客户端虚拟化减少了运行开销，提供了灵活的环境和集中化管理。部署客户端虚拟化后，单台物理设备能够独立且同时支持运行多个操作系统。通过使用 Virtual Machine Manager 可以实现这一点。

6.2.1　虚拟化的用途和要求

在企业环境中，公司管理技术资源的方法必须使其能够合理地缩减成本和分配资源，从而保持竞争力。因此，客户端虚拟化已经成为向员工提供应用、文件共享服务和其他生产力工具等关键资源的常用方法。虚拟化也会为小型/家庭办公室（SOHO）用户带来优势，因为它允许您访问在特定操作系统中不可用的程序。

1. 虚拟机的用途

虚拟化是指将计算机的系统资源用于创建虚拟机。虚拟机是存在于计算机内的一个计算机。物理计算机称为主机。主机内的计算机是虚拟机。虚拟机有时也称为来宾。

主机必须是由用户启动并控制的物理计算机。虚拟机使用主机上的系统资源来启动并运行操作系统。虚拟机的操作系统与主机上安装的操作系统无关。例如，一个运行 Windows 8.1 的主机可以托管一个安装 Windows 7 的虚拟机。此虚拟机可以运行特定于 Windows 7 的软件。Windows 7 安装内容不会干扰主机上 Windows 8.1 的安装内容。

主机和来宾操作系统无需属于同一系列。例如，主机可以运行 Windows 7，而来宾可以运行 Linux。如果需要，用户可以通过运行多个虚拟机来进一步增强其系统资源的功能。

图 6-28 显示了虚拟机逻辑图。

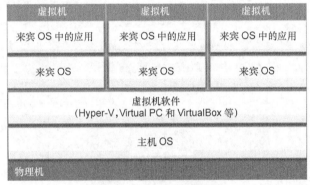

图 6-28　虚拟机逻辑图

2. 虚拟机监控程序：Virtual. Machine. Manager

用于在主机上创建并管理虚拟机的软件称为虚拟机监控程序，或 Virtual Machine Manager（VMM）。虚拟机监控程序可以在单个主机上运行多个虚拟机。每个虚拟机运行自己的操作系统。同时能够运行多少虚拟机取决于主机的硬件资源。虚拟机监控程序会根据需要将物理系统资源分配给每个虚拟机，比如 CPU、RAM 和硬盘驱动器。这可确保一个虚拟机的操作不会干扰其他的虚拟机。

图 6-29 显示了两种虚拟机监控程序类型：类型 1（本机）和类型 2（托管）。类型 1 虚拟机监控程序直接在主机硬件上运行，并负责管理向虚拟操作系统分配系统资源。类型 2 虚拟机监控程序由操作系统托管。Windows Hyper-V 和 Windows Virtual PC 都属于类型 2 虚拟机监控程序。

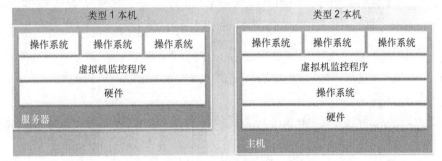

图 6-29　虚拟机监控程序类型 1 和类型 2

Windows Hyper-V

Windows Hyper-V 是 Windows 8 的虚拟化平台。它提供软件基础设施和基本管理工具，用于创建并管理虚拟化服务器计算环境。虚拟化服务器环境具有很多优势：

- 它可以提高硬件的利用率，从而降低物理服务器的运行和维护成本；
- 它可以缩短设置硬件和软件所需的时间，从而提高开发和测试效率；
- 它可以在无需使用多台物理计算机的情况下提高服务器的可用性。

您必须先启用 Windows Hyper-V，然后才能使用它。要启用 Windows Hyper-V，请使用以下路径：
"控制面板" > "程序和功能" >单击 "打开或关闭 Windows 功能" >选中 "Hyper-V" 框>单击 "确定"。
您可能需要重启主机才能让更改生效。

图 6-30 显示了 Windows 8 中的 Hyper-V 管理器工具。

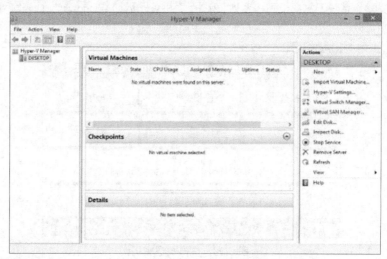

图 6-30　Windows 8 中的 Hyper-V

Windows Virtual PC

Windows Virtual PC 是 Windows 7 的虚拟化平台。Virtual PC 允许您为正在运行已获得许可的 Windows 7 或 Vista 副本的虚拟机当中的 Windows 操作系统划分系统资源。您可以从 Microsoft Windows 网站上下载 Virtual PC。

Windows XP 模式

Windows XP 模式是 Windows 7 提供的一个程序。Windows XP 模式采用虚拟化技术让用户在 Windows 7 中运行 Windows XP 程序。它可以在提供 Windows XP 全功能版本（包括访问所有系统资源）的 Windows 7 桌面上打开一个虚拟机。在 Windows XP 模式下安装某个程序后，您可以在 XP 模式下运行此程序并从 Windows 7 "开始" 菜单访问此程序。

> 注意：　使用 Windows XP 模式之前，请先下载并安装 Windows Virtual PC。

> 注意：　Microsoft 已经正式停用了 Windows XP 模式，在 Windows 7 之后的 Windows 版本中不再有此模式。

要访问 Windows 7 中的 XP 模式，请执行以下步骤。

 步骤 1　单击 "开始" >单击 "所有程序"。

步骤 2　单击 Windows Virtual PC>单击 "Windows XP 模式"。

3. 虚拟机要求

所有虚拟机需要符合基本的系统要求，比如最低的硬盘空间或 RAM。Windows 8 Hyper-V 的最低系统要求如表 6-4 所示。

表 6-4	Windows 8 中的 Hpyer-V 最低要求
主机 OS	Windows 8 专业版或企业版 64 位操作系统
处理器	包含二级地址转换的 64 位处理器
BIOS	BIOS 级别的硬件虚拟化支持
内存	至少 4GB 系统 RAM
硬盘空间	每个虚拟操作系统至少 15GB

Windows 7 Virtual PC 的最低系统要求如表 6-5 所示。

表 6-5	
处理器	1GHz 32 位或 64 位处理器
内存	2GB
硬盘空间	每个虚拟操作系统 15GB

与物理计算机一样，虚拟机容易遭受安全威胁和恶意攻击。用户应安装安全软件、运行防火墙并更新操作系统和程序。

要连接到 Internet，虚拟机需要使用虚拟网络适配器。虚拟网络适配器的工作原理和物理计算机中的实际网卡类似，不同之处在于虚拟网络适配器是通过主机上的物理网卡来建立 Internet 连接。

6.3 常见的操作系统预防性维护技术

应当计划并实施预防性维护技术以避免可预防的问题。制定计划应当关注最影响生产效率的领域并且应当包含有关组织的硬件和软件的详细信息以及为确保系统运行的持续优化所需要做的工作。内容准确且更新及时的文档是预防性维护中的关键组件。

6.3.1 操作系统预防性维护计划

要想确保操作系统能始终正常运行，您必须执行预防性维护计划。

1. 预防性维护计划的内容

预防性维护计划为用户和企业提供以下优势：

- 减少停机时间；
- 提升性能；
- 提高可靠性；
- 降低维修成本。

预防性维护计划应包括所有计算机和网络设备维护的详细信息。该计划应该优先考虑在设备发生故障时对企业影响最大的设备。操作系统的预防性维护包括自动执行预定的更新任务。预防性维护还包括安装服务包，帮助确保系统保持更新并与新软件和硬件兼容。预防性维护包括以下重要任务：

- 硬盘驱动器错误检查；
- 硬盘驱动器碎片整理；
- 硬盘驱动器备份；
- 更新操作系统和应用；
- 更新防病毒和其他防护软件。

定期执行预防性维护并记录所采取的全部操作，同时进行观察。修复日志可帮助您确定哪台设备最可靠或最不可靠。它还提供有关计算机上一次修复时间、修复方法和问题所在的历史记录。

您应该在其对用户造成的干扰最低时执行预防性维护工作。这通常意味着应该在夜间、凌晨或周末期间安排各种任务。还有一些工具和技术可自动执行许多预防性维护任务。

安全性

安全性是预防性维护计划的一个重要方面。在计算机上安装病毒和恶意软件防护软件并执行定期扫描，确保计算机免受恶意软件的侵扰。可使用 Windows 恶意软件删除工具来检查计算机上是否存在恶意软件。如果发现已感染了恶意软件，此工具就会将其删除。每次 Microsoft 提供此工具的新版本时，请下载它并扫描您的计算机，检查计算机上是否有新的威胁。这应该是您的预防性维护计划中的一个标准项，另外还应定期更新您的防病毒工具和间谍软件删除工具。

启动程序

某些程序，比如病毒扫描程序和间谍软件删除工具，在计算机启动时不会自动启动。要确保每次计算机启动时也启动这些程序，请将这些程序添加到"开始"菜单的"启动"文件夹中。许多程序有多个开关，允许程序在不显示的情况下执行某些特定操作（比如启动）。查看文档，确定您的程序是否允许使用这些特殊开关。

2. 更新

更新确保 Windows 操作系统、Microsoft 软件以及各种驱动程序与最新的安全补丁和漏洞修复程序同步，以确保计算机系统优化并尽可能安全。

设备驱动程序更新

制造商会不定期发布新的驱动程序来解决当前驱动程序中存在的问题。当您的硬件无法正常工作时，或者为了防止未来出现问题，请检查是否存在驱动程序更新。可以修补或纠正各种安全问题的驱动程序更新也很重要。如果驱动程序更新无法正常工作，请使用"回滚驱动程序"功能返回之前安装的驱动程序。

操作系统更新

Microsoft 会发布各种更新，以解决安全问题和其他功能问题。您可以从 Microsoft 网站手动安装单个更新，或使用 Windows "自动更新"实用程序自动进行更新。包含多个更新的下载内容称为服务包。安装服务包是让您快速更新操作系统的好方法。安装服务包前应设置一个还原点并备份关键数据。将操作系统更新添加到您的预防性维护计划中，确保您的操作系统拥有最新的功能和安全修补程序。

固件更新

固件更新不像驱动程序更新那么常见。制造商会发布新的固件更新，以解决驱动程序更新可能无法修复的问题。固件更新可以增加某类硬件的速度、实现新的功能或提高产品的稳定性。执行固件更新时请仔细遵照制造商的说明操作，以免导致硬件无法使用。彻底调查了解这些更新，因为您很可能无法恢复到最初的固件状态。

3. 计划任务

您可以安排在指定的时间运行预防性维护应用。您可以使用基于 GUI 的 Windows 任务计划程序或 CLI at 命令来计划各种任务。这两种工具都允许您在特定的时间运行某个命令，或在指定的日期或时间持续运行某个命令。对于周期性任务，Windows 任务计划程序比 at 命令更容易学习和使用。

Windows 任务计划程序

任务计划程序会监控由用户定义的指定条件，然后在条件满足时执行任务。以下是使用任务计划程序自动执行的一些常见任务：

- 磁盘清理；
- 备份；
- 磁盘碎片整理程序；
- 还原点；
- 启动其他应用。

要访问 Windows 任务计划程序，请使用以下路径：

控制面板>管理工具>任务计划程序

at 命令

您可以使用 at 命令安排在特定的日期和时间运行某个命令或应用。要使用 at 命令，您必须以管理员身份登录。

要显示有关 at 命令的更多信息，请在命令行键入 at /?并按 Enter 键。

4. 还原点

有时安装某个应用或硬件驱动程序可能导致系统不稳定或产生意想不到的问题。通过卸载应用或硬件驱动程序通常可以解决这一问题。如果不能，您可以使用"系统还原"实用程序将计算机还原到安装前某个时间的系统状态。

还原点包含有关操作系统、已安装的程序和注册表设置的信息。如果计算机崩溃或某个更新导致计算机出现问题，可以使用还原点将计算机回滚至先前的配置。系统还原不会备份个人数据文件，而且也无法恢复已被损坏或删除的个人文件。请务必使用磁带驱动器、光盘或 USB 存储设备等专用的备份系统来备份个人文件。

在以下情况下，对系统进行更改前技术人员始终应该创建还原点：

- 更新操作系统时；
- 安装或升级硬件时；
- 安装应用时；
- 安装驱动程序时。

要打开 Windows 8 中的"系统还原"实用程序并创建还原点，请使用以下路径：

控制面板>恢复>配置系统还原

要打开 Windows 7 和 Vista 中的"系统还原"实用程序并创建还原点，请使用以下路径：

开始>所有程序>附件>系统工具>系统还原

5. 硬盘备份

制定一个包含个人文件数据恢复的备份策略非常重要。您可以使用 Microsoft 备份工具根据需要执行备份。计算机系统的使用方式以及企业的需求，决定了备份数据的频率以及要执行的备份类型。

备份任务的运行时间可能很长。如果认真遵循备份策略，则无需每次备份所有文件。只需备份自上次备份后发生更改的文件。

在 Windows 8 之前的版本中，您可以使用"备份和还原"来备份您的文件，或创建并使用系统映像备份或修复光盘。Windows 8.1 随机装有可用于备份"文档"、"音乐"、"图片"、"视频"和"桌面"文件夹中各种文件的"文件历史记录"。随着时间的推移，文件历史记录会建立您的文件历史记录，使您能够返回和恢复文件的特定版本。如果文件出现损坏或丢失，这将是一个非常有用的功能。

要使用 Windows 8.1 中的"文件历史记录"（如图 6-31 所示），请连接一个内部或外部驱动器，然后使用以下路径打开"文件历史记录"：

"控制面板" > "文件历史记录" >单击"打开"

Windows 7 和 Vista 随机装有另一个称为"备份和还原"的备份工具。选择外部驱动器时，Windows 7 允许您使用这个新驱动器作为备份设备。使用"备份和还原"来管理备份。

"备份和还原"如图 6-32 所示。

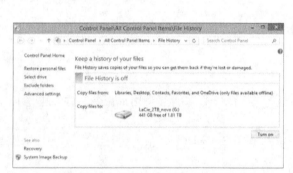

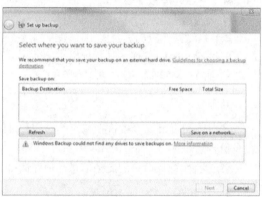

图 6-31　Windows 8 文件历史记录　　　　图 6-32　Windows 7 和 Vista 备份和还原

要访问 Windows 7 中的"备份和还原"实用程序，请使用以下路径：

开始>控制面板>备份和还原

要访问 Windows Vista 中的"备份和还原"实用程序，请使用以下路径：

开始>所有程序>附件>系统工具>备份状态和配置

6.4　操作系统的基本故障排除流程

故障排除流程有助于解决操作系统问题。操作系统问题可能是由硬件、软件和网络问题综合导致的。这些问题的范围涵盖了从驱动程序无法正常运行等简单问题，到系统锁定等复杂问题。

6.4.1　使用操作系统故障排除流程

计算机技术人员必须能够分析问题并确定原因才能提出解决方案。此过程称为故障排除。这一部分将探索指导技术人员准确识别、修复并记录问题的方法的故障排除步骤。

1. 识别问题

操作系统问题可能是由硬件、软件和网络问题综合导致的。计算机技术人员必须能够分析问题并确定错误原因才能修复计算机。此过程称为故障排除。

故障排除流程中的第一步是识别问题。表 6-6 是需要向客户询问的开放式和封闭式问题的列表。

表 6-6	步骤 1：识别问题
开放式问题	■ 您遇到了什么问题？ ■ 计算机上安装了什么操作系统？ ■ 您最近执行了哪些更新？ ■ 您最近安装了哪些程序？ ■ 发现问题时您正在执行什么操作？
封闭式问题	■ 您是否能启动操作系统？ ■ 您是否在安全模式下启动操作系统？ ■ 您最近是否更改了您的密码？ ■ 您在计算机上是否看到了任何错误消息？ ■ 最近有其他人使用过计算机吗？ ■ 最近是否添加过任何硬件？

2. 推测潜在原因

与客户交谈后，就可以推测问题的潜在原因。表 6-7 列出了一些导致操作系统问题的常见潜在原因。

表 6-7	步骤 2：推测潜在原因
操作系统问题的常见原因	■ BIOS 中的设置不正确 ■ caps lock 键设置为开启 ■ 计算机启动时有不可启动的介质 ■ 密码已经更改 ■ 控制面板中的监视器设置不正确 ■ 操作系统更新故障 ■ 驱动程序更新故障 ■ 恶意软件感染 ■ 硬盘驱动器故障 ■ 操作系统文件受损

3. 验证推测以确定原因

推测出可能导致错误的一些原因后，可以验证推测以确定问题原因。表 6-8 显示了可帮助您确定确切问题原因，甚至可帮助纠正问题的快速程序列表。如果某个快速程序的确纠正了问题，您可以直接跳到检验完整系统功能的步骤。如果快速程序未能纠正问题，则需要进一步研究问题以确定确切的原因。

表 6-8	步骤 3：验证推测以确定原因
确定原因的常见步骤	■ 作为其他用户登录 ■ 使用了第三方诊断软件 ■ 确定刚刚是否安装了新的软件或软件更新 ■ 卸载最近安装的应用程序 ■ 在安全模式下启动，以确定问题是否与驱动程序有关 ■ 回滚最近更新的驱动程序 ■ 检查设备管理器中是否存在设备冲突 ■ 检查事件日志是否存在警告或错误 ■ 检查硬盘驱动器是否有错误并修复文件系统问题 ■ 使用系统文件检查器恢复受损系统文件 ■ 如果已经安装了系统更新或服务包，请使用系统还原

4. 制定行动方案，解决问题并实施解决方案

确定了问题的确切原因后，可制定行动计划来解决问题并实施解决方案。表 6-9 显示了您可以用于收集更多信息以解决问题的一些信息来源。

表 6-9	步骤 4：制定行动方案，解决问题并实施解决方案
如果上一步骤没有解决问题，则需要进一步调查以实施解决方案。	■ 支持人员修复手册 ■ 其他技术人员 ■ 制造商常见问题网站 ■ 技术网站 ■ 新闻组 ■ 计算机手册 ■ 设备手册 ■ 在线论坛 ■ Internet 搜索

5. 检验完整的系统功能并实施预防措施

纠正问题后，请检验完整的系统功能，如果适用，并实施预防措施。表 6-10 列出了检验完整系统功能的步骤。

表 6-10	步骤 5：检验完整的系统功能并实施预防措施
检验完整功能	■ 关闭计算机并重新启动它 ■ 检查事件日志，确信没有新的警告或错误 ■ 检查设备管理器，查看是否存在任何警告或错误 ■ 运行 **DXDiag** 以确认 DirectX 正确运行 ■ 确定应用正确运行 ■ 确定网络共享可访问 ■ 确定 Internet 可访问 ■ 重新运行系统文件检查器，确保所有文件正确 ■ 检查任务管理器，确保所有程序的状态为正在运行 ■ 重新运行所有第三方诊断工具

6. 记录调查结果、措施和结果

在故障排除流程的最后一步，您必须记录您的调查结果、措施和结果。表 6-11 列出了记录问题和解决方案所需的任务。

表 6-11	步骤 6：记录调查结果、措施和结果
记录您的调查结果、措施和结果	■ 与客户讨论已实施的解决方案 ■ 让客户确认问题是否已解决 ■ 为客户提供所有书面材料 ■ 在工单和技术人员日志中记录解决问题所采取的步骤 ■ 记录任何用于修复的组件 ■ 记录解决问题所用的时间

6.4.2 操作系统的常见问题和解决方案

排除计算机问题故障是每位 PC 技术人员工作的一部分。没有任何一台计算机能够始终良好地运行，因此了解故障排除技术、工具和常见问题非常重要。

1. 常见问题和解决方案

操作系统问题可归因于硬件、应用或配置问题，或者这三种问题的任意组合。有些类型的操作系统问题会比其他问题更容易解决。表 6-12 显示了常见的操作系统问题和解决方案。

表 6-12 常见问题和解决方案

识 别 问 题	可能的原因	可能的解决方案
操作系统锁定	■ 计算机过热 ■ 某些操作系统文件可能受损 ■ 电源、RAM、硬盘驱动器或主板可能有缺陷 ■ BIOS 设置可能不正确 ■ 出现了未知事件，导致操作系统锁定 ■ 安装了不正确的驱动程序	■ 清理内部组件 ■ 检查风扇连接，确保风扇正常运行 ■ 运行系统文件检查器（SFC），以更换受损的操作系统文件 ■ 测试硬件组件并按需更换 ■ 处理事件日志中的任何事件 ■ 检查并调整 BIOS 设置 ■ 按需安装或回滚驱动程序
键盘或鼠标不响应	■ 设备与计算机之间无法通信 ■ 计算机使用不兼容或过期的驱动程序 ■ 电缆受损或已断开连接 ■ 设备存在缺陷 ■ 使用了 KVM 开关，而且活动计算机未显示	■ 重新启动计算机 ■ 安装或回滚驱动程序 ■ 更换或重新连接电缆 ■ 更换设备 ■ 更改 KVM 开关上的输入或更换无线设备的电源

识 别 问 题	可 能 的 原 因	可 能 的 解 决 方 案
操作系统无法启动	■ 硬件设备出现故障 ■ 没有可用的可启动磁盘 ■ 操作系统文件受损 ■ MBR 或引导扇区受损 ■ 电源、RAM、硬盘驱动器或主板可能有缺陷 ■ 未正确安装硬件驱动程序 ■ Windows 更新已经损坏了操作系统	■ 重新启动计算机 ■ 从驱动程序中删除所有未启动的介质 ■ 使用系统还原工具还原 Windows ■ 使用系统映像恢复工具恢复系统磁盘 ■ 对操作系统执行修复安装 ■ 使用已知良好的组件更换有缺陷的电源、RAM、硬盘驱动器或主板 ■ 使用恢复环境修复引导扇区。 ■ 断开任何新连接的设备，并使用"最近一次的正确配置"选项启动操作系统 ■ 在安全模式下启动计算机并处理事件日志中的所有事件
加电自检后计算机显示一个"无效的启动磁盘"错误	■ 驱动器中的介质没有操作系统 ■ 在 BIOS 中未正确设置启动顺序 ■ 未检测到硬盘驱动器，或跳线设置不正确 ■ 硬盘驱动器上没有安装操作系统 ■ MBR 损坏 ■ GPT 损坏 ■ 硬盘驱动器故障 ■ 计算机感染了引导扇区病毒	■ 从驱动程序中删除所有介质 ■ 更改 BIOS 中的启动顺序 ■ 重新连接硬盘驱动器或重置跳线 ■ 安装一个操作系统 ■ 使用系统修复光盘，运行 DISKPART 来修复 GPT 或 MBR ■ 使用系统修复光盘，运行 BOOTREC/FixMBR 来修复 MBR ■ 更换硬盘驱动器 ■ 运行防病毒软件
加电自检后计算机显示"BOOTMGR丢失"错误	■ BOOTMGR 丢失或损坏 ■ 启动配置数据丢失或损坏 ■ 在 BIOS 中未正确设置启动顺序 ■ MBR 损坏 ■ 硬盘驱动器故障	■ 从安装介质还原 BOOTMGR ■ 从安装介质还原启动配置数据 ■ 在 BIOS 中设置正确的启动顺序 ■ 从恢复环境运行 chkdsk /F /R ■ 从恢复环境运行 bootrec /Fixmbr
计算机启动时，一项服务无法启动	■ 该服务未启用 ■ 该服务设置为"手动" ■ 启动失败的服务需要通过另一项服务才能启动	■ 启用该服务 ■ 将服务设置为"自动" ■ 重新启用或重新安装所需的服务
计算机启动时，一台设备没有启动	■ 外部设备未通电 ■ 数据线或电源线未连接到设备 ■ 已在 BIOS 设置中禁用了该设备 ■ 该设备出现故障 ■ 设备与最近安装的某台设备发生冲突 ■ 驱动程序损坏	■ 将外部设备通电 ■ 将数据线和电源线连接到设备上 ■ 在 BIOS 中启用设备 ■ 更换设备 ■ 删除最新安装的设备 ■ 重新安装或回滚驱动程序

续表

识 别 问 题	可能的原因	可能的解决方案
计算机连续重新启动，不显示桌面	■ 已设置计算机在出现故障时重新启动 ■ 某个启动文件已损坏	■ 按 F8 打开"高级选项"菜单，并选择"禁用系统失败时自动重新启动" ■ 从恢复环境下运行 chkdsk /F /R ■ 使用恢复环境执行自动修复或系统还原
计算机锁定，不显示任何错误消息	■ 主板或 BIOS 设置中的 CPU 或 FSB 设置不正确 ■ 计算机过热 ■ RAM 故障 ■ 硬盘驱动器故障 ■ 电源发生故障	■ 检查并按需重置 CPU 和 FSB 设置 ■ 检查并按需更换任何冷却装置 ■ 使用已知良好的可替代组件更换任何故障设备
一个应用程序没有安装	■ 下载的应用安装程序中包含病毒，病毒防护软件阻止其安装 ■ 文件的安装磁盘损坏 ■ 安装程序与操作系统不兼容 ■ 运行了太多的程序，剩余的系统内存不足，无法安装应用程序 ■ 硬件不符合应用程序的最低要求	■ 更换安装磁盘或下载无病毒或未损坏的文件 ■ 在兼容模式下运行安装程序 ■ 尝试安装前关闭其他应用程序 ■ 安装可符合应用程序的最低安装要求的硬件
安装了 Windows 7 的计算机无法运行 Aero	■ 计算机不符合运行 Aero 的最低硬件要求	■ 升级处理器、RAM、和视频卡，以满足最低的 Microsoft Aero 要求
搜索功能需要花费很长时间才能找到结果	■ 索引服务未运行 ■ 索引服务未能索引正确的位置	■ 使用服务控制台（service.msc）启用索引服务 ■ 在"高级选项"面板中更改索引服务的设置
UAC 不再提示用户许可	UAC 已关闭	在控制面板中的"用户账户"小程序中打开 UAC
小工具不在 Windows 7 桌面上显示	■ 小工具从未安装或已卸载 ■ 呈现小工具所需的 XML 已破损、毁坏或未安装	■ 右键单击"桌面">选择"小工具">右键单击"小工具">"添加" ■ 在命令提示符下输入 regsvr32 msxml3.dll> 以注册文件 msxml3.dll
计算机运行缓慢，并且存在响应延迟	某些进程正在使用大部分 CPU 资源	■ 使用服务控制台（services.msc）重启进程 ■ 如果不需要此进程，请使用任务管理器终止它 ■ 重启计算机
计算机无法识别外部驱动器。	操作系统没有用于外部设备的正确的驱动程序	下载正确的驱动程序
新的声卡无效	已将音量设置为静音	在"声音"控制面板小程序中取消音量静音

续表

识 别 问 题	可能的原因	可能的解决方案
一些来自安装 32 位操作系统的计算机的外部设备无法在安装 64 位操作系统的计算机上运行	设备驱动程序不正确	升级至 64 位设备驱动程序
在升级至 Windows 7 或 Vista 后,计算机运行非常缓慢	Aero 导致计算机运行缓慢	关闭 Aero

6.5 总结

本章介绍了有关 Windows 安装、配置和管理的内容。

作为技术人员,您应该熟练掌握操作系统的安装、配置和故障排除工作。本章的以下概念必须牢记。

- 有多种不同的操作系统可供使用,您在选择操作系统时必须考虑客户需求和环境。
- 设置客户计算机的主要步骤包括准备硬盘驱动器、安装操作系统、创建用户账户和配置安装选项。
- GUI 会显示计算机上所有文件、文件夹和应用的图标。鼠标等指针设备用于 GUI 桌面上的导航。
- CLI 使用命令来完成任务和导航文件系统。
- 可以借助 Virtual Machine Manager 来分配主机计算机上的系统资源,以运行虚拟机。虚拟机会运行操作系统,而且使用虚拟机可以为用户提供更强大的系统功能。
- 预防性维护技术可帮助您确保操作系统实现了最佳性能。您应该制定一种支持数据恢复的备份策略。
- 可用于对操作系统问题进行故障排除的工具包括管理工具、系统工具和 CLI 命令。

检查你的理解

您可以在附录中查找下列问题的答案。

1. 技术人员可以使用哪项命令获得有关安排程序在特定时间运行要使用的命令行选项的帮助?

    A. HELP AT   B. AT /?

    C. ASK AT   D. HELP

    E. CMD ?

2. 哪个实用程序用于显示每个用户消耗的系统资源?

    A. 用户账户   B. 事件查看器

    C. 设备管理器   D. 任务管理器

3. 启用和禁用 Internet Explorer 中的弹出窗口阻止程序是通过哪个 Internet 选项卡来实现的?
   - A. 常规
   - B. 安全
   - C. 高级
   - D. 隐私

4. 工作站已配置了高级视频采集卡并且已添加到系统中。将操作系统从 Windows 7 更新到 Windows 8.1 后,该视频采集卡停止工作。应该怎样做才能解决此问题?
   - A. 更新视频编辑软件。
   - B. 更新工作站上的固件
   - C. 更新 Windows 8.1
   - D. 更新驱动程序

5. 以下哪个程序是第 2 类虚拟机监控程序的示例?
   - A. Windows XP 模式
   - B. DirectX
   - C. 虚拟 PC
   - D. OpenGL

6. PC 上的虚拟机有什么特征?
   - A. 虚拟机运行其自己的操作系统
   - B. 虚拟机需要使用物理网络适配器才能连接到 Internet
   - C. 虚拟机不易受到威胁和恶意攻击
   - D. 可用的虚拟机数量取决于主机的软件资源

7. 运行 Windows 8 Hyper-V 虚拟化平台所需的最小系统 RAM 是多少?
   - A. 4GB
   - B. 512MB
   - C. 1GB
   - D. 8GB

8. 技术人员已安装了用于管理 Windows 7 计算机的第三方实用程序。但是,计算机启动时该实用程序无法自动启动。技术人员应怎样做才能解决这一问题?
   - A. 使用"添加或删除程序"实用程序设置程序访问和默认值
   - B. 卸载该程序,然后选择"添加或删除程序"实用程序中的"添加新程序",安装该应用
   - C. 在"服务"中将实用程序的启动类型设置为"自动"
   - D. 将应用注册表项的值设为 1

9. 支持中心技术人员正在与一位用户交谈,以明确用户正在面临的技术问题。技术人员可能使用哪两个开放式问题,从而帮助他们确定问题?(选择两项)
   - A. 是否有其他人最近使用过计算机
   - B. 您最近执行了什么更新
   - C. 当您尝试访问您的文件时,出现了什么情况
   - D. 您是否能在安全模式下启动
   - E. 您是否能启动操作系统

10. 下列关于还原点的说法中哪两项正确?(选择两项)
    - A. 它们可用于将计算机还原到系统正常工作的较早时间点
    - B. 它们会备份个人数据文件
    - C. 它们包含有关 Windows 操作系统所使用的系统和注册表设置的信息
    - D. 它们会恢复已经损坏或删除的个人文件
    - E. 技术人员应该始终在更新操作系统后创建还原点

11. 技术人员在解决看似 Windows 7 的问题时遇到困难。以前记录的已知解决方案没有用,设备管理器和事件查看器均未提供有用的信息。技术人员接下来应该尝试哪两项操作?(选择两项)
    - A. 询问客户关于可能错误的任何见解
    - B. 重新安装操作系统
    - C. 检查与硬件和软件相关的任何手册
    - D. 检查 Internet 中是否有可能的解决方案
    - E. 使用系统恢复光盘恢复该操作系统

12. 用户注意到 PC 运行缓慢并且出现对键盘命令的响应延迟。该症状的潜在原因是什么?
    A. 最近安装的设备驱动程序与启动控制器不兼容
    B. 一个或多个程序文件已被删除
    C. 某进程正在使用大部分 CPU 资源
    D. 显卡不支持正在使用的分辨率

13. 主启动记录损坏的结果是什么?
    A. 将无法启动操作系统
    B. 将无法安装新的应用程序
    C. 打印机将无法正常工作
    D. 键盘将对用户操作失去响应

14. 用户有一台已安装最大容量 RAM(1GB)的上网本,但是用户感觉系统性能在下降。在这种情况下可以使用哪个 Windows 系统实用程序来解决问题?
    A. 操作中心
    B. HomeGroup
    C. ReadyBoost
    D. 设备管理器

15. 哪个系统工具可以显示本地和远程计算机的硬件和软件信息?
    A. Chkdsk
    B. 系统信息
    C. 性能监控器
    D. 系统配置
    E. 组件服务

16. 哪个 GUI 允许用户安排命令或应用程序在特定的日期和时间运行?
    A. HELP AT
    B. 任务计划程序
    C. 现在的任务
    D. 任务帮助程序

第 7 章

网络概念

学习目标

通过完成本章的学习，您将能够回答下列问题：

- 用于联网的不同类型的传输介质有哪些；
- 有哪些不同类型的网络设备；
- 常见的通信协议和标准有哪些；
- 什么是 OSI 模型；
- 什么是 TCP/IP 模型；

- 常见的 TCP 和 UDP 协议有哪些？它们的端口和用途是什么；
- 有哪些不同的 WiFi 联网标准；
- 有哪些不同的网络类型，它们的特征是什么；

网络是共享和通信的概念。当您想到网络时，您就会想到互联；例如，与具有相似兴趣的人们交际或取得联系。它还描述了资源共享以及当独立的计算机链接在一起时所发生的通信。

计算机网络被认为是一种系统，在该系统中，一组设备由使用相同规则交换数据并共享资源的传输介质连接在一起。这一部分将讨论这些规则、协议和用于传输数据的介质类型的具体细节。

网络概念描述了小组或系统如何互联在一起以及它们之间通信的方式。

7.1 网络原理

网络为一组计算机提供相互之间的连接。根据所使用的网络类型，所连接的计算机数量可以少至两台，也可以增长至非常大的数量规模。

7.1.1 计算机网络

本章概述了网络原理、标准和用途。为了满足您的客户和网络用户的期望与需求，您必须了解网络概念。您将学习网络设计基础知识，以及某些组件如何影响网络中的数据流。这些知识可帮助您成功设计、实施网络并进行网络故障排除。

1. 网络定义

网络是由各种链路所形成的系统。例如，将人类群体连接起来的道路形成一个物理网络。与朋友之间的联系形成了您的个人网络。允许个人相互链接到他人页面的网站称为社交网站。

人们每天都在使用以下网络：

- 邮件传递系统；
- 电话系统；

- 公交系统;
- 公司计算机网络;
- 互联网。

公交系统与计算机网络类似。汽车、卡车和其他车辆类似于在网络中传输的消息。每位司机会定义一个起点（源计算机）和一个终点（目的计算机）。在该系统中有一些规则，类似于停止标志和交通信号灯，这些规则控制着从源到目的地的数据传输。

2. 主机设备

计算机网络由各种设备组成。某些设备可用作主机或外围设备。主机是指任何在网络上发送和接收信息的设备。连接到您的笔记本电脑的打印机就是外围设备。如果打印机直接连接到网络，那么它充当主机。

很多不同类型的主机设备都可以连接到网络。一些较为常见的主机设备如图7-1所示。

图 7-1 主机设备图标

注意: Internet 协议电话常称为 IP 电话，它将连接到计算机网络，而非传统电话网络。

企业、家庭、学校和政府机构都会使用计算机网络。许多网络通过 Internet 相互连接。一个网络可以共享很多不同类型的资源，如表7-1所示。

表 7-1	计算机网络上的共享资源示例

- 服务，比如打印或扫描
- 设备上的存储空间，比如硬盘驱动器或光驱
- 应用，比如数据库
- 存储在其他计算机上的信息，比如文档和照片
- 日历，在计算机与智能手机之间同步

3. 中间设备

计算机网络包含了存在于主机设备之间的许多设备。这些中间设备确保数据可从一台主机设备传

输到另一台主机设备。最常见的中间设备如图 7-2 所示。

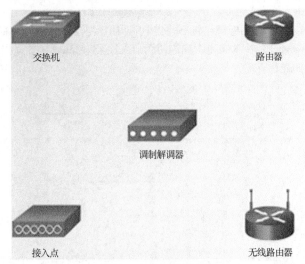

交换机

路由器

调制解调器

接入点

无线路由器

图 7-2　中间设备图标

交换机用于将多台设备连接到网络。路由器用于在网络之间转发流量。无线路由器可以将多台无线设备连接到网络。此外，无线路由器中通常包含一个交换机，因此可以将多台有线设备连接到网络。接入点（AP）也可提供无线连接，但与无线路由器相比功能较少。调制解调器用于将一个家庭或小型办公室连接到 Internet。我们将在本章后续内容中更加详细地论述这些设备。

4. 网络介质

网络中的通信都在介质上传送。介质为消息从源设备传送到目的设备提供了通道。介质（medium）的复数形式是 media。

我们使用各种介质将网络设备链接在一起。如图 7-3 所示，这些介质如下所示。

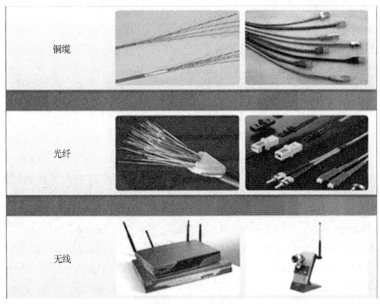

铜缆

光纤

无线

图 7-3　网络介质

■ **铜缆**：使用电信号在设备之间传输数据。

■ **光缆**：使用玻璃或塑料纤维将信息作为光脉冲传输。

■ **无线连接**：使用无线电信号、红外技术或卫星传输数据。

本课程将使用图 7-4 所示的图标来代表不同类型的网络介质。局域网（LAN）、广域网（WAN）和无线网络在下一主题中讨论。在本课程中我们使用云来代表与 Internet 的连接。Internet 通常是一个网络与另一个网络之间的通信介质。

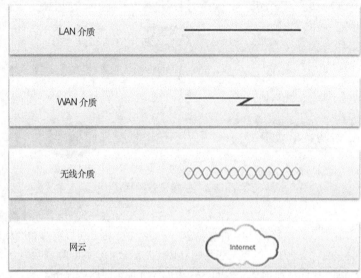

图 7-4   网络介质图标

5. 带宽和延迟

网络上的带宽就好比高速公路。高速公路上的车道数量代表着高速公路上可同时通行的汽车数量。一个八车道高速公路可以容纳的汽车数量是一个两车道高速公路可容纳汽车数量的四倍。在高速公路的例子中，汽车和卡车代表数据。

通过计算机网络发送数据时，会将数据分成多个小的数据块，称为数据包。每个数据包中都包含了源地址和目的地址信息。数据包在网络中发送，一次发送一个位。带宽是以每秒可以发送的位数来计算的。以下是衡量带宽的例子。

■ bit/s：每秒位数。

■ kbit/s：每秒千位数。

■ Mbit/s：每秒兆位。

■ Gbit/s：每秒千兆位。

注意：   1 字节等于 8 位，并缩写为一个大写字母 B。大写字母 B 通常在描述大小或存储容量时使用，比如一个文件（2.5MB）或磁盘驱动器（2TB）。

数据从源传输到目的地所用的时间称为延迟。就像一辆汽车在城镇中行驶会遇到红灯或绕道行驶一样，数据传输会因网络设备和电缆长度而出现延迟。在处理和转发数据时，网络设备会增加延迟。浏览网页或下载文件时，延迟通常不会引发问题。对时间很敏感的应用，例如 Internet 电话、视频和游戏，受延迟的影响极大。

6. 数据传输

可采用以下三种模式之一通过网络传输数据：单工、半双工或全双工。

单工

单工是指一个单向传输。比如信号从电视台传送到您家的电视，就是单工传输的例子。

半双工

一次只能在一个方向上传输数据时，称为半双工。采用半双工时，通信信道允许在两个方向上交替传输数据，但不能同时在两个方向上传输。双向无线电，比如警察或急诊移动无线电通信，采用的就是半双工传输。当您按下麦克风上的按钮进行传输时，就无法听到另一端对方的讲话。如果两端的人员试图同时讲话，那么两个传输都无法进行。

全双工

同时在两个方向上传输数据时，称为全双工。电话交谈就是全双工通信的一个示例。通话双方可同时讲话和听到对方的讲话。

全双工网络技术提高了网络性能，因为此时可以同时发送和接收数据。宽带技术，比如数字用户线路（DSL）和电缆，都在全双工模式下运行。宽带技术允许同时在同一线路上传输多个信号。例如，使用 DSL 连接，用户可以将数据下载到计算机，同时在电话上讲话。

7.1.2　网络类型

正如您所学习的，网络是用于共享资源和通信用途而链接在一起的计算机。网络可以按照规模、地理范围和用途等许多不同的方式进行分类。这一部分将研究各种网络类型。

1. LAN

我们按照以下具体特征来辨识计算机网络：

- 覆盖的区域大小；
- 连接的用户数量；
- 可用的服务数量和类型；
- 职责范围。

从传统意义上看，LAN（如图 7-5 所示）是指覆盖较小地理区域的网络。但现在 LAN 的显著特征就是它们通常归个人所有，例如在家庭或小型企业中，或者由一个 IT 部门完全管理，例如在学校或大型企业中。该个人或组负责实施网络的安全和访问控制策略。

2. WLAN

无线 LAN（WLAN）是一种使用无线电波在无线设备之间传输数据的 LAN。在传统 LAN 中，使用铜缆将设备连接在一起。在某些环境中，安装铜缆可能不实用、不理想，甚至不可能。在这些情况下，可使用无线设备通过无线电波发送和接收数

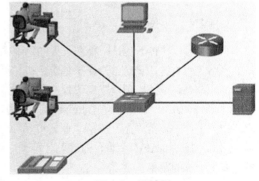

图 7-5　局域网

据。与 LAN 一样，在 WLAN 中，您也可以共享文件、打印机和 Internet 访问等资源。

WLAN 可在两种模式下运行。在基础设施模式下（如图 7-6 所示），无线客户端连接到无线路由器或接入点（AP）。AP 连接一台交换机，提供对网络其余部分和对 Internet 的访问。通常使用铜缆将

接入点连接到网络。无需用铜缆连接每个网络主机，只有无线接入点通过铜缆连接到网络。根据所采用的技术，典型 WLAN 系统的范围（覆盖半径）从室内 30 米（98.4 英尺）以下到室外更大的距离。

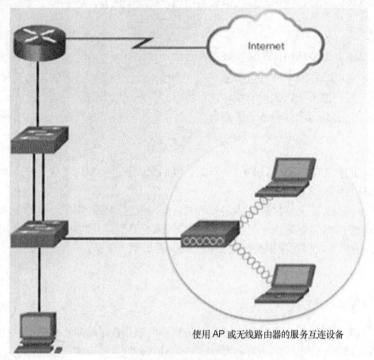

使用 AP 或无线路由器的服务互连设备

图 7-6　基础设施模式

如图 7-7 所示，临时（Adhoc）是指 WLAN 只在需要时才创建。临时模式通常是暂时的。例如，笔记本电脑以无线方式连接到智能手机，智能手机通过移动电话服务提供商访问 Internet。

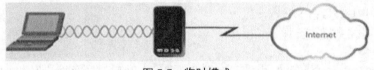

图 7-7　临时模式

3. PAN

个人区域网（PAN）是一种在个人的范围内连接鼠标、键盘、打印机、智能手机和平板电脑等设备的网络。所有这些设备都专属于单个主机，而且最常用的是蓝牙技术。

蓝牙是允许设备实现短距离通信的无线技术。一个蓝牙设备最多可连接七个其他的蓝牙设备。如 IEEE 标准 802.15.1 中所述，蓝牙设备可以处理语音和数据。蓝牙设备在 2.4 至 2.485GHz 的无线电频率范围内工作，该范围是开放给工业、科学和医学（ISM）机构的频段。蓝牙标准中融入了自适应跳频（AFH）技术。AFH 允许信号在蓝牙范围内使用不同频率进行"跳转"，从而降低了有多个蓝牙设备时发生干扰的概率。

4. MAN

如图 7-8 所示，城域网（MAN）是涵盖大型园区或城市的网络。该网络包含许多不同建筑，通过无线或光纤主干相互连接。通信链路和设备通常归一个用户联盟或将该服务出售给用户的网络服务提供商所有。MAN 可以充当一种支持区域资源共享的高速网络。

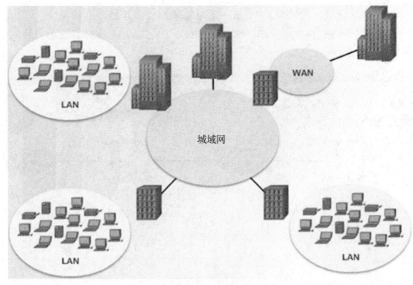

图 7-8　城域网

5. WAN

WAN 可以连接处于不同地理位置上的多个网络。WAN 的显著特征就是它归服务提供商所有。个人和企业可签订 WAN 服务合同。WAN 最常见的一个示例就是 Internet。Internet 是一个由成千上万个互连网络所组成的大型 WAN。在图 7-9 中，东京和莫斯科的网络通过 Internet 连接在一起。

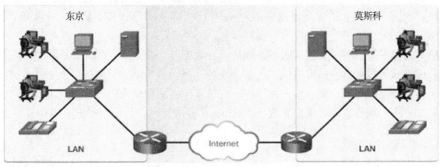

图 7-9　广域网

6. 对等网络

在对等网络中，计算机之间没有层级，而且也不存在任何专用服务器。每个设备（也称为客户端）都拥有相等的功能和责任。每个用户负责自己的资源，并且可以决定共享哪些数据或安装哪些设备。由于个人用户负责自己计算机上的资源，因此网络中没有任何控制或管理中心点。

对等网络在拥有十台或更少计算机的环境中运行最佳。对等网络也可存在于较大型的网络中。即使在大型客户端网络中，用户仍然可以在不使用网络服务器的情况下直接与其他用户共享资源。在您的家中如果有多台计算机，就可以设置对等网络。您可以同其他计算机共享文件，在计算机之间发送消息和通过共享打印机打印文档，如图 7-10 所示。

对等网络有以下几个缺点。

- 没有集中式的网络管理，使其很难确定谁正在控制网络上的资源。
- 没有集中的安全措施。每台计算机必须使用单独的安全措施进行数据保护。

■ 随着网络中计算机数目的增加，网络会变得越来越复杂并且难以管理。

■ 可能没有任何集中式的数据存储。因此必须维护独立的数据备份。这项责任就落在了个人用户身上。

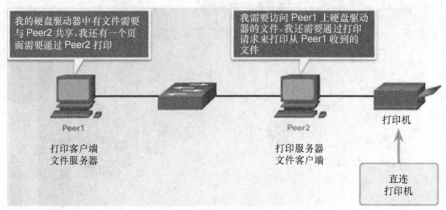

图 7-10 对等示例

7. 客户端-服务器网络

服务器上安装的软件使其能够向客户端提供文件、电子邮件或网页等服务。每项服务都需要单独的服务器软件。例如，图 7-11 和图 7-22 中的服务器需要使用文件服务器软件为客户端提供检索和存储文件的能力。

在客户端-服务器网络中，客户端向服务器请求信息或服务。服务器向客户端提供所请求的信息或服务。客户端-服务器网络上的服务器通常会为客户机执行某些处理工作。例如，一台服务器可以在传递客户端所请求的记录之前对数据库进行排序操作。

单个服务器可以运行多种类型的服务器软件。在家庭或小企业中，一台计算机可能要同时充当文件服务器、Web 服务器和电子邮件服务器等多个角色。一台客户端计算机也可以运行多种类型的客户端软件。所需的每项服务都必须有客户端软件。安装多个客户端软件后，客户端可以同时连接到多台服务器。例如，用户在收发即时消息和收听 Internet 广播的同时，可以查收电子邮件和浏览网页。

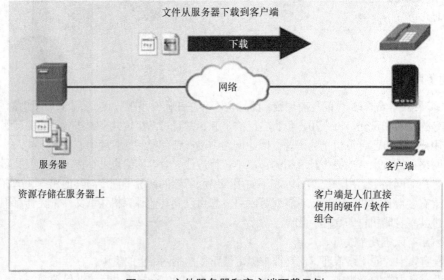

图 7-11 文件服务器和客户端下载示例

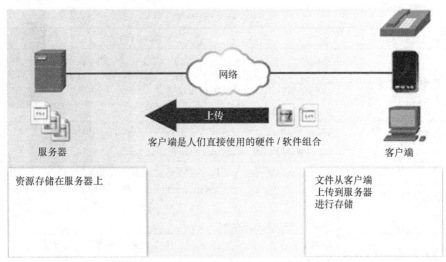

图 7-12　文件服务器和客户端上传示例

在客户端-服务器网络中，通过集中式网络管理来控制资源。网络管理员将执行数据备份和安全措施。网络管理员还会控制用户对服务器资源的访问。

7.2　网络标准

网络标准为网络应如何运行制定规范和流程。标准能够解决许多问题，例如协议、基础架构以及与网络相关的电气和整体流程。标准对于网络而言非常重要，因为它们为产品开发提供了可基于的共同基础，从而为厂商之间提供互操作性确保了兼容性和功能性。

7.2.1　参考模型

为了提供各种设备之间通信，使用标准化并实施通信模型以确定通信网络的功能和流程。这并不能描述实施方案，但却是一种理解各种设备之间通信方式的一种方法（无论网络架构如何）。

1. 开放标准

开放标准鼓励互操作性、竞争和创新。它们还能确保任何公司的产品都不会独占市场，或占有不公平竞争优势。

关于这一点有个不错的例子，您需要购买一个家用无线路由器。有很多供应商提供许多不同的选项。所有这些选项都结合了 Internet 协议版本 4（IPv4）、动态主机配置协议（DHCP）、802.3（以太网）和 802.11（无线 LAN）等标准协议。这些开放标准和协议将在本章进一步讨论。它们还能够使运行 Apple 的 OS X 操作系统的客户端从运行 Linux 操作系统的 Web 服务器上下载网页。这是因为这两种操作系统都实施了开放标准协议。

有多个国际标准组织负责网络标准的制定。表 7-2 列出了其中一些组织。

表 7-2 国际标准组织

标 准 组 织	描　述
国际标准化组织（ISO）	ISO 是一个独立的非政府国际组织，拥有 161 个国家标准机构成员。它汇集了各方专家以共享知识并开发自愿的、基于共识的、市场相关的国际标准，从而支持创新并为全球挑战提供解决方案 http://www.iso.org/iso/home/about.htm
国际电信联盟（ITU）	ITU 是管理信息和通信技术（ICT）的联合国专门机构 http://www.itu.int/en/about/Pages/default.aspx
互联网工程任务组（IETF）	互联网工程任务组（IETF）是网络设计者、运营商、厂商和研究者的大型开放国际社区，关注互联网架构的演进和互联网的顺畅运行。它对所有感兴趣的个人开放 http://www.ietf.org/about/
互联网数字分配机构（IANA）	IANA 负责协调全球的 DNS 根、IP 编址和其他互联网协议资源 http://www.iana.org/
互联网名称与数字地址分配机构（ICANN）	ICANN 协调互联网数字分配机构（IANA）职能，这些职能是对于互联网基本通讯录（即域名系统 DNS）的持续运作来说至关重要的关键技术服务 https://www.icann.org/
电气电子工程师协会	IEEE 是全球最大的专业技术组织，致力于推动技术发展从而造福人类 http://www.ieee.org/index.html
电信工业协会	通过标准制定、政策倡议、商业机会、市场情报和网络活动，代表全球信息和通信技术（ICT）行业的主要贸易协会 http://www.tiaonline.org/

2. 协议

协议是一组规则。Internet 协议是一组规则，用于管理网络中各计算机之间的通信。协议规范定义了所交换的消息的格式。

时间对于数据包的可靠传输至关重要。协议会要求消息在一定的时间间隔内到达，这样计算机不会无限期等待可能已经丢失的消息。在数据传输过程中，系统会维护一个或多个计时器。如果网络不符合时间规则的要求，协议还将启动替代操作。表 7-3 列出了一个协议的主要功能。

表 7-3 协议的功能

- 识别和处理错误
- 压缩数据
- 确定如何划分和包装数据
- 为数据包寻址
- 确定如何通告正在发送和接收数据包

3. OSI 参考模型

在 20 世纪 80 年代初，国际标准化组织（ISO）开发了一种开放系统互连（OSI）参考模型，以标准化网络中设备通信的方式。该模型是确保在网络设备之间实现互操作性的一项重大举措。

如表 7-4 所示，OSI 模型将网络通信分为 7 个不同的层。虽然还有其他的模型，但目前大部分网络供应商都采用这种框架来构建自己的产品。

表 7-4 OSI 模型

OSI 模型的层名	层 编 号	描 述
应用层	7	负责向应用提供网络服务
表示层	6	转换数据格式，以便为应用层提供标准接口
会话层	5	建立、管理和终止本地和远程应用之间的连接
传输层	4	在网络中提供可靠传输和流量控制
网络层	3	负责逻辑寻址和路由域
数据链接层	2	提供物理寻址和介质访问程序
物理层	1	定义设备的所有电气规格和物理规格

注意： 利用记忆术可帮助您记住 OSI 的 7 个层。例如以下两个示例："All People Seem To Need Data Processing" 和 "Please Do Not Throw Sausage Pizza Away"。

4. TCP/IP 模型

TCP/IP 模型由美国国防部（DoD）的研究人员创建。它由多个层组成，这些层执行的功能可准备数据并通过网络传输它们。表 7-5 显示了 TCP/IP 模型的 4 个层。

表 7-5 TCP/IP 模型

TCP/IP 层	描 述
应用层	SMTP 和 FTP 等高级协议运行的地方
传输层	指定哪个应用通过特定端口请求或正在接受数据
互联网层	进行 IP 寻址和路由的地方
网络接入层	MAC 寻址和网络物理组件存在的地方

TCP/IP 代表了协议簇中的两个重要协议：传输控制协议（TCP）和 Internet 协议（IP）。TCP 负责可靠地传输数据。Internet 协议（IP）负责将源和目的寻址添加到数据中。但是除了 TCP 和 IP，TCP/IP 模型还包括许多其他协议。这些协议是通过网络和 Internet 传输数据方面的主要标准。表 7-6 显示了一些较为常见的 TCP/IP 协议。

表 7-6 常见的 TCP/IP 协议

应用层（7）	
类型	协议
名称系统	DNS 将域名（例如 cisco.com）转换为 IP 地址
主机配置	*BOOTP* ■ 允许无盘工作站发现其 IP 地址、网络中 BOOTP 服务器的 IP 地址以及要加载到内存中以引导机器的文件 ■ BOOTP 正在被 DHCP 所取代 *DHCP* ■ 启动时向客户端站动态分配 IP 地址 ■ 当不再需要地址时允许其被重复使用

应用层（7）	
电子邮件	*SMTP* ■ 允许客户端向邮件服务器发送电子邮件 ■ 允许服务器向其他服务器发送电子邮件 *POP* ■ 允许客户端从邮件服务器检索电子邮件 ■ 将电子邮件从邮件服务器下载到桌面 *IMAP* ■ 允许客户端访问存储在邮件服务器中的电子邮件 ■ 在服务器上维护电子邮件
文件传输	*FTP* ■ 设置规则，使得一台主机上的用户能够通过网络访问另一台主机或向其传输文件 ■ 一种可靠、面向连接而且确认结果的文件传输协议 *TFTP* ■ 一种简单、无连接的文件传输协议 ■ 一种尽力而为、无确认的文件传输协议 ■ 比 FTP 的开销少
Web	HTTP 是有关在万维网上交换文本、图形图像、音频、视频以及其他多媒体文件的一组规则集

传输层协议

UDP ■ 允许一台主机上运行的进程向另一台主机上运行的进程发送数据包 ■ 不会确认数据报传输是否成功	*TCP* ■ 支持不同主机上运行的进程之间的可靠通信 ■ 确认成功传输的可靠、确认结果的传输

互联网层

类型	协议
网络	*IP* ■ 从传输层接收消息段 ■ 将消息打包为数据包 ■ 解决数据包在网际网络上的端对端传输 NAT 将私有网络 IP 地址转换为全球唯一的公有 IP 地址
IP 支持	ICMP 是目的主机针对数据包传输中出现的错误，向源主机传回反馈
路由	*OSPF* ■ 链路状态路由协议 ■ 基于区域的分层设计 ■ 开放标准内部路由协议 *EIGRP* ■ 思科专有路由协议 ■ 使用基于带宽、延迟、负载和可靠性的复合度量

续表

应用层（7）		
网络接入层协议		

ARP 提供 IP 地址与硬件地址之间的动态地址映射	*PPP* 提供数据包封装方法，以便通过串行链路传输封包	以太网 定义网络接入层的布线标准和信令标准	接口驱动程序 提供机器的控制指令，用于控制网络设备的特定接口

5. 协议数据单元

一条消息从顶端的应用层开始，沿 TCP/IP 各层向下移动，一直到底端的网络接入层。随着应用数据通过各层向下传递，每一层都会添加协议信息。此过程称为封装。

一段数据在任意协议层的表示形式称为协议数据单元（PDU）。在封装过程中，后续的每一层都根据使用的协议封装其从上一层接收的 PDU。在该过程的每个阶段，PDU 都以不同的名称来反映其新功能。尽管目前对 PDU 的命名没有通用约定，但本课程中根据 TCP/IP 协议簇的协议来命名 PDU，如图 7-13 所示。

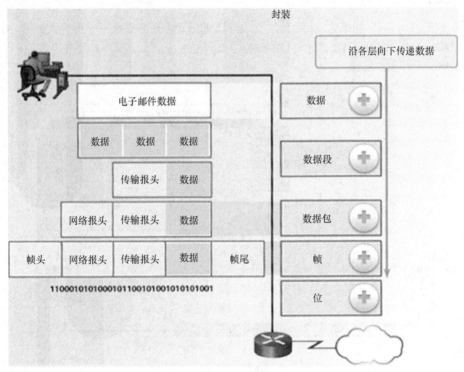

图 7-13　封装

6. 封装示例

在网络中发送消息时，封装过程自上而下工作。在各层，上层信息被视为封装协议内的数据。例如，TCP 数据段被视为 IP 数据包内的数据。

图 7-14 显示了 Web 服务器向 Web 客户端发送网页时的封装过程。

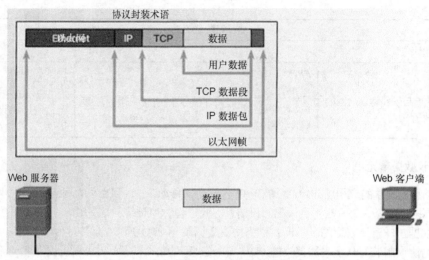

图 7-14　发送消息的协议工作方式

7. 解封示例

接收主机上的过程与之相反，称为"解封"。解封是接收设备用来删除一个或多个协议报头的过程。数据在朝着最终用户应用沿各层向上移动的过程中被解封。

图 7-15 显示了解封过程。

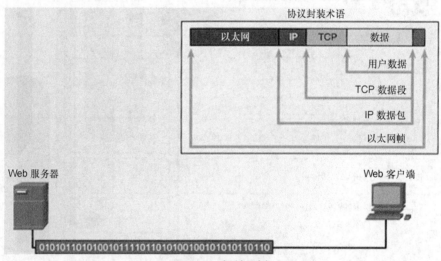

图 7-15　解封示例

8. 比较 OSI 模型与 TCP/IP 模型

OSI 模型和 TCP/IP 模型都是用于描述数据通信过程的参考模型。TCP/IP 模型专用于 TCP/IP 协议簇，而 OSI 模型用于为来自不同供应商的设备和应用开发通信标准。

TCP/IP 模型与 OSI 模型执行相同的过程，但它使用 4 个层，而非 7 个层。图 7-16 比较了两种模型的各个层。

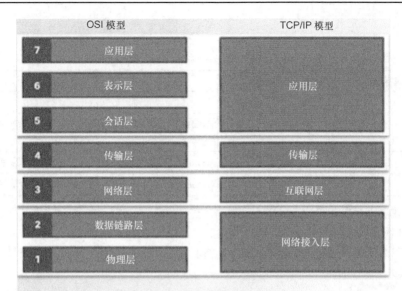

主要相似性在于传输层和网络层；然而，这两种模型在与每层的上下层的关联方式上不同。

图 7-16 OSI 模型与 TCP/IP 模型比较

7.2.2 有线和无线以太网标准

1. CSMA/CD

以太网协议描述了控制以太网网络上如何通信的规则。为了确保所有以太网设备彼此兼容，IEEE 为制造商和程序员制定了开发以太网设备时要遵循的标准。

以太网架构基于 IEEE 802.3 标准。IEEE 802.3 标准规定了网络实施带冲突检测的载波侦听多路访问（CSMA/CD）的访问控制方法。

- **载波**：是指用于传输数据的电线。
- **侦听**：每台设备侦听电线以确定是否能清晰发送数据。
- **多路访问**：可以有多台设备同时访问网络。
- **冲突检测**：冲突会导致电线上的电压加倍，可通过设备的网卡来检测这种情况。

在 CSMA/CD 中，所有设备都会侦听网络电线中的间隙，以便发送数据。此过程类似于在拨打电话前等待听到电话上的拨号音。设备检测到没有其他设备传输数据时，该设备就可以尝试发送数据。与此同时，如果没有其他设备发送任何数据，此次传输的数据就会毫无差错地到达目的计算机。如果有另一台设备同时传输数据，电线上就会发生冲突。

检测到冲突的第一站会发送出一个阻塞信号，告诉所有站停止传输并运行回退算法。回退算法会计算终端站再次尝试传输的随机时间。此随机时间通常在 1 毫秒或 2 毫秒（ms）内。每次网络中出现冲突时都会出现此操作序列，它可以将以太网传输减少最多 40%。

注意： 现在大多数以太网网络是全双工网络。在全双工以太网中极少出现冲突，因为设备可同时传输和接收数据。

---

2. 以太网电缆标准

IEEE 802.3 标准定义了支持以太网的几种物理实现方法。表 7-7 总结了用于不同以太网电缆类型的标准。

表 7-7 以太网标准

以太网标准	介 质	传 输 速 率
10BASE-T	3 类	以 10Mbit/s 的速率传输数据
100BASE-TX	5 类	100BASE-TX 的传输速率为 100Mbit/s，是 10BASE-T 传输速率的 10 倍
1000BASE-T	5e 类、6 类	1000BASE-T 架构支持 1Gbit/s 的数据传输速率
10GBASE-T	6a 类、7 类	10GBASE-T 架构支持 10Gbit/s 的数据传输速率

1000BASE-T 是目前最常实施的以太网架构，其名称表明了该标准的功能。

- 1000 代表 1000Mbit/s 或 1Gbit/s 的速度。
- BASE 代表基带传输。在基带传输中，整个电缆的带宽都用于一种类型的信号。
- T 代表双绞线铜缆布线。

3. CSMA/CA

IEEE 802.11 是规定无线网络连接性的标准。无线网络采用带冲突避免的载波侦听多路访问（CSMA/CA）方法。CMSA/CA 不会检测冲突，但会通过在传输之前等待来尝试避免冲突。要进行传输的每台设备都在帧中包含传输所需的持续时间。所有其他无线设备都会收到此信息，知道介质将有多长时间不可用。这意味着无线设备是在半双工模式下运行的。AP 或无线路由器的传输效率会随着所连设备的增加而降低。

4. 无线标准

IEEE 802.11 或 WiFi 是指一组规定无线电频率、速度和其他 WLAN 功能的标准。多年来人们已经开发了很多 IEEE 802.11 标准的实施方法，如表 7-8 所示。

802.11a、802.11b 和 802.11g 标准已被视为过时。802.11n 比 802.11g 和更早的 802.11b 速度更快。其主要功能之一是一项称为多输入多输出（MIMO）的技术，这是一种用于通过多个天线发送多个数据流的信号处理和智能天线技术。新的 WLAN 应该实施 802.11ac 设备。在购买新设备时，现有的 WLAN 实施应升级到 802.11ac。

表 7-8 比较 802.11 标准

IEEE 标准	最 大 速 度	最大室内范围	频 率	向 后 兼 容
802.11a	54Mbit/s	35 米（115 英尺）	5GHz	—
802.11b	11Mbit/s	35 米（115 英尺）	2.4GHz	—
802.11g	54Mbit/s	38 米（125 英尺）	2.4GHz	802.11b
802.11n	600Mbit/s	70 米（230 英尺）	2.4GHz 和 5GHz	802.11a/b/g
802.11ac	1.3Gbit/s（1300Mbit/s）	35 米（115 英尺）	5GHz	802.11a/n

5. 无线安全

保护无线网络最好的方法是使用身份验证和加密。最初的 802.11 标准中引入了两种类型的身份验证，如图 7-17 所示。

- **开放系统身份验证**：任何无线设备都可以连接到无线网络。应该只在不必担心安全问题的情况下使用此方法。

■ **共享密钥身份验证**：在无线客户端和 AP 或无线路由器之间提供身份验证和加密数据的机制。

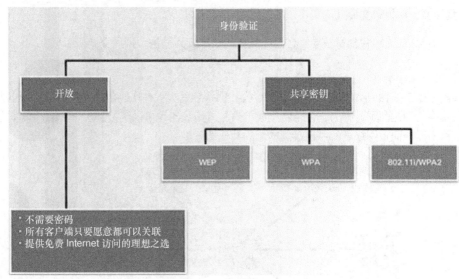

图 7-17 身份验证方法

WLAN 的三种共享密钥身份验证技术如下。

■ **有线等效保密（WEP）**：这是用于保护 WLAN 的原始 802.11 规范。但是，在交换数据包时加密密钥从不改变，使其容易遭受攻击。

■ **WiFi 保护访问（WPA）**：此标准使用 WEP，但采用更为强大的临时密钥完整性协议（TKIP）加密算法来保护数据。TKIP 将更改每个数据包的密钥，使其更难以受到攻击。

■ **IEEE 802.11i/WPA2**：IEEE 802.11i 现在是保护 WLAN 的行业标准。WiFi 联盟版称为 WPA2。802.11i 和 WPA2 均使用高级加密标准（AES）进行加密。AES 目前被视为最强的加密协议。

自 2006 年以来，任何带有 WiFi 认证徽标的设备都是经过 WPA2 认证的。因此，现代 WLAN 应始终采用 802.11i/WPA2 标准。

7.3 网络的物理组件

计算机网络是由电缆、网卡、连接以及允许设备和终端系统间互联的各种类型的硬件等物理组件组成。

7.3.1 网络设备

IT 技术人员必须了解常见网络设备的用途和特征。这一部分将对各种设备进行讨论。

1. 调制解调器

调制解调器通过 Internet 服务提供商（ISP）连接到 Internet。有三种基本类型的调制解调器。调制解调器将计算机的数字数据转换为可在 ISP 网络上传输的格式。模拟调制解调器将数字数据转换为模拟信号，以通过模拟电话线路传输数据。数字用户线路（DSL）调制解调器将用户的网络直接连接到电话公司的数字基础设施中。有线电视调制解调器将用户网络连接到通常使用混合光纤同轴电缆

（HFC）网络的有线服务提供商。

2. 集线器、网桥和交换机

用于在 LAN 中连接各种设备的器材已经从集线器演变为网桥，再到交换机。

集线器

集线器（如图 7-18 所示）在一个端口上接收数据，然后从所有其他端口上将数据发送出去。集线器会扩大网络的到达范围，因为它会重新生成电信号。集线器也可以连接到另一台网络设备上，比如交换机或路由器，而该网络设备可连接到网络的其他部分。

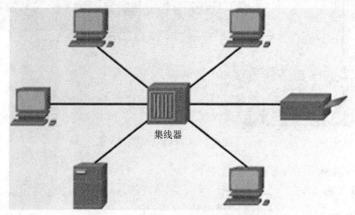

图 7-18 集线器连接 LAN 中的设备

由于缺乏效率，而且交换机的成本更低，所以现在已很少使用集线器。集线器不会对网络流量进行分段。一台设备发送流量时，集线器会将此流量泛洪到与该集线器相连的所有其他设备。这些设备共享带宽。

网桥

网桥的作用是将 LAN 划分成多个网段。网桥会保留每个网段上所有设备的记录。然后网桥就可以过滤 LAN 网段之间的网络流量。这有助于减少设备之间的流量。例如，在图 7-19 中，如果 PC-A 需要将一个作业发送给打印机，那么该流量不会被转发到网段 2。但是，服务器也会收到此打印作业流量。

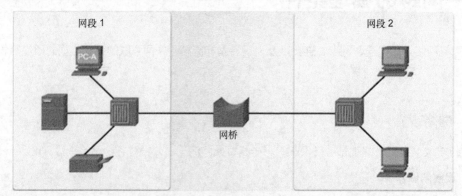

图 7-19 网桥将 LAN 分段

交换机

由于交换机所带来的优势和低成本，所以网桥和集线器现在已被视为过时设备。如图 7-20 所示，一台交换机将一个 LAN 进行微分段。微分段意味着交换机通过只将数据发送到目的设备来过滤网络流量并对网络流量进行分段。这会为网络中的每个设备提供更高的专用带宽。如果只有一台设备连接到交换机上的每个端口,那么它会在全双工模式下运行。而集线器的情况并非如此。当 PC-A 向打印机发送一个作业时,只有打印机会收到此流量。

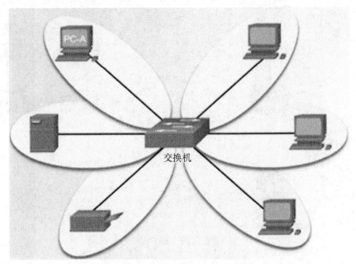

图 7-20 交换机将 LAN 微分段

交换机会维护一个交换表。交换表包含网络上所有 MAC 地址的一个列表,以及一个交换机端口列表,使用该列表可到达具有给定 MAC 地址的设备。交换表会检查每个传入帧的源 MAC 地址以及该帧到达的端口,从而记录 MAC 地址。然后交换机创建一个将 MAC 地址映射到传出端口的交换表。到达的流量指向某个特定 MAC 地址时,交换机使用交换表来确定应使用哪个端口才能到达 MAC 地址。然后将流量从此端口转发到目的设备。流量只从一个端口发往目的地,因此其他端口不受影响。

3. 无线接入点和路由器

无线接入点

无线接入点(如图 7-21 所示)提供对无线设备的网络访问,比如笔记本电脑和平板电脑。无线接入点使用无线电波来与设备中的无线网卡和其他无线接入点通信。接入点的覆盖范围有限。大型网络需要使用多个接入点才能提供足够的无线覆盖范围。无线接入点只提供与网络的连接性,而无线路由器可以提供其他功能。

路由器

路由器可以连接网络,如图 7-22 所示。交换机使用 MAC 地址在单个网络内转发流量。路由器使用 IP 地址将流量转发到其他网络。一台路由器可以是安装有特殊网络软件的计算机,或者是由网络设备制造商制造的一台设备。在大型网络中,路由器连接到交换机,然后交换机连接 LAN,就像图 7-22 中右侧的路由器一样。路由器充当通向外部网络的网关。

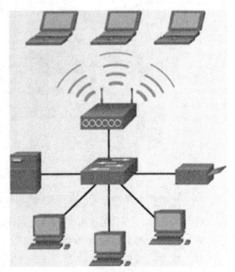

图 7-21 无线接入点

图 7-22 中左侧的路由器也称为多用途设备或集成路由器。它包括一个交换机和一个无线接入点。

对于某些网络，购买并配置一台可满足您所有需求的设备，比针对每项功能购买不同的设备要更方便。这一点对于家庭或小型办公室而言尤其准确。多用途设备还可以包含调制解调器。

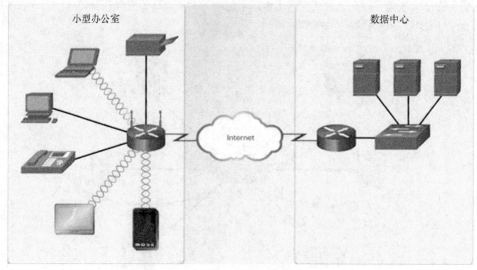

图 7-22　路由器

4. 硬件防火墙

集成路由器也可充当硬件防火墙。硬件防火墙可以保护网络中的数据和设备免遭未经授权的访问。硬件防火墙存位于两个或更多网络之间，如图 7-23 所示。它不会使用它所保护的计算机上的资源，因此不会对处理性能造成影响。

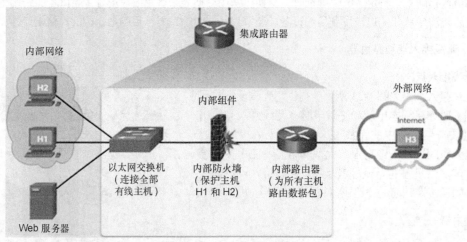

图 7-23　硬件防火墙

防火墙采用各种技术来决定允许或拒绝对网段的访问，比如访问控制列表（ACL）。该列表是路由器使用的一个文件，其中包含有关网络之间数据流量的规则。选择硬件防火墙时需要考虑的事项如下所示。

- **空间**：独立且使用专用硬件。
- **成本**：硬件和软件更新的初始成本可能会非常高。
- **计算机数量**：可以保护多台计算机。
- **性能要求**：对计算机性能的影响很小。

注意： 在一个安全的网络中，如果无需考虑计算机性能，可以启用内部操作系统防火墙来提供额外的安全性。除非防火墙配置正确，否则某些应用可能无法正确运行。

5. 其他设备

配线面板

配线面板通常作为一个收集整个建筑物中各种网络设备的接入电缆的地方，如图 7-24 所示。它在 PC 和交换机或路由器之间提供一个连接点。配线面板可以是不供电的，也可以是供电的。一个供电的配线面板可以在将信号发送给下一设备之前重新生成微弱的信号。

中继器

重新生成微弱的信号是一个中继器的主要用途。中继器也称为扩展器，因为它们会延伸信号可以传输的距离。在当今的网络中，中继器最常用于在光纤电缆中重新生成信号。

以太网供电（PoE）

PoE 交换机可在以太网电缆中将少量的直流电流连同数据一起传输，从而为 PoE 设备供电。支持 PoE 的低电压设备（比如 WiFi 接入点）、监控视频设备和 IP 电话可从远程位置进行供电。支持 PoE 的设备可通过以太网连接在长达 100 米（330 英尺）的距离内接收供电。还可以在使用 PoE 馈电器运行的电缆中间插入电源。

图 7-24 配线面板

7.3.2 电缆和接头

在这一部分，您将了解在计算机和网络中用于传输数据或为设备供电的电缆。你还将了解接头，接头是电缆的一部分，可插入端口从而将一台设备连接到另一台设备。有许多不同类型的电缆和各种外形规格的接头。

1. 同轴电缆

有多种网络电缆可供使用，如图 7-25 所示。同轴电缆和双绞线电缆使用铜缆中的电信号来传输数据。光缆使用光信号来传输数据。这些电缆的带宽、尺寸和成本各不相同。

同轴电缆（图 7-26 中详细显示了该电缆）通常由铜或铝制成。有线电视公司和卫星通信系统都会使用这种电缆。

同轴电缆（或同轴）以电信号的形式承载数据。其屏蔽能力强于非屏蔽双绞线（UTP），因此信噪比相对较高，可以承载更多的数据。但是，LAN 中采用双绞线布线来取代同轴电缆，因为与 UTP 相比，同轴电缆实际上更难安装，更加昂贵，而且更难以实施故障排除。

同轴电缆用一个护套或表皮包裹，而且可以使用各种接头进行端接，如图 7-26 所示。

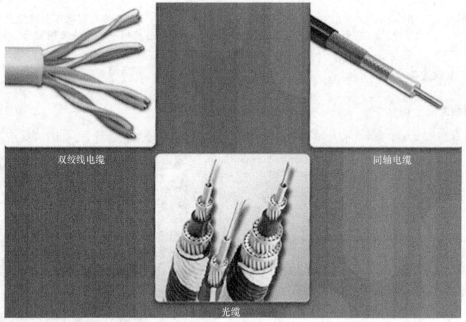

双绞线电缆　　　　同轴电缆

光缆

图 7-25　网络电缆

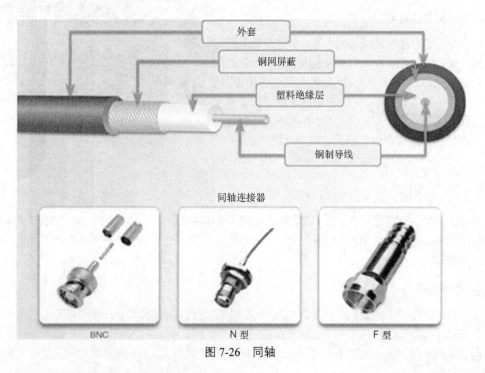

外套

铜网屏蔽

塑料绝缘层

铜制导线

同轴连接器

BNC　　　　N 型　　　　F 型

图 7-26　同轴

同轴电缆有下面多种类型。

■ **粗缆或 10BASE5**：用于网络中，以 10Mbit/s 的速度运行，最大长度 500 米（1640.4 英尺）。

■ **细缆 10BASE2**：用于网络中，以 10Mbit/s 的速度运行，最大长度 185 米（607 英尺）。

■ **RG-59**：通常用于美国地区的有线电视。

■ **RG-6**：比 RG-59 质量更高的电缆，带宽更高，而且对干扰的敏感性更低。

同轴电缆没有指定的最大带宽。所采用的信令技术类型决定了速度和限制因素。

2. 双绞线电缆

双绞线是一种用于电话通信和大多数以太网网络的铜缆类型。线对绞合在一起以提供串扰防护，串扰是由电缆中的相邻线对所产生的噪音。非屏蔽双绞线（UTP）布线是最常见的双绞线布线类型。

如图 7-27 所示，UTP 电缆由四对有彩色标记的电线组成。这些电线绞合在一起，并用软塑料套包裹，以避免较小的物理损坏。电线绞合可帮助防止串扰。但是，UTP 不提供电磁干扰（EMI）或射频干扰（RFI）防护。造成 EMI 和 RFI 的来源很多，包括电机和荧光灯。

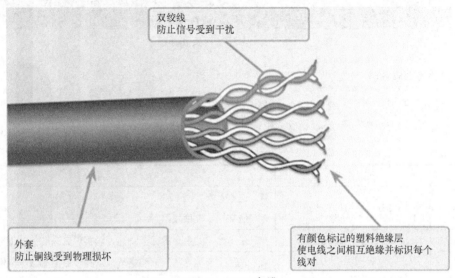

图 7-27　UTP 电缆

电缆内还有一条纤细的尼龙绳，沿电缆向后一拉，就可以切开表皮。这是查看线对的最佳方法。它可以防止划伤或割破电缆中的任何电线。

屏蔽双绞线（STP）旨在提供更好的 EMI 和 RFI 防护。如图 7-28 所示，每个双绞线外面包裹一层锡箔屏蔽。然后将四对双绞线一起包裹到金属编织网或锡箔中。

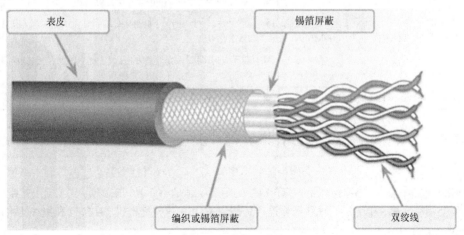

图 7-28　屏蔽双绞线

UTP 和 STP 电缆都采用 RJ-45 接头端接，并插入 RJ-45 插槽中，如图 7-29 所示。与 UTP 电缆相比，STP 电缆更加昂贵而且不易安装。为了充分利用屏蔽的优势，STP 电缆使用特殊屏蔽 STP RJ-45 数据接头进行端接（未显示）。如果电缆接地不正确，屏蔽就相当于一个天线，会接听多余信号。

图 7-29 RJ-45 接头和插槽

3. 双绞线类别评级

双绞线电缆有多种类别（类，Cat）。这些分类以电缆中的电线数和这些电线中的绞合次数为基础。目前大多数网络采用双绞线布线。双绞线电缆的特征如表 7-9 所示。

表 7-9　　　　　　　　　　　　　　双绞线电缆特征

	速　度	特　征
3 类 UTP	在 16MHz 下为 10Mbit/s	■ 适用于以太网 LAN ■ 最常用于电话线路
5 类 UTP	在 100MHz 下为 100Mbit/s	■ 采用比 3 类更高的标准制造，以实现更高的数据传输速率
5e 类 UTP	在 100MHz 下为 1000Mbit/s	■ 采用比 5 类更高的标准制造，以实现更高的数据传输速率 ■ 每英尺比 5 类电缆提供更多的绞合，从而更好地阻止外部来源的 EMI 和 RFI
6 类 UTP	在 250MHz 下为 1000Mbit/s	■ 采用比 5e 类更高的标准制造 ■ 每英尺比 5e 类电缆提供更多的绞合，从而更好地阻止外部来源的 EMI 和 RFI
6a 类 UTP	在 500MHz 下为 1000Mbit/s	■ 6a 类的绝缘性和性能都比 6 类更出色 ■ 可能会使用塑料分隔电缆内的各个电线对，以更好地阻止 EMI 和 RFI ■ 对于使用需要大量带宽的应用（比如视频会议或游戏）的客户而言，是非常不错的选择
7 类 ScTP	在 600MHz 下为 10Gbit/s	■ ScTP（屏蔽双绞线）极为昂贵，而且没有 UTP 那样灵活

注意：　3 类电缆使用 6 引脚 RJ-11 接头，而所有其他双绞线电缆使用 8 引脚 RJ-45 接头。

新建或整修后的办公大楼通常会使用某些类型的 UTP 布线将每个办公室连接到一个称为主配备设施（MDF）的中心点。传输数据的 UTP 电缆的距离限制是 100 米（330 英尺）。超出此距离限制的电缆需要使用交换机、中继器或集线器将连接延伸到 MDF。这些交换机、中继器和集线器将位于 IDF（独立配备设施）中。

安装在建筑物送气区域内的电缆必须是 Plenum 级的。送气区域是任何用于通风的区域，比如天花板和吊顶之间的区域。Plenum 级电缆采用一种特殊塑料制成，可以推迟火焰蔓延并且比其他电缆类型产生更少的烟雾。

4. 双绞线布线方案

有两种不同的模式或布线模式，称为 T568A 和 T568B。每种布线模式都定义了电缆末端的引线或线序。这两种模式很相似，其区别是在端接时，四对线中的两对交换了顺序，如图 7-30 所示。

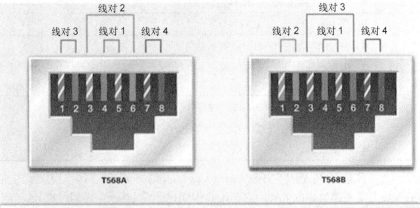

电缆类型	标准	应用
以太网直通电缆	两端均为 T568A 或两端均为 T568B	将网络主机连接到交换机或集线器之类的网络设备
以太网交叉电缆	一端为 T568A，另一端为 T568B	·连接两台网络主机 ·连接两台网络中间设备（交换机与交换机或路由器与路由器）

图 7-30 双绞线布线方案

安装网络时，必须在两种布线模式（T568A 或 T568B）中选择一种，并严格遵循。在一个项目中，必须对每个端接使用同样的布线模式，这一点非常重要。若是在现有网络上工作，则应使用业已存在的布线模式。

采用 T568A 和 T568B 布线模式，可以形成两种类型的电缆：直通电缆和交叉电缆。直通电缆是最常见的电缆类型。它将电缆两端的线都引入同样的引脚中。每种颜色的连接顺序（引线）在两端是完全相同的。

两个直接连接、并且使用不同的引脚来进行发射和接收的设备称为不相似设备。它们需要使用直通电缆来交换数据。例如，将 PC 连接到交换机需要使用直通电缆。

交叉电缆会同时使用两种布线模式。电缆一端是 T568A，另一端是 T568B。直接连接并且使用相同引脚来进行发送和接收的设备称为相似设备。它们需要使用交叉电缆来交换数据。例如，将 PC 连接到另一台 PC 需要使用交叉电缆。

注意：　如果使用的电缆类型不正确，网络设备之间的连接将不起作用。但是，某些较新的设备可自动察觉用于发送和接收的引脚，并相应地调整其内部连接。

---

5. 光缆

光纤由两种类型的玻璃（芯和涂层）和一个起保护作用的外层屏蔽套（表皮）组成。表 7-10 详细解释了每个组件。

表 7-10 光缆组件

组　件	描　述
表皮	■ PVC 表皮通常用于防止光纤受到磨损、侵蚀和其他污染 ■ 该外部表皮的成分取决于电缆的用途

组　件	描　述
强化材料	■ 包裹在缓冲区周围，以防牵动光纤时电缆变形 ■ 其材质与制造防弹衣的材质相同
缓冲区	■ 用于防止核心和涂层遭到损坏
涂层	■ 其材质与制造核心所用的材质略有不同 ■ 其作用是像镜子一样将光反射到光纤的核心内，如此可确保光在光纤中传输时始终处于核心内
核心	■ 位于光纤中心的实际光线传输部件 ■ 通常由硅或玻璃制成 ■ 光脉冲沿着光纤的核心传输

由于光缆使用光来传输信号，因此它不受 EMI 或 RFI 的影响。所有信号会在进入光缆时转换成光脉冲，并在离开光缆时重新转换为电信号。这意味着光缆比铜缆或其他金属制作的电缆传输信号更清晰、传输距离更远且带宽更高。虽然光纤极细易折，但其芯和涂层的属性使其变得坚硬。光纤非常耐用，可在全球网络的各种严酷环境中进行部署。

6. 光纤介质的类型

光缆通常分为两种类型。

■ **单模光纤（SMF）**：包含一个极小的芯，使用激光技术来发送单束光。普遍用于跨越数百千米的长距离传输，例如应用于长途电话和有线电视中的光纤。

■ **多模光纤（MMF）**：包含一个更大的芯，使用 LED 发射器发送光脉冲。具体而言，LED 发出的光从不同角度进入多模光纤。普遍用于 LAN 中，因为它们可以由低成本的 LED 提供支持。它可以通过长达 550 米的链路提供高达 10Gbit/s 的带宽。

7. 光纤接头

光纤接头在光纤末端端接。提供各种光纤接头。各种接头类型的主要区别在于尺寸和耦合方式。企业根据其装备来决定将要使用的接头类型。

通过表 7-11 中的图 7-31 至图 7-34，您将了解最常见的光纤接头类型。

表 7-11　　　　　　　　　　　　　　　　　光纤接头

	接 头 类 型	描　述
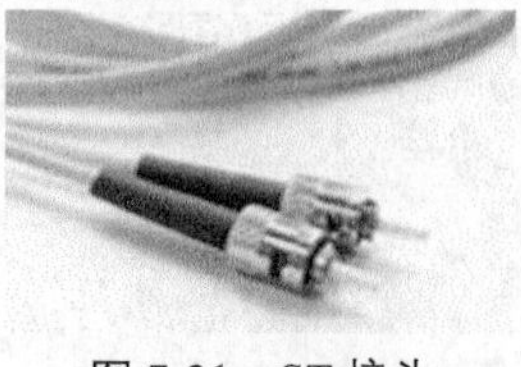 图 7-31　ST 接头	直通式（ST）接头	使用的基本接头类型之一。该接头可使用"扭转开关"卡口类机制牢固锁定
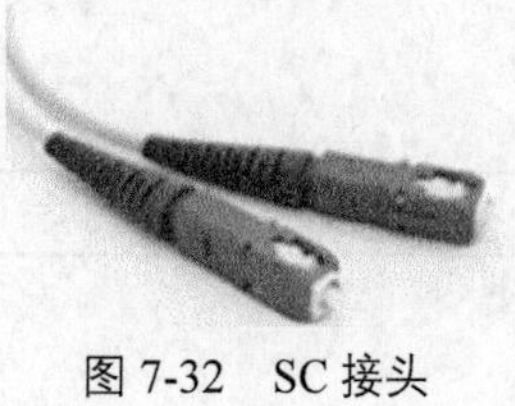 图 7-32　SC 接头	用户连接器（SC）接头	有时称为方形接头或标准接头。它是一种广泛采用的 LAN 和 WAN 接头，使用推拉机制以确保正向插入。此类接头同时用于多模和单模光纤

续表

	接 头 类 型	描 述
图 7-33 LC 接头	朗讯连接器（LC）单工接头	较小版本的光纤 SC 接头。有时称为小型或本地接头，因尺寸更小而迅速受到人们的欢迎
图 7-34 双工多模LC 接头	双工多模 LC 接头	与 LC 单工接头类似，但使用双工接头

因为光仅以单向通过光纤，如果要支持全双工操作，则需要两根光纤。因此，光纤跳线是将两根光纤线缆捆绑在一起，并通过一对标准的单光纤接头端接。有些光纤接头可以在单个接头上同时传送和接收光纤，称为双工接头，如图 7-34 中的双工多模 LC 接头所示。

7.4 基本网络概念和技术

网络为企业或家庭用户提供对共享数据和资源的轻松访问。了解网络的关键元素（例如传输介质、通信协议、网络硬件和软件以及数据共享等）对于技术人员来说非常重要。在这一部分，您将了解 IP 寻址的实施方式以及网络软件使用协议执行功能和通过网络提供服务的方式。

7.4.1 网络设备寻址

网络设备依靠两组地址以快速高效地传递消息。介质访问控制（MAC）寻址和 Internet 协议（IP）寻址是网络的两大关键组件，但它们各有不同的用途。MAC 地址是硬件地址，而 IP 地址被指定为连接到网络的一部分。这一部分将讨论网络设备寻址。

1. 网络寻址

指纹和标有地址的信件是标识某人的两种方法。一个人的指纹通常不会改变。它们提供了一种从物理上识别某人的方法。一个人的邮寄地址可能会发生变化。

连接到网络的设备有两个地址，类似于一个人的指纹和邮寄地址。这两种类型的地址是介质访问控制（MAC）地址和 IP 地址。MAC 地址由制造商硬编码在网络接口卡（NIC）上。该地址一直伴随设备，不管设备连接到什么网络。MAC 地址有 48 位，可用表 7-12 所示的三种十六进制格式之一表示。

表 7-12 MAC 地址格式

地 址 格 式	描 述
00-50-56-BE-D7-87	用连字符分隔的两个十六进制数字
00:50:56:BE:D7:87	用冒号分隔的两个十六进制数字
0050.56BE.D787	用句点分隔的 4 个十六进制数字

注意： 二进制和十六进制编码系统在网络技术中很常见。十进制、二进制和十六进制之间的
转换不属于本课程的范围。请搜索互联网以了解有关这些编码系统的详细信息。

---

2. IP 地址

现在，计算机通常都有两个 IP 地址版本。在 20 世纪 90 年代初，IPv4 网络地址几近用尽的问题令
人担忧。Internet 工程任务组（IETF）开始寻找替代方案。这一行动拉开了制定现今 IP 版本 6（IPv6）
的序幕。目前 IPv6 与 IPv4 并行存在，并已开始取代 IPv4。IPv4 地址长度为 32 位，用点分十进制数
表示：192.168.200.8。IPv6 地址长度为 128 位，用十六进制数表示。IPv6 128 位地址的十六进制格式
示例为：2001:0DB8:CAFE:0200:0000:0000:0000:0008。

IP 地址由网络管理员根据网络内的位置进行分配。当一台设备从一个网络移动到另一网络时，其
IP 地址最有可能发生更改。图 7-35 显示了拥有两个 LAN 的拓扑结构。该拓扑结构证实了在设备移动
时 MAC 地址不会改变。但 IP 地址确实会改变。笔记本电脑已移动到 LAN 2 中。注意，笔记本电脑的
MAC 地址没有改变，但其 IP 地址的确发生了变化。

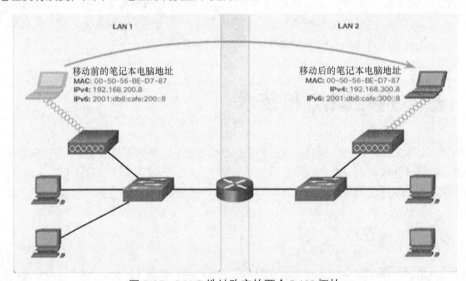

图 7-35 MAC 地址改变的两个 LAN 拓扑

图 7-36 显示了在笔记本电脑上执行命令 ipconfig /all 的输出。输出显示了 MAC 地址和两个 IP 地址。

图 7-36 笔记本电脑寻址信息

注意: Windows 操作系统将网卡称为以太网适配器，将 MAC 地址称为物理地址。

3. IPv4 地址格式

为主机配置 IPv4 地址时，以点分十进制格式输入该地址。想象一下，如果您必须输入等效的 32 位二进制数会怎样。地址 192.168.200.8 的二进制格式为 11000000101010001100100000001000。只要有一位键入错误，地址就变得不同了。这时该设备可能无法在网络上通信。

以句点分隔的每个数字称为一个八位字节，因为它代表 8 位。因此，地址 192.168.200.8 有四个八位字节。一个八位字节中的每个位可以是 1（开）或 0（关）。而且，八位字节中的每个位代表一个值。最右边的位代表 1。其左边的每个位依次加倍，因此最左边的位代表 128。要转换二进制地址，需要将每个八位字节中值为 1 的每个位的值加起来，如图 7-37 所示。

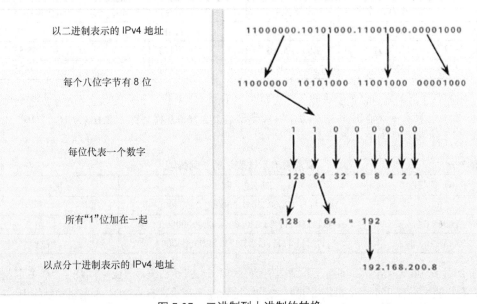

图 7-37 二进制到十进制的转换

此外，IPv4 地址由两个部分组成。第一部分用于标识网络。第二部分用于标识该网络上的主机。两个部分缺一不可。

计算机准备在网络上发送的数据时，它必须决定是将数据直接发送到预定的接收方，还是发送到路由器。如果接收方在同一网络中，则将数据直接发送到接收方。否则，它会将数据发送到路由器。然后路由器会使用 IP 地址中的网络部分在不同网络之间路由流量。

计算机和路由器使用子网掩码来计算目的 IPv4 地址的网络部分。与 IPv4 地址一样，子网掩码也采用点分十进制表示。例如，IPv4 地址 192.168.200.8 的子网掩码可能是 255.255.255.0。计算机同时使用地址和子网掩码来确定地址的网络部分。它会在二进制级别执行此操作。在图 7-38 中，我们将 192.168.200.8 地址和 255.255.255.0 子网掩码转换成其等效的二进制数。拥有十进制值 255 的八位字节用二进制表示是 8 个 1。子网掩码中的 1 位表示此位是网络部分的一部分。因此，192.168.200.8 地址的前 24 位是网络位。最后 8 位是主机位。

4. 有类 IPv4 编址与无类 IPv4 编址

当 1981 年首次指定 IPv4 时，人们将地址划分为三类，如表 7-13 所示。IPv4 地址中第一个八位字节的值表示该地址属于哪个类。每个类分配了一个默认子网掩码。

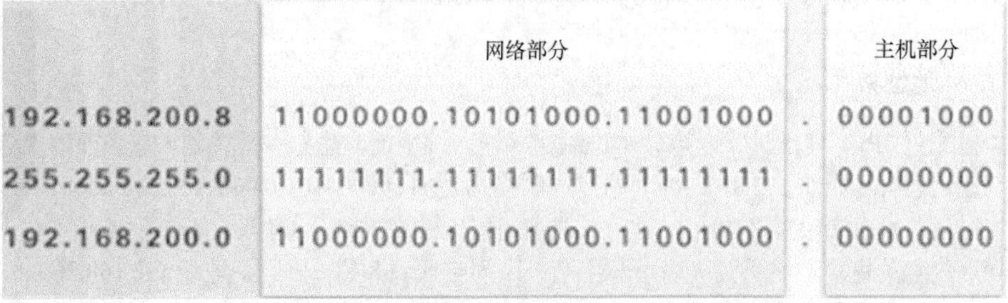

	网络部分	主机部分
192.168.200.8	11000000.10101000.11001000 .	00001000
255.255.255.0	11111111.11111111.11111111 .	00000000
192.168.200.0	11000000.10101000.11001000 .	00000000

图 7-38　子网掩码的作用

表 7-13　　　　　　　　　　　　　　IP 地址类别

类别	第一个八位字节	子网掩码	网络/主机（N=网络，H=主机)	每个网络的主机数
A	0~127	255.0.0.0	N.H.H.H	16,777,214
B	128~191	255.255.0.0	N.N.H.H	65,534
C	192~223	255.255.255.0	N.N.N.H	254

子网掩码通常采用前缀表示法显示，如表 7-14 所示。"斜线"后面的数字表示子网掩码中有多少位是 1。例如，具有子网掩码 255.255.0.0 的 B 类网络 172.16.0.0 将写作 172.16.0.0/16。"/16"表示子网掩码中的前 16 位全部为 1。

表 7-14　　　　　　　　　　以前缀表示法表示的子网掩码

子 网 掩 码	二　进　制	前　　缀
255.0.0.0	11111111.00000000.00000000.00000000	/8
255.255.0.0	11111111.11111111.00000000.00000000	/16
255.255.255.0	11111111.11111111.11111111.00000000	/24

在 20 世纪 90 年代早期，网络工程师很清楚有类 IPv4 编址系统最终会空间耗尽。很多企业的规模太大，无法使用只有 254 个主机地址的 C 类网络地址。但对于拥有 65,534 个主机地址的 B 类网络地址来说，这些企业的规模又太小。因此，Internet 工程任务组（IETF）提出了一种称为无类域间路由器（CIDR，读作"cider"）的地址分配策略。CIDR 是一种临时措施，允许企业使用已根据其具体情况自定义的寻址方案。一个企业可以获得四个具有自定义子网掩码的 C 类网络地址，如表 7-15 所示。所得到的网络地址称为超网，因为它包含了多个有类网络地址。

表 7-15　　　　　　　　　　　　CIDR 超网示例

192.168.20.0/24	
192.168.21.0/24	
192.168.22.0/24	192.168.20.0/22
192.168.23.0/24	

5. IPv6 地址的数量

IPv6 寻址将最终取代 IPv4 寻址。IPv6 解决了 IPv4 的限制并有着显著的功能提升，它能更好地适应当前和可预见的网络需求。32 位的 IPv4 地址空间提供大约 4,294,967,296 个唯一地址。IPv6 地址空间提供 340,282,366,920,938,463,463,374,607,431,768,211,456 个或 340 涧（10 的 36 次方）个地址，数量大约相当于地球上的沙粒数量。表 7-16 提供了 IPv4 和 IPv6 地址空间的可视比较。

表 7-16   IPv6 提供多少个地址？

数 量 名 称	科学记数法	零 的 数 量
1000	10^3	1,000
100 万	10^6	1,000,000
10 亿	10^9	1,000,000,000
1 万亿	10^12	1,000,000,000,000 *有 40 亿个 IPv4 地址
100 万的四次方	10^15	1,000,000,000,000,000
100 万的五次方	10^18	1,000,000,000,000,000,000
100 万的六次方	10^21	1,000,000,000,000,000,000,000
100 万的七次方	10^24	1,000,000,000,000,000,000,000,000
100 万的八次方	10^27	1,000,000,000,000,000,000,000,000,000
100 万的九次方	10^30	1,000,000,000,000,000,000,000,000,000,000
100 万的十次方	10^33	1,000,000,000,000,000,000,000,000,000,000,000
100 万的十一次方	10^36	1,000,000,000,000,000,000,000,000,000,000,000,000 *有 340 涧个 IPv6 地址

6. IPv6 地址格式

IPv6 地址长度为 128 位，写作十六进制值字符串。每 4 位以一个十六进制数字表示，共 32 个十六进制值。表 7-17 所示示例是完全展开的 IPv6 地址。

表 7-17   完全展开的 IPv6 地址示例

2001:0DB8:0000:1111:0000:0000:0000:0200
FE80:0000:0000:0000:0123:4567:89AB:CDEF
FF02:0000:0000:0000:0000:0000:0000:0001

有两条规则可帮助减少表示一个 IPv6 地址所需数字的数目。

规则 1：省略前导 0

第一条有助于缩短 IPv6 地址记法的规则是忽略 16 位部分中的所有前导 0（零）。例如：

- 01AB 可表示为 1AB
- 09F0 可表示为 9F0
- 0A00 可表示为 A00
- 00AB 可表示为 AB

规则 2：忽略全 0 数据段

第二条有助于缩短 IPv6 地址记法的规则是可以用一个双冒号（::）代替任何连续零组。双冒号（::）仅可在每个地址中使用一次，否则可能会得出一个以上的地址。

表 7-18 显示了如何使用这两条规则压缩 IPv6 地址的示例。

表 7-18   压缩 IPv6 地址

完全展开	2001:0DB8:0000:1111:0000:0000:0000:0200
无前导 0	2001: DB8: 0:1111: 0: 0: 0: 200
压缩	2001: DB8:0:1111::200

7. 静态寻址

在一个包含少量主机的网络中，为每台设备手动配置合适的 IP 地址很容易。一个了解 IP 寻址的网络管理员应该负责分配地址，而且应该知道如何为特定网络选择一个有效的地址。所分配的 IP 地址对于同一网络或子网内的每台主机而言是唯一的。这称为静态 IP 寻址。

要在主机上配置静态 IP 地址，请转至网卡的"TCP/IPv4 属性"窗口，如图 7-39 所示。

您可以为主机指定以下 IP 地址配置信息。

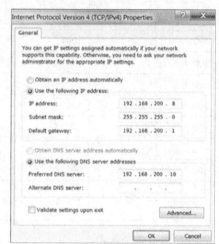

图 7-39　分配静态 IPv4 寻址

- **IP 地址**：标识网络中的计算机。
- **子网掩码**：用于标识计算机连接的网络。
- **默认网关**：标识计算机用于访问 Internet 或其他网络的设备。
- **可选值**：例如首选域名系统（DNS）服务器地址和备用 DNS 服务器地址。

在 Windows 7 中，请使用以下路径：

"开始" > "控制面板" > "网络和共享中心" > "更改适配器设置" >右键单击"本地连接" > "属性" >TCP/IPv4 或 TCP/IPv6> "属性" > "使用以下 IP 地址" > "使用以下 DNS 服务器地址" > "确定" > "确定"

在 Windows 8.0 和 8.1 中，请使用以下路径：

"电脑设置" > "控制面板" > "网络和 Internet" > "网络和共享中心" > "更改适配器设置" >右键单击"以太网" > "属性" >TCP/IPv4 或 TCP/IPv6> "属性" > "使用以下 IP 地址" > "使用以下 DNS 服务器地址" > "确定" > "确定"

8. 动态寻址

如果 LAN 中的计算机数量很多，为网络中的每台主机手动配置 IP 地址将会非常耗时，而且容易出错。DHCP 服务器可以自动分配 IP 地址，从而简化了寻址过程。而且自动配置某些 TCP/IP 参数还可以降低分配重复或无效 IP 地址的可能性。

网络中的计算机可以使用 DHCP 服务之前，该计算机必须能够识别本地网络上的服务器。通过在网卡配置窗口选择"自动获取 IP 地址"选项，可以将计算机配置为从 DHCP 服务器接受 IP 地址，如图 7-39 所示。将计算机设置为自动获取 IP 地址后，所有其他 IP 寻址配置复选框将不可用。有线和无线网卡的 DHCP 设置配置相同。

在启动后，计算机会从 DHCP 服务器连续请求 IP 地址，直至收到一个 IP 地址。如果您的计算机无法与 DHCP 服务器通信以获取 IP 地址，Windows 操作系统会自动分配一个自动私有 IP 寻址（APIPA）地址。此本地链路地址在 169.254.0.0 至 169.254.255.255 范围内。本地链路意味着您的计算机只能与连接同一 IP 地址范围内同一网络的计算机通信。

DHCP 服务器可将以下 IP 地址配置信息自动分配给主机：

- IP 地址；
- 子网掩码；
- 默认网关；
- 可选值，比如 DNS 服务器地址。

在 Windows 7 中，请使用以下路径：

"开始" > "控制面板" > "网络和共享中心" > "更改适配器设置" >右键单击"本地连接" > "属性" >TCP/IPv4 或 TCP/IPv6> "属性" >选择单选按钮"自动获取 IP 地址" > "确定" > "确定"

在 Windows 8.0 和 8.1 中，请使用以下路径：

“电脑设置” > “控制面板” > “网络和 Internet” > “网络和共享中心” > “更改适配器设置” >右键单击“以太网” > “属性” >TCP/IPv4 或 TCP/IPv6> “属性” >选择单选按钮“自动获取 IP 地址” > “确定” > “确定”

DNS

要访问 DNS 服务器，计算机需要使用计算机网卡 DNS 设置中所配置的 IP 地址。DNS 会将主机名和 URL 解析或映射为 IP 地址。

所有 Windows 计算机都包含一个 DNS 缓存，其中存储了最近解析过的主机名。该缓存是 DNS 客户端查找主机名解析的首个地方。由于它是内存中的一个位置，因此与使用 DNS 服务器相比，缓存可以更快地检索已解析的 IP 地址，而且不会产生网络流量。

配置备用 IP 设置

通过在 Windows 中设置备用的 IP 配置，可以方便地在需要使用 DHCP 的网络与使用静态 IP 设置的网络之间切换。如果计算机无法与网络中的 DHCP 服务器通信，Windows 会使用分配给网卡的备用 IP 配置。另外，在无法联系到 DHCP 服务器时，备用 IP 配置会替换由 Windows 分配的 APIPA 地址。

要创建备用 IP 配置，请打开“网卡属性”窗口，双击 Internet 协议版本 4（TCP/IPv4）协议然后单击位于 Internet 协议版本 4（TCP/IPv4）属性窗口中的“备用配置”选项卡。只在选中“自动获取 IP 地址”时才会显示“备用配置”选项卡。

9. ICMP

网络中的设备使用 Internet 控制消息协议（ICMP）向计算机和服务器发送控制和错误消息。ICMP 有多种不同的用途，比如通告网络错误、通告网络拥塞和故障排除等。

ping 命令常用于测试计算机之间的连接。ping 是一个非常简单但高度实用的实用程序，用于确定具体的 IP 地址是否可访问。要查看可与 ping 命令结合使用的选项列表，请在命令提示符窗口中键入 ping /?，如图 7-40 所示。

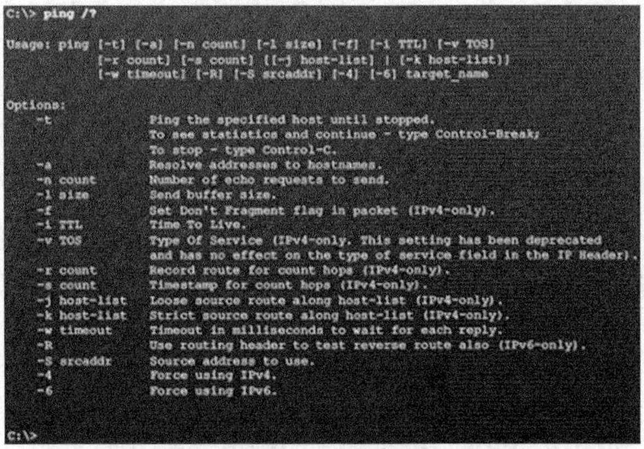
```
C:\> ping /?

Usage: ping [-t] [-a] [-n count] [-l size] [-f] [-i TTL] [-v TOS]
            [-r count] [-s count] [[-j host-list] | [-k host-list]]
            [-w timeout] [-R] [-S srcaddr] [-4] [-6] target_name

Options:
    -t             Ping the specified host until stopped.
                   To see statistics and continue - type Control-Break;
                   To stop - type Control-C.
    -a             Resolve addresses to hostnames.
    -n count       Number of echo requests to send.
    -l size        Send buffer size.
    -f             Set Don't Fragment flag in packet (IPv4-only).
    -i TTL         Time To Live.
    -v TOS         Type Of Service (IPv4-only. This setting has been deprecated
                   and has no effect on the type of service field in the IP Header).
    -r count       Record route for count hops (IPv4-only).
    -s count       Timestamp for count hops (IPv4-only).
    -j host-list   Loose source route along host-list (IPv4-only).
    -k host-list   Strict source route along host-list (IPv4-only).
    -w timeout     Timeout in milliseconds to wait for each reply.
    -R             Use routing header to test reverse route also (IPv6-only).
    -S srcaddr     Source address to use.
    -4             Force using IPv4.
    -6             Force using IPv6.

C:\>
```

图 7-40 ping 命令选项列表

ping 命令的工作方法是向目的计算机或其他网络设备发送 ICMP 回应请求。然后接收设备发回的 ICMP 回应回复消息，以确认连接性。回应请求和回应回复是一种测试消息，用于确定设备是否可以互相发送数据包。在 Windows 中，会将 4 个 ICMP 回应请求（ping）发送到目的计算机，如图 7-41 所示。如果目的计算机可达，那么它会以 4 个 ICMP 回应回复进行响应。成功回复所占的百分比可帮助您确定目的计算机的可靠性和可访问性。其他 ICMP 消息会报告未送达的数据包以及某个设备是否太过繁忙，无法处理此数据包。

当主机名已知时，您还可以使用 ping 命令来查找该主机的 IP 地址。如果您对某网站的名称（例如 cisco.com）执行 ping 命令，如图 7-41 所示，就会显示服务器的 IP 地址。

```
C:\> ping www.cisco.com

Pinging e144.dscb.akamaiedge.net [23.200.16.170] with 32 bytes of data:
Reply from 23.200.16.170: bytes=32 time=25ms TTL=54
Reply from 23.200.16.170: bytes=32 time=26ms TTL=54
Reply from 23.200.16.170: bytes=32 time=25ms TTL=54
Reply from 23.200.16.170: bytes=32 time=25ms TTL=54

Ping statistics for 23.200.16.170:
    Packets: Sent = 4, Received = 4, Lost = 0 (0% loss),
Approximate round trip times in milli-seconds:
    Minimum = 25ms, Maximum = 26ms, Average = 25ms
C:\>
```

图 7-41　使用 Ping 命令通过主机名测试连接

7.4.2　传输层协议

端口和协议用于允许网络中设备、应用和网络之间的通信。协议确定了通信发生的方式，端口用于跟踪各种通信。这一部分将解释常见的传输层协议和用于数据网络的端口。

1. 传输层的作用

传输层负责在两个应用之间建立临时通信会话和在它们之间传送数据。传输层是应用层与负责网络传输的下层之间的链路。

2. 传输层功能

源应用和目的应用之间的数据流动称为会话。一台计算机可以同时维持多个应用之间的多个会话，如图 7-42 所示。这一行为由于传输层的三个主要功能而得以实现。

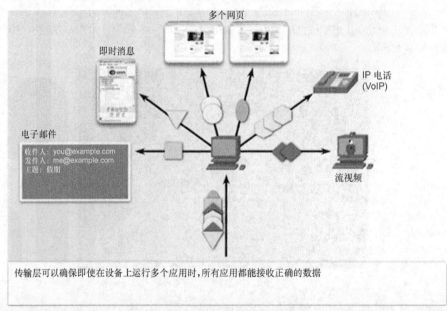

图 7-42　使用传输层跟踪会话

■　**跟踪应用之间的单个会话**：一台设备上可以有多个应用同时使用网络。

■　**将数据分段并重组分段**：发送设备会将应用数据划分成大小合适的多个数据块。接收设备将这些分段重组为应用数据。

■ **标识应用**：为了将数据流传送到适当的应用，传输层必须要标识目的应用。因此，传输层为每一个应用分配一个标识符，称为端口号。

3. **传输层协议**

在传输层运行的两个协议是 TCP 和用户数据报协议（UDP），如图 7-43 所示。TCP 被认为是可靠且功能齐全的传输层协议，用于确保所有数据到达目的设备。相反，UDP 是不提供任何可靠性的一个非常简单的传输层协议。IP 使用这些传输协议来实现主机的数据通信和传输。图 7-44 高亮显示了 TCP 和 UDP 属性。

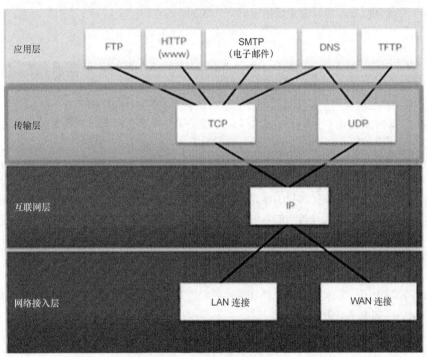

图 7-43　两个传输层协议

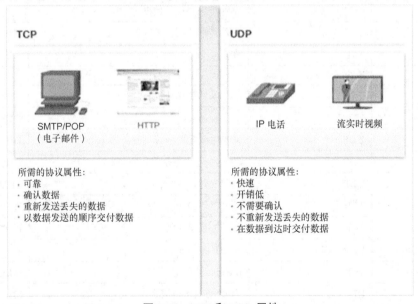

图 7-44　TCP 和 UDP 属性

4. TCP

TCP 传输类似于从源到目的地跟踪发送的数据包。如果快递订单分多个数据包，客户可以在线查看发货顺序。

使用 TCP 的三项基本的可靠性操作：

■ 对从特定应用传输到特定设备的数据段进行编号和跟踪；

■ 确认收到数据；

■ 在一定时间段后，重新发送任何未确认的数据。

5. UDP

UDP 类似于邮寄未挂号的常规信件。发件人不知道收件人是否能够接收信件。邮局也不负责跟踪信件或在信件未到达最终目的地时通知发件人。

UDP 仅提供在相应应用之间传输数据段的基本功能，需要很少的开销和数据检查。UDP 是一种尽力传输协议。在网络环境中，尽力传输被称为不可靠传输，因为它缺乏目的设备对所收到数据的确认机制。

6. 端口号

TCP 和 UDP 使用源端口号和目的端口号来跟踪应用会话。源端口号与本地设备上的始发应用相关联。而目的端口号则与远程设备上的目的应用相关联。

源端口号是由发送设备动态生成的。此过程使同一应用能够同时进行多个会话。例如，当您使用 Web 浏览器时，可以一次打开多个选项卡。普通 Web 流量的目的端口号为 80，安全 Web 流量的目的端口号为 443。但是所打开的每个选项卡的源端口是不同的。这就是计算机知道哪个浏览器选项卡提供哪些 Web 内容的原因。同样，电子邮件和文件传输等其他网络应用也有其自己所分配的端口号。最常见的公认端口号如表 7-19 所示。

表 7-19　　　　　　　　　　　　　　　　公认端口号

端　口　号	协　　议	应　　用	缩　　写
20	TCP	文件传输协议（数据）	FTP
21	TCP	文件传输协议（控制）	FTP
22	TCP	安全外壳	SSH
23	TCP	Telnet	-
25	TCP	简单邮件传输协议	SMTP
53	UDP、TCP	域名服务	DNS
67	UDP	动态主机配置协议（服务器）	DHCP
68	UDP	动态主机配置协议（客户端）	DHCP
69	UDP	简单文件传输协议	TFTP
80	TCP	超文本传输协议	HTTP
110	TCP	邮局协议第 3 版	POP3
137~139	UDP、TCP	NetBIOS/NetBT	-
143	TCP	Internet 消息访问协议	IMAP
161	UDP	简单网络管理协议	SNMP

续表

端 口 号	协 议	应 用	缩 写
427	UDP、TCP	服务定位协议	SLP
443	TCP	安全超文本传输协议	HTTPS
445	TCP	服务器消息块/通用 Internet 文件系统	SMB/CIFS
548	TCP	Apple 文件协议	AFP
3389	UDP、TCP	远程桌面协议	RDP

7.5 总结

从社交媒体连接到企业运作，计算机网络是日常生活的一部分。通过使用物理和逻辑组件或软件，网络允许用户传递数据。物理组件由传输介质和网络设备等组成。逻辑组件包括 IP 寻址、通信协议以及电子邮件和 Web 浏览器等应用。

本章概述了网络原理、标准和用途。本章描述了用于计算机网络的不同类型的硬件并解释了用于通信的各种协议和应用。本章还描述了用于协助理解计算机网络的两种模型。本章着重强调了所使用的设备以及为使网络正常运行和彼此通信所必须遵循的协议。

很多不同的设备都可以连接到当今的网络，包括计算机、笔记本电脑、平板电脑、智能手机、电视机、手表和家用器具。这些设备使用各种介质连接到网络，包括铜缆、光纤和无线介质。交换机和路由器等中间设备确保数据在源和目的地之间进行传输。这些设备连接形成的网络类型包括 LAN、WLAN、PAN、MAN 和 WAN。

设备必须就一组规则达成一致，才能相互有效通信。这些规则称为标准和协议。OSI 参考模型和 TCP/IP 协议簇可帮助网络管理员和技术人员了解这些标准和协议之间的交互作用。

以太网标准包括有线和无线两种类型。有线标准是 IEEE 802.3，无线标准是 IEEE 802.11。

数据需要使用几种不同类型的地址和编号来确保正确的目的设备能接收它。交换机使用 MAC 地址在 LAN 内转发流量。路由器使用 IP 地址来确定通往目的网络的最佳路径。计算机使用端口号来确定哪个应用应该接收数据。

检查你的理解

您可以在附录中查找下列问题的答案。

1. 哪个标准组织发布了最新以太网标准？
   A. IEEE
   B. EIA/TIA
   C. ANSI
   D. CCITT
2. 在 T568B 以太网布线标准中，引脚 1 的线颜色是什么？
   A. 蓝色
   B. 橙色
   C. 棕色
   D. 橙色/白色
   E. 蓝色/白色
   F. 绿色/白色

   G. 绿色
   H. 棕色/白色

3. 交换机是通过检查每个传入数据帧从而记录各个_____地址的网络设备。
   A. IP
   B. TCP/IP
   C. MAC
   D. SVI
   E. Switch Address

4. 一位学生正在帮助朋友解决家中计算机无法再访问 Internet 的问题。经过调查，此学生发现为
   计算机分配的 IP 地址为 169.254.100.88。下列哪项描述会导致计算机获取此类 IP 地址？
   A. 减小的计算机电源输出
   B. 无法到达 DHCP 服务器
   C. 静态 IP 寻址以及不完整的信息
   D. 周围设备的干扰

5. 以下哪个程序是第 2 类虚拟机监控程序的示例？
   A. Windows XP 模式
   B. DirectX
   C. 虚拟 PC
   D. OpenGL

6. 什么参考模型将网络通信划分为七个不同的层，并可用于维护不同供应商设备和应用之间的互
   操作性？
   A. IEEE 802.3
   B. OSI
   C. DoD
   D. TIA

7. 哪种网络设备不用将网络分段便可重新生成数据信号？
   A. 交换机
   B. 集线器
   C. 路由器
   D. 调制解调器

8. 哪两个协议在 TCP/IP 模型的传输层上运行？（选择两项）
   A. IP
   B. UDP
   C. ICMP
   D. TCP
   E. FTP

9. 路由发生在 TCP/IP 模型中的哪一层？
   A. 应用层
   B. 互联网层
   C. 传输层
   D. 网络接入层

10. 什么是 255.0.0.0 子网掩码相应的 CIDR 前缀表示法？
    A. /16
    B. /24
    C. /32
    D. /8

11. 哪个术语用于描述网络上可以发送和接收信息的任何设备？
    A. 工作站
    B. 服务器
    C. 控制台
    D. 外围设备
    E. 主机

12. 子网掩码为 255.255.0.0 的网络上有多少个可用主机地址？
    A. 254
    B. 16,777,214
    C. 65,534
    D. 1024

13. 某公司正在扩大经营规模，进军其它国家市场。所有分支机构都必须随时与公司总部保持连
    接。这种情况下需要使用哪种网络技术提供支持？
    A. WLAN
    B. LAN
    C. MAN
    D. WAN

14. 哪种类型的网络延伸距离较短，并可将打印机、鼠标和键盘连接到单个主机?

    A. WLAN   B. LAN

    C. MAN   D. PAN

15. IPv6 地址 2001:0db8:eeff:000a:0000:0000:0000:0001 的正确压缩格式是什么?

    A. 2001:db8:eeff:a::0001   B. 2001:db8:eeff:a::1

    C. 2001:db8:eeff:a:1   D. 2001:db8:eeff:a:::1

16. 哪种协议在 TCP/IP 模型的应用层运行?

    A. HTTP   B. TCP

    C. ICMP   D. IP

17. 电视公司使用什么类型的网络电缆将数据作为电信号进行传输?

    A. 光纤电缆   B. 非屏蔽双绞线

    C. 屏蔽双绞线   D. 同轴电缆

第 8 章

应用网络连接

学习目标

通过完成本章的学习，您将能够回答下列问题：

- 如何安装和配置网络接口卡（NIC）；
- 如何安装和配置无线路由器；
- 如何将设备连接到无线路由器；
- 如何在 Windows 中配置域成员；
- 如何通过网络共享和驱动器映射共享文件；

- 什么是 TCP/IP 服务；
- 较为常见的 TCP/IP 端口有哪些；
- 如何使用命令行工具排除网络故障；
- 什么是 ISP 宽带技术；
- 什么是云计算技术；
- 如何排除网络故障。

计算机网络的设计十分精确；设备必须兼容且必须遵循基于拓扑或网络类型而明确定义的规则或协议以实现设备间相互通信。

在本章中，我们将探索如何组建一个网络，并且我们会将理论应用于实践。为使网络正常运行，您需要硬件和软件以共享数据和资源。对于小型网络来说，您需要网卡和传输介质等硬件以承载信号；如果您扩展了网络规模，您将需要与交换机和路由器等设备进行互连。网络软件包括网络连接设备、应用和协议。在这一部分，您将学习安装和配置必需的硬件和软件。本章所学的知识可在组建和维护计算机网络以及排除计算机网络故障时得到应用。

本章重点介绍网络连接的应用。您将学习如何安装和配置网络接口卡（NIC），将设备连接到无线路由器，以及配置无线路由器来实现网络连接。您还将学习如何在 Windows 中配置域成员关系以及通过网络共享和驱动器映射共享文件。您的很大一部分网络技能在于您能否决定使用哪个 Internet 服务提供商（ISP）实施家庭或小型办公室网络连接。

网络和 Internet 提供了许多重要服务。您将了解数据中心和云计算的优势。还将了解一些更为重要的网络应用，包括 Web、电子邮件、文件、代理和安全服务。最后，您将学习如何应用系统性方法进行故障排除。

8.1 计算机连网

要将一台计算机连接到网络所需的所有设备包括两台计算机、两个网络接口卡（NIC）以及一条电缆。这是一个点对点网络，但这并非常见的网络安装类型。与直接将两台计算机连接起来不同，更常见的连接方式是一台中心网络设备（如交换机）连接到每台计算机的网卡，因此多台计算机可以彼此相连。

8.1.1 网络卡

在开始前，您应当确定要安装的网络类型并明确所需的硬件或连接类型。确定硬件的起点之一就是网卡。网卡控制着有线或无线连接，因此计算机之间可以彼此通信，也可以与网络中的其他设备通信。

1. 网络安装完成清单

计算机技术人员必须能够满足客户的网络需求。因此您必须了解下述信息。

- **网络组件**：包括有线和无线网络接口卡（NIC）以及交换机、无线接入点（AP）、路由器和多用途设备等网络设备。
- **网络设计**：了解网络的互连方式，以支持企业需求。例如，一家小型企业的需求与大型企业的需求会有很大不同。

假设有一家拥有 10 名员工的小型企业。该企业已经与您签订了合同，由您负责连接其用户。如图 8-1 所示，对于这样的少量用户，可以使用一台小型多用途设备。多用途设备提供路由器、交换机、防火墙和接入点功能。多用途设备通常称为无线路由器。

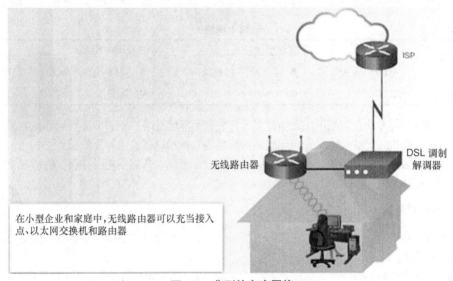

图 8-1 典型的家庭网络

如果企业不断扩张，那么使用无线路由器就不合适了。他们需要使用专用交换机、接入点（AP）、防火墙设备和路由器。

无论网络设计如何，您必须了解如何安装网卡、连接有线和无线设备以及配置基本网络设备。

注意： 本章重点讲述家庭或小型办公室无线路由器的连接和配置。所有无线路由器都具有相同的功能和类似的图形用户界面（GUI）元素。您可以在线购买，或从消费电子产品商店购买各种低成本的无线路由器。有很多提供此类产品的制造商，包括 Asus、Cisco、D-Link、Linksys、Netgear 和 Trendnet 等。

---

2. 选择网卡

您必须使用网卡才能连接到网络。如图 8-2 所示，目前有不同类型的网卡。以太网网卡用于连接以太网网络，无线网卡用于连接 802.11 无线网络。大多数台式计算机中的网卡集成到主板上或连接到扩展槽中。也有以 USB 形式提供的网卡。

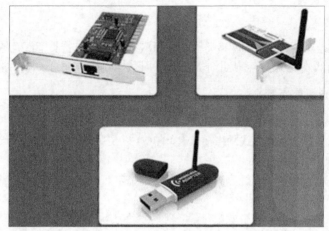

图 8-2 网卡类型

表 8-1 列出了购买新网卡时要考虑的问题。

表 8-1 新网卡问题

网卡类型：	连接类型：	高级网卡功能：	
■ 有线（快速以太网或千兆以太网）？ ■ 无线 802.11n/802.11ac？	■ 扩展槽（PCI/PCIe）？ ■ USB？	■ LAN 唤醒（WoL）？ ■ 服务质量（QoS）？	成本？

客户要求提高网速或在网络中添加新功能时，您必须能够升级、安装和配置组件。如果您的客户正在添加其他计算机或无线功能，您应该能够根据其需求推荐设备，比如无线接入点和无线网卡。您所推荐的设备必须能与现有设备和布线兼容，否则必须升级现有基础设施。在极少的情况下，您可能需要更新驱动程序。

3. 安装和更新网卡

要在台式计算机中安装网卡，您必须拆下机箱盖。然后拆除可用插槽的护盖。安全安装网卡后，请重新安装机箱盖。

无线网卡在卡的背面有一个天线或者连接了一条电缆，以便能调整其位置，实现最佳的信号接收。您必须连接和放置天线。

有时制造商会为网卡发布新的驱动程序软件。新的驱动程序可能用于增强网卡的功能，或者可能是实现操作系统兼容性所必需的。针对所有受支持操作系统的最新驱动程序都可从制造商的网站上下载。

安装新的驱动程序时，请禁用病毒防护软件，确保驱动程序安装正确。某些病毒扫描程序会检测到驱动程序更新，将其当成潜在的病毒攻击。一次只安装一个驱动程序；否则，有些更新流程可能会发生冲突。最好的做法是关闭所有正在运行的应用，这样它们不会使用任何与驱动程序更新相关的文件。

您还可以手动更新网卡驱动程序。

在 Windows 8 和 8.1 中，请使用以下路径：

控制面板>硬件和声音>设备管理器

在 Windows 7 和 Windows Vista 中，请使用以下路径：

开始>控制面板>设备管理器

在 Windows 7 中，要查看已安装的网络适配器，请单击此类别旁边的箭头。要查看和更改适配器的属性，请双击适配器。在"适配器属性"窗口中，选择"驱动程序"选项卡。

注意：	有时驱动程序安装流程会提示您重启计算机。

如果新的网卡驱动程序在安装后无法按预期运行，请卸载该驱动程序或回滚到上一驱动程序。双击“设备管理器”中的适配器。在“适配器属性”窗口中，选择“驱动程序”选项卡，并单击“回滚驱动程序”。如果更新前没有安装任何驱动程序，则该选项不可用。在这种情况下，如果操作系统无法为网卡找到合适的驱动程序，则您必须为设备查找一个驱动程序并手动安装它。

4. 配置网卡

安装网卡驱动程序后，必须配置 IP 地址设置。可采用以下两种方式之一为计算机分配 IP 配置。

- **手动**：为主机静态配置一个特定 IP 配置。
- **动态**：主机从 DHCP 服务器请求 IP 地址配置。

要在 Windows 8 和 8.1 中手动配置 IP 设置，请使用以下路径：

“控制面板”>“网络和 Internet”>“网络和共享中心”>“更改适配器设置”>右键单击“以太网”>左键单击“属性”。这将打开“以太网属性”窗口。

在 Windows 7 和 Vista 中，请使用以下路径：

“开始”>“控制面板”>“网络和共享中心”>“更改适配器设置”>右键单击“本地连接”>左键单击“属性”。这将打开“本地连接属性”窗口。

要配置 IPv4 设置，请单击“Internet 协议版本 4（TCP/IPv4）”>“属性”。这将打开“Internet 协议版本 4（TCP/IPv4）属性”窗口。默认设置是使用 DHCP 自动获取 IP 设置。要手动配置该设置，请单击“使用以下 IP 地址”。然后输入适当的 IPv4 地址、子网掩码和默认网关，并单击“确定”>“确定”。

要配置 IPv6 设置，请单击“Internet 协议版本 6（TCP/IPv6）”>“属性”。这将打开“Internet 协议版本 6（TCP/IPv6）属性”窗口。单击“使用以下 IPv6 地址”。然后输入适当的 IPv6 地址、前缀长度和默认网关，并单击“确定”>“确定”。

注意：	现在大多数计算机配有板载网卡。如果要安装新的网卡，最好的做法是在 BIOS 设置中禁用板载网卡。

5. 高级网卡设置

某些网卡提供了高级功能。在大多数网络环境中，唯一一项必须配置的网卡设置是 IP 地址信息。您可以将高级网卡设置保留默认值。但是，当计算机连接到不支持部分或全部默认设置的网络时，您必须对高级设置进行必要的更改。可能需要进行这些更改后计算机才能连接到网络、启用网络所需的功能或实现更好的网络连接。

注意：	高级功能设置不当可能会导致连接失败或性能降低。

高级功能位于网卡配置窗口的“高级”选项卡中。“高级”选项卡包含网卡制造商提供的所有参数。

注意：	可以使用哪些高级功能和这些功能的选项卡布局取决于所安装的操作系统和具体的网卡适配器和驱动程序。

一些高级选项卡功能如下所示。

- **速度和双工**：这些设置必须与网卡所连接的设备相匹配。默认情况下，设置为自动协商。速度或双工不匹配可能会减缓数据传输速率。如果发生这种情况，则必须更改双工、速度或同时更改两者。图 8-3 显示了速度和双工设置。

■ **LAN 唤醒**：WoL 设置用于将网络计算机从极低功耗模式状态下唤醒。极低功耗模式意味着计算机已关闭，但仍连接电源。要支持 WoL，计算机必须拥有 ATX 兼容电源和 WoL 兼容网卡。一个唤醒消息（称为幻数据包）将会发送到计算机的网卡上。幻数据包中包含了计算机所连网卡的 MAC 地址。网卡收到幻数据包时，计算机将被唤醒。您可以在主板 BIOS 或网卡驱动程序固件中配置 WoL。图 8-4 显示了驱动程序固件中的配置。

图 8-3　速度和双工设置

■ **服务质量**：QoS，也称为 802.1q QoS，是许多用于控制网络流量传输、提升传输速度和改善实时通信流量的技术。网络计算机和网络设备必须为服务启用了 QoS 才能正常工作。在计算机上安装并启用 QoS 时，Windows 可以限制可用带宽，以满足高优先级流量的需求。禁用 QoS 后，网络设备对所有流量一视同仁。QoS 默认已启用，如图 8-5 所示。

图 8-4　LAN 唤醒设置

图 8-5　默认已启用 QoS

8.1.2　无线和有线路由器配置

您可以同时使用有线和无线连接的组合来组建网络。这是家庭网络环境中一种更为常见的配置。家庭路由器实际上是三种网络连接组件的结合体：路由器、无线 AP 和交换机。在企业环境中，这三种硬件组件保持独立，但消费者路由器几乎始终是这样一种结合产品。

1. 连接网卡

要连接到网络，可将直通以太网电缆连接到网卡端口。在家庭或小型办公室网络中，电缆的另一端很可能会连接无线路由器的以太网端口。在企业网络中，计算机最有可能连接到一个墙上插座中，该插座再连接网络交换机。

网卡通常有一个或多个绿色或琥珀色的 LED 或链路指示灯。这些灯用于指示是否存在链路连接以及是否存在活动。绿色 LED 通常用于指示一个活动链路连接，而琥珀色 LED 通常用于指示网络活动。

注意： LED 灯的含义因网卡制造商的不而有所不同。请参阅主板或网卡文档以了解详细信息。

如果 LED 不亮，则表示出现了问题。没有活动可能表示网卡配置错误、电缆错误、交换机端口错误，甚至网卡错误。您可能必须更换其中一个或多个设备才能纠正此问题。

2. 将路由器连接到 Internet

无线路由器有多个端口可连接有线设备。例如，图 8-6 中的无线路由器有一个 USB 端口、一个 Internet 端口和四个局域网（LAN）端口。Internet 端口是一个用于将路由器连接到宽带 DSL 或电缆调制解调器等服务提供商设备的以太网端口。

将无线路由器连接到宽带调制解调器端口的步骤如下。

图 8-6　家用无线路由器

How To

步骤 1　在路由器上，将直通以太网电缆连接到标记为 Internet 的端口。此端口也可能标记为 WAN。当有通信内容进出 Internet 和其他连接的计算机时，该设备的交换逻辑会通过此端口转发所有数据包。

步骤 2　在服务提供商宽带调制解调器上，将电缆的另一端连接到合适的端口。此端口的典型标记是 Ethernet、Internet 或 WAN。

步骤 3　启动宽带调制解调器并将电源线插入路由器。在调制解调器与 ISP 建立连接后，它将开始与路由器通信。路由器的 Internet LED 将会亮起，表示开始通信。调制解调器使路由器能够接收所需的网络信息，以便通过 ISP 访问 Internet。此信息包括公有 IP 地址、子网掩码和 DNS 服务器地址。

有关连接设备的拓扑如图 8-7 所示。

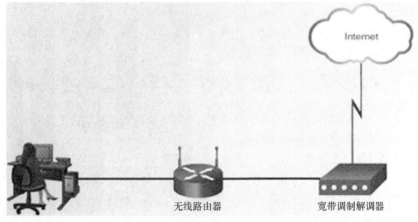

无线路由器　　　　　宽带调制解调器

图 8-7　路由器连接到 Internet 拓扑

3. 设置网络位置

使用 Windows 操作系统的计算机首次连接网络时，必须选择一个网络位置配置文件。每个网络位置配置文件拥有不同的默认设置。根据所选的配置文件，可以关闭或开启文件和打印机共享或网络发现，而且可以应用不同的防火墙设置。

Windows 有三个网络位置配置文件，如图 8-8 所示。

■ **家庭网络**：为家庭网络选择此网络位置，或者当您信任网络上的人和设备时选择此网络位置。网络发现已开启，允许您查看网络上的其他计算机和设备，并且允许其他网络用户查看您的计算机。

■ **工作网络**：为小型办公室或其他办公网络选择此网络位置。网络发现已开启。此时无法创建或加入家庭组。

■ **公用网络**：为机场、咖啡店和其他公共场所选择此网络位置。网络发现已关闭。此网络位置提供大多数防护功能。如果您不使用路由器直接连接 Internet 或者使用移动宽带连接，也请选择此网络位置。家庭组不可用。

图 8-8 设置网络位置窗口

属于公用、工作或家庭网络并在其上共享资源的计算机必须是同一工作组的成员。家庭网络中的计算机也可以属于家庭组。家庭组提供了简单的文件和打印机共享方法。Windows Vista 不支持家庭组功能。

第四种网络位置配置文件称为域网络，通常用于企业办公场所。此配置文件由网络管理员控制，连接到企业的用户无法选择它或对其进行更改。

注意： 如果网络中只有一台计算机，而且不需要文件或打印机共享，则最安全的选项是"公用"。

您可以更改所有网络位置配置文件的默认设置，如图 8-9 所示。对默认配置文件所做的更改会应用到使用同一网络位置配置文件的每个网络。

如果在首次将计算机连接到网络中时"设置网络位置"窗口不显示，您可能需要释放并更新计算机的 IP 地址。在计算机上打开命令提示符后，键入 ipconfig /release，然后键入 ipconfig /renew，从路由器获取 IP 地址。

4. 登录到路由器

大多数家庭和小型办公室的无线路由器开箱即用。不需要对其进行任何额外的配置。但是，无线路由器的默认 IP 地址、用户名和密码在 Internet 上很容易找到。

直接输入搜索词"默认无线路由器 IP 地址"或"默认无线路由器密码"，即可看到提供此信息的许多网站。因此，出于安全原因，您的首要优先事项就是更改这些默认值。

图 8-9 默认共享选项

要访问无线路由器的配置 GUI，请打开 Web 浏览器。在"地址"字段中，输入您的无线路由器的默认私有 IP 地址。在无线路由器随附的文档中可以找到默认 IP 地址，或者可以在 Internet 上搜索。IP 地址 192.168.0.1 是一些制造商的常见默认值。安全窗口将提示您授权访问路由器 GUI。单词 admin 通常用作默认用户名和密码。同样，可查看您的无线路由器文档或在 Internet 上搜索。

5. 基本网络设置

登录后，一个设置窗口将会打开，如图 8-10 所示。设置屏幕上的选项卡或菜单将帮助您导航至各项路由器配置任务。通常需要保存一个窗口中更改后的设置，然后才能继续进入另一窗口。

此时，最好的做法是对默认设置作出更改。

- **网络设备访问权限**：更改默认用户名和密码。在某些设备上，您只能重置密码。更改密码后，无线路由器会再次请求授权。

- **路由器 IP 地址**：更改默认路由器 IP 地址。最佳做法是使用网络内的私有 IP 地址，例如 IP 地址 10.10.10.1。但也可使用您所选择的任何私有 IP 地址。单击"保存"时，将会临时断开对无线路由器的访问。要重新获得访问，请更新您的 IP 设置，在命令提示符中使用 ipconfig /renew。然后在 Web 浏览器中输入新的路由器 IP 地址，并使用新密码进行身份验证。

虽然有些默认设置应该更改，但有些设置最好保留原样。大多数家庭或小型办公室网络共享由 ISP 所提供的单个 Internet 连接。这类网络中的路由器会从 ISP 那里收到公有地址，允许路由器通过 Internet 发送和接收数据包。路由器为本地网络主机提供私有地址。由于私有地址无法在 Internet 上使用，所以有一个流程用于将私有地址转换成唯一的公有地址。这就允许本地主机通过 Internet 进行通信。

网络地址转换（NAT）是可将私有地址转换为 Internet 可路由地址的流程。借助 NAT 可将私有（本地）源 IP 地址转换为公有（全局）地址。传入数据包的过程与之相反。通过使用 NAT，路由器可以将许多内部 IP 地址转换为公有地址。

只有发送到其他网络的数据包需要转换。这些数据包必须通过网关，在网关上，路由器将源主机的私有 IP 地址替换为路由器的公有 IP 地址。

虽然内部网络上的每台主机都有一个唯一的私有 IP 地址，但主机可以共享由 ISP 分配给路由器的 Internet 可路由地址。

6. 基本无线设置

与路由器建立连接后，一种好的做法是配置一些基本设置来帮助保护无线网络。

■ **网络模式**：有些无线路由器允许您选择要实施的 802.11 标准。图 8-11 显示已选择 "Wireless-N Only"。这意味着所有连接无线路由器的无线设备必须安装 802.11n 网卡。表 8-2 描述了 Packet Tracer 中可用的一些网络模式，Packet Tracer 是思科网络技术学院的一种网络仿真工具，可从思科网络技术学院网站上下载获得。

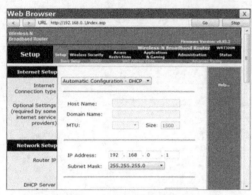

图 8-10 基本无线路由器设置

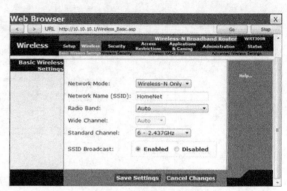

图 8-11 网络模式设置

表 8-2 　　　　　　　　　　　　Packet Tracer 中可用的典型网络模式

网 络 模 式	描 述
混合	■ 默认模式 ■ 您拥有 802.11n（2.4GHz）、802.11g 和 802.11b 设备时选择
Wireless-B/G Only	您同时拥有 802.11g 和 802.11b（2.4GHz）设备时选择
Wireless-B Only	您仅拥有 802.11b 设备时选择
Wireless-G Only	您仅拥有 802.11g 设备时选择
Wireless-N	您仅拥有 802.11n 设备时选择
禁用	选择禁用无线电波

■ **网络名称（SSID）**：为无线网络分配一个名称或服务集标识符（SSID）。无线路由器通过发送可通告其 SSID 的广播来宣告它的存在。这将允许无线主机自动发现无线网络的名称。如果禁用了 SSID 广播，则必须在无线设备上手动输入 SSID。

■ **信道**：无线设备在特定频率范围上通信。附近的其他无线路由器或使用相同频率范围的家用电子设备（比如无绳电话和婴儿监视器）可能会对无线设备造成干扰。这些设备会降低无线设备的性能，而且可能导致网络连接中断。设置信道号是一种可避免无线干扰的方法。802.11b 和 802.11g 标准通常使用信道 1、6 和 11 来避免干扰。

■ **无线安全**：大多数无线路由器支持多种不同的安全模式。目前最强大的安全模式是包含 AES 加密的 WPA2，如图 8-12 所示。表 8-3 介绍了一些可用的安全模式。

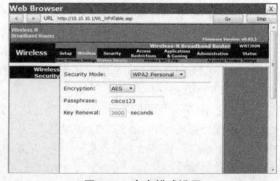

图 8-12 安全模式设置

表 8-3　　　　　　　　　　　　　　典型的无线安全模式

安 全 模 式	描　　述
有线等效保密（WEP）	使用 64 位或 128 位加密密钥加密无线接入点与客户端之间的广播数据
临时密钥完整性协议（TKIP）	■ 这种 WEP 补丁会每隔几分钟自动协商一个新的密钥 ■ TKIP 有助于防止攻击者通过获取足够的数据而破解加密密钥
高级加密标准（AES）	■ 一个比 TKIP 更安全的加密系统 ■ AES 还需要更高的计算能力才能运行强大的加密算法
WiFi 保护访问（WPA）	■ 在 802.11i 获得批准之前，作为一种临时解决方案创建的 WEP 的改进版本 ■ 由于 802.11i 已获批准，所以 WPA2 已发布。它涵盖整个 802.11i 标准 ■ WPA 比 WEP 加密使用更强的加密算法
WiFi 保护访问 2（WPA2）	■ WPA 的一个改进版本，支持强大的加密，可提供政府级别的安全性 ■ 可通过密码身份验证（个人）或服务器身份验证（企业）来启用 WPA2

像家长控制或内容过滤等额外的安全措施也是无线路由器中可能提供的服务。可将 Internet 访问时间限制为一定的小时数或天数，可以拦截特定 IP 地址，还可以拦截关键字。这些功能的位置和深度因制造商和路由器型号的不同而有所不同。

同以太网一样，无线设备也需要 IP 地址。此 IP 地址可通过 DHCP 分配，也可以静态分配。无线路由器可以配置为通过 DHCP 提供地址，也可以为每台设备分配一个唯一地址。通常，您必须输入设备的 MAC 地址以便向主机手动分配 IP 地址。

7. 测试与 Windows. GUI 的连接

所有设备已经连接且所有链路指示灯正常工作后，应测试网络的连通性。测试 Internet 连接最简单的方法是打开 Web 浏览器并查看 Internet 是否可用。要排除无线连接故障，您可以使用 Windows GUI 或 CLI。

要检验 Windows Vista 中的无线连接，请使用以下路径：

开始>控制面板>网络和 Internet>网络和共享中心>管理网络连接。

要检验 Windows 7、8 或 8.1 中的有线或无线连接，请使用以下路径：

开始>控制面板>网络和 Internet>网络和共享中心>更改适配器设置。

在 Windows 7 和 Vista 中，有线网络连接通常称为"本地连接"。在 Windows 8 和 8.1 中，有线网络连接称为"以太网"。

双击网络连接图标以显示状态屏幕。状态屏幕会显示计算机是否连接到 Internet 以及连接的持续时间。还会显示已发送和已接收的字节数。

在所有 Windows 版本中，单击"详细信息"按钮可查看 IP 寻址信息、子网掩码、默认网关、MAC 地址和其他信息。如果连接未正确运行，请关闭"详细信息"窗口并单击"诊断"，以重置连接信息并尝试建立新连接。"详细信息"和"诊断"按钮如图 8-13 所示。

图 8-13　"本地连接状态"中的
"详细信息"和"诊断"按钮

8. 测试与 Windows. CLI 的连接

您可使用几个 CLI 命令来测试网络连接。可从命令提示符窗口执行 CLI 命令。

要打开 Windows 8.x 中的命令提示符窗口，请打开"开始"屏幕，键入 command，并选择"命令提示符"。

要打开 Windows 7 和 Windows Vista 中的命令提示符窗口，请选择"开始"并键入 command。

作为技术人员，您必须了解以下命令。

- **ipconfig**：该命令显示所有网络适配器的基本配置信息。表 8-4 显示了可用的命令选项。要使用命令选项，请输入 ipconfig /option（比如 ipconfig /all）。

表 8-4　　　　　　　　　　　　　　　　ipconfig 命令选项

ipconfig 命令选项	目　　的
/all	显示所有网络适配器的完整配置信息
/release	释放网络适配器的 IP 地址
/renew	更新网络适配器的 IP 地址
/flushdns	将存储 DNS 信息的缓存清空
/registerdns	刷新 DHCP 租赁，并使用 DNS 重新注册适配器
/displaydns	显示缓存中的 DNS 信息

- **ping**：该命令用于测试设备之间的基本连接性。对连接问题进行故障排除时，可以对您的计算机、默认网关和 Internet IP 地址执行 ping 操作。还可以对一个常用网址执行 ping 操作来测试 Internet 连接和 DNS。在命令提示符下，输入 ping destination_name（比如 ping www.cisco.com）。要执行其他特定任务，您可以在 ping 命令中添加选项。
- **net**：该命令用于管理网络计算机、服务器以及驱动器和打印机等资源。在 Windows 中，Net 命令使用 NetBIOS 协议。这些命令用于启动、停止和配置网络服务。
- **netdom**：该命令用于管理计算机账户，将计算机加入域和执行其他域特定任务。
- **nbtstat**：该命令用于显示本地和远程计算机上基于 TCP/IP 的 NetBIOS 统计信息、当前连接和正在运行的会话。
- **tracert**：该命令会跟踪数据包从您的计算机传输到目的主机所采用的路由。在命令提示符下，输入 tracert 加一个空格，然后输入主机名（或目的计算机的 IP 地址）。结果中列出的第一项就是您的默认网关。之后的每一项就是数据包到达目的地之前所经过的路由器。Tracert 将为您显示数据包在哪里停止，从而指示哪里出现了问题。如果默认网关之后所列的某项显示问题，可能意味着问题出在 ISP、Internet 或目的服务器。
- **nslookup**：该命令用于测试 DNS 服务器并对其进行故障排除。它会查询 DNS 服务器以发现 IP 地址或主机名。在命令提示符下，输入 nslookup hostname。Nslookup 会返回所输入的主机名的 IP 地址。反向 nslookup 命令 nslook up IP_address 可用于返回所输入的 IP 地址对应的主机名。

注意：　　以上每个命令都有许多命令选项。请记得使用帮助选项（/?）来显示命令选项。

8.1.3 网络共享

1. 域和工作组

域和工作组是一种在网络中组织和管理计算机的方法，其定义如下。

■ **域**：一个域是指使用一个通用规则和程序并作为一个单元进行管理的一组计算机和电子设备。一个域中的计算机可以位于世界的不同位置上。一个称为域控制器的专用服务器管理用户和网络资源与安全相关的所有方面，实现集中的安全和管理。例如在一个域中，轻型目录访问协议（LDAP）可允许计算机访问整个网络中分布的数据目录。

■ **工作组**：工作组是 LAN 上的一组工作站与服务器，可以彼此通信和交换数据。每个独立工作站都可以控制自己的用户账户、安全信息以及对数据和资源的访问。

网络中的所有计算机都必须属于一个域或一个工作组。在计算机上首次安装 Windows 时，会自动将其分配到一个工作组，如图 8-14 所示。

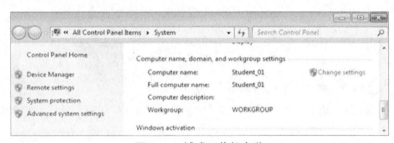

图 8-14　域或工作组名称

2. 连接到工作组或域

在计算机可以共享资源之前，它们必须拥有同一个域名或工作组名。较旧的操作系统对工作组的命名限制较多。如果一个工作组由一些较新的和较旧的操作系统组成，请使用操作系统最旧的计算机上的工作组名。

注意：　　将一台计算机从一个域更改到一个工作组之前，您需要一个本地管理员组中的账户的用户名和密码。

要更改工作组名称，请在所有 Windows 版本中使用以下路径：

控制面板>系统和安全>系统>更改设置>更改

单击"网络 ID"而非"更改"以访问向导，该向导将引导您完成加入域或工作组的流程。更改域名或工作组名称后，您必须重启计算机才能让更改生效。

3. Windows 家庭组

所有属于同一工作组的 Windows 计算机也可以属于一个家庭组。网络中的每个工作组只能有一个家庭组。计算机一次只能是一个家庭组的成员。Windows Vista 中不提供家庭组选项。

工作组中只有一个用户能创建家庭组。其他用户如果知道家庭组密码，可以加入家庭组。家庭组是否可用取决于您的网络位置配置文件。

■ **家庭网络**：允许创建或加入家庭组。

■ **工作网络**：不允许创建或加入家庭组，但是您可以查看其他计算机并与其共享资源。

■ **公用网络**：家庭组不可用。

要在 Windows 7 中将计算机更改为家庭网络配置文件，请执行以下步骤。

How To

步骤 1 单击"开始"＞"控制面板"＞"网络和共享中心"。

步骤 2 单击窗口"查看活动网络"部分所列出的网络位置配置文件，如图 8-15 所示。

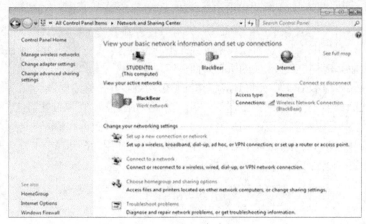

图 8-15　加入家庭组

步骤 3 单击"家庭网络"。

步骤 4 选择您要共享的内容（比如图片、音乐、视频、文档和打印机），然后单击"下一步"。

步骤 5 加入或创建家庭组。

要在 Windows 7 中创建家庭组，请执行以下步骤。

How To

步骤 1 单击"开始"＞"控制面板"＞"家庭组"。

步骤 2 单击"创建家庭组"。

步骤 3 选择要共享的文件，然后单击"下一步"。

步骤 4 记录家庭组密码。

步骤 5 单击"完成"。

当计算机加入一个家庭组时，计算机上的所有用户账户，除来宾账户外，都将成为该家庭组的成员。成为家庭组的一员，可以使该计算机与同一家庭组中的其他成员轻松共享图片、音乐、视频、文档、库和打印机。用户可以控制对其资源的访问。用户还可以创建或加入一个在 Windows Virtual PC 中包含虚拟机的家庭组。

要在 Windows 7 中将计算机加入一个家庭组，请执行以下步骤。

How To

步骤 1 单击"开始"＞"控制面板"＞"家庭组"。

步骤 2 单击"立即加入"。

步骤 3 选择要共享的文件，然后单击"下一步"。

步骤 4 键入家庭组密码，然后单击"下一步"。

步骤 5 单击"完成"。

要更改计算机上共享的文件，请选择"开始"＞"控制面板"＞"家庭组"。在您作出更改后，请单击"保存更改"。

注意: 如果一台计算机属于一个域,那么您可以加入一个家庭组并访问其他家庭组计算机上的文件和资源。但不允许您创建新的家庭组,或与一个家庭组共享自己的文件和资源。

---

4. 在 Windows. Vista 中共享资源

Windows Vista 通过打开或关闭特定共享功能来控制共享哪些资源以及如何共享。位于"网络和共享中心"的"共享和发现"用于管理家庭网络的设置。可以控制以下项:

- 网络发现;
- 文件共享;
- 公共文件夹共享;
- 打印机共享;
- 有密码保护的共享;
- 介质共享。

要访问"共享和发现",请使用以下路径:

开始>控制面板>网络和 Internet>网络和共享中心

要在连接到同一工作组的计算机之间共享资源,必须开启"网络发现"和"文件共享",如图 8-16 所示。

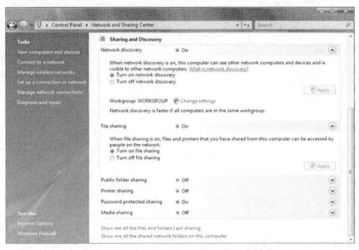

图 8-16　在 Windows Vista 中共享资源

5. 网络共享和映射驱动器

网络文件共享和映射网络驱动器是一种安全且便利的网络资源访问方法。当不同版本的 Windows 需要访问网络资源时尤其如此。要想通过网络访问不同操作系统之间的单个文件、特定文件夹或整个驱动器,映射本地驱动器是一种很有用的方式。映射驱动器可通过将字母(A 到 Z)分配给远程驱动器上的资源来完成,使您能够像使用本地驱动器一样使用远程驱动器。

网络文件共享

首先确定哪些资源将通过网络共享以及用户对资源拥有的权限类型。权限定义了用户对文件或文件夹的访问类型。

- **读取:** 用户可以查看文件和子文件夹名称、导航至子文件夹、查看文件中的数据和运行程序文件。

■ **更改**：除读取权限外，用户还可以添加文件和子文件夹、更改文件中的数据以及删除子文件夹和文件。

■ **完全控制**：除更改和读取权限外，用户还可以更改 NTFS 分区中文件和文件夹的权限并且拥有文件和文件夹的所有权。

要共享文件夹，请使用以下路径：

右键单击文件夹>"属性">"共享">"高级共享">选择"共享此文件夹">"权限"。确定谁可以访问此文件夹以及拥有哪些权限。图 8-17 显示了共享文件夹的权限窗口。

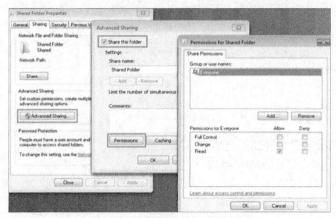

图 8-17　设置共享文件夹的权限

6. 管理共享

管理共享，也称为隐藏的共享，通过在共享名末尾添加一个美元符号（$）来标识。默认情况下，Windows 可以支持以下隐藏的管理共享：

■ 根分区或卷；

■ 系统根文件夹；

■ FAX$共享；

■ IPC$共享；

■ PRINT$共享。

要创建您自己的管理共享，请在所有 Windows 版本中完成以下步骤。

How To　**步骤 1**　单击"控制面板">"管理工具"并双击"计算机管理"，如图 8-18 所示。

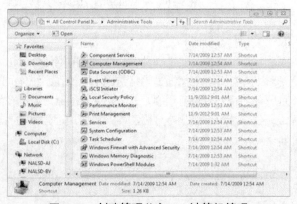

图 8-18　创建管理共享——计算机管理

步骤 2　展开"共享文件夹"，右键单击"共享"，然后单击"新建共享..."，打开"创建共享文件夹向导"。单击"下一步"转至图 8-19 所示屏幕。

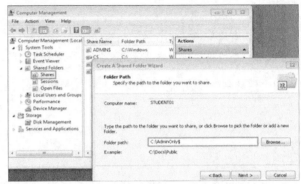

图 8-19　创建管理共享——文件夹路径

步骤 3　键入您要用于管理共享的文件夹的路径(例如图 8-19 中的 C:\AdminOnly\$)。请确保名称末尾包含一个美元符号 (\$)，以便将此文件夹标识为管理共享。单击"下一步"。如果此文件夹尚不存在，Windows 会询问您是否希望创建此文件夹。

步骤 4　在下一个屏幕中，您可以更改共享名，添加可选描述并更改脱机设置。单击"下一步"。

步骤 5　在"共享文件夹权限"窗口中，如图 8-20 所示，选择"管理员具有完全访问权限；其他用户无访问权限"，然后单击"完成"。

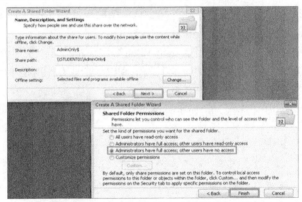

图 8-20　创建管理共享——管理权限

7. 网络驱动器映射

在 Windows 7 和 Vista 中，要将网络驱动器映射为一个共享文件夹，请使用以下路径：
"开始" >右键单击"计算机" > "映射网络驱动器"。
在 Windows 8.0 中，请执行以下步骤。

How To

步骤 1　从"开始"屏幕上键入"文件资源管理器"，然后单击"文件资源管理器"将其打开。

步骤 2　右键单击"计算机" > "映射网络驱动器"。

在 Windows 8.1 中，请执行以下步骤：

步骤 1 从"开始"屏幕上键入"文件资源管理器"，然后单击"文件资源管理器"
将其打开。

步骤 2 右键单击"此电脑" >"映射网络驱动器"。

步骤 3 查找要通过网络共享的文件夹并分配驱动器盘符。

Windows 7 同时文件共享连接数的限制为最多 20 个。Windows Vista 商用版限制为最多 10 个同时文件共享连接。

8.1.4 远程连接

远程访问是从远离您网络的位置访问和控制计算机的能力。出于许多原因，您可能希望远程访问一台计算机，例如排除故障和修复问题、共享 Internet 连接或允许远程工作人员从办公室之外的位置访问企业网络。远程访问提供了更高的效率和灵活性。有许多不同类型的远程访问，其实施方式将取决于用户和企业需求。

1. VPN

连接本地网络并共享文件时，计算机之间的通信不会发送到此网络以外。数据仍然是安全的，因为它保留在路由器的后面，其他网络以及 Internet 之外。要通过一个不安全的网络进行通信和共享资源，请使用虚拟专用网络（VPN）。

VPN 是一种通过公有网络（如 Internet）将远程站点或用户连接到一起的专用网络。最常用的 VPN 类型用于访问企业专用网络。VPN 使用专用的安全连接，通过 Internet 从企业专用网络路由到远程用户。用户连接到企业专用网络时，用户属于该网络的一部分而且拥有对所有服务和资源的访问权限，就像他们实际连接到企业 LAN 一样。

远程访问用户必须在其计算机上安装 VPN 客户端才能与企业专用网络建立安全连接。VPN 客户端软件会加密数据，然后通过 Internet 将其发送到位于企业专用网络中的 VPN 网关。VPN 网关会建立、管理并控制 VPN 连接，也称为 VPN 隧道。

要设置并配置 VPN 连接，请在所有 Windows 版本中执行以下步骤：

步骤 1 在 Windows 中选择"开始" >"控制面板" >"网络和共享中心"。

步骤 2 选择"设置新的连接或网络"。

步骤 3 在"新建连接向导"窗口打开后，选择"连接到工作区"，并单击"下一步"。

步骤 4 选择"使用我的 Internet 连接（VPN）"并键入 Internet 地址和目标名称。

步骤 5 选择"现在不连接；仅进行设置以便稍后连接"，并单击"下一步"（仅 Windows 7）。

步骤 6 键入用户名、密码和可选域。然后单击"创建"。

步骤 7 在登录窗口中输入用户名和密码并单击"连接"。

2. 远程桌面和远程协助

技术人员可以使用远程桌面和远程协助来修复和升级计算机。远程桌面（如图 8-21 所示）允许技术人员从远程位置查看和控制计算机。远程协助（如图 8-22 所示）允许技术人员从远程位置协助客户解决问题。远程协助还允许客户在屏幕上实时查看计算机上修复或升级的内容。

　　要访问 Windows 8 中的远程桌面，请访问 "开始" 屏幕，键入 "远程桌面连接"，并单击 "远程桌面连接" 图标。

　　要访问 Windows 7 或 Vista 中的远程桌面，请使用以下路径：

开始>所有程序>附件>远程桌面连接

图 8-21　Windows 远程桌面客户端

图 8-22　Windows 远程协助

　　必须先启用 Windows 中的远程协助，然后才能使用该功能。要启用和访问远程协助，请执行以下步骤（在 Windows 8 中）。

How To

　　步骤 1　右键单击 "此电脑"（Windows 8.1）或 "计算机"（Windows 8.0）并选择 "属性"。

　　步骤 2　在 "系统" 窗口中单击 "远程设置" 并选择 "远程" 选项卡。

　　步骤 3　选择 "允许远程协助连接这台计算机"。

　　步骤 4　单击 "确定"。

　　要访问 Windows 8 中的远程协助，请访问 "开始" 屏幕，键入 "邀请某人连接到你的电脑" 并按 Enter 键。单击 "邀请信任的人帮助您"，以允许帮助您的人共享您的计算机的控制权。

　　注意：　您可能需要将 "搜索" 焦点更改为 "设置"。

　　要访问 Windows 7 或 Vista 中的远程协助，请使用以下路径：

开始>所有程序>维护>Windows 远程协助

8.2　ISP 连接技术

　　有许多类型的 ISP 或 Internet 连接技术，了解这些技术非常重要。了解这些技术时，有许多方面需要考虑。其中之一就是将信号从网络中的一台设备传输到 Internet 中的另一台设备所用的介质。要了解的另一个方面就是信号本身。传输速度也很重要。

8.2.1　宽带技术

　　在这一部分，您将了解各种 ISP 连接技术，包括使用具有多个信道的单条电缆高速传输大量数据的宽带技术。

1. 连接技术简史

在 20 世纪 90 年代，Internet 通常用于数据传输。与现今所提供的高速连接相比，那时的传输速度较慢。额外的带宽允许同时传输语音和视频以及数据。现在有很多连接 Internet 的方式。电话、电缆、卫星和私人电信公司提供的宽带 Internet 连接可供企业和家庭使用。

模拟电话

模拟电话，也称为普通老式电话服务（POTS），通过标准语音电话线路传输数据。此类服务使用模拟调制解调器将电话呼叫置于远程站点的另一调制解调器上，比如 Internet 服务提供商。调制解调器使用电话线传输和接收数据。这种连接方法称为拨号。

综合业务数字网络（ISDN）

ISDN 使用多个信道，而且可以承载不同类型的服务；因此被视为一种宽带类型。ISDN 是通过普通电话线路发送语音、视频和数据的一种标准。ISDN 技术使用电话线作为模拟电话服务。

宽带

宽带技术是可以通过一根电缆使用不同频率传输和接收多个信号的技术。例如，用于将有线电视送入家中的电缆可同时承载计算机网络传输内容。由于两种传输类型使用不同的频率，因此互不干扰。

宽带所用的许多不同频率可进一步划分为信道。在网络中，术语宽带描述了同时传输两个或多个信号的通信方法。同时发送两个或多个信号使传输速率得到了提高。一些常见的宽带网络连接包括电缆、DSL、ISDN 和卫星。

2. DSL 和 ADSL

数字用户线路（DSL）是使用同一布线（例如常规电话线）的数字高速数据连接的宽泛术语。ADSL 是最常见的 DSL 连接类型。

数字用户线路（DSL）

DSL 是一种始终在线服务，意味着你无需在每次连接 Internet 时都进行拨号。DSL 使用现有的铜质电话线路在最终用户和电话公司之间提供高速数字数据通信。与 ISDN 中用数字数据通信取代模拟语音通信不同，DSL 与模拟信号共享电话线路。

使用 DSL 时，会在铜质电话线的不同频率上承载语音和数据信号。过滤器会阻止 DSL 信号干扰电话信号。每个电话和电话插孔之间会连接一个 DSL 过滤器。

DSL 调制解调器不需要使用过滤器。DSL 调制解调器不受电话频率的影响。DSL 调制解调器可以直接连接到您的计算机。还可以连接到网络设备，与多台计算机共享 Internet 连接。

非对称数字用户线路（ADSL）

ADSL 在每个方向上具有不同的带宽能力。下载是从服务器到最终用户的数据接收。上传是从最终用户到服务器的数据发送。ADSL 的下载速率很快，对于需要下载大量数据的用户来说非常有益。ADSL 的上传速率比下载速率慢。ADSL 在托管 Web 服务器或 FTP 服务器时性能不佳，因为这两者都涉及大量上传 Internet 活动。

3. 视距无线 Internet 服务

视距无线 Internet 是一种使用无线电信号进行 Internet 访问的始终在线服务。无线电信号从信号塔发送到接收方，客户在此连接到计算机或网络设备。信号发射塔与客户之间需要有清晰的路径。此塔可能会连接其他信号塔，或直接连接到 Internet 主干连接。无线电信号可以传输且信号仍然强大，足以提供清晰信号的距离，取决于信号的频率。900MHz 的较低频率可传输最多 65 千米（40 英里），而 5.7GHz 的较高频率只能传输 3 千米（2 英里）。极端天气状况、树木和高大建筑物都会影响信号的强度和传输性能。

4. WiMAX

全球微波接入互操作性（WiMAX）是一种基于 IP 的无线 4G 宽带技术，可为移动设备提供高速移动 Internet 访问。WiMAX 是一个称为 IEEE 802.16e 的标准。它支持一个 MAN 大小的网络，下载速度达 70Mbit/s，传输距离达 50 千米（30 英里）。WiMAX 的安全性和 QoS 与移动电话网络相当。

WiMAX 采用低波长传输，通常介于 2GHz 与 11GHz 之间。这些频率不那么容易受到实体障碍的干扰，因为与较高的频率相比，它们能够更好地绕过障碍物。WiMAX 支持多输入多输出（MIMO）技术，这意味着可以添加额外的天线来提高潜在的吞吐量。

传输 WiMAX 信号有两种方法。

- **固定 WiMAX**：一种点对点或点对多点服务，速度最高达 72Mbit/s，传输范围 50 千米（30 英里）。
- **移动 WiMAX**：一种移动服务，与 WiFi 类似，但速度更高且传输范围更大。

5. 其他宽带技术

宽带技术提供多种不同的选项将人和设备连接起来，以实现通信和共享信息。每种选项都提供了不同的功能，或者其设计宗旨是满足人们具体的需求。清楚了解几种宽带技术及其如何能最好地支持客户非常重要。

移动电话

移动电话技术支持语音、视频和数据的传输。通过安装移动电话 WAN 适配器，用户便可通过移动电话网络访问 Internet。移动电话 WAN 有几个不同的特征。

- **1G**：仅传输模拟语音。
- **2G**：数字语音、电话会议和呼叫方 ID；数据速度小于 9.6Kbit/s。
- **2.5G**：数据速度在 30Kbit/s 和 90Kbit/s 之间；支持 Web 浏览、较短的音频和视频片段、游戏以及应用和铃声下载。
- **3G**：数据速度在 144Kbit/s 和 2Mbit/s 之间；支持全动态视频、流媒体音乐、3D 游戏和更快的 Web 浏览。
- **3.5G**：数据速度在 384Kbit/s 和 14.4Mbit/s 之间；支持高质量流视频、高质量视频会议和 VoIP。
- **4G**：移动状态时数据速度在 5.8Mbit/s 和 672Mbit/s 之间，静止状态时数据速度可达 1Gbit/s；支持基于 IP 的语音、游戏服务、高质量的流式多媒体和 IPv6。

移动电话网络采用以下一种或多种技术。

- **全球移动通信系统（GSM）**：全球移动电话网络使用的标准。
- **通用分组无线服务（GPRS）**：面向 GSM 用户的数据服务。
- **四频**：允许移动电话在全部四个 GSM 频率上运行：850MHz、900MHz、1800MHz 和 1900MHz。
- **短信服务（SMS）**：用于发送和接收文本消息的数据服务。
- **多媒体信息服务（MMS）**：用于发送和接收文本消息且可包含多媒体内容的数据服务。
- **增强型数据速率的 GSM 演变（EDGE）**：提升数据速率且提高数据可靠性。
- **演变数据优化（EV-DO）**：提升上传速度和 QoS。
- **高速下行链路分组接入（HSDPA）**：改进 3G 访问速度。

电缆

有线 Internet 连接不使用电话线。电缆连接方式使用最初设计用于承载有线电视的同轴电缆线。电缆调制解调器用于将您的计算机连接到有线电视公司。您可以将计算机直接插入电缆调制解调器,或者连接路由器、交换机、集线器或多用途网络设备,从而让多台计算机可以共享 Internet 连接。与 DSL 一样,电缆提供高速和始终在线的服务,这意味着即使未使用连接,Internet 连接仍然可用。

卫星

宽带卫星是为无法获得电缆或 DSL 连接的客户提供的替代方案。卫星连接不需要电话线或电缆,而是用碟形卫星天线实现双向通信。碟形卫星天线通过卫星发送和接收信号,由卫星将这些信号传送回服务提供商。下载速度可达 10Mbit/s 或更高,而上传速度大约是下载速度的十分之一。信号从碟形卫星天线通过绕地球轨道运行的卫星传送到您的 ISP 需要一些时间。由于这种延迟的存在,因此对时间很敏感的应用很难使用这种连接,比如视频游戏、VoIP 和视频会议。

光纤宽带

光纤宽带比电缆调制解调器、DSL 和 ISDN 提供更快的连接速度和带宽。光纤宽带可同时提供很多数字服务,比如电话、视频、数据和视频会议。

6. 为客户选择 ISP

有多种 WAN 解决方案可让您连接各个站点或与 Internet 连接。WAN 连接服务提供不同的速度和服务等级。您应该了解用户连接 Internet 的方式以及不同连接类型的优缺点。您的 ISP 选择可能会对网络服务产生很大的影响。

关于 Internet 连接有 4 个主要考虑事项:

- 成本;
- 速度;
- 可靠性;
- 可用性。

选择 ISP 之前请调查 ISP 提供的连接类型。确认您所在区域所提供的服务。在签署服务协议之前比较他们的连接速度、可靠性和成本。

POTS

POTS 连接非常缓慢,但只要有固定电话就可以提供这种连接。使用模拟调制解调器和电话线有两个主要缺点。第一是调制解调器正在使用时,电话线无法用于语音通话。第二是模拟电话服务所提供的带宽有限。使用模拟调制解调器的最大带宽是 56Kbit/s,但在实际应用中,通常会比此带宽速度低得多。在网络需求繁忙的情况下,模拟调制解调器并非一种好的解决方案。

ISDN

ISDN 非常可靠,因为它使用 POTS 线。尽管现在 ISDN 已不如曾经那样受欢迎,但它在电话公司支持用数字信号承载数据的大多数地方都可用。由于采用数字技术,所以 ISDN 比传统模拟电话服务提供更短的连接时间、更快的速度和更高的语音质量。它还允许多台设备共享单个电话线。

DSL

DSL 允许多台设备共享单个电话线。DSL 的速度通常比 ISDN 的速度高。DSL 允许使用高带宽应用,或允许多个用户共享同一 Internet 连接。在大多数情况下,已安装到您的家庭或公司里的铜线即可用于承载 DSL 通信所需的信号。

DSL 技术的局限性如下所示。

- DSL 服务无法普遍提供，而且安装的位置离电话提供商的中心办公室（CO）越近，其运行效果越佳，速度越快。
- 在某些情况下，已安装的电话线不符合承载所有 DSL 信号的要求。
- 由 DSL 承载的语音信息和数据必须在客户站点进行分离。一种称为过滤器的设备可用于防止数据信号干扰语音信号。

电缆

大多数使用有线电视的家庭可以选择使用同一电缆安装高速 Internet 服务。很多有线电视公司也提供电话服务。

卫星

居住在农村地区的人们通常会使用卫星宽带，因为他们需要比拨号更快的连接方式，而且没有其他宽带连接可用。其安装成本和每月的服务费通常比 DSL 和电缆要高得多。暴风雨环境可能会使连接质量下降，连接速度减慢，甚至可能导致连接断开。

移动电话

提供多种类型的无线 Internet 服务。提供移动电话服务的同一公司也可能提供 Internet 服务。PC 卡/ExpressBus、USB 或 PCI 和 PCIe 卡用于将计算机连接到 Internet。服务提供商可能会采用微波技术在有限的区域内提供无线 Internet 服务。

8.3 Internet 技术

Internet 技术对于家庭用户、小型企业和大型公司而言是非常重要的，因为它们允许通过远距离大规模地共享资源和信息并提升了传输速率。Internet 上有很多不同的工具和技术可用。这一部分解释了其中一些重要的并且不断发展着的 Internet 技术和服务。

8.3.1 数据中心和云计算

数据中心和云计算均用于数据存储领域。两者之间的主要区别在于云存储位于企业外部，而数据中心位于企业驻地。内部数据在企业内部进行管理，而典型的云计算则由第三方管理实现。在接下来的主题内容中将对二者的特征予以详细介绍。

1. 数据中心

随着企业不断发展壮大，他们所需的计算能力和硬盘驱动器存储空间也越来越高。如果对这些问题放任不管，这会影响一个企业提供重要服务的能力。重要服务的丢失意味着客户满意度降低、收入减少，而且在某些情况下，意味着财产或生命损失。

大型企业通常会使用自己的数据中心来管理企业的存储和数据访问需求。在这些单租户数据中心内，该企业是唯一使用数据中心服务的客户或租户。但是，随着数据量继续扩张，即使大型企业也需要使用第三方数据中心的服务来扩展其数据存储容量。

2. 云计算与数据中心

术语数据中心和云计算经常会被误用。数据中心和云计算的正确定义如下。

- **数据中心**：通常是由内部 IP 部门或租用的场外站点运行的数据存储和处理设施。
- **云计算**：通常是一种外部部署服务，允许客户按需访问可配置的计算资源共享池。只需极少的管理工作就能对这些资源进行快速调配和释放。

云服务提供商为其云服务和基于云的资源使用数据中心。为了确保数据服务和资源的可用性，提供商经常会在多个远程数据中心维护空间。美国国际标准与技术研究所（NIST）在其特别出版物 800-145 中定义的云模型由五个特征、三种服务模型和四种部署模型组成。

3. 云计算的特征

云模型包含 5 个特征。

- **按需自助服务**：网络管理员无需接触其他人即可购买云中的额外计算空间。
- **广泛的网络访问**：使用多种客户端设备都可以访问云，比如 PC、笔记本电脑、平板电脑和智能手机。
- **资源池**：云提供商的计算能力在其所有客户之间共享，而且可根据客户需求进行分配和重分配。
- **快速弹性**：可根据需求快速扩大或缩小为客户分配的资源。对于客户而言，云服务提供商的资源和功能好像是无穷尽的。
- **可度量的服务**：可以很轻松地监视、控制、报告和计费资源使用情况，从而为云服务提供商和客户提供完全可见性。

4. SaaS、IaaS 和 PaaS

这三种主要的云服务模型如表 8-5 所示。云服务提供商已经扩展了这些模型，以便为每个云计算服务提供 IT 支持（ITaaS），如表 8-5 中所述。

表 8-5	云服务模型
软件即服务（SaaS）	云提供商对通过 Internet 传输的电子邮件、通信和虚拟桌面等服务的访问负责
平台即服务（PaaS）	云提供商对用于提供应用的开发工具和服务的访问负责
基础设施即服务（IaaS）	云提供商对网络设备、虚拟化网络服务和支持网络基础设施的访问负责
IT 即服务（ITaaS）	云提供商负责提供对 IaaS、PaaS 和 SaaS 服务模型的 IP 支持。在 ITaaS 模型中，一个企业通过与云提供商签署合同来获得独立服务或捆绑的服务

5. 云类型

四种云部署模型如表 8-6 所示。

表 8-6	云类型
私有	私有云中提供的基于云的应用和服务仅用于特定组织或实体，例如政府。私有云可以使用组织的私有网络来设置，不过其构建和维护会非常昂贵。私有云也可以由具有严格访问安全控制的外部组织管理
公共	公共云中提供的基于云的应用和服务可供所有用户使用。服务可能免费，也可能按即用即付模式提供，比如按在线存储付费。公共云利用 Internet 提供服务
社区	这些云的创建是为了满足特定行业（比如医疗保健或媒体）的需求。社区云可以是私有云或公共云
混合	混合云由两种或多种云组成（例如：部分为社区，部分为公共），每一部分保持为独立的对象，但两部分使用一个架构连接。混合云中的个人将根据用户访问权限有权访问各种服务

8.3.2 网络主机服务

网络中的主机会扮演某种角色。其中有些主机执行安全任务，而有些提供 Web 服务。还有许多执行文件或打印服务等特定任务的传统或嵌入式系统。

1. DHCP 服务

一台主机需要拥有 IP 地址信息才能在网络上发送数据。两种重要的 IP 地址服务是动态主机配置协议（DHCP）和域名服务（DNS）。

DHCP 是由 ISP、网络管理员和无线路由器用于向主机自动分配 IP 寻址信息的服务。

配置了 DHCP 的 IPv4 设备在启动或连接到网络时，客户端将广播一条 DHCP 发现（DHCPDISCOVER）消息以确定网络上是否有可用 DHCP 服务器。DHCP 服务器回复 DHCP 服务（DHCPOFFER）消息，为客户端提供租赁服务。该服务消息包含为其分配的 IPv4 地址和子网掩码、DNS 服务器的 IPv4 地址和默认网关的 IPv4 地址。租赁服务还包括租用期限。

2. DNS 服务

DNS 是计算机用于将域名转换为 IP 地址的方法。在 Internet 上，更便于人们记忆的是 http://www.cisco.com 这样的域名，而不是该服务器的实际数字 IP 地址 198.133.219.25。如果思科决定更改 www.cisco.com 的数字 IP 地址，那么更改对用户是透明的，因为域名将保持不变。公司只需要将新地址与现有域名链接起来即可保证连通性。

客户端将查询 DNS 服务器以获取其尝试访问的域名（例如网站，或当发送电子邮件时，或 Internet 上的任何其他位置）的 IP 地址。为响应该查询，将执行搜索以便将该域名解析为 IP 地址，并将该响应返回至查询服务器的客户端。现在设备可以使用域名（而非给出的数字化的 IP 地址）与该设备尝试访问的设备进行通信。

3. Web 服务

Web 资源由 Web 服务器提供。主机使用超文本传输协议（HTTP）或安全 HTTP（HTTPS）来访问 Web 资源。HTTP 是有关万维网上文本、图形图像、声音和视频交换的一组规则。HTTPS 采用安全套接字层（SSL）协议或较新的传输层安全（TLS）协议增加了加密和身份验证服务。HTTP 在端口 80 上运行。HTTPS 在端口 443 上运行。

为了更好地理解 Web 浏览器和 Web 客户端的交互原理，我们可以研究一下浏览器是如何打开网页的。在本例中，请使用 http://www.cisco.com/index.html URL。

首先，浏览器对 URL 地址的三个组成部分进行分析：

- http（协议或方案）；
- www.cisco.com（服务器名称）；
- index.html（所要请求的文件名称）。

然后，浏览器将通过检查域名服务器（DNS）将 www.cisco.com 转换成数字地址，用它连接到该服务器。根据 HTTP 协议的要求，浏览器向该服务器发送 GET 请求并请求 index.html 文件。

服务器将该网页的 HTML 代码发送回客户端的浏览器。

最后，浏览器解密 HTML 代码并为浏览器窗口格式化页面。

4. 文件服务

文件传输协议（FTP）于 1971 年实现标准化，用以支持客户端和服务器之间的数据传输。FTP 客户端是一种在计算机上运行的应用，用于通过将 FTP 作为服务运行的服务器收发数据。

如图 8-23 所示，为了成功传输数据，FTP 要求客户端和服务器之间建立两个连接，一个用于命令和应答，另一个用于实际文件传输。

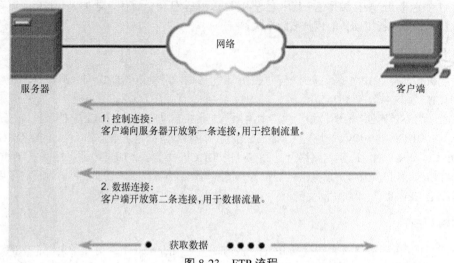

图 8-23　FTP 流程

FTP 有很多安全漏洞。因此，应该使用一种更为安全的文件传输服务，比如以下服务之一。

- **文件传输协议安全（FTPS）**：FTP 客户端可以请求使用 TLS 加密文件传输会话。文件服务器可以接受或者拒绝该请求。
- **SSH 文件传输协议（SFTP）**：作为安全外壳（SSH）协议的一个扩展，SFTP 可用于建立安全的文件传输会话。
- **安全复制（SCP）**：SCP 也使用 SSH 保护文件传输。

5. 打印服务

打印服务器支持多个计算机用户访问同一个打印机。打印服务器有以下三项功能。

- 提供对打印资源的客户端访问。
- 按队列存储打印作业，直到打印设备准备就绪，然后将打印信息传递到或后台打印到打印机，从而管理打印作业。
- 向用户提供反馈。

打印服务器将会在另一章中详细讨论。

6. 电子邮件服务

电子邮件需要多种应用和服务，如图 8-24 所示。电子邮件协议是通过网络发送、存储和检索电子邮件的存储转发方法。电子邮件存储在邮件服务器的数据库中。

电子邮件客户端通过与邮件服务器通信来收发电子邮件。邮件服务器之间也会互相通信，以便将邮件从一个域发到另一个域中。也就是说，发送电子邮件时，电子邮件客户端并不会直接与另外一个电子邮件客户端通信。而是双方客户端均依靠邮件服务器来传输邮件。

电子邮件支持三种单独的协议以实现操作：简单邮件传输协议（SMTP）、邮局协议（POP）和 Internet 邮件访问协议（IMAP）。发送邮件的应用层进程会使用 SMTP。客户端会使用以下两种应用层协议之一来检索电子邮件：POP 或 IMAP。

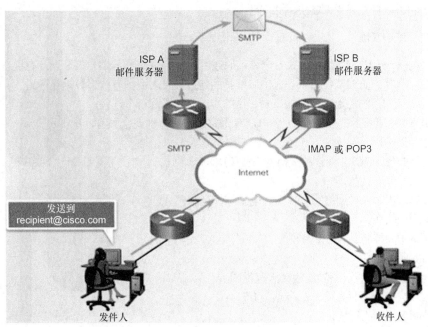

图 8-24 电子邮件流程

7. 代理设置

代理服务器具有充当另一台计算机的权力。代理服务器的常见用途是充当内部网络设备频繁访问的网页的存储或缓存。例如，代理服务器可以保存 www.cisco.com 的网页。任何内部主机向 www.cisco.com 发送 HTTP GET 请求时，代理服务器将会完成以下步骤。

1. 它会截取请求。
2. 检查网站内容是否发生更改。
3. 如果没有，代理服务器就会使用该网页响应主机。

此外，代理服务器可以有效隐藏内部主机的 IP 地址，因为发往 Internet 的所有请求都源自代理服务器的 IP 地址。

8. 身份验证服务

我们通常通过身份验证、授权和记账服务来控制对网络设备的访问。这些服务称为 AAA 或"三 A"，提供了在网络设备上设置访问控制的基本框架。AAA 方法用于控制可以访问网络的用户（身份验证）、用户可以执行的操作（授权），以及跟踪用户在访问网络时的行为（记账）。

此概念类似于信用卡的使用。信用卡标识了可以使用它的用户、用户可以支出的金额并会记录用户所购买的物品或服务。

9. 入侵检测和防御服务

入侵检测系统（IDS）会被动地监控网络上的流量。由于人们对入侵防御系统（IPS）的青睐，所以独立 IDS 系统大部分已从公众视线中消失。不过 IDS 的检测功能仍然是任何 IPS 实施的一部分。一台已启用 IDS 的设备会复制流量并对已复制的流量进行分析，而不是分析实际已转发的数据包。在脱机工作时，它会将已捕获的流量与已知的恶意签名进行比较，这与检查病毒的软件类似。

IPS 基于 IDS 技术而构建。但是，IPS 设备是在内联模式下实施的。这意味着所有入口（入站）和出口（出站）流量必须经过它才能得到处理。只有分析数据包之后，IPS 才允许数据包进入网络受信任的一边。它可以检测并立即解决网络问题。

10. 统一威胁管理

统一威胁管理（UTM）是一体式安全设备的通用名称。UTM 包含 IDS/IPS 以及有状态防火墙服务的所有功能。有状态防火墙使用状态表中所维护的连接信息来提供有状态数据包过滤。有状态防火墙通过记录源地址和目的地址以及源端口号和目的端口号来跟踪每个连接。

除了 IDS/IPS 和有状态防火墙服务，UTM 通常还提供其他安全服务，比如：

- 零日保护；
- 拒绝服务（DoS）和分布式拒绝服务（DDoS）保护；
- 应用的代理过滤；
- 针对垃圾邮件和网络钓鱼攻击的电子邮件过滤；
- 反间谍软件；
- 网络访问控制；
- VPN 服务。

UTM 供应商不同，这些功能也会大有不同。

下一代防火墙用多种重要方式超越了 UTM：

- 控制应用内的行为；
- 根据站点的信誉限制 Web 和 Web 应用的使用；
- 对 Internet 威胁进行主动防护；
- 基于用户、设备、角色、应用类型和威胁配置文件实施策略。

8.4 网络中常用的预防性维护技术

为了让网络能够正常运行，应持续实施一些常用的预防性维护技术。

8.4.1 网络维护

在一个企业中，如果一台计算机发生故障，通常只有该计算机用户受到影响。但是如果网络发生故障，会让很多或者所有用户都无法工作。因此，预防性维护在网络环境中非常重要。

1. 预防性维护程序

预防性维护对于网络来说，就像网络对于网络中的计算机一样重要。您必须检查电缆、网络设备、服务器和计算机的状况，确保其清洁干净且处于良好的工作状态。网络设备最大的一个问题就是发热，尤其在服务器机房中。网络设备过热时将无法良好运行。网络设备里外有灰尘堆积时，就会妨碍冷空气的正常流动，有时甚至会阻塞风扇。确保网络机房清洁并经常更换空气过滤器非常重要。准备好替换过滤器以便及时维护也是一个很好的做法。您应该制定一个计划，定期执行预定的维护和清洁工作。维护计划有助于防止网络中断和设备出现故障。

作为定期预定维护计划的一部分，请检查所有电缆。确保电缆标记正确无误且标签没有脱落。更换磨损或难以辨认的标签。请始终按照公司的电缆标记指导原则来操作。确认电缆支撑已正确安装而且接合点没有松动。电缆可能会损坏或磨损。确保电缆得到良好修复才能维持良好的网络性能。如果需要，请参考接线图。

检查工作站和打印机上的电缆。电缆放在桌子下面时经常会被移动或踢到。这些情况可能会导致带宽或连接丢失。

作为技术人员，您可能会注意到设备存在故障、受到损坏或者声音异常。如果您发现其中任何一种问题，请通知网络管理员，以免造成不必要的网络中断。您还应主动承担网络用户的培训工作。向网络用户演示如何正确连接电缆和断开电缆连接以及在需要时如何移动它们。

8.5 基本的网络故障排除流程

网络问题可能非常简单，也可能很复杂，而且可能会因硬件、软件和连接问题综合导致。

8.5.1 对网络应用故障排除流程

计算机技术人员必须能够分析问题并确定错误原因才能解决网络问题。此过程称为故障排除。

1. 识别问题

为了对问题进行评估，请先确定网络中有多少台计算机存在问题。如果网络中的一台计算机存在问题，则在该计算机上开始进行故障排除。如果网络中的所有计算机都存在问题，请在连接所有计算机的网络机房中开始实施故障排除流程。作为技术人员，您应该开发出一种合理且一致的方法，通过一次检查一个问题来诊断网络问题。

遵循此部分总结的步骤可准确地确定、修复并记录问题。故障排除流程中的第一步是识别问题。表 8-7 显示了需要向客户询问的开放式和封闭式问题的列表。

表 8-7	步骤 1：识别问题
开放式问题	■ 您使用计算机或网络设备时遇到了哪些问题？ ■ 您的计算机上最近安装了什么软件？ ■ 发现问题时您正在执行什么操作？ ■ 您收到了什么错误消息？ ■ 计算机使用什么类型的网络连接？
封闭式问题	■ 最近有其他人使用过您的计算机吗？ ■ 您可以看到任何共享的文件或打印机吗？ ■ 您最近是否更改了您的密码？ ■ 您能否访问 Internet？ ■ 您当前登录到网络了吗？ ■ 其他人存在此问题吗？

2. 推测潜在原因

与客户交谈后，就可以推测问题的潜在原因。表 8-8 显示了一些导致网络问题的常见潜在原因列表。

表 8-8	步骤 2：推测潜在原因
网络问题常见原因	■ 电缆连接松动 ■ 网卡安装不正确 ■ ISP 关闭 ■ 无线信号强度低 ■ IP 地址无效 ■ DNS 服务器问题 ■ DHCP 服务器问题 ■ 网络设备问题（交换机、路由器等）

3. 验证推测以确定原因

推测出可能导致错误的一些原因后，可以验证推测以确定问题原因。表 8-9 显示了可确定确切问题原因，甚至可纠正问题的快速程序列表。如果某个快速程序的确纠正了问题，您可以检验完整系统功能。如果快速程序未能纠正问题，则需要进一步研究问题以确定确切的原因。

表 8-9	步骤 3：验证推测以确定原因
确定原因的常见步骤	■ 检查所有电缆是否连接到正确位置 ■ 拆除然后重新连接电缆和接头 ■ 重新启动计算机或网络设备 ■ 以其他用户身份登录 ■ 修复或重新启用网络连接 ■ 联系网络管理员 ■ 对您的默认网关执行 ping 操作 ■ 访问一个远程网页

4. 制定行动方案，解决问题并实施解决方案

确定了问题的确切原因后，可制定行动计划来解决问题并实施解决方案。表 8-10 显示您可以用于收集更多信息以解决问题的一些信息来源。

表 8-10	步骤 4：制定行动方案，解决问题并实施解决方案
如果上一步骤没有解决问题，则需要进一步调查以实施解决方案	■ 支持人员修复手册 ■ 其他技术人员 ■ 制造商常见问题网站 ■ 技术网站 ■ 新闻组 ■ 计算机手册 ■ 设备手册 ■ 在线论坛 ■ Internet 搜索

5. 检验完整的系统功能并实施预防措施

纠正问题后，请检验完整的系统功能，如果适用，并实施预防措施。表 8-11 显示了用于检验解决方案的步骤列表。

表 8-11	步骤 5：检验完整的系统功能并实施预防措施
检验完整功能	■ 使用 ipconfig /all 命令显示所有网络适配器的 IP 地址信息 ■ 使用 ping 命令检查网络连接。它会向指定地址发送一个数据包，并显示响应信息 ■ 使用 nslookup 查询 Internet 域名服务器。它将返回域中的主机列表或一台主机的信息 ■ 使用 Tracert 确定数据包通过网络传输时所采用的的路由。它将显示您的计算机与另一台计算机通信时在什么地方遇到了问题 ■ 使用 Net View 显示工作组中的计算机列表。它将显示网络上可用的共享资源

6. 记录调查结果、措施和结果

在故障排除流程的最后一步，您必须记录您的调查结果、措施和结果。表 8-12 显示了记录问题和解决方案所需的任务。

表 8-12	步骤 6：记录调查结果、措施和结果
记录您的调查结果、措施和结果	■ 与客户讨论已实施的解决方案 ■ 让客户确认问题是否已解决 ■ 为客户提供所有书面材料 ■ 在工单和技术人员日志中记录解决问题所采取的措施 ■ 记录任何用于修复的组件 ■ 记录解决问题所用的时间

8.5.2 网络常见问题和解决方案

这一部分将介绍各种网络问题以及您可以用来解决这些问题的方法。

1. 识别常见问题和解决方案

网络问题可归因于硬件、软件或配置问题，或者这三种问题的任意组合。有些类型的网络问题会比其他问题更容易解决。表 8-13 是一个有关常见网络问题和解决方案的图表。

表 8-13	常见问题和解决方案	
识 别 问 题	**潜 在 原 因**	**可能的解决方案**
网卡的 LED 灯不亮	■ 网络电缆已拔出或损坏 ■ 网卡已损坏	■ 重新连接或更换计算机的网络连接 ■ 更换网卡
用户无法通过 SSH 连接到远程设备	■ 远程设备没有配置为 SSH 访问 ■ 用户或特定网络不允许 SSH 连接	■ 配置远程设备的 SSH 访问 ■ 允许从用户或网络进行 SSH 访问

识 别 问 题	潜 在 原 因	可 能 的 解 决 方 案
笔记本电脑无法检测到无线路由器	■ 无线路由器/接入点配置了不同的 802.11 协议 ■ SSID 没有进行广播 ■ 笔记本电脑中的无线网卡已禁用	■ 为笔记本电脑配置使用了兼容协议的无线路由器 ■ 配置无线路由器广播 SSID ■ 在笔记本电脑中启用无线网卡
计算机具有 IP 地址 169.254.X.X	■ 网络电缆已拔出 ■ 路由器已断电或连接错误 ■ 网卡已损坏	■ 重新连接网络电缆 ■ 确保路由器已通电且正常连接到网络 ■ 释放并更新计算机上的 IP 地址 ■ 更换网卡
远程设备不响应 ping 请求	■ Windows 防火墙默认禁用了 ping ■ 远程设备配置为不响应 ping 请求	■ 设置防火墙启用 ping 协议 ■ 配置远程设备响应 ping 请求
用户可以访问本地网络，但无法访问 Internet	■ 网关地址不正确或未配置 ■ ISP 关闭	■ 确保为网卡分配了正确的网关地址 ■ 呼叫 ISP 报告故障
网络运行完全正常，但无线设备无法连接到网络	■ 设备的无线功能是关闭的 ■ 设备不在无线覆盖范围内 ■ 其他使用相同频率范围的无线设备对其造成干扰	■ 启用设备的无线功能 ■ 移动到更靠近无线路由器/接入点的地方 ■ 将无线路由器更改到其他信道
一台 Windows 计算机刚刚连接到只包含 Windows 计算机的网络，但他无法查看共享的资源	■ 工作组名称不正确 ■ 网络位置不正确 ■ 网络发现和文件共享是关闭的	■ 纠正工作组名称 ■ 更改为正确的网络位置 ■ 启用网络发现和文件共享
用户无法映射网络驱动器	■ 用户没有合适的权限 ■ 工作组不正确 ■ 网络发现和文件共享是关闭的	■ 为该用户配置合适的权限 ■ 更改工作组名称 ■ 启用网络发现和文件共享

8.6 总结

组建网络需要规划以及对协同工作实现系统连接和共享资源的硬件和软件的理解。从安装和配置网卡到配置 Windows 中的域成员和共享文件的权限，本章介绍了应用网络连接的内容以提高网络技能。

应用网络连接解释了网络原理和技术的实际应用，并研究了用于解决实际问题的各种故障排除示例。

本章介绍了将计算机连接到网络的方式以及网络提供的许多服务。我们使用了如何分析和实施简单解决方案的示例来讨论网络故障排除的不同方面。

检查你的理解

您可以在附录中查找下列问题的答案。

1. 哪项网络服务自动为网络上的设备分配 IP 地址？

   A. Telnet
   B. Traceroute
   C. DNS
   D. DHCP

2. 为了向客户提供 Internet 最大访问带宽，哪项技术要求客户处于服务提供商设施的特定范围内？

   A. 卫星
   B. 有线宽带
   C. ISDN
   D. DSL

3. 作为网络上常规预防性维护流程的一部分，网络技术人员应执行哪项操作？

   A. 查看服务器群设施的访问日志
   B. 检查配线间的网络电缆连接
   C. 确保防病毒定义已更新为服务器上的最新版本
   D. 验证 WAN 到 ISP 的连接带宽

4. 哪个特殊字符必须位于文件夹名称的末尾，从而将该文件夹标识为管理共享？

   A. !
   B. *
   C. #
   D. $

5. 数据中心和云计算有什么区别？

   A. 数据中心需要云计算，但云计算不需要数据中心
   B. 云计算可提供对共享计算资源的访问，而数据中心是存储和处理数据的设施
   C. 数据中心利用更多的设备来处理数据
   D. 只有云计算可位于现场之外
   E. 没有区别。这些术语可互换使用

6. 哪种安全技术用于被动监控网络流量，以检测可能的攻击？

   A. 代理服务器
   B. 防火墙
   C. IDS
   D. IPS

7. 哪个命令可用于手动查询 DNS 服务器来解析特定主机名？

   A. net
   B. tracert
   C. nslookup
   D. ipconfig /displaydns

8. 技术人员希望更新计算机的 NIC 驱动程序。用于查找 NIC 新驱动程序的最佳位置在哪里？

   A. NIC 制造商的网站
   B. NIC 附带的安装介质
   C. Microsoft 的网站
   D. Windows 更新
   E. Windows 的安装介质

9. 无线路由器将内部流量上的私有 IP 地址转换为 Internet 可路由地址的过程称为_____。

   A. NAP
   B. NAT
   C. TCP handshake
   D. Private Address Changing

10. 技术人员刚刚在笔记本电脑上安装了新的网卡。在插入电缆时，技术人员注意到网卡上的 LED 为绿色，并且一个 LED 在闪烁。这通常表示什么？

    A. 网卡正在运行，并且电缆正在以最大数据速率运行
    B. 网卡正在执行 POST 功能，以检测可能的错误

    C. 网卡正在运行，并且有网络活动

    D. 网卡正在尝试建立 VPN 连接，但网卡的配置无安全设置

    E. 网卡连接到无线路由器上的错误端口

11. 哪种云计算商机可为特定公司提供路由器和交换机等网络硬件的使用权？

    A. 基础设施即服务（IaaS）

    B. 浏览器即服务（BaaS）

    C. 软件即服务（SaaS）

    D. 无线即服务（WaaS）

12. _____技术使用不同的频率在同一电缆上同时传输多个信号。

    A. Baseband   B. Baseboard

    C. Broadband   D. Broadbase

13. 技术人员正在对失去网络连接的计算机进行故障排除。从客户那里收集数据之后，技术人员接下来应该完成哪两项任务？（选择两项）

    A. 检查计算机的 IP 地址是否有效

    B. 尝试以其他用户身份登录

    C. 检查计算机的操作系统是否为最新版本

    D. 修复网络电缆

    E. 检查 NIC 链路指示灯是否亮起

14. 技术人员需要检查远程计算机上的系统设置，确保它与即将发出的新软件更新内容兼容。技术人员使用管理员账户登录并在远程 PC 上开始用户会话。技术人员使用哪个 Windows 工具来完成这一任务？

    A. Windows VPN 远程访问客户端   B. Windows 远程桌面

    C. Windows 文件共享服务   D. Windows 更新助理

15. 在新近安装的无线网络中，用户抱怨数据传输慢而且频繁中断连接。技术人员检查得知，无线安全措施实施无误，而且没有任何证据表明网络中存在未授权的用户。管理员可能会怀疑存在哪两个问题？（选择两项）

    A. DHCP 服务器发生故障   B. 无线信号太弱

    C. 接入点的天线功率过高   D. 需要向用户重新发布网络密码

    E. 受到外部干扰源的干扰

第 9 章
笔记本电脑和移动设备

学习目标

通过完成本章的学习，您将能够回答下列问题：

- 什么是笔记本电脑，其常见用途是什么；
- 笔记本电脑和移动设备的组件有哪些；
- 选择笔记本电脑组件的最佳方式是什么；
- 什么是扩展坞和端口复制器；
- 配置笔记本电脑的不同方法有哪些；
- 如何修理笔记本电脑；

- 笔记本电脑和移动设备使用的无线通信方法有哪些；
- 笔记本电脑常用的预防性维护技术有哪些；
- 笔记本电脑和移动设备使用的显示器类型有哪些；
- 笔记本电脑故障排除的方法有哪些。

第一批笔记本电脑主要由在出差时需要访问和输入数据的商务人士使用。由于成本、重量以及与更便宜的台式机相比功能有限，所以笔记本电脑的使用并不多。

笔记本电脑最显著的特征是尺寸紧凑。笔记本电脑的设计将键盘、屏幕和内部组件集中在小型便携式外壳中。因此，笔记本电脑可用于在学校记笔记、在商业会议中展示信息、或者在咖啡厅中访问 Internet。笔记本电脑使用充电电池，断开外部电源时也可使用。笔记本电脑因设计紧凑、使用方便并且技术越来越先进，现已被普遍使用。移动设备是指手持式、轻型并通常配备了可输入内容的触摸屏的任何设备。随着人们对移动性需求的增加，笔记本电脑和其他移动设备变得日益普及。

技术上的进步使得笔记本电脑变得更轻、功能更强大且更加实惠。因此，当今几乎每个环境中都有笔记本电脑的身影。

笔记本电脑与台式计算机运行相同的操作系统，而且大多数笔记本电脑都配备内置的 WiFi、网络摄像头、麦克风、扬声器以及连接外部组件的端口。

与台式机或笔记本电脑相似，移动设备使用操作系统运行各种应用、游戏以及播放电影和音乐。移动设备还有不同的 CPU 架构，旨在拥有比笔记本电脑和台式机更精简的指令集。

本章重点介绍笔记本电脑、移动设备的许多特点及其功能。

9.1　笔记本电脑组件

下面这一部分重点讲解笔记本电脑的内部和外部组件。组件可以位于不同型号笔记本电脑的不同位置。了解每个组件，从而在挑选用于购买和升级的组件时做出明智的决策，这一点尤为重要。当笔记本电脑组件发生故障或无法工作时，了解这些组件对于故障排除来说是十分必要的。

9.1.1 笔记本电脑组件的功能

笔记本电脑如今已成为通用的台式计算机，而且与以前相比拥有更加强大的组件。笔记本电脑在功能、价格、尺寸和平台等方面拥有很大的选择空间，因此可用性应成为挑选设备时的一个重要考虑因素。

1. 笔记本电脑独有的外部功能

笔记本电脑和台式计算机使用许多相同的硬件功能，因此其外围设备可以互换使用。由于笔记本电脑的紧凑设计，其端口、连接和驱动器的位置是独一无二的。端口、连接和驱动器位于笔记本电脑的外部（前、后和侧面板）。可使用 USB 端口将外部设备（例如光驱、蓝牙和 WiFi）连接到笔记本电脑。一些笔记本电脑还包括 ExpressCard 插槽、Thunderbolt 端口和 DisplayPort。

状态指示灯、端口、插槽、接头、槽位、插孔、通风口和锁孔都位于笔记本电脑的外部。

在本章中，图片和列表给出了笔记本电脑具有的常用组件的示例，但并不是所有的笔记本电脑都具有其中的每一种组件。供应商和使用目的将会决定笔记本电脑型号的确切特征。

图 9-1 显示了笔记本电脑顶部的三个 LED。

图 9-1 中的 LED 符号解释如下。

- **A**：蓝牙状态 LED 指示蓝牙无线收发器何时启用。蓝牙是允许便携式设备实现短距离通信的无线行业标准。
- **B**：电池状态 LED 指示电池的状态。笔记本电脑可以使用电池或交流电源适配器运行。电池的类型和笔记本电脑的使用方式会影响电池充电一次的使用时间。
- **C**：待机 LED 指示笔记本电脑是否处于待机状态。待机模式会关闭显示器、硬盘驱动器和 CPU，从而减少笔记本电脑的耗电量。笔记本电脑使用少量的电量使 RAM 处于活动状态，并使数据可用。笔记本电脑开启后未使用的时间达到预先定义的时间量时，笔记本电脑可能会进入待机模式。

注意： LED 显示因笔记本电脑的不同而不同。查阅笔记本电脑手册，了解特定状态显示的列表。

图 9-2 显示了笔记本电脑背面的三个组件。

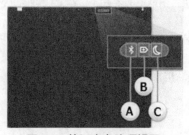

图 9-1 笔记本电脑顶视图

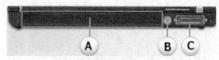

图 9-2 笔记本电脑后视图

图 9-2 所示的三个组件解释如下。

- **A**：电池托架是连接笔记本电脑电池的接头。
- **B**：交流电源接头是将交流电源适配器连接到笔记本电脑和为电池充电的接头。
- **C**：并行端口是连接某个设备（例如打印机或扫描仪）的插槽。

笔记本电脑需要一个端口来连接外部电源，并且能够使用电池或交流电源适配器来运行。您可使用此端口为计算机供电或为电池充电。笔记本电脑电池具有各种形状和大小。它们使用不同类型的化学品和金属来存储电能。

表 9-1 比较了各种可充电电池。

表 9-1　　　　　　　　　　　　　**笔记本电脑电池比较**

电 池 类 型	特　征	常 见 用 途
镍铬 "Ni-Cad"（NiCd）	重量大，寿命长（充电循环次数多），具有记忆效应	玩具、无绳电话、应急灯、电动玩具、摄像头闪光灯
镍氢电池（NiMH）	中等重量，寿命一般，在周期结束时可能会遇到"极性变换"，应立即关闭或充电。可能需要经过多次充电/放电周期才能达到完整容量	手机、数码相机、GPS 设备、手电筒和其他消费类电子产品
锂离子电池（Li-Ion）	重量较轻，没有记忆效应，容易过热，应保持冷却，可经常充电，应使用最新的电池（最近制造）	手机、笔记本电脑
锂聚合物（Li-Poly 或 LiPo）	价格高、体积小、重量轻，中等容量，快速充电，寿命一般，不能发生短路，不是易燃物	PDA、笔记本电脑、便携式 MP3 播放器、便携式游戏设备、遥控飞机

笔记本电脑的左侧组件如图 9-3 所示。

笔记本电脑的左侧可能有全部 10 个组件或只有其中的一部分，解释如下。

- **A**：安全锁孔：用来接收特殊形状锁的小插槽，它可以达到降低物理偷盗风险的目的。安全钥匙孔可使用户通过暗码或带钥匙电缆锁将笔记本电脑连接到一个固定位置（例如办公桌）。
- **B**：通用串行总线（USB）端口：连接一个或多个外围设备的插槽。
- **C**：S 视频端口：将视频信号输出到兼容设备的四引脚微型 DIN 接头。S-视频将视频信号的亮度和颜色部分分开了。可以让笔记本电脑与外部显示器或投影仪相连接。
- **D**：调制解调器端口：RJ-11 调制解调器端口是连接笔记本电脑与标准电话线路的设备。调制解调器可用于将计算机连接到 Internet、传真文档和接听来电。在模拟电话网络上进行通信。
- **E**：以太网端口：用于连接笔记本电脑与有线局域网的 RJ-45 插槽。
- **F**：网络 LED：这两个网络 LED 是表示网络连接状态的指示灯。绿色链路指示灯指示网络连接。另一个 LED 灯指示进出笔记本电脑的数据流量。
- **G**：立体声耳机插孔：将音频信号输出到笔记本电脑所连接的立体声耳机或外部扬声器。
- **H**：麦克风插孔：将麦克风连接到笔记本电脑。
- **I**：通风网栅：允许热空气从笔记本电脑内部吹出的一系列通风口。
- **J**：PC 组合卡插槽：支持扩展卡（比如 PCMCIA 和 PC Card/ExpressCard）的扩展槽。

笔记本电脑的前视图如图 9-4 所示。

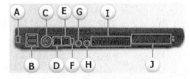

图 9-3　笔记本电脑左视图

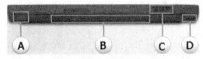

图 9-4　笔记本电脑前视图

笔记本电脑的前面可能具有下面列出的这些组件中的全部或一部分。

- **A**：红外线端口：允许笔记本电脑与其他红外设备进行通信。
- **B**：扬声器：提供声音输出。
- **C**：笔记本电脑锁：保持盖关闭。

- D：通风网栅：帮助机箱散热。

笔记本电脑的右侧可能具有下面列出的这四种组件中的全部或一部分：

笔记本电脑的右视图如图 9-5 所示。

- A：光驱：读取 CD、DVD 以及蓝光光盘。
- B：光驱状态指示灯：显示光驱的活动状态。
- C：驱动器槽位状态指示灯：显示驱动器托架的状态。
- D：VGA 端口：允许外接显示器或者投影仪。

笔记本电脑的底视图如图 9-6 所示。

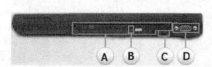

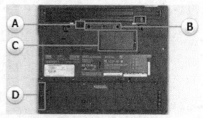

图 9-5　笔记本电脑右视图　　　　　图 9-6　笔记本电脑右视图

笔记本电脑的底部可能具有下面列出的这些组件中的全部或一部分。

- A：电池锁（两个区域）：从电池槽中取出电池。
- B：扩展坞接头：连接笔记本到扩展坞或端口复制器。
- C：RAM 盖板：提供访问内存的通道。
- D：硬盘驱动器盖板：提供访问硬盘驱动器的通道。

2. 笔记本电脑中常见的输入设备和 LED

笔记本电脑的设计宗旨是小巧、便于携带，同时具备台式计算机提供的大部分相同功能。因此，重要的输入设备已内置于笔记本电脑中。打开笔记本电脑机盖时，可能会出现以下输入设备。

- **触摸板**：由左右点击按钮组成。触摸板可代替笔记本电脑的鼠标。
- **指点杆**：可代替笔记本电脑鼠标的指针控制器。
- **键盘**：一个紧凑的输入设备并且有多功能按键。
- **指纹读取器**：用于进行安全身份验证。
- **麦克风**：可用于笔记本电脑录音。
- **网络摄像头**：连接在计算机上的用于传输视频的摄像头。

注意：　对于内置在笔记本电脑中的输入设备，可以使用与台式机输入设备相同的配置方式进行配置。

笔记本电脑可能具有显示特定设备或组件状态的不同 LED。LED 通常位于显示屏下方或键盘的正上方。

笔记本电脑中常见的状态 LED 类型如下。

- **无线 LED**：指示无线网络连接的活动。
- **蓝牙状态 LED**：指示蓝牙无线收发器何时启用。
- **数字锁定 LED**：指示 10 键数字键盘的开/关状态。
- **大写锁定 LED**：指示大写锁定的开/关状态。
- **硬盘驱动器活动 LED**：指示硬盘驱动器的活动。
- **开机 LED**：指示笔记本电脑的开/关状态。

- **电池状态 LED**：指示笔记本电脑电池的状态。
- **休眠或待机 LED**：指示计算机是否处于待机模式，或者是否正在进入或退出休眠模式。

注意： LED 因笔记本电脑型号的不同而不同。

3. 内部组件

笔记本电脑的紧凑本质要求将许多内部组件安装到一个很小的空间中。尺寸限制导致很多笔记本电脑组件（例如主板、RAM、CPU 和存储设备）具有不同的外形规格。可将一些笔记本电脑组件（例如 CPU）设计为低功耗组件，确保系统在使用电池供电时能够运行更长的时间。

主板

台式机主板具有标准的外形规格。标准的大小和形状允许您将不同制造商的主板安装到常见的台式机机箱中。相比之下，笔记本电脑主板因制造商的不同而不同并且具有专有性。维修笔记本电脑时，您通常必须从笔记本电脑制造商处购买更换用的主板。图 9-7 比较了台式机主板和笔记本电脑主板。

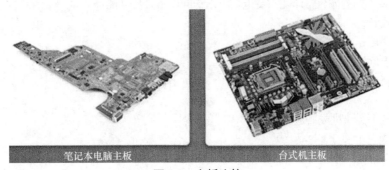

笔记本电脑主板　　　　　　台式机主板

图 9-7　主板比较

笔记本电脑主板和台式机主板的设计并不同。专为笔记本电脑设计的组件一般不能用于台式机。表 9-2 比较了笔记本电脑和台式机的设计。

表 9-2　　　　　　　　　　　　笔记本电脑和台式机比较

组　　件	笔记本电脑	台　式　机
主板外形规格	专有	AT、LPX、NLX、ATX、BTX
扩展槽	Mini-PCI	PCI、PCIe、ISA、AGP
RAM 插槽类型	SODIMM	SIMM、DIMM、RIMM

RAM

由于笔记本电脑内的空间有限，其内存模块比台式机的内存模块要小很多。笔记本电脑使用小型双列直插式内存模块（SODIMM），如图 9-8 所示。

CPU

笔记本电脑处理器比台式机处理器功耗低，且发热更少。因此，笔记本电脑处理器的冷却设备不必像台式机中的冷却设备那么大。笔记本电脑处理器还使用 CPU 降频技术按需修改时钟速度，以减少功耗和发热量。这会导致性能略微降低。这些专门设计的处理器可以使笔记本电脑在

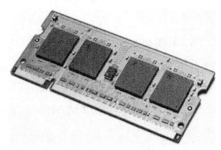

图 9-8　SODIMM

使用电池时也能运行更长时间。

> **注意：** 请参阅笔记本电脑手册，了解兼容的处理器以及更换说明。

存储

笔记本电脑存储设备的宽度为 4.57 厘米（1.8 英寸）或 6.35 厘米（2.5 英寸），而台式机存储设备的宽度通常为 8.9 厘米（3.5 英寸）。1.8 英寸驱动器最常见于超便携式笔记本电脑，因为它们更小、更轻且功耗更低。但是，其盘片转动速度通常比 2.5 英寸驱动器慢，2.5 英寸驱动器的盘片转动速度最高可达 10000RPM。

在笔记本电脑中使用 SSD 存储的情况已有所增加。SSD 比硬盘驱动器的数据传输速度更快，延迟更少，运行噪音小且耗能更低。SSD 没有活动部件。

4. 特殊功能键

功能（Fn）键的作用是激活两用键上的另一项功能。通过按住 Fn 键以及另一个键来访问的功能以较小的字体或不同的颜色打印在按键上。可以访问以下几项功能：

- 显示设置；
- 显示亮度；
- 屏幕方向；
- 键盘背光；
- 音量；
- 媒体选项（快进或后退）；
- 睡眠状态；
- WiFi 功能；
- 蓝牙功能；
- 电池状态；
- 触摸板功率；
- 飞行模式。

> **注意：** 一些笔记本电脑可能有执行某些功能的专用功能键，无需用户按 Fn 键。

笔记本电脑显示器是一个内置的 LCD 或 LED 屏幕。您无法调整笔记本电脑显示器的高度和距离，因为它已集成到顶盖中。通常可以将外接显示器或投影仪连接到笔记本电脑。在键盘上按下 Fn 键和适当的功能键可在内置显示屏和外接显示屏之间切换。

请勿将 Fn 键与功能键 F1 到 F12 混淆。F1 到 F12 通常位于键盘的最上面一排。其功能取决于按下这些键时所运行的操作系统和应用。组合使用每个键与一个或多个 Shift、Control 和 Alt 键可执行多达 7 种不同的操作。

5. 扩展坞与端口复制器

基站用于连接交流电源和台式机外围设备。在将笔记本电脑接入基站时，可以访问电源和连接的外围设备以及数量更多的端口。

有两种用于此相同用途的基站：扩展坞和端口复制器。

扩展坞

扩展坞可让您像使用台式计算机那样使用笔记本电脑。外围设备（例如显示器、鼠标和键盘等）

可永久连接到扩展坞。用户决定在台式机模式下使用笔记本电脑时，可将笔记本电脑通过扩展坞接头（如图 9-9 所示）连接到扩展坞。

下面的列表提供了扩展坞顶部组件的更多相关信息。

- A：电源按钮：笔记本电脑连接到扩展坞时打开和关闭笔记本电脑电源的控件。
- B：弹出按钮：从扩展坞松开笔记本电脑的锁杆，这样便可取下笔记本电脑。
- C：扩展坞接头：将笔记本电脑连接到扩展坞的插槽。

扩展坞接口允许笔记本电脑与外围设备通信。一些扩展坞可以提供笔记本电脑上现有端口之外的附加端口，例如额外的 USB 端口。扩展坞还可能容纳更多内置的外围设备，例如扬声器或光驱，如图 9-10 所示。

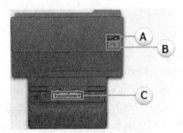

图 9-9　扩展坞顶视图

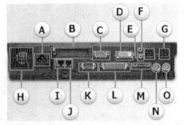

图 9-10　扩展坞后视图

下面的列表提供了通常位于扩展坞后面的组件的更多相关信息。

- A：交流电源接头：提供电源给电池充电。
- B：PC 卡/ExpressCard 插槽：连接笔记本电脑扩展卡。
- C：VGA 端口：允许外部显示器或投影仪。
- D：数字视频接口（DVI）端口：允许外部显示器或投影仪。
- E：耳机接头：允许音频输出到耳机。
- F：线连接器：允许音频输入预放大的来源，如 iPod。
- G：USB 端口：将笔记本电脑连接到大多数外围设备。
- H：排气口：为笔记本电脑排出热空气。
- I：以太网端口：在以太网络上进行通信。
- J：RJ-11（调制解调器端口）：在模拟电话网络上进行通信。
- K：串行端口：老式端口，在 USB 广泛使用之前用于连接如鼠标、键盘及调制解调器等设备。
- L：并行端口：连接不支持 USB 的老式设备（如打印机和扫描仪）。
- M：外部磁盘驱动器接头：将笔记本电脑连接到外部磁盘驱动器。
- N：键盘端口：将老式键盘连接到笔记本电脑。
- O：鼠标端口：将老式鼠标连接到笔记本电脑。

将笔记本电脑连接到扩展坞时，可以使用锁定机制（如图 9-11 所示）来保护笔记本电脑。

许多扩展坞是专有扩展坞，只能与特定的笔记本电脑配合使用。购买扩展坞之前，请查看笔记本电脑文档或制造商的网站，确定扩展坞是否可用于该笔记本电脑品牌和型号。

图 9-11　扩展坞右视图

端口复制器

端口复制器还可使笔记本电脑快速连接多台外围设备。外围设备可永久插入端口复制器，笔记本电脑通常通过 USB 端口连接到端口复制器。端口复制器可以借助 USB 端口连接到笔记本电脑，从而提供更加通用的解决方案。使用端口复制器的一个优点是人们能使用不同供应商的多台笔记本电脑的大多数（即便不是全部）功能。

可用的连接类型取决于扩展坞、端口复制器以及笔记本电脑的品牌和型号：

- 制造商特定和型号特定；
- USB、FireWire 和 Thunderbolt；
- PC-Card 或 ExpressCard。

大多数笔记本电脑可在使用中或者关闭时连接到扩展坞。连接到扩展坞时可通过即插即用技术或对已连接或未连接状态使用单独的硬件配置文件来添加设备。扩展坞和端口复制器可让您轻松地将笔记本电脑连接外围设备以及从与其连接的所有外围设备上轻松断开连接。

9.1.2 笔记本电脑显示屏

笔记本电脑显示器是用于显示屏幕上所有内容的输出设备，并且是笔记本电脑上最昂贵的组件之一。有三种不同类型的显示器，它们有不同的尺寸和分辨率。理解笔记本电脑的显示器类型及内部显示器的组件对于购买或者修理该系统来说是非常重要的。笔记本电脑显示器是内置显示器。它们与台式机显示器相似，不过您可以使用软件或按钮控件调节分辨率、亮度和对比度。您无法调整笔记本电脑显示器的高度和距离，因为它已集成到顶盖中。您可以将台式机显示器连接到笔记本电脑，从而为用户提供多个屏幕和扩展功能。

这一部分将描述不同的显示器类型以及每种显示器类型的内部组件。

1. LCD、LED 和 OLED 显示屏

有三种类型的笔记本电脑显示屏：

- 液晶显示屏（LCD）；
- 发光二极管（LED）；
- 有机发光二极管（OLED）。

用于 LCD 显示屏制造的两种最常用技术是扭曲向列（TN）和共面转换（IPS）。TN 是最常见且最古老的技术。TN 显示屏可提供高亮度，比 IPS 更节能，并且造价低廉。IPS 显示屏可提供更好的色彩再现和观看视角，但是对比度低、响应速度慢。制造商目前正在生产价格合理的 Super-IPS（S-IPS）面板，该面板改善了响应速度和对比度。

LED 显示屏比 LCD 显示屏更节能、寿命更长，受到许多笔记本电脑制造商的青睐。

有机 LED（OLED）技术通常用于移动设备和数码相机，但是在一些笔记本电脑中也有它们的身影。在 OLED 显示屏中，每个像素都是单独照亮的。

当今的一些笔记本电脑配备了可拆卸式触摸屏幕，将显示屏拆下后可像平板电脑那样使用。其他笔记本电脑允许将键盘向后折叠到显示屏后方，像使用平板电脑那样使用笔记本电脑。为了满足这些类型的笔记本电脑要求，Windows 将自动旋转显示内容 90、180 或者 270 度，或同时按 Ctrl+Alt 键以及您希望笔记本电脑所面向方向的箭头键。

配备触摸屏的笔记本电脑有一个连接到屏幕前方的特殊玻璃装置（称为数字转换器）。数字转换器可将触摸操作（按、轻扫等）转换为笔记本电脑能够处理的数字信号。

在许多笔记本电脑上，笔记本电脑盖上的一个小引脚会在关机后接触一个开关（称为 LCD 切断开关）。切断开关可通过关闭显示屏来实现节电。如果此开关损坏或不干净，笔记本电脑打开时显示屏不会亮起。请仔细清洁此开关，以恢复正常运行。

2. 背光和逆变器

逆变器和背光是两个重要的显示器组件。逆变器主要是为背光供电，背光为屏幕提供主要光源，

如果没有背光，屏幕上的图像将不可见。

LCD 本身并不能产生任何光。背光穿过屏幕并点亮显示屏。两种常见类型的背光是冷阴极荧光灯（CCFL）和 LED。使用 CCFL 时，荧光灯管连接到逆变器，用于将直流电（DC）转换成交流电（AC）。荧光背光（如图 9-12 所示）位于 LCD 屏幕后方。

要更换背光，您必须完全拆下显示屏。逆变器（如图 9-13 所示）位于屏幕面板后方并靠近 LCD。

图 9-12　背光

图 9-13　逆变器

LED 显示器使用基于 LED 的背光，没有荧光灯管或逆变器。LED 技术可提高显示屏的使用寿命，因为其功耗更低。此外，LED 技术要更环保，因为 LED 不含汞。汞是 LCD 中使用的荧光背光的关键成分。

3. WiFi 天线接头

WiFi 天线可传输和接收通过无线电波传送的数据。笔记本电脑中的 WiFi 天线通常位于屏幕上方，如图 9-14 所示。

WiFi 天线通过天线引线和天线电线连接到无线网卡，如图 9-15 所示。

图 9-14　WiFi 天线

图 9-15　WiFi 天线电线

导线通过位于屏幕侧面的穿线框固定到显示装置上。

4. 网络摄像头和麦克风

当今的大多数笔记本电脑都有内置的网络摄像头和麦克风。网络摄像头通常置于显示屏的顶部中间位置。内置麦克风通常位于网络摄像头旁边。一些制造商可能将麦克风置于键盘旁边或笔记本电脑侧面。

9.2　笔记本电脑配置

电源的保护和管理是笔记本电脑需要考虑的重要方面，因为它们是为便携而设计的。当外部电源断开时，笔记本电脑使用电池作为电源。

9.2.1 电源设置配置

软件可以用于延长笔记本电脑的寿命并最大化电池使用情况。这一部分将介绍电源管理的方法以及通过软件以及笔记本电脑的 BIOS 优化电源管理的设置。

1. 电源管理

电源管理和电池技术上的进步让笔记本电脑能够用电池供电运行更长的时间。许多电池能够为笔记本电脑供电 10 个小时或更长时间。配置笔记本电脑的电源设置可更好地管理电源用量，这对于确保电池的有效使用非常重要。

电源管理控制到计算机组件的电流。高级配置与电源接口（ACPI）在硬件和操作系统之间搭建了一座桥梁，并可以使技术人员制定电源管理方案，让笔记本电脑发挥最佳的性能。ACPI 状态适用于大多数计算机，但是在管理笔记本电脑上的电源时它们尤为重要。

表 9-3 显示了 ACPI 标准。

表 9-3	ACPI 电源状态
状　态	描　述
S0	计算机处于打开状态，并且 CPU 正在运行
S1	CPU 和 RAM 仍在接收电力，但未使用的设备已断电
S2	CPU 关闭，但是已刷新 RAM。系统的耗电量低于 S1 模式
S3	CPU 关闭，并且将 RAM 设置为较慢的刷新频率。此模式通常称为 "保存到 RAM"。此状态称为睡眠或挂起模式
S4	CPU 和 RAM 处于关闭状态。RAM 的内容已经保存到硬盘上的临时文件中。此模式也称为 "保存到磁盘"。此状态称为休眠模式
S5	计算机关闭

2. 管理 BIOS 中的 ACPI 设置

技术人员常常需要更改 BIOS 或 UEFI 设置中的设置来配置电源设置。配置电源设置会影响以下方面：

- 系统状态；
- 电池和交流模式；
- 热管理；
- CPU PCI 总线电源管理；
- LAN 唤醒（WOL）。

注意： WOL 可能需要在计算机内部使用电缆将网络适配器连接到主板。

ACPI 电源管理模式必须在 BIOS 设置中启用，允许操作系统配置电源管理状态。

要在 BIOS 设置中启用 ACPI 模式，请执行以下步骤。

How To

步骤 1 进入 BIOS 设置。
步骤 2 找到并进入 "电源管理" 设置菜单项。
步骤 3 使用适当的密钥启用 ACPI 模式。
步骤 4 保存并退出 BIOS 设置。

注意：这些步骤对于大多数笔记本电脑是通用的，但是请务必检查笔记本电脑文档，以了解具体的配置设置。每种电源管理状态没有标准的名称。不同的制造商可能对同一状态使用不同的名称。

3. 管理笔记本电脑电源选项

Windows 中的"电源选项"实用程序允许您降低特定设备或整个系统的功耗。要在 Windows 中配置电源设置，请使用以下路径：

控制面板>电源选项

笔记本电脑电源选项

如果您按下电源按钮但不希望彻底关闭笔记本电脑时，可以更改此按钮的功能。

要访问 Windows 中的"定义电源按钮并启用密码保护"菜单，请单击"电源选项"实用程序左侧的"选择电源按钮的功能"链接。

选项有下面这些。

- **不采取任何操作**：计算机继续以全功率运行。
- **睡眠**：文档和应用保存在 RAM 中，计算机可快速启动。
- **休眠**：文档和应用保存到硬盘驱动器上的临时文件中。笔记本电脑从此状态启动比从睡眠状态启动需要更长的时间。
- **关机**：关闭所有打开的程序，关闭 Windows 操作系统，然后关闭计算机和显示屏。关机不会保存您的操作，因此必须首先保存您的文件。

图 9-16 显示在 Windows 7 的"电源选项"实用程序中启动了休眠。

硬盘驱动器和显示屏电源管理

笔记本电脑上功耗最高的两个组件是硬盘驱动器和显示屏。如图 9-17 所示，笔记本电脑依靠电池或交流适配器运行时，您可以选择何时关闭硬盘驱动器或显示屏。

图 9-16 在 Windows 7"电源选项"
实用程序中启用休眠模式

图 9-17 电源选项高级设置

要调整硬盘驱动器、显示屏或 Windows 中其他计算机组件的电源设置，请执行以下步骤。

步骤 1　单击"控制面板" > "电源选项"

　　　　　　　步骤 2　找到电源计划。

　　　　　　　步骤 3　单击"更改计划设置"。

　　　　　　　步骤 4　单击"更改高级电源设置"。

睡眠计时器

图 9-18 显示了 Windows 电源计划的自定义睡眠计时器设置。

图 9-18　在 Windows 中编辑电源计划设置

要配置睡眠计时器,请执行以下步骤。

　步骤 1　单击"控制面板" > "电源选项"。

　　　　　　　步骤 2　单击"更改计算机睡眠时间"并选择所需的时间。

电池警告

　　低电量警告的默认值是剩余电量为 **10%**。严重低电量警告级别的默认值是剩余电量为 **5%**。您还可以设置通知类型和采取的措施,例如当电池电量到达指定级别时是否睡眠、休眠或关闭笔记本电脑。

9.2.2　无线配置

　　笔记本电脑的一个主要优点是其便携性,且添加了无线技术后提高了笔记本电脑在任何位置均可使用的功能。借助无线技术,笔记本电脑用户可以连接到 Internet、无线外围设备以及其他的笔记本电脑。大多数笔记本电脑都有内置的无线设备,与台式机相比,它们的灵活性和移动性增加。这一部分将研究各种可用的无线技术。

1. 蓝牙

电气与电子工程师协会(IEEE)802.15.1 标准描述了蓝牙技术规格。蓝牙设备能够处理语音、音乐、视频和数据。

表 9-4 显示了常见的蓝牙特征。

表 9-4 蓝牙特征

无需在便携式或固定配置设备之间使用电缆的一种短距离无线技术
可在未经许可的工业、科学和医疗频段以 2.4～2.485GHz 运行
低功耗、低成本和小型化
使用自适应跳频技术
第 1.2 版的运行速度高达 1.2Mbit/s
第 2.0+版增强型数据速率（EDR）的运行速度高达 3Mbit/s
第 3.0+版高速（HS）的运行速度高达 24Mbit/s
第 4.0+版低功耗（LE）的运行速度高达 24Mbit/s，也称为 Bluetooth Smart
第 4.0 版添加了支持产品使用极少功耗的技术，称为低功耗蓝牙（BLE）
第 4.1 版是更新版本，利用移动无线服务提高共存能力
第 4.2 版添加了对物联网（IoT）设备所需技术的支持

蓝牙个人局域网（PAN）的距离取决于 PAN 中的各设备所使用的功率。蓝牙设备分为三个类别，如表 9-5 所示。最常见的蓝牙网络是 2 类，其范围大约为 10 米（33 英尺）。

表 9-5 蓝牙分类

类　　别	最大允许功率（mW）	大约距离
等级 1	100mW	大约 100 米（330 英尺）
等级 2	2.5mW	大约 10 米（33 英尺）
等级 3	1mW	大约 1 米（3 英尺）

蓝牙技术的四个规格定义了数据传输速率标准。每个后续版本均提供更强的功能。例如，1.0 版本是具备有限功能的较早技术，而 4.0 版本则提供了更多高级功能。

表 9-6 显示了定义数据传输速率标准的 4 种蓝牙技术规格。

表 9-6 蓝牙规格

规　　格	版　　本	数据传输速率
1.0	v1.2	1Mbit/s
2.0	v2.0+EDR	3Mbit/s
3.0	V3.0+HS	24Mbit/s
4.0	V4.0+LE	24Mbit/s

蓝牙标准中还包括安全措施。蓝牙设备首次进行连接时，要使用 PIN 对设备进行身份验证。这就是所谓的配对。蓝牙支持 128 位加密和 PIN 身份验证。

蓝牙安装和配置

默认情况下，Windows 会激活与蓝牙设备的连接。如果连接处于非活动状态，请在笔记本电脑的正面或侧面寻找开关，以启用该连接。如果笔记本电脑不支持蓝牙技术，您可以购买一个插入到 USB 端口中的蓝牙适配器。

安装和配置设备前，请确保已在 BIOS 中启用了蓝牙。

启动设备并使其进入可发现模式。检查设备文档，了解如何使设备进入可发现模式。使用蓝牙向导搜索和发现处于可发现模式的蓝牙设备。

要在 Windows 7 和 8 中发现蓝牙设备，请执行以下步骤。

How To

步骤 1 单击"控制面板" > "设备和打印机" > "添加设备"。

步骤 2 选择已发现的设备并单击"下一步"。

步骤 3 将 Windows 提供的配对代码输入蓝牙设备。

步骤 4 成功添加设备后，单击"关闭"。

在 Windows Vista 中，请执行以下步骤。

How To

步骤 1 单击"控制面板" > "蓝牙设备" > "添加无线设备"。

步骤 2 从列表中选择设备并单击"下一步"。

步骤 3 如果出现提示，请单击"继续"。"添加蓝牙设备向导"启动。

步骤 4 单击"我的设备已经设置并且准备好，可以查找" > "下一步"。

步骤 5 选择已发现的设备并单击"下一步"。

步骤 6 如果出现提示，请输入密钥并单击"完成"。

2. 蜂窝 WAN

已集成蜂窝 WAN 功能的笔记本电脑无需安装软件，无需额外的天线或附件。启动笔记本电脑时，集成的 WAN 功能即可使用。如果连接处于非活动状态，请在笔记本电脑的正面或侧面寻找开关，以启用该连接。

许多移动电话提供了连接其他设备的功能。这种连接称为"叠接"（Tethering），可通过 WiFi、蓝牙或使用 USB 电缆来建立这种连接。连接设备后，设备即可使用移动电话的蜂窝网连接来访问 Internet。移动电话允许 WiFi 设备连接和使用移动数据网络时，这称为热点。

您还可以使用蜂窝网热点设备来访问蜂窝网络。

3. WiFi

笔记本电脑通常使用无线适配器访问 Internet。无线适配器可内置于笔记本电脑中或通过扩展端口连接到笔记本电脑。用于笔记本电脑的三类主要无线适配器如图 9-19 所示。

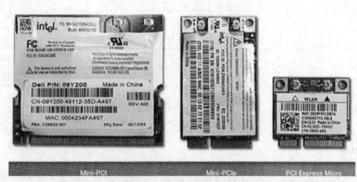

图 9-19 无线适配器类型

- Mini-PCI：Mini-PCI 卡有 124 个引脚，支持 802.11a、802.11b 和 802.11g 无线 LAN 连接标准。
- Mini-PCIe：Mini-PCIe 卡有 54 个引脚，并支持与 Mini-PCI 相同的标准以及 802.11n 和 802.11ac 无线 LAN 标准。

■ **PCI Express Micro**：常见于较新、较小的笔记本电脑（例如超极本），因为它们的尺寸仅为 Mini-PCIe 卡尺寸的一半。PCI Express Micro 卡有 54 个引脚，支持与 Mini-PCIe 相同的标准。

要在运行 Windows 的笔记本电脑上配置无线设置，请执行以下步骤。

How To

步骤 1 选择"控制面板">"网络和共享中心">"设置新的连接或网络"。

步骤 2 如果连接或网络已建立，请单击"连接并选择网络"。

步骤 3 使用"设置新的连接或网络"向导建立新的连接或配置新的网络。

9.3 笔记本电脑硬件和组件的安装与配置

紧凑和便携是笔记本电脑如此受欢迎的两个主要原因。这两个因素也限制了笔记本电脑在某些用户期望可用的技术领域有所发展。这一部分将讨论通过安装和配置扩展设备来增强笔记本电脑的功能。

9.3.1 扩展槽

扩展端口是笔记本电脑上不同类型的连接端口，它们可以使各种类型的外围设备从外部连接到系统。扩展端口具有许多类型，包括 USB 端口和 ExpressCard 插槽。

1. 扩展卡

笔记本电脑与台式机相比，一个缺点就是其紧凑设计可能限制了某些功能的可用性。要解决此问题，许多笔记本电脑都配备 ExpressCard 插槽以添加功能。

图 9-20 显示了这两类 ExpressCard 的示例。

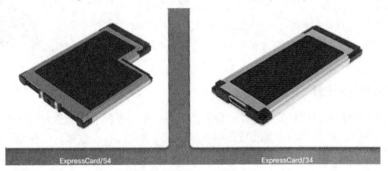

图 9-20 ExpressCards

表 9-7 比较了两个 ExpressCard 型号：ExpressCard/34 和 ExpressCard/54。这两个型号的宽度分别为 34 毫米和 54 毫米。

表 9-7 ExpressCard 规格

快速总线	大 小	厚度	接 口	示 例
ExpressCard/34	75mm × 34mm	5mm	PCI Express 或 USB 2.0 或 USB 3.0	FireWire、电视调谐器、无线网卡
ExpressCard/54	75mm × 54mm	5mm	PCI Express 或 USB 2.0 或 USB 3.0	智能卡读卡器、快闪读卡器、1.8 英寸磁盘驱动器

以下是使用 ExpressCard 时能够添加的一些功能示例：

- 额外的内存卡读卡器；
- 外置硬盘驱动器访问；
- 电视调谐卡；
- USB 和 FireWire 端口；
- WiFi 连接。

要安装卡，请将卡插入插槽并完全推进。要将卡移除，请按下弹出按钮将其取出。

如果 ExpressCard 支持热插拔，请执行以下步骤将其安全删除。

How To

步骤 1　单击 Windows 系统托盘中的"安全删除硬件"图标，确保设备不在使用中。

步骤 2　单击您要删除的设备。系统会弹出一则消息，告诉您删除该设备是安全的。

步骤 3　删除笔记本电脑上的热插拔设备。

警告：　ExpressCard 和 USB 设备通常都支持热插拔。但是，计算机启动后删除不支持热插拔的设备可能导致数据和设备损坏。

2. 闪存

闪存使用的非易失性内存芯片类型与固态驱动器（SSD）使用的芯片类型相同，且不需要电力来维护数据。它是一种很受欢迎的非易失性、可重写存储介质。它非常耐用，因而可用于许多电子设备，包括 USB 驱动器、相机、外置硬盘驱动器和移动设备。这一部分将讨论各种类型的闪存。

外置闪存驱动器

外置闪存驱动器是连接到扩展端口（例如 USB、eSATA 或 Firewire）的可移动存储设备。外置闪存驱动器可以是 SSD 驱动器或较小的设备。闪存驱动器可提供快速的数据访问、高可靠性，并且功耗很低。操作系统访问这些驱动器的方式与访问其他类型驱动器的方式相同。外置闪存驱动器如图 9-21 所示。

闪存卡和闪存卡读卡器

图 9-21　闪存驱动器

闪存卡是使用闪存存储信息的数据存储设备。闪存卡小巧、便于携带且无需电源就可维护数据。它们通常用于笔记本电脑、移动设备和数码相机。目前有各种闪存卡型号，每种型号的尺寸和形状各异。大多数现代笔记本电脑都具有安全数字（SD）和高容量 SD 存储卡（SDHC）闪存卡读卡器功能，如图 9-22 所示。

笔记本电脑上的闪存卡读卡器如图 9-23 所示。

图 9-22　闪存卡　　　　　　　　　　　　　　　　　图 9-23　闪存卡读卡器

注意：　闪存卡均支持热插拔，应按照热插拔设备删除标准流程将其删除。

3. 智能卡读卡器

智能卡与信用卡类似，但是智能卡具有可以加载数据的嵌入式微处理器。它可用于电话呼叫、电子现金支付和其他应用。智能卡上微处理器的用途是为了保证安全，并且比信用卡上的磁条能存储更多信息。

智能卡已发展了十多年，但主要用于欧洲。最近，其在美国的普及有所增加。

智能卡读卡器用于在智能卡上读取和写入数据，并可通过 USB 端口连接到笔记本电脑。有两种类型的智能卡读卡器。

- **接触式**：此类读卡器需要与智能卡实现物理连接，通过将卡插入读卡器来完成。
- **非接触式**：此类读卡器依赖射频运行，当智能卡接近读卡器时，射频会进行通信。

许多智能卡读卡器支持一体化设备上的接触式和非接触式读取操作。

4. SODIMM 内存

笔记本电脑的品牌和型号决定了所需的 RAM 类型。必须选择与笔记本电脑物理兼容的内存类型。大多数台式计算机使用的内存需插入 DIMM 插槽。大多数笔记本电脑使用称为小型双列直插式内存模块（SODIMM）且外形较小的内存芯片。SODIMM 有支持 32 位传输的 72 引脚和 100 引脚配置，以及支持 64 位传输的 144 引脚、200 引脚和 204 引脚配置。

注意：　SODIMM 可以进一步分类为 DDR、DDR2 和 DDR3。不同的笔记本电脑型号需要不同类型的 SODIMM。

购买和安装额外的 RAM 之前，请查阅笔记本电脑文档或制造商网站，以了解内存外形规格。使用文档查找在笔记本电脑上的何处安装 RAM。在大多数笔记本电脑上，RAM 插在机身底面一个盖子后的插槽中。在一些笔记本电脑上，必须拆下键盘才能看到 RAM 插槽。如图 9-24 所示，SODIMM 安装在机身底面。

咨询笔记本电脑制造商，确认每个插槽可支持的最大 RAM 容量。您可以在加电自检屏幕、BIOS 或"系统属性"窗口中查看当前已安装的 RAM 数量。

图 9-25 显示了在系统实用程序中 RAM 数量的显示位置。

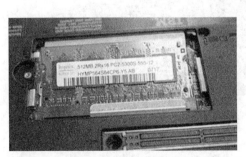

图 9-24　在笔记本电脑中安装了 SODIMM

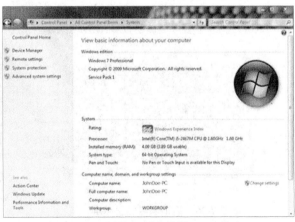

图 9-25　系统实用程序中的 RAM 信息

要更换或添加内存，请确定笔记本电脑是否有可用的插槽，而且该插槽支持即将添加的内存容量和类型。在某些情况下，电脑中没有用于新 SODIMM 的可用插槽。

要拆下现有的 SODIMM，请执行以下步骤。

How To🔍
步骤 1　从笔记本电脑上拆下交流适配器和电池。

步骤 2

步骤 3　向外按用来固定内存模块两侧的夹子。

步骤 4　提起并让内存模块从插座处松动，以将其拆下。

要安装 SODIMM，请执行以下步骤。

How To🔍
步骤 1　从笔记本电脑上拆下交流适配器和电池。

步骤 2　拆下内存插座盖子上的螺丝，以显示内存模块。

步骤 3　以 45 度角将内存模块的槽口对齐插座并轻轻按入。

步骤 4　轻轻将内存模块按入插座，直到固定夹锁定。

步骤 5　盖上盖子并安装螺丝。

步骤 6　插入电池并连接交流适配器。启动计算机并访问系统实用程序，确保 RAM
　　　　已被系统成功识别。

注意：　在本章节中，我们介绍了更换特定品牌和型号笔记本电脑硬件的步骤。有多种不同型
　　　　号的笔记本电脑。并非所有笔记本电脑的硬件更换步骤都是一样的。在更换任何硬件
　　　　之前请查阅笔记本电脑维修手册。

9.3.2　更换硬件设备

笔记本电脑的一些组件可能需要更换。请记住，一定要确保您有正确的替换组件以及制造商推荐
的工具。

1．硬件更换概述

笔记本电脑的一些部件（通常称为客户可更换部件[CRU]）可由客户更换。CRU 包括笔记本电脑
电池和 RAM 等组件。不应由客户更换的部件称为现场可更换部件（FRU）。

FRU 包括主板、LCD 显示屏等组件，如图 9-26 所示。

FRU 的另一个组件是键盘，如图 9-27 所示。

图 9-26　笔记本电脑显示屏

图 9-27　取下笔记本电脑键盘

更换 FRU 通常需要较高的技术技能。在许多情况下，可能需要将设备返回至购买地点、经认证的
服务中心或制造商。

维修中心可以为不同制造商生产的笔记本电脑提供服务,也可以仅为某一特定品牌专门提供服务,并且被视为经授权的保修和维修经销商。以下是在本地维修中心进行的常见维修工作:

- 硬件和软件诊断;
- 数据传输和恢复;
- 键盘和风扇更换;
- 笔记本电脑内部清洁;
- 屏幕维修;
- LCD 逆变器和背光维修。

对显示屏进行的大多数维修工作必须在维修中心进行。其维修包括更换屏幕、背光或逆变器。

如果无本地服务,可能需要将笔记本电脑送到地区维修中心或制造商。如果笔记本电脑损坏严重或需要专用的软件和工具,制造商可能决定更换笔记本电脑而不是尝试进行修复。

> **警告:**　尝试维修笔记本电脑或便携设备之前请检查保修情况,确定保修期间的维修是否必须在授权服务中心进行,以免保修失效。如果您要自行维修笔记本电脑,请始终备份数据并断开设备的电源。开始维修笔记本电脑之前请务必查阅服务手册。

2. 电源

以下是可能需要更换电池的一些迹象:

- 电池无法存储电量;
- 电池过热;
- 电池漏液。

如果您怀疑问题与电池有关,请使用与笔记本电脑兼容且已知好的电池替换该电池。如果找不到换用的电池,请将电池携带至授权维修中心进行测试。

换用的电池必须符合或超出笔记本电脑制造商的规格要求。新电池必须具有与原始电池相同的外形规格。电压、额定功率和交流适配器还必须符合制造商的规格要求。

> **注意:**　更换新电池时,请始终遵循制造商提供的说明。在初次充电期间可以使用笔记本电脑,但是请勿拔下交流适配器的插头。

> **警告:**　请谨慎处理电池。如短路、处理不当或充电不正确,电池可能会爆炸。请务必确保电池充电器是专门针对您的电池的化学成分、大小和电压而设计的。电池被视为有毒废弃物,并且必须根据当地法律进行处理。

更换电池

要拆下并安装电池,请执行以下步骤。

How To
步骤 1　关闭笔记本电脑并断开交流适配器。
步骤 2　拆下电池盖（如有需要）。
步骤 3　将电池锁移动到非锁定位置。
步骤 4　握住非锁定位置的解锁锁杆并取下电池。
步骤 5　确保笔记本电脑内部和电池上的触点无灰尘且无腐蚀。
步骤 6　插入新电池。

步骤7 确保电池的两个锁杆均已锁定。

步骤8 重新安装电池盖（如有需要）。

步骤9 将交流适配器连接到笔记本电脑并启动计算机。

更换直流插孔

直流插孔接收来自笔记本电脑的交流/直流功率逆变器的电能并为主板供电。如果您的直流插孔可更换，请执行以下步骤。

How To

步骤1 关闭笔记本电脑并断开交流适配器。

步骤2 取下电池。

步骤3 将直流插孔从机箱上松开。

步骤4 松开连接到直流插孔的电源线。

步骤5 将电源线接头从主板断开并将直流插孔从机箱上拆下。

步骤6 将电源线接头连接到主板。

步骤7 将连接到新的直流插孔的电源线固定到机身上。

步骤8 将直流插孔固定到机身上。

步骤9 插入电池。

步骤10 将交流适配器连接到笔记本电脑并启动计算机。

笔记本电脑直流插孔如图 9-28 所示。

注意： 如果直流插孔已焊接到主板上，则该插孔需要由懂得如何正确使用烙铁的人员来更换，或根据笔记本电脑制造商的说明更换主板。

---

3. 键盘、触摸板和屏幕

键盘和触摸板是输入设备并且被视为 FRU。更换键盘或触摸板通常需要拆下覆盖在笔记本电脑内部上的塑料外壳，如图 9-29 所示。在一些情况下，触摸板与塑料外壳相连。

图 9-28 直流插孔

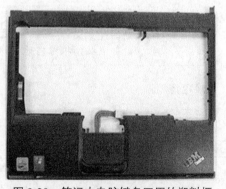

图 9-29 笔记本电脑键盘四周的塑料框

更换键盘

要拆下并更换键盘，请执行以下步骤。

How To🔍
步骤 1　关闭笔记本电脑，断开交流适配器，然后取出电池。
步骤 2　打开笔记本电脑。
步骤 3　拆下所有固定键盘的螺丝。
步骤 4　拆下所有固定键盘的塑料件。
步骤 5　提起键盘并将键盘电缆从主板上拆下。
步骤 6　拆下键盘。
步骤 7　将新的键盘电缆插入主板。
步骤 8　插入键盘并连接固定键盘的所有塑料件。
步骤 9　重新安装固定键盘所需的所有螺丝。
步骤 10　关闭屏幕并翻转笔记本电脑。
步骤 11　将交流适配器连接到笔记本电脑并启动计算机。

更换触摸板

请确保在开始取下和更换触摸板之前关闭笔记本电脑，断开交流适配器并取出电池，如图 9-30 所示。要拆下并更换触摸板，请执行以下步骤。

How To🔍
步骤 1　如果触摸板连接到笔记本电脑外壳，请拆下外壳。如果它是单独的组件，请拆下阻碍您接触触摸板的所有设备。
步骤 2　关闭屏幕并翻转计算机。
步骤 3　拆下笔记本电脑的底部外壳。
步骤 4　断开将触摸板连接到主板的电缆。
步骤 5　拆下固定触摸板的螺丝。
步骤 6　取下触摸板。
步骤 7　插入新的触摸板并将其固定到笔记本电脑外壳上。
步骤 8　重新安装固定触摸板的螺丝。
步骤 9　将电缆从触摸板连接到主板。
步骤 10　重新安装笔记本电脑的底部外壳。
步骤 11　翻转笔记本电脑并打开屏幕。
步骤 12　启动笔记本电脑并确保触摸板正常运行。

图 9-30 展示了断开将触摸板连接到主板上的电缆。

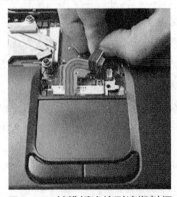

图 9-30　触摸板连接到该塑料框

更换屏幕

笔记本电脑的显示屏通常是最昂贵的更换组件。遗憾的是，它也是最易受到损坏的组件之一。要更换屏幕，请执行以下步骤。

How To　步骤 1　从笔记本电脑上拆下交流适配器和电池。

步骤 2　取下笔记本电脑机身的顶部和键盘。

步骤 3　将显示屏电缆从主板断开。

步骤 4　拆下所有将显示屏固定到笔记本电脑边框上的螺丝。

步骤 5　将显示屏组件从笔记本电脑边框上取下。

步骤 6　将显示屏组件插入笔记本电脑边框。

步骤 7　重新安装螺丝，固定显示屏组件。

步骤 8　将显示屏电缆连接到主板。

步骤 9　重新连接键盘和笔记本电脑机身的顶部。

步骤 10　插入电池并连接交流适配器。启动计算机，检查新的显示屏是否正常工作。

4. 内部存储驱动器和光驱

笔记本电脑内部存储设备的外形较台式计算机的小。笔记本电脑驱动器的宽度为 4.57 厘米（1.8 英寸）或 6.35 厘米（2.5 英寸）。大多数存储设备都是 CRU，除非保修中要求提供技术支持。

购买新的内部或外部存储设备前，请查看笔记本电脑文档或制造商网站，了解兼容性要求。文档通常包含可能很有用的常见问题解答。研究互联网上已知的笔记本电脑组件问题也很重要。

在大多数笔记本电脑上，内部硬盘驱动器和内部光驱在机箱底面盖子的后方连接到电脑。在一些笔记本电脑上，必须拆下键盘才能接触这些驱动器。笔记本电脑的光驱可能不可更换。一些笔记本电脑可能根本不包含光驱。

要查看当前已安装的存储设备，请检查 POST 屏幕或 BIOS。如果要安装另一个驱动器或光驱，请确认"设备管理器"中的设备旁边无错误图标。

更换硬盘驱动器

要拆下并更换硬盘驱动器，请执行以下步骤。

How To　步骤 1　关闭笔记本电脑，断开交流适配器，然后取出电池。

步骤 2　在笔记本电脑的底部，拆下固定硬盘驱动器的螺丝。

步骤 3　将组件向外滑动。

步骤 4　将硬盘驱动器面板从硬盘驱动器上取下。

步骤 5　将硬盘驱动器面板连接到新的硬盘驱动器。

步骤 6　将硬盘驱动器滑入硬盘驱动器槽位。

步骤 7　在笔记本电脑的底部，安装固定硬盘驱动器的螺丝。

步骤 8　插入电池，将交流适配器连接到笔记本电脑并启动计算机。

更换光驱

要拆下并更换光驱，请执行以下步骤。

How To 步骤 1　关闭笔记本电脑，断开交流适配器，然后取出电池。

步骤 2　按下按钮打开驱动器并取出驱动器中的所有介质。关闭光驱托架。

步骤 3　在笔记本电脑的底部，拆下固定光驱的螺丝。

步骤 4　滑动插销，松开固定驱动器的锁杆。

步骤 5　拉动锁杆以显示光驱，然后拆下光驱。

步骤 6　安全地插入新的光驱。

步骤 7　向内推动锁杆。

步骤 8　重新安装固定光驱的螺丝。

步骤 9　插入电池，将交流适配器连接到笔记本电脑并启动计算机。

5. 无线网卡

更换无线网卡之前，请查看无线网卡上的标签或笔记本电脑文档，确定笔记本电脑所需的网卡外形规格。

要拆下并安装无线网卡，请执行以下步骤。

How To　步骤 1　关闭笔记本电脑，断开交流适配器，然后取出电池。

步骤 2　找到计算机底部的无线网卡卡槽。

步骤 3　拆下盖子（如有需要）。

步骤 4　断开所有电线，并拆下固定无线网卡的所有螺丝。

步骤 5　将无线网卡滑出卡槽并取出无线网卡。

步骤 6　将新的无线网卡滑入卡槽。

步骤 7　连接所有电线并重新安装固定无线网卡的所有螺丝。

步骤 8　重新安装盖子（如有需要），包括固定盖子的所有螺丝。

步骤 9　插入电池，将交流适配器连接到笔记本电脑并启动计算机。

图 9-31 展示了拆下无线网卡。

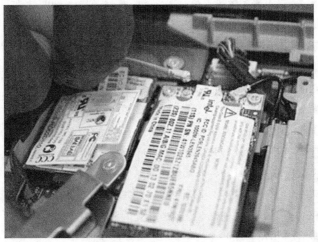

图 9-31　拆下无线网卡

6. 扬声器

更换笔记本电脑扬声器之前，通过增加音量或解除静音，确定电脑没有被静音。

要拆下并更换扬声器单元，请执行以下步骤。

How To 步骤 1 关闭计算机然后断开交流适配器。
步骤 2 拆下电池和制造商建议的所有其他组件，包括键盘或顶部外壳。
步骤 3 断开将笔记本电脑连接到主板的所有电缆。
步骤 4 拆下将扬声器固定到笔记本电脑边框上的所有螺丝。
步骤 5 取下扬声器。
步骤 6 插入新的扬声器。
步骤 7 拧紧将扬声器固定到笔记本电脑边框上的所有螺丝。
步骤 8 连接将笔记本电脑连接到主板的所有电缆。
步骤 9 插入电池以及拆下的所有其他组件。
步骤 10 连接交流适配器并启动计算机，检查电脑运行是否正常。

7. CPU

更换 CPU 之前，技术人员必须拆下风扇或散热器。风扇和散热器可能连接在一起作为单个模块或作为独立单元安装的。如果风扇和散热器是独立的，请分别拆下两个组件。

要更换带有独立风扇和散热器的 CPU，请执行以下步骤。

How To 步骤 1 关闭计算机并断开交流适配器。
步骤 2 取下电池。
步骤 3 翻转笔记本电脑（如有需要），并取下风扇上的所有塑料件。
步骤 4 找到风扇并拆下固定风扇的所有螺丝。
步骤 5 断开将风扇连接到主板的电源线。
步骤 6 将风扇从笔记本电脑上拆下。
步骤 7 拆下固定散热器的所有螺丝，将散热器从 CPU 上拆下。
步骤 8 拆下将 CPU 固定到插槽上的插销的螺丝。
步骤 9 打开插销并将 CPU 从插槽中取下。
步骤 10 去除 CPU 上的所有散热膏并将 CPU 保存在防静电袋中。
步骤 11 轻轻地将新的 CPU 装入插槽。
步骤 12 紧固可固定 CPU 的插销并拧紧固定插销的螺丝。
步骤 13 重新安装散热器之前请将散热膏涂在 CPU 上。
步骤 14 插入散热器并重新安装所有必要的螺丝。
步骤 15 插入风扇并将电源线连接到主板。
步骤 16 重新安装所有必要的螺丝，将风扇固定到主板上。
步骤 17 重新安装笔记本电脑的底盖。
步骤 18 插入电池并重新安装所有必要的组件。

如果风扇和散热器连接到一起，请执行以下流程。

要拆下并更换 CPU 和散热器组件，请执行以下步骤。

How To🔍

步骤 1 关闭计算机并断开交流适配器。

步骤 2 取下电池。

步骤 3 翻转笔记本电脑（如有需要），并取下散热器上的所有塑料件。

步骤 4 找到散热器或风扇和散热器组件，并拆下将其固定的所有螺丝。

步骤 5 将风扇电源线从主板上断开。

步骤 6 拆下散热器或风扇和散热器组件。

步骤 7 拆下将 CPU 固定到插座中的插销的螺丝。

步骤 8 打开插销并将 CPU 从插座中取下。

步骤 9 去除 CPU 上的所有散热膏并将 CPU 保存在防静电袋中。

步骤 10 轻轻地将新的 CPU 装入插槽。

步骤 11 紧固可固定 CPU 的插销并拧紧固定插销的螺丝。

步骤 12 重新安装散热器之前请将散热膏涂在 CPU 上。

步骤 13 插入散热器或风扇和散热器组件并将电源线连接到主板。

步骤 14 重新安装所有必要的螺丝，将散热器或风扇和散热器组件固定到系统框架上。

步骤 15 重新安装笔记本电脑的底盖。

步骤 16 插入电池并重新安装所有必要的组件。

注意： CPU 是笔记本电脑中最脆弱的组件之一。应特别谨慎地处理 CPU。

注意： 注意 CPU 的安装位置很重要。必须用完全相同的方式重新安装 CPU。

---

8. 主板

更换笔记本电脑中的主板通常需要技术人员将所有其他组件从笔记本电脑上拆下。更换笔记本电脑主板之前，请确保换用的主板符合笔记本电脑型号的设计规格要求。

要拆下并更换主板，请执行以下步骤。

How To🔍

步骤 1 关闭计算机并断开交流适配器。

步骤 2 取下电池。

步骤 3 将直流插孔从笔记本电脑机身上拆下。松开机身上的电源线并将其从主板断开。

步骤 4 拆下将主板连接到机身的所有剩余螺丝。

步骤 5 拆下主板。

步骤 6 将新主板连接到笔记本电脑外壳。拧紧所有必要的螺丝。

步骤 7 将直流插孔连接到笔记本电脑外壳，将电源线固定到机身，并将其连接到主板。

步骤 8 重新安装所有拆下的组件。

步骤 9 插入电池，连接交流适配器并启动计算机，确保系统正常运行。

9. 塑料框架

笔记本电脑外部通常包含多个塑料部件。这包括负责覆盖内存、无线网卡和硬盘驱动器的塑料部件，以及包围触摸板和键盘的外壳。

要拆下并更换塑料部件，请执行以下步骤。

How To

步骤 1 断开交流适配器并取下电池。

步骤 2 调整笔记本电脑的位置，让要更换的塑料部件朝上。

步骤 3 拧松要拆下的塑料部件，或使用制造商建议的技术轻轻将其撬下。

步骤 4 装上新的塑料组件并重新安装所有必要的螺丝，或插入并紧固组件。

步骤 5 插入电池并连接交流适配器。

9.4 移动设备硬件概述

随着移动性需求的增加，移动设备的普及度不断提高。与笔记本电脑类似，移动设备使用操作系统来运行应用程序（应用）、游戏以及播放电影和音乐。Android 和 iOS 是移动设备操作系统的两个例子。

9.4.1 移动设备硬件

尽管移动设备具有与台式机和笔记本电脑类似的硬件，它们之间仍然有很多显著的差异。移动设备中的硬件通常不会由现场技术人员维修，但一些部件是可替换的。

1. 移动设备部件

与笔记本电脑不同，智能手机和平板电脑等移动设备通常非常小巧，可以拿在手上。智能手机可装入衣袋中。平板电脑可以装入钱包或小型背包中。由于其尺寸小，因此移动设备上通常没有现场可维修部件。移动设备由集成到单个单元中的多个紧凑组件组成。移动设备发生故障时，通常要将其送到制造商处进行维修或更换。

许多网站提供了更换受损移动设备部件（包括触摸屏，前、后屏幕玻璃和电池）的部件和说明。安装非制造商提供的部件会使制造商的保修失效并且可能损坏设备。例如，如果安装的换用电池不符合该手机的电气规格，手机可能会短路或过载，进而无法使用。

一些移动设备可能有一个或多个以下现场可更换部件。

■ **电池**：一些移动设备的电池是可更换的。

■ **内存卡**：许多移动设备使用内存卡来增加存储容量。

■ **客户身份识别卡（SIM）**：移动电话和数据提供商会使用这种小型卡包含的信息对设备进行身份验证。SIM 卡还可能存储用户数据（例如联系人和文本消息）。

2. 不可升级硬件

移动设备的硬件通常不可升级。内部硬件的设计和尺寸不允许您使用升级后的硬件更换旧硬件。移动设备中的许多组件直接连接到电路板，因此无法使用升级后的组件更换它们。例如，嵌入式 MultiMediaCard（eMMC）是一种闪存，但它是电路板的一部分。eMMC 用作大多数移动设备的主存储器。

但是，通常您可使用容量更大的部件更换电池和可移动存储卡。这可能不会提高移动设备的速度或增强移动设备的功能，但是，这的确会延长电池两次充电之间的运行时间或增加数据的存储容量。

使用内置端口和扩展坞可以为移动设备添加某项功能。这些连接提供了可扩展性，例如视频或音频输出，到扩展坞的连接，或连接自动定时开关收音机。一些智能手机甚至可以连接到配备有键盘、触控板和显示器的设备，使其就像某种笔记本电脑一样。还有内部配备了键盘的平板电脑机身。

移动设备不再拥有用户所需的功能或以用户所需的速度运行时，必须要更换移动设备。通常在购买新的移动设备时，可用旧的移动设备换取积分。这些旧设备将会被翻新并转售或捐赠出去。基本的移动设备无法再进行买卖时，可将其捐赠出去以重新使用，查看您所在地区的本地捐赠计划，了解哪些机构接纳这些设备。

3. 触摸屏

大多数移动设备没有键盘或指点装置。它们通过触摸屏让用户与屏幕上显示的内容进行实际交互并在虚拟键盘上输入内容。手指或触控笔代替了鼠标的指针。触摸屏上的图标与台式机和笔记本电脑上的图标一样，但是要通过触摸而不是鼠标按钮来点击。移动设备制造商在描述移动设备的操作和使用步骤时会使用词语"点击"或"触摸"。您会在说明手册中看到这两个术语，它们是指同一个意思。本课程使用术语"触摸"。

除了单点触摸，移动设备还能识别屏幕上的两个或多个接触点。这称为多点触摸。以下是称为手势的一些常见手指移动方式，用于执行各种功能。

- **滑动或轻扫**：在屏幕之间水平或垂直移动。触摸屏幕，向着您想要的屏幕移动方向快速滑动手指后松开。
- **双点触摸**：缩放项目（如照片、地图和文本）。快速两次触摸屏幕以放大。再次快速两次触摸屏幕以缩小。
- **长按**：选择项目（例如文本、图标或照片）。触摸并按住屏幕，直到所触摸项目的选项出现。
- **滚动**：滚动对屏幕而言太大的项目（例如照片或网页）。触摸并按住屏幕，向着您希望项目移动的方向移动手指。到达所需的屏幕区域后松开手指。
- **缩小**：缩小对象（例如照片、地图和文本）。用两个手指触摸屏幕并合拢，从而缩小对象。
- **张开**：放大对象（例如照片、地图和文本）。用两个手指触摸屏幕并张开，从而放大对象。

这些手势可能因设备而异。根据设备和操作系统版本的不同，也可使用许多其他手势。查看设备文档了解其他信息。

一些智能手机配备了邻近感应传感器，可在手机接近您的耳朵时关闭触摸屏并在设备远离您的耳朵时开启触摸屏。这样可以防止设备接触您的面部或耳朵时启动设备功能，还可以省电。

4. 固态驱动器

移动设备使用固态驱动器（SSD）中相同的组件来存储数据。为了减少所需的尺寸，没有在这些组件周围安装外壳，如图 9-32 所示。电路板、闪存芯片（例如 eMMC）和 SSD 中的内存控制器直接安装在移动设备中。

以下是在移动设备中使用闪存存储的一些优势。

- **能效**：闪存只需很少的电量就能存储和检索数据。这减少了移动设备需要进行充电的频率。
- **可靠性**：闪存可以无故障地承受很高的冲击和振动。闪存还有较强的耐热和耐寒性能。
- **重量轻**：所安装的存储容量对移动设备的重量没

图 9-32　SSD 板

有显著影响。

- **紧凑**：由于闪存很紧凑，因此移动设备的尺寸可以保持很小，无论安装了多少内存。
- **性能**：闪存没有任何移动部件，所以没有像常规硬盘驱动器那样的盘片启动时间。也没有移动的驱动器磁头，这减少了查找数据所需的寻道时间。
- **噪音**：闪存不会产生噪音。

5. 连接类型

移动设备可以连接到其他设备，以使用共享的外围设备或其他资源。可以进行有线连接或无线连接。

有线连接

- **Micro/Mini 通用串行总线（USB）接头**：这些 USB 接头可以为设备充电并在设备之间传输数据。
- **Lightning 接头**：可使 Apple 移动设备连接到主计算机和其他外围设备（例如 USB 电池充电器、显示器和摄像头）。
- **专有供应商特定端口**：一些移动设备中具有专有的供应商特定端口。这些端口与其他供应商的端口不兼容，但是通常与同一供应商的其他产品兼容。这些端口用于为设备充电和与其他设备通信。

有线连接的示例如图 9-33 所示。

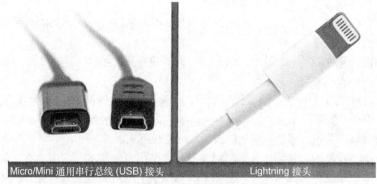

Micro/Mini 通用串行总线 (USB) 接头　　　　Lightning 接头

图 9-33　有线连接

无线连接

除了 WiFi，移动设备还使用以下无线连接。

- **近场通信（NFC）**：通过将设备放在一起或相互触碰设备，NFC 可让移动设备与其他设备建立无线电通信。
- **红外线（IR）**：如果移动设备支持 IR，则该设备可用于远程控制其他 IR 控制设备，例如电视、机顶盒或音频设备。
- **蓝牙**：这种无线技术可在两个支持蓝牙的设备之间短距离传输数据或将其连接到其他支持蓝牙的外围设备，例如扬声器或耳机。

共享的 Internet 连接

您可以同其他设备共享智能手机的 Internet 连接。有两种共享智能手机 Internet 连接的方式：叠接（Tethering）和移动热点。能否共享连接取决于移动电话运营商以及与运营商的合约。

- **叠接**：将您的移动电话用作另一台设备（例如平板电脑或笔记本电脑）的调制解调器。通过 USB 线或蓝牙建立连接。

■ **移动热点**：在热点处设备可使用 WiFi 进行连接，以共享手机网络数据连接。

6. 配件

移动设备的配件不是制造商预期的设备功能必需品。但是，配件可增强用户的体验。除保护盖以外的配件可通过有线或无线技术连接到笔记本电脑和移动设备。

保护盖

移动设备是便携式的电子设备。在差旅或使用期间，机盖和保护盖可以保护这些设备免受物理损坏。此外，一些保护盖还提供防水功能。

电源

■ **外部电池/便携式充电器**：在旅途中，外部电池可为移动设备提供额外的电源。便携式充电器（例如无线 QI、语音密钥、充电器、太阳能充电器和汽车充电器）可以重新补充电源。

■ **扩展坞**：可使移动设备轻松连接到其他设备。连接移动设备时，大多数扩展坞还将充当充电器。一些扩展坞还配备有扬声器或键盘。

电源的一些示例如图 9-34 所示。

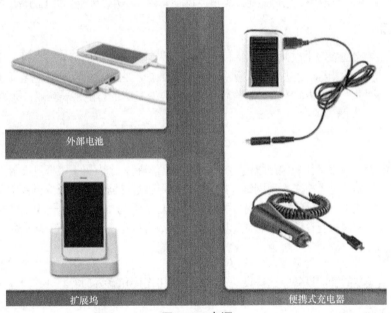

图 9-34 电源

有些移动设备机盖中还包含外部电池。连接该机盖后，这些机盖会使设备变得更大、更重，但是会延长设备的电池使用时间，而且外部电池或便携式充电器就不是必备品了。

音频配件

■ **耳机/耳塞**：可让用户自己聆听音频输出。如果耳机或耳塞配备了麦克风，用户可以进行电话对话，同时解放双手。无线和有线连接都可用。

■ **扬声器**：这些扬声器可能具有不同的颜色、形状和大小。扬声器也可以通过无线或有线的方式连接设备。

其他

■ **信用卡读卡器**：人们可以将智能手机和信用卡读卡器配合使用，以接受来自所有人的信用卡支付。

- **游戏手柄**：这些是玩电子游戏时必备的外围设备。
- **内存/MicroSD**：与笔记本电脑类似，内置的内存卡读卡器可增加存储容量。

9.4.2 其他移动设备

移动设备的类型正在不断变化并且逐渐增多。尽管不同类型设备的数量在持续增加，但一些设备的尺寸在不断减小。

1. 可穿戴设备

可穿戴设备是配备微型计算设备的服装或配件。一些示例包括智能手表、健康监测器和智能耳机。

智能手表

智能手表是将手表功能和移动设备一些功能合并在一起的手表。一些智能手表还包含测量身体和环境指标（例如心率、体温、海拔或气温）的传感器。它们具有触摸显示屏，还可以独立运行或与智能手机配对运行。这些手表可以显示传入消息、拨入的电话和社交媒体更新通知。智能手表可在手表上运行应用或通过智能手机运行应用。它们还允许用户控制一些功能，例如智能手机上的音乐和摄像头。

健康监测器

健康监测器可夹在衣服上或佩戴在手腕上。当人们为其健身目标而努力时，可使用该监测器跟踪个人的日常活动和身体指标。这些设备测量并收集活动数据。它们还可以与其他连接 Internet 的设备相连，以上传数据供未来检查。一些健康监测器也可能具有基本的智能手表功能，例如显示主叫方 ID 和文本消息。

智能耳机

智能耳机的设计宗旨是让您像戴眼镜那样佩戴它。耳机有一个内置于镜框或投射到镜片上的小屏幕。耳机通常连接到智能手机来实现网络连接。其功能可通过侧面的触摸板或语音命令来控制。这些设备具备许多与智能手机相同的功能。用户可以通过耳机查看通知、阅读电子邮件、导航或接听电话，而不是通过智能手机来执行这些功能。显示屏始终对穿戴者可见，他们只需关注该显示屏。

2. 专用设备

有许多其他类型的智能设备。这些设备都提供了网络连接和高级功能。

全球定位系统

全球定位系统（GPS）是一个基于卫星的导航系统。GPS 卫星位于太空中，并将信号传输回地球。GPS 接收器锁定该信号，并持续计算它相对于这些卫星的位置。确定位置后，GPS 接收器计算其他信息，例如到已设定目的地的速度、时间和距离。

智能相机

智能相机可使用内置无线连接将图像传输到 PC 上。此外，通过 WiFi 的支持，可在社交媒体中共享图像，以电子邮件的形式发送图像，或将图像直接从智能相机传输到基于云的存储。

一些智能相机可以连接到其他智能设备，从而添加功能。智能相机连接到智能手机时，智能手机可控制智能相机上的一些功能，例如远程控制或将智能相机上的照片显示在智能手机上。智能相机还可以连接到智能电视来显示图像。

电子阅读器

电子阅读器是专为阅读电子书籍、电子书、报纸和其他文档而优化的设备。电子阅读器具有 WiFi 或蜂窝电话连接，以下载内容。电子阅读器的外形与平板电脑相似，但是其屏幕具有更佳的可读性，尤其是在阳光下。电子阅读器通常比一般的平板电脑更轻、电池寿命更长。这是通过电子纸技术来实现的。这种技术可使文本和图像看起来像用墨水在纸上写字的效果。

平板手机

平板手机是大小介于典型智能手机和典型平板电脑之间的一种移动设备。平板手机屏幕的对角线约为 12.7 厘米到 17.8 厘米（5 至 7 英寸）。平板手机可提供智能手机的便携性和功能，但是屏幕比智能手机的要大。

9.5　笔记本电脑和移动设备的常用预防性维护技术

应定期执行预防性维护以让笔记本电脑和移动设备保持正常运行。务必使笔记本电脑和移动设备保持清洁，并确保在最佳环境中使用。下面这一部分将讲解笔记本电脑和移动设备的预防性维护技术。

9.5.1　笔记本电脑和移动设备的计划维护

笔记本电脑的预防性维护计划可能包括特定组织唯一的实践，但还应该包括这些标准程序：清洁、硬盘驱动器维护和软件更新。

移动设备的预防性维护只需完成三个基本任务：清洁、备份数据和使操作系统和应用保持最新。

1. 计划维护工作

由于笔记本电脑和移动设备具有便携性，因此它们用于不同类型的环境。结果是它们比台式计算机更可能接触这些有害材料和情况：

- 灰尘和污染；
- 泼洒；
- 跌落；
- 过热或过冷；
- 过湿。

在笔记本电脑中，许多组件置于键盘正下方一个非常小的区域内。将液体泼洒在键盘上可能会导致严重的内部损坏。让笔记本电脑保持清洁至关重要。适当的保养和维护有助于笔记本电脑组件更高效地运行并延长设备的使用寿命。

笔记本电脑预防性维护计划

预防性维护计划在解决此类问题时非常重要，并且必须具有例行维护计划。大多数组织都已实施了预防性维护计划。如果没有该计划，请与经理制定一个计划。最有效的预防性维护计划需要每月执行一组例行工作，但仍可根据使用需求来执行维护工作。

笔记本电脑的预防性维护计划可能包括特定组织唯一的实践，但还应包括这些标准程序：

- 清洁；
- 硬盘驱动器维护；

■ 软件更新。

要让笔记本电脑保持清洁，需采取主动而非被动维护。让液体和食品远离笔记本电脑。不使用笔记本电脑时，请关闭机盖。清洁笔记本电脑时，请勿使用含氨的刺激性清洁剂或溶液。以下是用于笔记本电脑清洁的非研磨性材料：

■ 压缩空气；
■ 温和的清洁溶液；
■ 棉签；
■ 不起毛的清洁软布。

警告： 清洁笔记本电脑前，请断开其所有电源并取出电池。

例行维护包括对以下笔记本电脑组件进行每月一次的清洁工作。

■ **外部机身：** 用水或温和的清洁溶液略微润湿不起毛软布，然后用该布擦拭机身。
■ **散热通风口和 I/O 端口：** 使用压缩空气或非静电真空吸尘器将灰尘从通风口和通风口后面的风扇中清除。使用镊子取出所有碎屑。
■ **显示屏：** 用计算机屏幕清洁剂略微润湿不起毛软布，然后用该布擦拭显示屏。
■ **键盘：** 用水或温和的清洁溶液略微润湿不起毛软布，然后用该布擦拭键盘。
■ **触摸板：** 用获得认可的清洁剂润湿不起毛软布，然后用该布轻轻擦拭触摸板的表面。请勿使用湿布。

注意： 如果笔记本电脑明显需要进行清洁，请立即清洁电脑。请勿等待下一次定期维护工作。

移动设备预防性维护计划

人们通常将移动设备放在口袋或钱包中。它们可能会因跌落、过湿、过热或过冷而受到损坏。虽然移动设备的屏幕可预防轻微的划伤，但如有可能，应使用屏幕保护膜来保护屏幕。

移动设备的预防性维护只需完成三个基本任务：清洁、备份数据和使操作系统和应用保持最新。

■ **清洁：** 使用不起毛软布和触摸屏专用清洁溶液让触摸屏保持清洁。请勿使用氨水或酒精清洁触摸屏。
■ **备份数据：** 将移动设备上信息的备份副本保存到另一个数据源上，例如云驱动器。信息包括：联系人、音乐、照片、视频、应用和任何自定义的设置。
■ **更新系统和应用：** 有新版操作系统或应用时，应更新设备，确保它以最佳状态运行。更新可能包括新的功能、功能修复，或性能和稳定性提升。

9.6 笔记本电脑和移动设备的基本故障排除过程

故障排除是一项需要经验积累的技能。通过获取经验和使用有组织的方法来解决问题，技术人员可以更好地培养自己的故障排除技能。

9.6.1 方法

这一部分概述了用于正确地进行故障排除的系统化方法并且给出了如何解决笔记本电脑和移动设备特有问题的详细说明。

1. 识别问题

笔记本电脑和移动设备问题可能是由硬件、软件和网络问题综合导致的。技术人员必须能够分析问题并确定错误原因才能修复设备。此过程称为故障排除。

故障排除过程中的第一步是识别问题。

表 9-8 显示了需要向笔记本电脑和移动设备客户询问的开放式问题和封闭式问题的列表。

表 9-8	步骤 1：识别问题
识别笔记本电脑的问题	
开放式问题	■ 您遇到了哪些笔记本电脑问题？ ■ 最近安装了什么软件？ ■ 发现问题时您正在执行什么操作？ ■ 您收到了什么错误消息？
封闭式问题	■ 笔记本电脑是否在保修期内？ ■ 笔记本电脑当前是否正在使用电池？ ■ 笔记本电脑是否能使用交流适配器运行？ ■ 笔记本电脑能否启动并显示桌面操作系统？
识别移动设备的问题	
开放式问题	■ 您遇到了什么问题？ ■ 移动设备的品牌和型号是什么？ ■ 您使用哪个服务提供商？
封闭式问题	■ 过去发生过这个问题吗？ ■ 是否有其他人用过此移动设备？ ■ 您的移动设备是否在保修期内？

2. 推测潜在原因

与客户交谈后，就可以推测问题的潜在原因。

表 9-9 显示了一些导致笔记本电脑和移动设备问题的常见潜在原因列表。

表 9-9	步骤 2：推测潜在原因
笔记本电脑故障的常见原因	■ 电池没有充电 ■ 电池无法充电 ■ 电缆连接松动 ■ 键盘不能锁定 ■ 数字锁定键打开 ■ RAM 模块松动
移动设备故障的常见原因	■ 电源按钮损坏 ■ 电池可能无法充电 ■ 扬声器、麦克风或充电端口灰尘过多 ■ 移动设备曾掉落过 ■ 移动设备不堪重负

3. 验证推测以确定原因

推测出可能导致错误的一些原因后，可以验证推测以确定问题原因。如果快速过程未能纠正问题，则需要进一步研究问题以确定确切的原因。

表 9-10 显示了可帮助您确定确切问题原因，甚至可帮助纠正问题的快速程序列表。

表 9-10	步骤 3：验证推测以确定原因
确定笔记本电脑故障原因的常见步骤	■ 使用笔记本电脑的交流适配器 ■ 更换电池 ■ 重启笔记本电脑 ■ 检查 BIOS 设置 ■ 断开并重新连接电缆 ■ 断开外围设备 ■ 切换数字锁定键 ■ 取下并重新安装 RAM ■ 大写锁定键打开 ■ 检查启动设备中是否有不可启动的介质
确定移动设备故障的常见步骤	■ 重新启动移动设备 ■ 将移动设备插入交流电源插座 ■ 更换移动设备电池 ■ 取下所有可拆卸电池并重新安装 ■ 清洁扬声器、麦克风、充电端口或其他连接端口

4. 制定行动方案，解决问题并实施解决方案

确定了问题的确切原因后，可制定行动计划来解决问题并实施解决方案。表 9-11 显示您可以用于收集更多信息以解决问题的一些信息来源。

表 9-11	步骤 4：制定行动方法，解决问题并实施解决方案
如果上一步骤没有解决问题，则需要进一步调查以实施解决方案	■ 支持人员修复手册 ■ 其他技术人员 ■ 制造商常见问题网站 ■ 技术网站 ■ 新闻组 ■ 手册 ■ 在线论坛 ■ Internet 搜索

5. 检验完整的系统功能并实施预防措施

纠正问题后，请检验完整的系统功能，如果适用，并实施预防措施。表 9-12 显示了用于检验解决方案的步骤列表。

表 9-12	步骤 5：检验完整的系统功能并实施预防措施
验证解决方案和笔记本电脑的完整系统功能	■ 重启笔记本电脑 ■ 连接所有外围设备 ■ 仅使用电池操作笔记本电脑 ■ 从应用中打印文档 ■ 键入示例文档以测试键盘 ■ 检查事件查看器中的警告或错误
验证解决方案和移动设备的完整系统功能	■ 重新启动移动设备 ■ 使用 WiFi 浏览 Internet ■ 使用 4G、3G 或另一个运营商网络类型浏览 Internet ■ 拨打电话 ■ 发送文本消息 ■ 打开不同类型的应用 ■ 仅使用电池操作移动设备

6. 记录调查结果、措施和结果

在故障排除流程的最后一步，您必须记录您的调查结果、措施和结果。表 9-13 显示了记录问题和解决方案所需的任务。

表 9-13	步骤 6：记录调查结果、措施和结果
记录调查结果、措施和结果	■ 与客户讨论已实施的解决方案 ■ 让客户确认问题是否已解决 ■ 为客户提供所有书面材料 ■ 在工单和技术人员日志中记录解决问题所采取的措施 ■ 记录任何用于修复的组件 ■ 记录解决问题所用的时间

9.6.2 笔记本电脑和移动设备的常见问题和解决方案

笔记本电脑和移动设备问题可归因于硬件、软件、网络，或三者的一些组合。

1. 识别常见问题和解决方案

有些类型的笔记本电脑问题要更为常见。表 9-14 显示了常见的笔记本电脑问题和解决方案。

表 9-14	笔记本电脑的常见问题和解决方案	
识别问题	**潜在原因**	**可能的解决方案**
笔记本电脑未加电	■ 笔记本电脑未插入电源 ■ 电池未充电 ■ 电池无法储存电量	■ 将笔记本电脑插入交流电源 ■ 取下并重新安装电池 ■ 如果无法充电，请更换电池

续表

识 别 问 题	潜 在 原 因	可能的解决方案
笔记本电脑电池支持系统的时间变短	■ 没有遵循正确的电池充电和放电做法 ■ 额外的外围设备耗尽电池的电量 ■ 电源计划不正确 ■ 电池不能长时间储存电量	■ 遵循手册中介绍的电池充电过程 ■ 取下不需要的外围设备并尽可能禁用无线网卡 ■ 修改电源计划，以减少电池使用 ■ 更换电池
外部显示屏有电，但屏幕上不显示图像	■ 视频电缆松动或损坏 ■ 笔记本电脑不向外部显示屏发送视频信号	■ 重新连接或更换视频电缆 ■ 同时使用 Fn 键和多功能键切换到外部显示屏
笔记本电脑通电，但是重新打开笔记本电脑机盖时，显示屏上不显示任何内容	■ LCD 切断开关变脏或已损坏 ■ 笔记本电脑进入休眠模式	■ 查阅笔记本电脑维修手册，了解有关清洁或更换 LCD 切断开关的说明 ■ 按键盘上的某个键，使计算机退出休眠模式
笔记本电脑屏幕上的图像看起来枯燥无味	未正确调节 LCD 背光	查阅笔记本电脑维修手册，了解有关校准 LCD 背光的说明
笔记本电脑显示屏上的图像失常	显示屏属性不正确	将显示屏设置为本机分辨率
笔记本电脑显示屏闪烁	■ 屏幕上的图像刷新速度不够快 ■ 逆变器已损坏或发生故障	■ 调整屏幕刷新率 ■ 拆开显示屏并更换逆变器
用户发现虚影光标自行移动	■ 触控板脏了 ■ 同时使用了触控板和鼠标 ■ 在键入时手指或手触碰到触控板	■ 清洁触控板 ■ 断开鼠标连接 ■ 在键入时尽量不要触碰触控板
屏幕上的像素停止或不显示颜色	像素电源已切断	联系制造商
屏幕上的图像似乎闪烁不同颜色和大小的线条或模式（伪影）	■ 显示屏连接不正确 ■ GPU 过热 ■ GPU 出现故障或错误	■ 拆开笔记本电脑，检查显示屏连接 ■ 拆开并清洁笔记本电脑，检查灰尘和碎屑 ■ 更换 GPU
屏幕上的色彩模式不正确	■ 显示屏连接不正确 ■ GPU 过热 ■ GPU 出现故障或错误	■ 拆开笔记本电脑，检查显示屏连接 ■ 拆开并清洁笔记本电脑，检查灰尘和碎屑 ■ 更换 GPU
显示屏上的图像失真	■ 显示屏设置已更改 ■ 显示屏连接不正确 ■ GPU 过热 ■ GPU 出现故障或错误	■ 将显示屏设置还原到原始出厂设置 ■ 拆开笔记本电脑，检查显示屏连接 ■ 拆开并清洁笔记本电脑，检查灰尘和碎屑 ■ 更换 GPU
网络运行完全正常，且笔记本电脑的无线连接已启用，但笔记本电脑无法连接到网络	■ WiFi 关闭 ■ 超出无线覆盖范围	■ 使用无线网卡属性或使用 Fn 键和相应的多功能键打开笔记本电脑的无线连接 ■ 移动到更靠近无线接入点的地方

续表

识别问题	潜在原因	可能的解决方案
通过蓝牙进行连接的输入设备无法正常工作	■ 蓝牙功能已关闭 ■ 输入设备中的电池无法提供足够的电量 ■ 输入设备超出范围	■ 使用蓝牙设置小程序或使用 Fn 键和相应的多功能键打开笔记本电脑的蓝牙 ■ 更换电池 ■ 将输入设备移动到更靠近笔记本电脑蓝牙接收器的位置 ■ 验证蓝牙设备已打开
键盘插入数字而不插入字母，且数字锁定指示灯处于打开状态	数字锁定已启用	使用数字锁定键或使用 Fn 键和相应的多功能键关闭数字锁定
电池膨胀	■ 电池过度充电 ■ 使用了不兼容的充电器 ■ 电池有缺陷	■ 用该制造商生产的新电池更换该电池

表 9-15 显示了移动设备的常见问题和解决方案。

表 9-15　　　　　　　　　　　**移动设备的常见问题和解决方案**

识别问题	潜在原因	可能的解决方案
移动设备无法连接到 Internet	■ WiFi 无法使用 ■ 设备处于飞行模式 ■ WiFi 设置不正确 ■ WiFi 已关闭 ■ 范围内没有运营商数据网络	■ 移动到 WiFi 网络的范围内 ■ 开启 WiFi ■ 关闭飞行模式 ■ 配置 WiFi 设置 ■ 移动到运营商数据网络的范围内
无法开启移动设备	■ 电池耗尽 ■ 电源按钮损坏 ■ 设备发生故障	■ 为移动设备充电或换用已充好电的电池 ■ 请与客户支持联系，以确定下一步操作
连接到交流电源时，平板电脑无法充电或充电很慢	■ 在充电时正在使用平板电脑 ■ 交流适配器没有足够的电流	■ 在充电时，请关闭平板电脑 ■ 使用平板电脑随附的交流适配器或来自制造商的交流适配器 ■ 使用具有足够电流额度值的交流适配器
智能手机无法连接到运营商的网络	未安装 SIM 卡	安装 SIM 卡
移动设备电池无法储存电量	设备设置配置错误	■ 修改电源计划，以减少电池使用 ■ 更换电池
移动设备无法通过蓝牙连接	■ 蓝牙功能已关闭 ■ 设备没有配对 ■ 输入设备不在范围内	■ 打开蓝牙 ■ 配对设备 ■ 将设备放入范围内
电池胀大	■ 电池过度充电 ■ 使用了不兼容的充电器 ■ 电池有缺陷	用该制造商生产的新电池更换该电池

续表

识 别 问 题	潜 在 原 因	可能的解决方案
触摸屏没有响应	■ 触摸屏脏了 ■ 触摸屏由于损坏或进水而短路 ■ 触摸屏发生故障	■ 清洁触摸屏 ■ 更换触摸屏
设备的电池寿命非常短	■ 电池循环充电多次，无法储存大量电量 ■ 电池有缺陷	更换电池
设备过热	■ 在设备充电时运行电源密集型应用 ■ 在设备充电时打开了许多无线应用 ■ 电池有缺陷	■ 关闭所有不必要的应用或从充电器取下设备 ■ 关闭所有不必要的无线应用或从充电器取下设备 ■ 更换电池

9.7 总结

本章讨论了笔记本电脑和移动设备的特性和功能，以及如何拆下并安装内部和外部组件。

笔记本电脑和移动设备在我们的日常生活中已变得非常重要。人们越来越多地使用移动设备而非台式计算机浏览 Internet、在线购物、传输媒体流和使用社交媒介。这是一个全球性的事件。尽管笔记本电脑通常不在移动时使用，但它们是在出差时能够确保便利性和生产效率的便携式设备，因为用户可以从任何地方在笔记本电脑上执行与在台式机上相同的任务。随着这些设备的使用频率日益增加，熟悉这些技术对于 IT 专业人员而言非常重要。

本章的以下概念必须牢记。

- 笔记本电脑和移动设备重量轻并且可以靠电池电量运行。
- 笔记本电脑使用与台式计算机相同类型的端口，因此可以互换使用外围设备。移动设备也使用一些相同的外围设备。
- 重要的输入设备（例如键盘和触控板）内置于笔记本电脑中，以提供与台式机相似的功能。一些笔记本电脑和移动设备使用触摸屏作为输入设备。
- 笔记本电脑内部组件通常小于台式机组件，因为它们要装入紧凑的空间并节约能源。移动设备内部组件通常连接到电路板，以使设备紧凑、轻巧。
- 笔记本电脑具有可以与 Fn 键同时按下的功能键。这些键执行的功能特定于笔记本电脑的型号。
- 扩展坞和端口复制器通过提供与台式计算机相同类型的端口来增强笔记本电脑的功能。一些移动设备使用扩展坞来充电或使用外围设备。
- 笔记本电脑和移动设备通常都具有 LCD 或 LED 屏幕，其中许多都是触摸屏。
- 背光可照亮 LCD 和 LED 笔记本电脑显示屏。OLED 显示屏无背光。
- 您可对笔记本电脑电池的电源设置进行配置，确保高效地使用电源。
- 笔记本电脑和移动设备可以提供许多无线技术，包括蓝牙、红外线、WiFi 和访问蜂窝 WAN 的功能。
- 笔记本电脑提供大量的扩展可能性。用户可以添加内存来提升性能，利用闪存增加存储容量或使用扩展卡增强功能。一些移动设备可以通过升级或添加更多闪存（例如 MicroSD 卡）来增加更多的存储容量。

- 笔记本电脑组件包括 CRU 和 FRU。
- 笔记本电脑组件应定期清洁,以延长笔记本电脑的使用寿命。

检查你的理解

您可以在附录中查找下列问题的答案。

1. 下列哪项陈述正确描述了移动设备功能?

    A. 当移动设备未按照用户需要的速度运行时,用户必须执行内存升级

    B. 扩展坞可以向移动设备添加某项功能,例如视频输出

    C. 与笔记本电脑和台式机一样,大多数移动设备硬件可以升级

    D. 移动设备没有可现场更换的部件,但是有一些可现场维修的部件

2. 下列哪一项是笔记本电脑扩展槽的示例?

    A. ExpressCard   B. EISA

    C. AGP   D. 内部 USB

    E. ISA

    F. 外部 PCI

3. 笔记本电脑因其便携性更可能面临哪三个问题?(选择三项)

    A. 过湿   B. 跌落

    C. 错误的 BIOS 配置   D. 性能很差

    E. 过度磨损

    F. 驱动程序过时

4. 技术人员在排除潜在笔记本电池故障时,可能会询问以下哪个封闭式问题?

    A. 最近安装过什么软件

    B. 笔记本电脑可以使用交流电适配器工作吗

    C. 最近是否升级了显示器驱动程序

    D. 您遇到了哪些笔记本电脑问题

5. 哪种类型的 RAM 模块是针对笔记本电脑的空间限制而设计的?

    A. DIMM   B. SIMM

    C. SODIMM   D. SRAM

6. 下面哪项陈述描述了 S4 ACPI 电源状态?

    A. CPU 和 RAM 仍在接收电力,但未使用的设备已断电

    B. 笔记本电脑处于打开状态,并且 CPU 正在运行

    C. 笔记本电脑处于关闭状态,并且未保存任何内容

    D. CPU 和 RAM 处于关闭状态,RAM 的内容已经保存到硬盘上的临时文件中

7. 2 类蓝牙网络的最大范围是多少?

    A. 50 米   B. 10 米

    C. 5 米   D. 2 米

8. 技术人员对笔记本电脑进行故障排除时,发现某些键盘键不能正常工作。该技术人员首先应检查什么?

    A. WordPad 程序是否已损坏   B. 触摸板是否工作

    C. Num Lock 键是否开启   D. 交流适配器是否正确充电

9. 哪种情况表示笔记本电脑电池将要出现故障?

    A. 额外的外围设备耗尽电池的电量

    B. 电池不能长期存储电荷

    C. 外部硬盘驱动器没有来自 USB 端口的供电

    D. 屏幕无法以最大亮度显示内容

10. 主动保持笔记本电脑清洁的方法是什么?

    A. 使用温和的肥皂清洁屏幕   B. 使用压缩空气吹扫光驱上的灰尘

    C. 使用棉签清洁键盘   D. 不让液体接触笔记本电脑

11. 客户送来移动设备进行维修。在询问一些问题后,维修人员确定设备无法连接到任何 WiFi 网络。刚才执行的是故障排除流程的哪个步骤?

    A. 记录发现的问题   B. 推测可能原因

    C. 实施解决方案   D. 查找问题

    E. 确定确切原因

12. 哪项有关笔记本电脑主板的陈述是正确的?

    A. 外形规格因制造商的不同而不同

    B. 它们遵循标准的外形规格,因此可轻松互换

    C. 它们可与大多数笔记本电脑主板互换

    D. 它们大多数使用 ATX 外形规格

13. 哪个组件是固态驱动器的一部分?

    A. 闪存芯片   B. 主轴

    C. 磁头   D. 磁盘盘片

14. 哪种设备可被视为一种可移动、非机械、非易失性存储器?

    A. CMOS 芯片   B. 外部硬盘驱动器

    C. 外部闪存驱动器   D. SODIMM 内存

第 10 章

移动、Linux 和 OS X 操作系统

学习目标

通过完成本章的学习，您将能够回答下列问题：

- 什么是 Android 和 OS X 操作系统上的 GUI；
- Linux 操作系统的主要特征是什么；
- Apple OS X 的主要特征是什么；
- 什么是命令行界面；
- 什么是开源软件；
- Linux 中可用于操作系统优化的命令行工具是什么；
- 什么是图形用户界面（GUI）；

- 如何使用 OS X 操作系统上的 GUI 工具；
- 什么是数据同步；
- 什么是密码？为什么要使用密码；
- 什么是云存储；
- 云存储如何用于备份移动设备；
- 移动设备上的设备跟踪是如何实现的；
- 什么是沙盒；
- 移动设备上的蓝牙是如何工作的。

计算机、笔记本电脑和移动设备上三种最常见的操作系统是 Microsoft Windows、Mac OS X 和 Linux。在之前的章节中已经讨论过 Windows。在本章中，您将了解 OS X 和 Linux 以及移动设备。

理解各种不同的操作系统以及它们运行所依赖的硬件对于技术人员的成功而言至关重要。他们有必要了解 PC 和移动设备的操作、应用程序以及他们所使用的操作系统。OS X 和 Linux 是除了 Windows 之外两个颇受欢迎的操作系统。

操作系统（OS）控制着计算机上几乎所有的功能。在本章中，您将学习与移动操作系统、Linux 和 OS X 相关的组件、功能和术语。

10.1 移动操作系统

移动设备上的操作系统管理应用和服务，并确定用户与设备交互的方式。这一部分重点关注对移动设备操作系统的简介、两大主要移动操作系统各自的关键特征以及它们之间的不同之处。

10.1.1 Android 与 iOS

与台式机和笔记本电脑类似，移动设备也使用操作系统（OS）运行软件。本章着重介绍两个最常用的移动操作系统：Android 和 iOS。Android 由 Google 开发，iOS 由 Apple 开发。

1. 开源与闭源

用户在分析和修改软件前，必须能够看到源代码。源代码是在转换为机器语言（0 和 1）之前以人

类易读的语言编写的指令序列。源代码是免费软件的重要组成部分，因为它可以让用户分析代码并最终修改代码。开发者选择提供源代码时，该软件称为开源软件。如果程序的源代码未发布，该软件称为闭源软件。

Android 是由 Google 开发的开源操作系统。iOS 是由 Apple 开发的闭源操作系统。

自 2008 年在 HTC Dream 上发布之后，人们对 Android 操作系统进行了自定义，将其广泛用于电子设备。由于 Android 的开源性和可自定义，程序员可以使用它操作笔记本电脑、智能电视和电子书阅读器等设备。甚至在照相机、导航系统和便携式媒体播放器等设备中已经预装了 Android。

2007 年在第一台 iPhone 上发布的 Apple iOS 源代码尚未向公众发布。要复制、修改或重新分发 iOS 需要获得 Apple 授权。

本章着重介绍 Android 5.0.1（Lollipop）和 iOS 8.4，因为它们是编写本文时的最新可用版本。

2. 移动应用开发

移动操作系统不仅仅是独立的产品。移动操作系统属于平台，在这些平台之上，可以创建并推出用于该操作系统的其他产品。此类产品的示例就是移动应用（简称应用）。应用是在移动设备上为执行特定任务而创建的程序。日历、地图、笔记和电子邮件是移动设备上常见应用的几个示例。

在 iOS 生态系统中，应用最初由 Apple 设计。同样，Google 最初设计了 Android 应用。当这些操作系统明显变成软件平台时，Apple 和 Google 均发布了其自己的软件开发套件（SDK）。SDK 包含了许多软件工具，其作用是允许为特定软件包来编写外部程序。

想创建 Apple iOS 应用的开发者必须下载并安装 Apple 的官方集成开发环境（IDE）Xcode。XCode 可免费下载并允许开发者在 iPhone 模拟器中编写和测试其 iOS 应用。在实际 iOS 设备上加载并运行应用需要每年支付 iOS 开发者计划订购费用。Xcode 还包含调试程序、库、手机模拟器、文档、示例代码和教程。

Xcode 如图 10-1 所示。

图 10-1　Xcode

Google Android SDK 也包括与上面列举的 Xcode 类似的许多项目以及大量教程。Android SDK 支持多个开发平台，包括运行 Linux、Mac OS X 10.5.8 或更高版本以及 Windows XP 或更高版本的计算机。Android Studio 是进行 Android 开发的 Google IDE。

3. 应用和内容源

应用是在移动设备上执行的各种程序。移动设备都预装了许多不同的应用，以提供基本的功能。有拨打电话、收发电子邮件、听音乐、拍摄照片和播放视频或玩电子游戏的应用。许多其他类型的应用还支持信息检索、设备自定义和提高工作效率。

应用在移动设备上的使用方式与程序在计算机上的使用方式相同。无需光盘来安装应用，而是从内容来源处下载应用。一些应用可免费下载，而其他应用必须付费购买。

尽管 Apple 应用仅可通过 Apple Store 获得，Android 移动设备有多个内容来源可用：

- Google Play；
- Amazon App Store；
- Androidzoom；
- AppsAPK；
- 1Mobile。

在许多其他网站上也可以找到 Android 应用。仅安装来源可信的应用非常重要。如果可疑站点包含所需的应用，请查看 Google Play 或 Amazon App Store，了解是否可以从上述两个来源下载应用。从可信来源下载的应用包含恶意代码的可能性比较小。Google Play Store 仅允许在设备上安装与设备兼容的应用。

网站有时包含二维码（QR）。QR 码与条形码类似，但可以包含更多信息。要使用 QR 码，需要通过特别的应用访问移动设备上的摄像头来扫描该码。QR 码包含了允许您直接下载应用的 Web 链接。使用 QR 码时要小心，并且仅允许来源可信的下载和安装内容。

QR 码如图 10-2 所示。

在 Android 上，应用都被打包到一个称为 Android 应用包（简称 APK）的归档文件中。Android 应用编译完毕并做好发布准备时，该应用被放置到 APK 文件中。除了应用的已编译代码，APK 还包含应用正常运行所需的资源、证书和资产。

Apple App Store 是 iOS 用户获得应用和内容的唯一内容来源。这可以确保 Apple 清除各种内容中的有害代码，让应用符合严格的性能指标并且不侵犯版权。

与 Apple 的 App Store 和 Google 的 Google Play 类似，Microsoft 于 2012 年启动了其自己的应用商店。从 Windows 8 和 Windows Server 2012 开始，Windows Store 可让 Windows 用户搜索、下载并安装 Windows Store 应用（也称为 Metro 风格应用）。

也有其他类型的内容可供下载。与应用类似，一些内容是免费的，而其他内容必须付费购买。可通过数据电缆连接或 WiFi 将您当前拥有的内容加载到移动设备上。一些类型的可用内容包括：

- 音乐；
- 电视节目；
- 电影；
- 杂志；
- 书籍。

推送与拉取

在移动设备上安装应用和内容有两种主要方法：推送与拉取。用户从移动设备运行 Google Play 应用或 Apple App Store 应用时，所下载的应用和内容是从服务器拉取到设备的。

借助 Android 设备，用户可以使用任何台式机或笔记本电脑浏览 Google Play 并购买内容。内容是从服务器推送到 Android 设备的。iOS 用户可以从台式机或笔记本电脑上的 iTunes 购买内容，然后该内容被推送到 iOS 设备。

安装 Android 应用后，会显示所有必要权限的列表，如图 10-3 所示。您必须同意将列出的权限授予应用后才能安装应用。务必仔细阅读权限列表，且不要安装那些请求允许访问不必要项目和功能的应用。

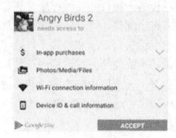

图 10-2　QR 码　　　　　　　图 10-3　安装权限

旁加载

还有一种在 Android 移动设备上安装应用的方法。可以从 Internet 上的不同来源下载应用，并通过 WiFi、蓝牙、数据电缆或其他方法将应用传输到移动设备。这称为旁加载。不建议您旁加载应用，因为许多应用来源并不可信。仅安装来源和开发者都可信的应用。

注意：　iOS 设备默认不支持旁加载。

10.1.2　Android 触摸界面

Android 支持一系列触摸屏幕。

1. 主屏幕项目

与台式机或笔记本电脑非常类似，移动设备将图标和小部件组织在多个屏幕上，以便用户轻松访问。一个屏幕被指定为主屏幕，如图 10-4 所示。

图 10-4　Android 主屏幕

向左或向右滑动主屏幕可以访问其他屏幕。每个屏幕都包含导航图标、访问图标和小部件的主要区域以及通知和系统图标。屏幕指示器显示当前正在显示的屏幕。

导航图标

Android 操作系统使用系统栏来导航应用和屏幕。系统栏始终显示在每个屏幕的底部。系统栏包含以下按钮。

- **返回**：返回至上一屏幕。如果显示了屏幕上的键盘，此按钮可将其关闭。继续按"返回"按钮可导航至每个上一屏幕，直到显示主屏幕。
- **主页**：返回至主屏幕。
- **最近应用**：打开最近使用的应用的缩略图。要打开应用，请触摸其缩略图。轻扫缩略图可将其从列表中删除。
- **菜单**："菜单"（如果可用）显示当前屏幕的其他选项。

Google Search

Android 设备通常配备了预先安装的默认 Google Search 应用。触摸然后将文本输入到框中，以搜索设备和 Internet 上的任何内容。触摸麦克风图标可进入语音搜索模式。

特殊增强功能

由于 Android 的开源代码性质，将 Android 操作系统部署到设备之前，一些制造商会在操作系统中添加功能。例如，一些 Samsung Android 平板电脑具有一项称为 Mini App Tray 的功能，该功能包含可随时使用的应用快捷方式。许多制造商纷纷效仿，导致有些应用或 GUI 元素仅存在于由特定制造商生产的设备中。本章着重介绍 Android 的未修改版本。

通知和系统图标

每台 Android 设备都有一个包含系统图标（例如时钟、电池状态、WiFi 和提供商网络的无线信号状态）的区域。电子邮件、文本消息传送和 Facebook 等应用通常显示状态图标，以表明通信活动。

要在 Android 设备上打开此通知区域，请从屏幕的顶部向下轻扫。通知区域打开时，您可执行以下操作。

- 触摸通知以对其作出响应。
- 将通知向屏幕的任意一侧轻扫，关闭通知。
- 关闭所有带图标的通知。
- 切换常用的设置。
- 调整屏幕亮度。
- 用快速设置图标打开"设置"菜单。

Android UI 的另一个组成部分是启动器。启动器定义了主屏幕的格式、其图标的外观、按钮、配色方案和动画。虽然 Android 包含常备启动器，但是 Google Play Store 中也有其他可用的启动器。

- **Nova Launcher**：此启动器提供了许多动画选项、文件夹视图和桌面屏幕操作。虽然免费版本适合大多数用户，但是付费版本可实现手势自定义。
- **Google Now Launcher**：此款启动器由 Google 打造，默认安装在 Nexus 设备中。它将最左侧的屏幕转换为 Google Now，可以让您快速访问 Google Now 卡、搜索和各种语音命令。
- **Action Launcher**：此款启动器引入了容纳应用的滑入式侧栏，可让您更快地访问应用。

2. 管理应用、小部件和文件夹

应用

每个主屏幕都配备了可放置应用的网格。

要移动应用，请执行以下步骤。

How To🔍   **步骤 1**   按住应用。

             步骤 2   将应用拖至主屏幕的空白区域。

             步骤 3   松开应用。

要将应用从主屏幕删除，请执行以下步骤。

How To🔍   **步骤 1**   按住应用。

             步骤 2   将应用拖至屏幕顶部的 "X 删除"。

             步骤 3   松开应用。

触摸应用即可执行该应用。应用运行之后，通常有可通过触摸菜单按钮来配置的选项。

通常有三种关闭应用的方式。

- 连续触摸 "返回" 按钮，返回主屏幕。程序通常会提示退出应用。
- 触摸 "主页" 按钮。
- 触摸应用菜单中的 "退出" 选项。

小部件

小部件是将信息显示在主屏幕上的程序（或程序片段）。例如，天气小部件可放置于主屏幕上，以显示天气情况。通常，可触摸小部件来启动相关的应用。如果是天气小部件，触摸小部件将会在全屏模式下打开天气应用，以显示天气的详细信息。小部件非常有用，因为它们能让您快速访问常用的信息或功能。下面是受欢迎的一些小部件示例。

- **时钟**：显示大版本的可定制时钟。
- **天气**：显示一个或多个位置的当前情况。
- **WiFi 开/关**：可使用户快速打开或关闭 WiFi，而无需导航至 "设置" 菜单。
- **电源控制**：显示多个小部件，例如 WiFi 开/关、蓝牙和振动。

还有很多能够自定义 Android 屏幕的其他小部件。请参阅程序或 Google Play 文档，确定哪些应用具有小部件。

要将小部件添加到主屏幕，请执行以下步骤。

How To🔍   **步骤 1**   按住主屏幕的空白区域。

             步骤 2   触摸小部件。

             步骤 3   从列表中确定要添加的小部件。

             步骤 4   按住要添加的小部件，并将其拖至主屏幕。

文件夹

在一些移动设备上，为了便于组织，可将多个应用分组到文件夹中。如果没有文件夹，可安装应用来提供此项功能。

可以按照您所需的任何方式来分组各个应用。

要在 Android 设备上创建文件夹，请执行以下步骤。

步骤 1 按住主屏幕上的应用。

步骤 2 将应用拖至另一个您希望放到同一个文件夹中的应用上。

步骤 3 松开应用。

触摸任何文件夹将其打开。触摸文件夹中的任何应用将其打开。要重命名文件夹，请触摸文件夹，触摸文件夹名称，然后输入文件夹的新名称。要关闭文件夹，请触摸文件夹之外的区域，或触摸"返回"或"主页"按钮。在主屏幕上移动文件夹的方式与移动应用的方式相同。

要将应用从文件夹中删除，请执行以下步骤。

步骤 1 打开文件夹。

步骤 2 按住要删除的应用。

步骤 3 将应用拖至主屏幕的空白区域。

步骤 4 松开应用。

在 Android 设备上，如果一个文件夹中有两个应用并且其中一个应用已经删除，则文件夹也将被删除，但是剩余的应用将替换主屏幕上的文件夹。

"所有应用"图标

"所有应用"图标可打开"所有应用"屏幕。这将显示设备上已安装的所有应用。可从"所有应用"屏幕执行的一些常见任务如下所示。

- **启动应用**：触摸任何应用可启动它。
- **将应用置于主屏幕**：按住应用。主屏幕随即出现。将应用放到主屏幕的任何空白区域上。
- **卸载应用**：按住应用。将应用拖至"回收站"图标或"X"图标处。
- **访问 Play Store**：触摸菜单图标，然后触摸 Google Play。

图 10-5 显示了 Android GUI 的分类。

图 10-5 Android GUI

10.1.3 iOS 触摸界面

iOS 界面由滑块、开关以及围绕触摸屏设计的按钮等元素组成。与 Android 操作系统类似，无需单击打开应用或访问程序。您所需要做的只是轻触即可。

1. 主屏幕项目

iOS 界面与 Android 界面的操作方式大体相同。屏幕用于组织应用，触摸应用即可启动该应用。但有一些非常重要的区别。

- **无导航图标**：必须按下物理按钮，而不是触摸导航图标。
- **无小部件**：iOS 设备屏幕上只能安装应用和其他内容。
- **无应用快捷方式**：主屏幕上的每个应用都是实际的应用，而非快捷方式。

"主页"按键

与 Android 不同，iOS 设备不使用导航图标执行功能。一个称为"主页"按键的物理按键可执行类似于 Android 导航按钮的许多相同功能。"主页"按键位于设备的底部。"主页"按键执行以下功能。

- **唤醒设备**：设备屏幕关闭时，按"主页"按键一次即可将其打开。
- **返回主屏幕**：使用应用时按下"主页"按键可返回至使用过的上一个主屏幕。
- **打开多任务栏**：按下"主页"按键两次即可打开多任务栏。多任务栏显示最近使用的应用。
- **启动 Siri 或语音控制**：按住"主页"按键启动 Siri 或语音控制。Siri 是能够理解高级语音控制的特殊软件。在没有 Siri 的设备上，可用相同方式访问基本的语音控制。
- **打开音频控制**：屏幕锁定时，按下"主页"按键两次可打开音频控制。

通知中心

iOS 设备拥有一个集中显示所有提醒的通知中心。要在 iOS 设备上打开通知区域，请触摸屏幕的顶部并用一个手指向下滑动。通知打开时，可执行以下操作：

- 触摸提醒以对其作出响应；
- 触摸"X"图标，然后触摸"清除"将提醒删除。

要更改每个应用的通知选项，请使用以下路径：
设置>通知

常用设置

iOS 设备允许用户快速访问常用设置和开关，即使设备处于锁定状态也可以。要访问常用的设置菜单，请从任何屏幕的底部向上轻扫。用户可从常用的设置屏幕执行以下操作：

- 切换常用的设置，例如飞行模式、WiFi、蓝牙、勿扰模式和屏幕旋转锁定；
- 调整屏幕亮度；
- 控制音乐播放器；
- 访问 Airdrop；
- 访问手电筒、时钟、日历和相机。

Spotlight（搜索工具）

在 iOS 设备的任何屏幕上，触摸屏幕并向下拖动，以显示 Spotlight 搜索字段。屏幕的任何部分（除了最顶部或最底部）应该都可以操作。显示 Spotlight 搜索字段后，键入您要查找的内容。Spotlight 会显示多个来源（包括 Internet、iTunes、App Store、电影放映时间、附近位置）的建议。

在您键入内容时，Spotlight 还会自动更新搜索结果，如图 10-6 所示。

图 10-6　iOS Spotlight

2. 管理应用和文件夹

在移动设备上管理应用和文件夹可能与在台式机和 PC 上管理它们的方式大不相同。Android 和 iOS 拥有在移动设备上管理应用和文件夹的特定步骤。如下几段将解释如何在 iOS 上操作应用和文件夹。

应用

iOS 应用和文件夹的工作方式与 Android 操作系统的类似。iOS 应用没有"所有应用"按钮，安装到设备上的所有应用都位于主屏幕上。您可从设备上卸载应用，但是也可使用 iTunes 将应用重新安装到设备上。

每个主屏幕都有放置各个应用的网格。要移动应用，请执行以下步骤。

How To🔍

步骤 1 按住应用，直到其轻轻摇动。

步骤 2 将应用拖至主屏幕的空白区域。

步骤 3 松开应用。

步骤 4 移动任何其他应用。

步骤 5 按下"主页"按键，以保存更改。

要从 iOS 设备上删除应用，请执行以下步骤。

How To🔍

步骤 1 按住应用，直到其轻轻摇动。

步骤 2 触摸应用上的"X"图标。

步骤 3 删除任何其他应用。

步骤 4 按下"主页"按键，以保存更改。

多任务栏

iOS 允许同时运行多个应用。正在使用一个应用时，其他应用可能在后台运行。多任务栏用于在最近使用的应用之间快速切换，关闭正在运行的应用，以及访问常用的设置。要打开多任务栏，请双击"主页"按键。显示多任务栏时，iOS 也将在屏幕顶部显示收藏和最近联系人。您可在多任务栏中执行以下操作。

- 触摸任何应用将其打开。
- 将多任务栏向右侧或左侧轻扫，以查看更多应用。
- 轻触屏幕顶部的任何收藏或最近联系人，对其进行访问。
- 将应用向上轻扫，使其关闭。

文件夹

为了便于组织，也可在 iOS 设备上创建文件夹。

要创建文件夹，请执行以下步骤。

How To🔍

步骤 1 按住主屏幕上的应用，直到其轻轻摇动。

步骤 2 将应用拖至另一个您希望放到同一个文件夹中的应用上。

步骤 3 松开应用。

步骤 4 将任何其他应用添加到文件夹中。

步骤 5 触摸"主页"按键，以保存更改。

触摸任何文件夹将其打开。触摸文件夹中的任何应用将其打开。要重命名文件夹，请触摸文件夹，触摸文件夹名称，然后输入文件夹的新名称。要关闭文件夹，请触摸文件夹之外的区域，或触摸"主页"按键。在主屏幕上移动文件夹的方式与移动应用的方式相同。

要将应用从文件夹中删除，请执行以下步骤。

步骤 1 打开文件夹。

步骤 2 按住您要删除的应用。

步骤 3 将应用拖至主屏幕的空白区域。

步骤 4 松开应用。

要删除文件夹，请删除文件夹中的所有应用。

iOS 设备上的许多应用可以显示警告标记。警告标记显示为应用上的小图标，如图 10-7 所示。这个小图标显示的数字表示来自该应用的警告数量。此数字可能是您的未接来电、文本消息或可用更新的数量。如果警告标记显示感叹号，则表示应用有问题。文件夹中各应用的警告标记显示在文件夹上。触摸应用以处理警告。

10.1.4 Windows Phone 触摸界面

与 Android 类似，Windows Phone 应用并不在"开始"屏幕上；可以将它们固定或取消固定，而无需从设备上卸载应用。

1. "开始"屏幕项目

Windows Phone 上的"开始"屏幕是基于磁贴的，如图 10-8 所示。磁贴不将图标显示为对应用的引用，磁贴是能够显示动态信息并允许在"开始"屏幕上进行互动的应用。磁贴可以显示实时信息，例如文本消息、新闻或照片。如果用户需要更多信息，可以轻触磁贴，应用即可展开，占据整个屏幕。

磁贴为正方形或矩形。用户可以选择磁贴的大小。这非常有用，因为它可以让用户在视觉上营造磁贴的优先级。

图 10-7 iOS 警告标记

图 10-8 Windows Phone "开始"屏幕

固定到"开始"屏幕

Windows Phone 允许用户将内容固定到"开始"屏幕，以便更轻松地访问该内容。用户可以固定手机中几乎所有的内容，包括应用、联系人、地图、视频或网站。固定后的内容将以磁贴的形式显示在"开始"屏幕上。

要将内容固定到"开始"屏幕，请查找固定图标；如果要将应用固定到"开始"屏幕，请执行以下步骤。

> **步骤 1**　按住应用，直至显示"固定到'开始'屏幕"栏。
> **步骤 2**　轻触"固定到'开始'屏幕"栏。

要从"开始"屏幕取消固定，请按住项目，然后轻触取消固定图标。

导航图标

Windows Phone 具有一行实际的导航按钮。这些按钮包括下面这些。

- **返回**：返回至上一屏幕。继续按"返回"按钮可导航至每个上一屏幕，直到显示"开始"屏幕。按住"返回"按钮访问应用切换器，即最近使用的应用列表。
- **开始**：返回至"开始"屏幕。
- **搜索**：轻触"搜索"按钮，从手机上的任何区域开始必应搜索。按住"搜索"按钮可访问 Cortana，即 Windows Phone 数字助理。

2. 管理应用和文件夹

您可对 Windows Phone 上的"开始"屏幕进行自定义。可轻松地对磁贴进行移动、调整大小和分组操作。

重新排列磁贴

要移动磁贴，请执行以下步骤。

> **步骤 1**　按住您要移动的磁贴，直至其弹出到前台。
> **步骤 2**　将磁贴推送至您希望的位置。
> **步骤 3**　完成磁贴移动后，请按"开始"按钮。

调整磁贴大小

要调整磁贴大小，请执行以下步骤。

> **步骤 1**　按住您想更改其大小的磁贴。
> **步骤 2**　轻触调整大小图标，直至磁贴变为您所需的大小。
> **步骤 3**　完成后，请按"开始"按钮。

创建和命名文件夹

要创建和命名文件夹，请执行以下步骤。

> **步骤 1**　在"开始"按钮上，按住磁贴。
> **步骤 2**　将磁贴移到另一个磁贴的上方，直到文件夹弹出到前台。
> **步骤 3**　要命名文件夹，轻触"命名"文件夹，为其命名，然后轻触 Enter。

要向文件夹中添加另一个磁贴，只需按住磁贴，然后将其推送到文件夹中。

打开文件夹中的应用

要打开文件夹中的应用，请执行以下步骤。

步骤 1　要打开文件夹中的任何应用，请轻触文件夹将其打开，然后轻触所需的应用。

步骤 2　要关闭文件夹，请轻触文件夹上的磁贴。

从文件夹中删除磁贴

要从文件夹中删除磁贴，请执行以下步骤。

步骤 1　轻触文件夹将其打开。

步骤 2　按住您希望从文件夹中删除的磁贴。

步骤 3　将磁贴推送到"开始"屏幕上的任何位置。

10.1.5　常见的移动设备功能

移动设备为用户提供一整套功能、服务和应用。尽管用户可以选择不同厂商和型号的设备，但这些设备之间存在着共同特点。这一部分将描述设备共同的功能、服务和应用，并解释各厂商设备独有的特征。

1. 屏幕方向和校准

屏幕方向是指矩形页面为提供正常观看的朝向方式。两类最常见的方向是纵向和横向。校准用于设置您的触摸屏以确保您的触摸得到更为准确的监测。

屏幕方向

大多数移动设备的屏幕都是矩形的。这种形状允许我们用两种不同的方式查看内容：纵向和横向。有些内容更适合用特定的视图来查看。例如，视频在横向模式下会占满屏幕，但在纵向模式下可能只占不到一半的屏幕面积。在纵向模式下阅读电子书看起来非常自然，因为它在形状上与实际的书籍类似。通常，用户可以针对每种内容类型选择最为舒适的查看模式。

许多移动设备包含传感器（例如加速计），这些传感器可以确定人们持握设备的方式。设备会针对设备的位置自动旋转显示内容。此项功能在拍照时非常有用。设备转到横向模式时，相机应用也将转到横向模式。此外，用户创建文本并将设备转到横向模式时，系统会自动将应用转到横向模式，从而使键盘更大、更宽。

使用 Android 设备时，要启用自动旋转，请使用以下路径：

"设置" > "显示" >检查"自动旋转"屏幕

使用 iOS 设备时，要启用自动旋转，请使用以下路径：

从屏幕的最底部向上轻扫>轻触最顶行右侧的锁定图标

屏幕校准

使用移动设备时，可能需要调整屏幕亮度。在户外使用移动设备时，请增加屏幕亮度，因为明亮的阳光会让人很难阅读屏幕上的内容。相反，夜间阅读移动设备上的书籍时，非常低的亮度会很有用。可以将一些移动设备配置为根据周围的光线量自动调节亮度。设备必须配备光传感器才能使用自动亮度调节功能。

大多数移动设备的 LCD 屏幕耗费的电池电量最多。降低亮度或使用自动亮度调节有助于节省电池电量。将亮度设置为最低值可让设备获得最长的电池使用寿命。

使用 Android 设备时，要配置屏幕亮度，请使用以下路径：

"设置" > "显示" > "亮度">将亮度滑动到所需水平

或者，轻触"自适应亮度"开关，让设备根据可用的光线量决定最佳的屏幕亮度。

使用 iOS 设备时，要配置屏幕亮度，请使用以下路径：

从屏幕的最底部向上轻扫>拖动第一行图标下方的滑块以调节亮度

或者，要在"设置"菜单中配置亮度，请使用以下路径：

"设置" > "墙纸与亮度">将亮度滑动到所需水平或轻触"自动亮度调节"开关。

2. GPS

移动设备的另一个常见功能是全球定位系统（GPS）。GPS 是一个利用太空中的卫星和地球上的接收器的消息来确定时间和设备地理位置的导航系统。GPS 无线接收器使用至少四个卫星的消息来计算其位置。GPS 非常准确，并且可在大多数天气条件下使用。但是，浓密的枝叶、隧道和高楼大厦可能中断卫星信号。

目前有用于汽车、轮船的 GPS 设备以及徒步旅行者和背包旅行者使用的手持设备。在移动设备中，GPS 接收器具有许多不同的用途。

■ **导航**：一种地图应用，可详细指示您如何到达特定位置、地址或坐标。

■ **地谜藏宝**：一种显示地谜藏宝盒位置的地图应用。地谜藏宝盒是隐藏在全球各地的容器。用户找到这些容器，并且通常要签署一个日志，以表明他们已经找到了藏宝盒。

■ **地理标记**：将位置信息嵌入到数字对象（例如照片或视频）中，以记录其拍摄位置。

■ **专用搜索结果**：例如根据距离显示结果，如搜索关键字"餐馆"时显示附近的餐馆。

■ **设备跟踪**：设备丢失或被盗时在地图上查找设备。

要在 Android 设备上启用 GPS，请使用以下路径：

"设置" > "定位">轻触开关以启用定位服务

要在 iOS 设备上启用 GPS，请使用以下路径：

"设置" > "隐私" > "定位服务">启用定位服务

> 注意： 一些 Android 和 iOS 设备未配备 GPS 接收器。这些设备使用来自 WiFi 网络和蜂窝网络（如果有）的信息提供定位服务。

3. 便利功能

现代的移动设备实质上是一种小型计算机。因此，针对现代智能手机开发了许多便利功能。以下是几种便利功能：

WiFi 通话

现代智能手机不使用蜂窝网运营商的网络，而利用本地 WiFi 热点使用 Internet 传输语音通话。这称为 WiFi 通话。咖啡馆、工作场所、图书馆或家庭等位置通常有连接到 Internet 的 WiFi 网络。智能手机可以通过本地 WiFi 热点传输语音通话。如果覆盖范围内没有 WiFi 热点，则智能手机将使用蜂窝网运营商的网络传输语音通话。

WiFi 通话在蜂窝网信号较弱的区域非常有用，因为它使用本地 WiFi 热点填补了空白。WiFi 热点必须能够保证到 Internet 至少有 1Mbit/s 的吞吐量，以实现优质通话。在语音通话中启用并使用 WiFi

通话时，智能手机将在运营商名称旁边显示"WiFi"。

要在 Android 上启用 WiFi 通话，请使用以下路径：

"设置" > "更多"（在"无线与网络"部分下方） > "WiFi 通话" >轻触开关，以将其启用

要在 iOS 上启用 WiFi 通话，请使用以下路径：

"设置" > "手机"，启用 WiFi 通话

> **注意：** 所有主要的移动电话运营商现在都支持 WiFi 通话，并对最新的 iPhone 和 Android 手机提供支持。预计 WiFi 通话将会变得越来越普遍。WiFi 通话之所以会被认为将变得如此普及的一个原因，在于它能够缓解提供商网络流量并且仍能提供服务。

移动支付

几种移动支付方式如下所示。

- **基于高级 SMS 的交易支付**：消费者将包含支付请求的 SMS 消息发送到运营商的特定电话号码。销售人员收到付款已收到并已完成的消息，然后进行发货。之后系统将费用添加到客户的电话费中。速度慢、可靠性和安全性差是此种方法的几个缺点。
- **直接移动记账**：在结账时使用移动记账选项，用户识别自己（通常通过双因素身份验证）并允许将该费用添加到移动服务账单中。此种方法在亚洲非常普遍，并且具有以下优势：安全、便捷且无需银行卡或信用卡。
- **移动 Web 支付**：消费者使用 Web 或专用应用完成交易。此种方法依赖无线应用协议（WAP），并且通常需要使用信用卡或预先注册的在线支付解决方案（例如 PayPal）。
- **非接触式 NFC（近场通信）**：此种方法主要用于实体店交易。消费者通过在支付系统旁边摇一下电话来支付商品或服务费。根据唯一的 ID，会直接从预付账户或银行账户冲抵支付金额。NFC 还用于公共交通服务、公共停车部门和更多消费领域。

移动支付是指通过移动电话进行的任何支付，如图 10-9 所示。

虚拟专用网

虚拟专用网（VPN）是一种使用公共网络（通常是 Internet）将远程站点或用户连接起来的专用网络。VPN 不使用专有的租用线路，而是使用从公司的专用网络通过 Internet 路由到远程站点或员工的"虚拟"连接。

许多公司都创建了自己的虚拟专用网络（VPN），以满足远程员工和远程办公室的需求。随着移动设备的激增，将 VPN 客户端添加到智能手机和平板电脑已成为一种自然趋势。

从客户端到服务器建立 VPN 后，客户端访问服务器背后的网络时就像客户端直接连接到网络一样。由于

图 10-9 NFC 支付

VPN 协议还支持数据加密，因此客户端和服务器之间的通信很安全并且对企业来说颇具吸引力。

要在 Android 上创建新的 VPN 连接，请使用以下路径：

"设置" > "更多"（在"无线与网络"部分下方） > "VPN" >轻触 "+" 号添加 VPN 连接

将 VPN 信息添加到设备后，必须在流量通过设备进行发送和接收之前启动设备。

要在 Android 上启动 VPN，请使用以下路径：

"设置" > "通用" > "VPN" >选择所需的 VPN 连接>输入用户名和密码>轻触 "连接"

要在 iOS 上创建新的 VPN 连接，请使用以下路径：

"设置" > "通用" > "VPN" > "添加 VPN 配置..."

将 VPN 信息添加到设备后，必须在流量通过设备进行发送和接收之前启动设备。

要在 iOS 上启动 VPN，请使用以下路径：

"设置" >打开 VPN

移动设备的其他功能

4. 信息功能

虚拟助理

数字助理（有时称为虚拟助理）是一种能够理解自然会话语言并为最终用户执行任务的程序。现代移动设备是功能强大的计算机，使其成为数字助理的理想平台。当前受欢迎的数字助理包括适用于 Android 的 Google Now、适用于 iOS 的 Siri 和适用于 Windows Phone 8.1 的 Cortana。

这些数字助理依靠人工智能、机器学习和语音识别技术来理解会话式语音命令。最终用户与这些数字助理进行交互时，复杂的算法会预测用户的需求并完成请求。通过将简单的语音请求与其他输入（例如 GPS 定位）进行配对，这些助理可以执行多项任务（包括播放特定歌曲、执行 Web 搜索、做笔记或发送电子邮件等）。

Google Now

要在 Android 设备上访问 Google Now，请执行以下步骤：

说 "Okay google"。Google Now 会立即激活并开始侦听请求。

Siri

要在 iOS 设备上访问 Siri，请按住 "主页" 按钮。Siri 将激活并开始侦听请求。

或者，可以将 Siri 配置为听到 "Hey Siri" 时开始侦听命令。要启用 "Hey Siri"，请使用以下路径：

"设置" > "通用" > "Siri" >启动允许 "Hey Siri"。

Cortana

要在 Windows 设备上访问 Cortana，请执行以下步骤：

按住 "搜索" 按钮。Cortana 将激活并开始侦听请求。

紧急通知

无线紧急警报（WEA）是当局通过移动运营商发送的紧急消息。在美国，政府合作伙伴包括本地和州公共安全机构、FEMA、FCC、国土安全部和国家气象局。移动运营商对 WEA 消息不收取任何费用。

及时的警报可以在紧急情况下挽救人的生命。借助 WEA，可将警报发送到移动设备，用户无需下载应用或订购服务。

WEA 看起来很像常规的文本消息并且包含警报的类型和时间、任何建议的行动以及发出该警报的机构。WEA 相对较短，一般不超过 90 个字符。为了与常规消息区分，WEA 消息后面紧接的是独特模式的振动和音频音调。

有三种不同类型的警报。

- **总统警报**：由总统或指定人员发出的警报。
- **即将到来的威胁警报**：警报包括严重的人为或自然灾害，例如可能对生命或财产带来威胁的飓风、地震和龙卷风。
- **安珀警报**：满足美国司法部帮助执法人员搜索并找到被诱拐孩子条件的警报。

您可能需要在运营商处注册设备，或者提供某种类型的唯一标识符。每台移动设备都有一个称为国际移动设备识别码（IMEI）的唯一 15 位号码。该号码可识别运营商网络的设备。全球移动通讯系统（GSM）设备都有该号码。该号码通常位于设备的配置设置中或者电池仓中（如果电池可拆卸）。

也可以通过称为国际移动用户识别码（IMSI）的唯一号码识别设备的用户。IMSI 通常编程到用户标识模块（SIM）卡上，或者编程到电话本身（取决于网络类型）。

10.2 保护移动设备的方法

当谈及保护移动设备的问题时，从物理安全到数据加密均存在着许多问题。人们很容易忘记，由于移动设备如此易于使用并且易于通过网络访问从图书馆到机场在内的网络所连接的所有资源，移动设备是非常脆弱且易受攻击的。有很多保护移动设备安全的方法，了解这些方法能够有助于确保用户践行良好的安全防护措施，而不至于因不当的安全实践导致他们自身易受攻击。移动设备威胁正与日俱增并可能导致数据丢失、安全漏洞以及违犯法律法规。作为技术人员，了解预防问题的安全方法非常重要。

10.2.1 密码锁

设置密码是用来保护您的数据的一个方法。密码就像门卫一样防止入侵者直接访问设备。

1. 密码锁概述

智能手机、平板电脑和其他移动设备都包含敏感数据。如果移动设备丢失，找到设备的任何人都可以访问联系人、文本消息和 Web 账户。防止移动设备隐私信息被窃的一种方法就是使用密码锁。密码锁锁定设备并将其置于节能状态。也可在设备进入节能状态一定的时间后启动该锁。将移动设备置于睡眠状态的一个常用方法是快速按下主电源按钮。也可将设备设置为在一定的时间后进入睡眠状态。

有许多不同类型的密码锁，如图 10-10 所示。

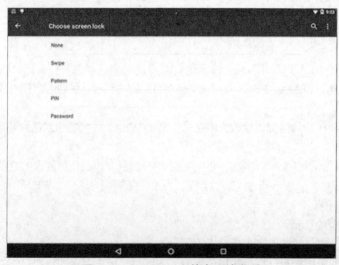

图 10-10　Android 上的密码锁类型

一些类型的密码锁比其他密码锁更难猜测。在每次设备打开或从节能状态恢复时必须输入该密码。

以下是一些常见的密码锁类型。

- **无密码**：删除该设备上任何类型的现有密码锁。
- **轻扫**：用户滑动一个图标（例如锁或箭头）即可解锁设备。该选项的安全系数最低。
- **图案**：用户用手指在屏幕上滑出特定图案时锁定设备。要解锁设备，必须在屏幕上重复准确的图案。
- **PIN**：使用专用个人标识号（PIN）保护设备。PIN 是一系列数字。正确输入 PIN 时，设备即可解锁。
- **密码**：使用密码保护设备。此选项是最不方便的选项，特别是密码很复杂或很长时，但是非常安全。
- **简单密码**：仅 iOS 设备。将此选项设置为"打开"时，密码必须是一个四位数字。设置为"关闭"时，可以使用字符、数字和符号等较复杂的密码。
- **Touch ID**：仅 iOS 设备。从 iPhone 5S 开始，Touch ID 也可根据用户的指纹来解锁 iOS 设备。某些 iPhone 设备上的"主页"按钮包含了可用于解锁设备、授权支付和访问应用的指纹扫描仪。虽然 Google 宣称拥有类似的功能，但在编写本章时，指纹解锁在 Android 设备中还不是非常普遍。

要在 Android 设备上设置密码，请使用以下路径：

"设置" > "安全" > "屏幕锁定" >从列表中选择要使用的密码类型，并设置剩余的"屏幕安全"设置。

设置密码后，在每次打开设备或将设备从节能状态中恢复时必须输入该密码。

Android 5.0（Lollipop）支持额外的一组解锁选项。扩展的 Android 解锁选项（在"智能锁定"功能的下方）如下所示。

- **设备解锁**：此功能可在 Android 手机或平板电脑与特定的蓝牙设备或用户选择的 NFC 标签配对时解锁 Android 手机或平板电脑。例如，可以很方便地在 Android 手机或平板电脑配对到汽车的蓝牙时将 Android 手机或平板电脑保持解锁状态。
- **位置解锁**：使用内置于设备中的 GPS 芯片，Android 允许用户定义家庭和工作场所。设备处于这些场所中的任一位置时，将不再需要解锁。
- **人脸解锁**：激活后，Android 设备可根据预注册的用户面部图像自行解锁。
- **语音解锁**：注册用户说 "Okay, Google" 时，此功能根据用户的唯一声纹解锁 Android 设备。
- **随身监测解锁功能**：此功能使用设备的加速计检测设备是否在用户身上。通过检测一些特定移动模式，Android 设备会假设设备在用户的手上、口袋或背包中，并且不需要解锁，直到用户取消该设置。

要在 Android 设备上设置"智能锁"，请使用以下路径：

"设置" > "安全" > "智能锁" >从列表中选择要使用的智能锁类型，并根据所选选项设置剩余的详细信息。

要在 iOS 设备上设置密码，请使用以下路径：

"设置" > "Touch ID 和密码" >打开密码。输入一个四位数字，如图 10-11 所示。再次输入相同的数字进行验证。

要使用 Touch ID，用户必须注册至少一个指纹，最多可注册五个指纹。也可在上述屏幕中设置 Touch ID 配置和操作。

注意： 为了提高安全性，一些服务将在服务启用前强制用户创建密码锁。VPN 和 Microsoft Exchange 账户就是这类服务的两个示例。

2. 对失败登录尝试次数的限制

正确实施密码后，要想解锁移动设备，需要输入正确的 PIN、密码、图案或其他密码类型。理论上，如果给出足够时间和毅力，人们可以猜出密码（例如 PIN）。为了防止有人试图猜出密码，可将移动设备设置为在进行一定数量的错误尝试之后执行既定的操作。

对于 Android 设备，锁定前的失败尝试次数取决于设备以及 Android 操作系统的版本。通常，Android 设备将在错误输入密码 4 到 12 次时锁定。设备锁定后，您可输入用于设置设备的 Gmail 账户信息将设备解锁。

对于 iOS 设备，设备将在 5 次失败的尝试之后被禁用，如图 10-12 所示。

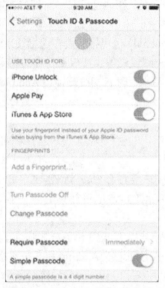

图 10-11　iPhone 上的密码锁　　　　图 10-12　在输错密码后，iPhone 被临时禁用

第 6 次尝试失败时，设备将保持禁用 1 分钟。第 6 次之后的每次失败尝试将使等待时间延长。表 10-1 显示了未能输入正确密码后的结果。

表 10-1　　　　　　　　　　　　iOS 失败的密码尝试

失 败 尝 试	设备禁用的额外时间	设备禁用的总时间
1 到 5	0	0
6	1 分钟	1 分钟
7	5 分钟	6 分钟
8	15 分钟	21 分钟
9	60 分钟	81 分钟
10	60 分钟	141 分钟
11	设备数据已删除	

注意：　每次输入的不正确密码必须不同才能触发等待时间。

如果输入错误密码 10 次并且启用了"清除数据"选项，屏幕将变黑，设备上的所有数据将被删除。要恢复 iOS 设备和数据，您必须将其连接到上次进行同步的计算机上，并使用 iTunes 中的"恢复"选项。

在 iOS 上，为了提高安全性，密码用作整个系统加密密钥的一部分。由于密码并未存储在某个地方，因此没有人（包括 Apple）可以访问 iOS 设备上的用户数据。用户必须提供密码才能解锁和解密系统，从而使用该系统。忘记密码将使用户数据无法访问，而用户必须通过上次同步设备所用的计算机上的 iTunes 执行全面恢复。

10.2.2 针对移动设备的云基服务

正如移动设备随时随地提供网络访问一样，云基服务也会在您需要时随时随地提供对数据和应用的访问。智能手机和平板电脑正越来越多地被用于此类访问。现如今，数据处理和数据存储均在移动设备之外进行。

1. 远程备份

设备故障或设备丢失或被盗会使移动设备的数据丢失。必须定期备份数据，确保在必要时恢复数据。移动设备的存储容量往往很有限而且不可删除。要克服这些限制，可以执行远程备份。远程备份是指设备使用备份应用将其数据复制到云存储。如果需要恢复数据，请运行备份应用并访问网站，以检索数据。

对于 Android 设备，以下项目自动进行远程备份：

- 日历；
- 邮件；
- 联系人。

Google 还会跟踪您购买的所有应用和内容，以便可以再次下载它们。有许多应用可远程备份其他项目。研究 Google Play Store 中的应用，看看哪些备份应用可满足您的需求。

系统已为 iOS 用户免费提供 5GB 的存储容量。支付年费可购买额外的存储。以下是可以使用 iCloud 作为备份位置的项目：

- 日历；
- 邮件；
- 联系人；
- 您已从 Apple App Store 中购买的内容（此内容不计入 5GB 总量）；
- 用设备拍摄的照片；
- 在设备上配置的设置；
- 从运行的应用中累积的应用数据；
- 屏幕图标和位置；
- 文本和媒体消息；
- 铃声。

2. 定位器应用

如果忘记移动设备的放置位置或移动设备被盗，可以使用定位器应用找到设备。在移动设备丢失前，应在每个移动设备上安装和配置定位器应用。Android 和 iOS 都具有远程查找设备的不同应用。

与 Apple 的"查找我的 iPhone"类似，Android 设备管理器可使用户查找或锁定已丢失的 Android 设备或使其响铃，或者擦除设备上的数据。要管理已丢失的设备，用户必须访问 https://www.google.com/android/devicemanager 上托管的 Android 设备管理器控制面板，并使用 Android 设备上所用的 Google 账户登录。Android 5.x 上默认配备并启用了 Android 设备管理器，并可在"设置" > "安全" > "设备管理"下找到该管理器。

大多数 iOS 用户使用"查找我的 iPhone"应用。第一步是安装应用，启动应用并按照说明配置软件。"查找我的 iPhone"应用可安装在不同的 iOS 设备上，从而查找已丢失的设备。如果没有另一个 iOS 设备可用，可以通过登录到 iCloud 网站并使用"查找我的 iPhone"功能来找到设备。从网站或另一个 iOS 设备上启动定位选项后，定位器应用使用以下来源的位置数据查找设备。

■ **蜂窝网信号塔**：该应用分析从信号塔到其连接位置的信号强度来计算设备的位置。由于信号塔的位置是已知的，因此可以确定设备的位置。这称为三角测量。

■ **WiFi 热点**：该应用查找丢失设备能够检测到的 WiFi 热点的大致位置。包含许多已知热点及其位置的文件将存储在设备上。

■ **GPS**：该应用使用来自 GPS 接收器的数据来确定设备的位置。

注意： 如果该应用无法找到已丢失的设备，说明设备可能已关机或断开连接。设备必须连接到蜂窝网或无线网络才能接收来自应用的命令，或将定位信息发送给用户。

找到设备后，您可以执行其他功能，例如发送消息或播放声音。如果您忘记设备放在何处，这些选项将非常有用。如果设备就在附近，播放声音可精确指示设备的位置。如果设备在其他位置，将消息发送至屏幕可使找到它的人与您取得联系。

3. 远程锁定和远程擦除

如果无法找到移动设备，还有能够防止设备上的数据受到破坏的其他安全功能。通常执行远程定位的同一个应用都有安全功能。两种最常用的远程安全功能如下所示。

■ **远程锁定**：适用于 iOS 设备的远程锁定功能称为"丢失模式"。Android 设备管理器将此功能称为"锁定"。它允许您用密码锁定设备，因此其他人无法访问设备上的数据。例如，用户可以显示自定义消息，或者使手机不会因拨入的电话或传入的文本消息而一直响铃。

■ **远程擦除**：适用于 iOS 设备的远程擦除功能称为"清除手机"。Android 设备管理器将其称为"清除"。它将删除设备上的所有数据，并将其返回至出厂状态。要将数据恢复到设备，Android 用户必须使用 Gmail 账户设置设备，iOS 用户必须将设备同步到 iTunes。

注意： 为了使这些远程安全措施能够起作用，必须启动设备并将其连接到蜂窝网或 WiFi 网络。

10.2.3 软件安全

需要对应用加以保护以防止内部的设计缺陷和外部威胁。应用开发者将安全措施嵌入应用内部以防止黑客危害程序，技术人员还需要采取额外措施以防止包括操作系统在内的应用遭受损害。

1. 防病毒

所有计算机都易受到恶意软件的攻击。智能手机和其他移动设备也是计算机，因此它们也难以幸免。Android 和 iOS 均有可用的防病毒应用。根据将防病毒应用安装到 Android 设备上时被授予的权限，应用可能无法自动扫描文件或运行定期扫描。文件扫描必须手动启动。iOS 不允许自动或定期扫描。这是一种安全功能，可防止恶意程序使用未经授权的资源或感染其他应用或操作系统。一些防病毒应用还提供定位器服务、远程锁定或远程擦除。

移动设备应用在沙盒中运行。沙盒是操作系统中的一个位置，可保持代码与其他资源和其他代码相隔离。恶意程序很难感染移动设备，因为应用在沙盒中运行。安装 Android 应用后，该应用必须请求许可才能访问特定资源。恶意应用可以访问在安装期间被授予权限的任何资源。这是必须仅下载可信来源的应用的另一个原因。

由于沙盒的本质，恶意软件通常不会损坏移动设备；更有可能的是从移动设备上将恶意程序传送到另一台设备，例如笔记本电脑或台式机。例如，如果恶意程序是从电子邮件、Internet 或另一台设备上下载的，那么下次连接到移动设备时可能会将该恶意程序放置到笔记本电脑上。

Root 和越狱

移动操作系统通常受大量软件限制的保护。例如，iOS 的未修改副本仅执行经授权的代码，并且仅允许对其文件系统非常有限的用户访问。

Root 和越狱是将添加到移动操作系统的限制和保护去除掉的两种技术名称。Root 用于 Android 设备，越狱用于 iOS 设备。从这些设备上解除制造商限制，它们便能运行任何用户代码，授予用户完全访问文件系统和内核模块的权限。

对移动设备执行 Root 或越狱通常会使制造商的保修失效。不建议您以此种方式修改客户的移动设备。但是，很多用户会选择解除其设备的限制。以下是对移动设备执行 Root 或越狱的优势。

- 可对 GUI 进行大量的自定义。
- 可对操作系统进行修改，以提高设备的运行速度和响应能力。
- CPU 和 GPU 可超频，以提升设备性能。
- 可免费启用叠接（Tethering）等运营商禁用的功能。
- 可从次级来源或不支持的来源安装应用。
- 可以删除无法从默认操作系统中删除的应用（称为臃肿软件）。

越狱利用了 iOS 中的漏洞。发现可用的漏洞时，即可编写相应的程序。该程序是实际的越狱软件，然后编写人会将其发布到 Internet 上。Apple 不鼓励越狱，并且正在积极努力地消除可能在 iOS 上实施越狱的漏洞。除了操作系统更新和漏洞修复，新的 iOS 版本通常包括了多个补丁来消除允许越狱的已知漏洞。通过更新修复 iOS 漏洞后，迫使黑客只能再次从头寻找其他漏洞。

注意： 越狱流程是完全可逆的。要删除越狱并将设备返回至其出厂状态，请将其连接到 iTunes 并执行"恢复"。

Android 是基于 Linux 的，因此具有开源性质。因此，Google 选择支持 Root，刻意在每个 Android 版本中都支持 Root。希望对 Android 设备执行 Root 的用户能够执行此操作，无需搜索漏洞。

对设备执行 Root 或越狱是有风险的，而且可能使制造商的保修失效。执行 Root 或越狱后的设备受病毒感染的风险会显著增加，因为它可能无法正确创建或保持沙盒功能。经过修改的操作系统还允许用户访问根目录。这也会让恶意程序有权访问文件系统的这一敏感区域。

图 10-13 显示了在越狱后的 iPhone 上执行的一些命令。终端应用用于提供 CLI 界面并允许以高级用户级别（称为超级用户）执行命令。超级用户拥有最高级别的许可权限。

图 10-14 再次显示了超级用户使用 iPhone 执行任务，如果没有越狱，这些任务是无法完成的。这台手机现在正托管着从台式机到越狱后的 iPhone 建立的 SSH 会话。越狱后的手机上安装了 openSSH 服务器，因此该手机可以接受连接并允许远程 Shell。在手机上发出的命令中，uname -a 会显示内核版本并证明这确实是到 iPhone5 的会话。netstat 命令显示已绑定到端口 22 且处于"ESTABLISHED"（已建立）状态的 SSH 服务。

图 10-13　在 iOS 设备上越狱——
iPhone 上的终端

该图显示了到运行 SSH 服务器的已越狱 iPhone 的 SSH 连接。注意超级用户如何显示有关所使用的内核(Darwin)的信息,以及如何显示当前已建立的 SSH 连接(TCP 端口 22)。如果没有越狱,这些任务是无法完成的。

图 10-14　在 iOS 设备上越狱——iPhone 作为 SSH 服务器

2. 修补和更新操作系统

与台式机或笔记本电脑上的操作系统相似,您也可以更新或修补移动设备上的操作系统。更新可添加功能或提升性能。补丁可以修复安全问题或硬件和软件问题。

由于有如此多不同的 Android 移动设备,因此无法针对所有设备以一个软件包的形式来发布更新和补丁。有时 Android 的新版本无法安装到硬件不符合最低规格要求的较旧设备上。这些设备可以接受补丁,以修复已知问题,但是无法实现操作系统升级。

现在使用自动流程来交付 Android 更新和补丁。运营商或制造商拥有设备的更新时,设备上的通知会提示用户更新已就绪。触摸更新,开始下载和安装流程。

iOS 更新也使用自动的流程进行交付,不符合硬件要求的设备会被排除在外。要检查 iOS 更新,请将设备连接到 iTunes。如果有可用更新,会出现一个下载通知。要手动检查更新,请单击 iTunes 摘要窗格中的"检查更新"按钮。

还有两种重要的、针对移动设备无线电固件的其他更新类型。这些称为基带更新,包括首选漫游列表(PRL)和基群速率 ISDN(PRI)。PRL 是移动电话在网络上(而不是其自身)进行通信所需的配置信息,这样可在运营商的网络之外进行通话。PRI 负责配置设备和手机信号塔之间的数据速率。这确保了设备能够以正确的速率与手机信号塔进行通信。

10.3　网络连接和电子邮件

移动设备可以让人们自由地在他们希望的任何地方工作、学习、娱乐和交流。使用移动设备的人们无需固定在某个物理位置也能发送和接收语音、视频和数据通信。

10.3.1 无线和蜂窝数据网络

通过蜂窝网络公司与 Internet 实现连接时价格昂贵，而且依赖蜂窝网信号塔和卫星才能创建全球覆盖网。通常，蜂窝网络公司根据他们通过蜂窝网络传输的数据量向客户收取费用。蜂窝网络连接可能非常昂贵。使用服务提供商获得 Internet 连接以及在许多企业中提供本地无线连接，是在某些地区使用蜂窝数据的一种合理的替代方案。

1. 无线数据网络

大学校园使用无线网络，让学生在无法物理连接到网络的区域也能报名参加课程、观看讲座并提交作业。随着移动设备越来越强大，需要在连接到物理网络的大型计算机上执行的许多任务现在可以使用无线网络上的移动设备来完成。

咖啡馆、图书馆、工作场所或家庭通常使用不同类型的 Internet 连接。这些连接通常基于已建立的有线电视或电话线将建筑连接到服务提供商。提供此类 Internet 连接的公司通常针对特定速度收取固定费用，与传输了多少数据量无关。此类连接的成本相对低廉，从而使企业可以为客户提供免费 Internet 连接。客户通过该企业的本地无线网络连接到 Internet。

几乎所有移动设备都能连接到 WiFi 网络。建议尽可能连接到 WiFi 网络，因为通过 WiFi 使用数据并不计入蜂窝网络数据量中。此外，因为 WiFi 无线网络比蜂窝网络无线传输的功耗更低，所以连接到 WiFi 网络可节省电池电量。与其他启用 WiFi 的设备类似，连接到 WiFi 网络时必须实施安全性。为了保护移动设备上的 WiFi 通信，应采取以下预防措施：

- 使用尽可能最高的 WiFi 安全性框架。目前 WPA2 安全是最安全的；
- 启用家庭网络上的安全性；
- 请勿使用明文形式的未加密文本发送登录或密码信息；
- 尽可能使用 VPN 连接。

要打开或关闭 WiFi，请在 Android 和 iOS 上使用以下路径：

"设置" > "WiFi" >打开或关闭 WiFi

要在 Android 设备处于 WiFi 网络范围内时连接 Android 设备，请打开 WiFi，设备会搜索所有可用的 WiFi 网络，并将其显示在列表中。触摸列表中的 WiFi 网络进行连接。输入密码（如果需要）。

移动设备漫游出 WiFi 网络的范围时，它会尝试连接范围内的另一个 WiFi 网络。如果范围内无 WiFi 网络，移动设备会连接到蜂窝数据网络。WiFi 处于打开状态时，它会自动连接到之前连接过的任何 WiFi 网络。如果网络是新网络，移动设备会显示可以使用的可用网络列表或者询问用户是否要连接。

如果移动设备不提示连接到 WiFi 网络，表明网络 SSID 广播可能已关闭，或未将设备设置为自动连接。在移动设备上手动配置 WiFi 设置。

要手动连接到 Android 设备上的 WiFi 网络，请执行以下步骤。

How To

步骤 1 选择 "设置" > "添加网络"。

步骤 2 输入网络 SSID。

步骤 3 触摸 "安全性" 并选择安全类型。

步骤 4 触摸 "密码" 并输入密码。

步骤 5 触摸 "保存"。

要手动连接到 iOS 设备上的 WiFi 网络，请执行以下步骤。

How To

步骤 1 选择 "设置" > "WiFi" > "其他"。

步骤 2 输入网络 SSID。

步骤 3 触摸 "安全性" 并选择安全类型。

步骤 4 触摸 "其他网络"。

步骤 5 触摸 "密码" 并输入密码。

步骤 6 触摸 "加入"。

叠接（Tethering）

如果用户要同步数据、共享文件或 Internet 连接，可使用电缆、WiFi 或蓝牙在两台设备之间建立连接。这种连接称为叠接（Tethering）。例如，用户可能需要将计算机连接到 Internet，但没有 WiFi 或有线连接可用。通过蜂窝网运营商的网络，可将移动电话用作到 Internet 的桥梁。

2. 蜂窝网络通信

人们开始使用移动电话时，移动电话技术方面的行业标准寥寥无几。在没有标准的情况下，向另一个网络上的人们拨打电话非常困难而且很昂贵。如今，移动电话提供商使用各种行业标准，因此使用移动电话拨打电话变得更为便宜。

蜂窝网络标准在世界各地尚未被一致采纳。一些移动电话能够使用多个标准，而其他只能使用一个标准。因此，一些移动电话可在许多国家/地区使用，其他移动电话只能在本地使用。

第一代（1G）移动电话于 20 世纪 80 年代起开始提供服务。第一代移动电话主要使用模拟标准。借助模拟技术，可轻松地将干扰和噪音与信号中的语音隔离。此因素限制了模拟系统的可用性。如今几乎没有 1G 设备仍在使用。

20 世纪 90 年代，第二代（2G）移动设备的标志是从模拟标准到数字标准的切换。数字标准提供了更高的通话质量。

随着 3G 移动电话标准的开发，现在已添加了对现有 2G 标准的扩展。这些过渡标准称为 2.5G 标准。

第三代（3G）标准使移动设备不止是具备简单的语音和数据通信功能。当今的移动设备通常可以发送和接收文本、照片、音频和视频。3G 甚至可以为视频会议提供足够的带宽。3G 移动设备还可以访问 Internet 以浏览网页、玩游戏、听音乐和观看视频。

第四代（4G）标准提供超宽带 Internet 访问。更高的数据速率可使用户更快地下载文件、召开视频会议或观看高清电视。以下是一些常见的 4G 标准：

■ 移动 WiMAX；

■ 长期演进（Long Term Evolution，LTE）。

4G 设备规范将高移动性设备（汽车或火车中的设备）的峰值速度要求设置为 100Mbit/s，而缓慢移动或静止站立的人所用设备的峰值速度要求设置为 1Gbit/s。

移动 WiMAX 和 LTE

尽管移动 WiMAX 和 LTE 达不到符合 4G 标准的速率（分别为 128Mbit/s 和 100Mbit/s），但它们仍被视为 4G 标准，因为它们的性能显著高于 3G 标准。WiMAX 和 LTE 也是符合 4G 完整规范版本的先行者。

添加多媒体和网络功能的技术可同蜂窝网标准绑定在一起。两种最常见的技术是用于文本消息传送的短信服务（SMS）和用于发送和接收照片与视频的多媒体消息服务（MMS）。大多数蜂窝网提供商额外收取费用才会添加这些功能。

要在 Android 设备上打开或关闭蜂窝网络数据，请使用以下路径：

"设置">触摸"更多"（在"无线与网络"部分下方）>触摸"移动网络">触摸"数据"启用

要在 iOS 设备上打开或关闭蜂窝网数据，请使用以下路径：

"设置" > "通用" > "蜂窝网数据" >打开或关闭蜂窝网数据

移动设备从 4G 覆盖区域移动到 3G 覆盖区域时，4G 无线功能会关闭并打开 3G 无线功能。在此过渡期间连接不会丢失。

热点

热点是多个无线用户之间共享 Internet 连接的物理位置。使用具有蜂窝网络数据连接的移动设备可以创建个人热点，如图 10-15 所示。已启用热点的移动设备可以为无线 LAN 中的其他设备提供 Internet 连接。

飞行模式

大多数移动设备还有一个可关闭所有蜂窝网络、WiFi 和蓝牙无线功能的设置，称为飞行模式。乘坐飞机旅行时或者位于禁止访问数据或访问数据很昂贵的区域时，飞行模式非常有用。大多数移动设备功能仍可用，但是不能进行通信。

要在 Android 设备上打开或关闭飞行模式，请使用以下路径：

图 10-15　iOS 上的个人热点

"设置" > "更多"（在"无线与网络"部分下方）>飞行模式切换

要在 iOS 设备上打开或关闭飞行模式，请使用以下路径：

"设置"，打开或关闭"飞行模式"

图 10-16 和图 10-17 分别显示了 Android 和 iOS 上的飞行模式。

一些移动设备应用能够显示可用的网络、接入点和信号塔的信号强度，甚至网络位置。WiFi 分析器可显示有关无线网络的信息，蜂窝网信号塔分析器可用于蜂窝网络。这些都是诊断移动设备无线问题时首先使用且非常有用的工具。

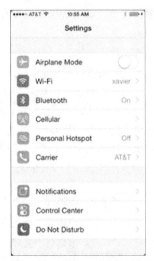

图 10-16　Android 上的飞行模式切换按钮　　　　图 10-17　iOS 上的飞行模式切换按钮

10.3.2　蓝牙

蓝牙是为了在完成初始配置后无需用户干预即可进行短距离无线通信而设计的。蓝牙使用低功耗，因此对于依靠电池供电运行的移动设备而言是一个不错的选择。蓝牙是以 2.45GHz 频率运行的网络技术标准，它无需瞄准线，且由于使用弱信号，它可以同时连接多台设备。当具备蓝牙功能的设备位于一定范围内时，它们会自动检测到彼此，从而形成一个个人区域网。WiFi 用于承载较大的数据量，而蓝牙用于简单的临时通信。蓝牙集成在许多 Android 和 iOS 设备及应用中。

1. 移动设备的蓝牙

移动设备使用多种不同的方法进行连接。连接耳机或扬声器时，有线连接并非总是可行的。蓝牙技术为移动设备提供了一个相互连接和连接到无线附件的轻松方式。蓝牙是无线、自动的，并且功耗非常低，有助于节约电池寿命。在任何时候，最多可将八台蓝牙设备连接在一起。

以下是移动设备如何使用蓝牙的一些示例。

- **免提耳机**：用于拨打和接听电话的带麦克风的小型耳机。
- **键盘或鼠标**：可将键盘或鼠标连接到移动设备，让输入工作更轻松。
- **立体声控制**：移动设备可以连接到家庭或汽车立体声系统，以播放音乐。
- **汽车免持话筒**：包含扬声器和麦克风，用于拨打和接听电话的设备。
- **叠接**：要同步数据、共享文件或共享 Internet 连接，可通过物理电缆（例如 USB 电缆）或使用无线连接（如 WiFi 或蓝牙）将移动设备连接到另一台设备。
- **移动扬声器**：便携式扬声器可以连接到移动设备，以提供高质量的音频，而无需使用立体声系统。

蓝牙是一种拥有两个级别（物理级别和协议级别）的网络标准。在物理级别，蓝牙是射频标准。在协议级别，设备确定发送各个位的时间和方式，以及收到的内容是否与发送内容相同。

2. 蓝牙配对

蓝牙配对是指两台蓝牙设备建立连接，以共享资源。为了使设备进行配对，必须打开蓝牙无线功能，并且一台设备开始搜索另一台设备。其他设备必须设置为可发现模式（也称为可见模式）才能被检测到。蓝牙设备处于可发现模式时，它将在另一台蓝牙设备发出请求时传输以下信息：

- 名称；
- 蓝牙类别；
- 设备可以使用的服务；
- 技术信息，例如功能或所支持的蓝牙规范。

在配对过程中可能会请求 PIN，以验证配对过程。PIN 通常为数字，但也可以是数字码或密钥。系统使用配对服务来存储 PIN，因此，设备下次尝试连接时就无需再次输入 PIN。这在使用耳机和智能手机时非常方便，因为当耳机已打开并在范围内时，它们将自动配对。

要将蓝牙设备与 Android 设备进行配对，请执行以下步骤。

How To

步骤 1 按照您的设备说明将其置于可发现模式。

步骤 2 查看您的设备说明，找到连接 PIN。

步骤 3 选择"设置">"蓝牙"（在"无线与网络"部分下方）。

步骤 4 触摸"蓝牙"切换开关将其打开。

步骤 5 等待，直到 Android 扫描并找到之前已进入可发现模式的蓝牙设备。

步骤 6 触摸已发现的设备，将其选定。

步骤 7 输入 PIN。

要将蓝牙设备与 iOS 设备进行配对，请执行以下步骤。

步骤 1 按照您的设备说明将其置于可发现模式。

步骤 2 查看您的设备说明，找到连接 PIN。

步骤 3 选择"设置" > "蓝牙"。

步骤 4 触摸"蓝牙"将其打开。

步骤 5 触摸已发现的设备，将其选定。

步骤 6 键入 PIN。

图 10-18 和图 10-19 分别显示了在 Android 和 iOS 上发现蓝牙设备。

图 10-18 Android 上的蓝牙切换按钮   图 10-19 iOS 上的蓝牙切换按钮

对于一些设备，此过程可能稍有不同。图 10-20 和图 10-21 分别显示了 Microsoft 蓝牙键盘与 Android 和 iOS 的配对。注意在配对过程完成前，键盘如何提供将在键盘上键入的 PIN。

图 10-20 Android 上的蓝牙配对   图 10-21 iOS 上的蓝牙配对

10.3.3 配置电子邮件

电子邮件结构依赖于服务器和客户端。电子邮件服务器负责转发其用户发送的电子邮件。用户使用电子邮件客户端撰写、阅读并管理他们的邮件。电子邮件客户端可以是基于 Web 的应用或独立应用。独立的电子邮件客户端与平台无关。这一部分着重介绍移动设备的电子邮件客户端。

1. 电子邮件简介

设置电子邮件账户时，需要以下信息。

- **显示名称**：可以是您的真名、昵称或您希望人们看到的任何名称。
- **电子邮件地址**：人们向您发送电子邮件时所需的地址。电子邮件地址是用户名后跟@符号和电子邮件服务器的域（user@example.net）。
- **传入邮件服务器使用的电子邮件协议**：不同的协议提供不同的电子邮件服务。
- **传入和传出邮件服务器名称**：这些名称由网络管理员或 ISP 提供。
- **用户名**：用于登录邮件服务器。
- **账户密码**：密码应为强密码，因为邮件账户通常由网站提供。

用于电子邮件的协议如下所示。

- **邮局协议第 3 版（POP3）**：该协议通过 TCP/IP 从远程服务器检索电子邮件。POP3 不会将电子邮件的副本保留在服务器上；但是，一些实施方法允许用户指定保存邮件的时间。POP3 支持具有间歇性连接（例如拨号）的最终用户。POP3 用户可以连接服务器，从服务器下载电子邮件，然后断开连接。POP3 通常使用端口 110。
- **互联网消息访问协议（IMAP）**：该协议允许本地电子邮件客户端从服务器检索电子邮件。与 POP3 类似，IMAP 允许您使用电子邮件客户端从电子邮件服务器下载电子邮件。区别在于 IMAP 允许用户组织网络电子邮件服务器上的电子邮件，并下载电子邮件的副本。原始电子邮件保留在网络电子邮件服务器上。与 POP3 不同，IMAP 通常将原始电子邮件保留在服务器上，直到您将电子邮件移动到您的电子邮件应用的个人文件夹中。IMAP 可同步服务器和客户端之间的电子邮件文件夹。IMAP 比 POP3 更快，但是，IMAP 需要服务器上有更多的磁盘空间和更多的 CPU 资源。IMAP 的最新版本是 IMAP4。IMAP4 通常用于大型网络，例如大学校园网络。IMAP 通常使用端口 143。
- **简单邮件传输协议（SMTP）**：该协议是通过 TCP/IP 网络传输电子邮件的、基于文本的协议。这种文本电子邮件格式仅使用 ASCII 编码。必须实施 SMTP 才能发送电子邮件。SMTP 将电子邮件从电子邮件客户端发送到电子邮件服务器或从一台电子邮件服务器发送到另一台电子邮件服务器。确认并验证收件人后即可发送邮件。SMTP 通常使用端口 25。
- **多用途互联网邮件扩展（MIME）**：该协议将电子邮件格式扩展到包括 ASCII 标准及其他格式的文本，例如图片和字处理程序文档。MIME 通常与 SMTP 配合使用。
- **安全套接字层（SSL）**：开发该协议的目的是为了安全地传输文件。电子邮件客户端和电子邮件服务器之间交换的所有数据均已加密。配置电子邮件客户端使用 SSL 时，确保为电子邮件服务器使用正确的端口号。

Exchange

Exchange 是 Microsoft 开发的电子邮件服务器、联系人管理器和日程软件。Exchange 使用名为消息传送应用程序编程接口（MAPI）的专用消息传递架构。Microsoft Office Outlook 使用 MAPI 连接到 Exchange 服务器，以提供电子邮件、日历和联系人管理。

您需要了解如何配置设备接收正确的传入邮件格式。您可以使用向导配置电子邮件客户端软件。

2. Android 电子邮件配置

Android 设备可以使用高级通信应用和数据服务。许多这些应用和功能要求使用 Google 提供的 Web 服务。首次配置 Android 移动设备时，系统将提示您使用 Gmail 电子邮件地址和密码登录 Google 账户。

登录您的 Gmail 账户后，您可以访问 Google Play Store、数据和设置备份以及其他 Google 服务。设备会同步联系人、电子邮件、应用、已下载内容和其他来自 Google 服务的信息。如果没有 Gmail 账户，您可以使用 Google 账户登录页面来创建一个 Gmail 账户。

注意： 如果希望将 Android 设置恢复到您之前备份的平板电脑，您必须在首次设置平板电脑时登录该账户。如果您是在初始设置后登录，则无法恢复您的 Android 设置。

初始设置之后，请触摸 Gmail 应用图标访问您的邮箱。Android 设备还具有连接到其他电子邮件账户的电子邮件应用。如果没有其他已创建的账户，该应用会简单地将用户重定向到 Android 更高版本中的 Gmail 应用。

要添加电子邮件账户，请执行以下步骤。

步骤 1 触摸"电子邮件"或 Gmail 应用图标。

步骤 2 选择账户的类型，然后轻触"下一步"。

步骤 3 输入设备的密码（如果需要）。

步骤 4 输入您要使用的电子邮件地址和密码。

步骤 5 轻触"创建新账户"。

步骤 6 输入您的名字、姓氏、电子邮件地址和密码。

步骤 7 提供进行账户恢复的电话号码（可选）。

步骤 8 查看账户信息并轻触"下一步"。

图 10-22 和图 10-23 显示了 Android 电子邮件账户设置屏幕。

图 10-22　Android 电子邮件配置　　　　图 10-23　Android 电子邮件配置——电子邮件账户类型

3. iOS 电子邮件配置

iOS 设备配备了能同时处理多个电子邮件账户的常备邮件应用。邮件应用还支持许多不同的电子邮件账户类型，包括 iCloud、Yahoo、Gmail、Outlook 和 Microsoft Exchange。

设置 iOS 设备时需要 Apple ID。Apple ID 用于访问 Apple App Store、iTunes Store 和 iCloud。iCloud 提供电子邮件以及在远程服务器上存储内容的功能。iCloud 电子邮件是免费的，并提供了对备份、邮件和文档进行远程存储的功能。

所有的 iOS 设备、应用和内容都链接到您的 Apple ID。首次打开 iOS 设备时，设置助理将为您讲解示范如何连接设备和使用 Apple ID 登录或创建 Apple ID。设置助理还允许您创建 iCloud 电子邮件账户。在设置过程中，您可以从 iCloud 备份中的不同 iOS 设备上恢复设置、内容和应用。

要设置 iCloud，请使用以下路径：

"设置" > "iCloud"。

要设置其他电子邮件账户，请执行以下步骤。

How To

步骤 1　选择 "设置" > "邮件、通讯录、日历" > "添加账户"。

步骤 2　轻触账户类型。

步骤 3　如果账户类型未列出，请触摸 "其他"。

步骤 4　输入账户信息。

步骤 5　触摸 "保存"。

图 10-24 和图 10-25 显示了 Android 和 iOS 上的电子邮件配置工具。

图 10-24　iOS 上的电子邮件配置　　图 10-25　iOS 上的电子邮件配置——账户类型

4. Internet 电子邮件

与服务器由内部管理员控制的本地电子邮件不同，Internet 电子邮件是指托管在 Internet 上的某个位置并受控于第三方管理员团队的电子邮件服务。

随着越来越多的人们开始使用电子邮件，为拥有少量甚至无技术知识的人们提供电子邮件服务势在必行。公司负责部署、托管和管理电子邮件服务，管理其个人消息的任务则由用户来完成。Internet 电子邮件服务通常提供基于 Web 的界面，允许用户通过任何 Web 浏览器访问他们的邮箱。除了 Web 界面，公司通常还提供可以下载和安装在移动设备上的电子邮件客户端应用。与 Web 界面相比，电子邮件客户端应用可提供更好的用户体验。

移动设备制造商通常将电子邮件应用添加到其操作系统中。这些应用通常允许您配置和使用多种不同的 Internet 电子邮件服务，而无需特定的移动电子邮件客户端应用。以下是访问 Internet 电子邮件账户的一些常用选项：

- Web 界面；
- 基于 GUI 的桌面电子邮件客户端，例如 Mail、Outlook、Windows Live Mail 和 Thunderbird；
- 移动电子邮件客户端应用，包括 Gmail 和 Yahoo；

■   常备操作系统移动电子邮件应用，例如 iOS Mail。

10.3.4 移动设备同步

与存储重要数据的计算机十分相似，移动设备一旦丢失将难以更换并将带来种种困难。同步设备是有助于防止丢失的一种方法。当移动设备与台式计算机或服务器通信时同步就会发生。当您将设备与计算机同步时，通常会使用最新的信息对移动设备和计算机进行更新。这一部分将介绍同步 Android 和 iOS 设备的方法。

1．要同步的数据类型

许多人组合使用台式机、笔记本电脑、平板电脑和智能手机设备来访问和存储信息。在多台设备上拥有相同的具体信息时，将会非常有用。例如，使用日历程序安排预约时，需要将每个新的预约输入到每台设备上，确保每台设备处于最新状态。利用数据同步便无需对每台设备进行更改。

数据同步是两台或多台设备之间的数据交换，同时在这些设备上保持一致的数据。以下是可以进行同步的一些数据类型：

■   联系人；
■   电子邮件；
■   日历条目；
■   图片；
■   音乐；
■   应用；
■   视频；
■   浏览器链接和设置；
■   定位数据。

虽然术语"同步"就意义而言是指以上涵盖的数据同步，但它在 Android 和 iOS 上有细微的差别。

Android

同步本质上是将您的联系人和其他数据与 Google 和其他服务同步。

Android 上的同步流程将用户数据同步到 Facebook、Google 和 Twitter 等服务。因此，所有与该 Google 账户关联的设备都可以访问相同的数据，以便更轻松地更换损坏的设备，而不会丢失数据。Android 上的同步流程也很简单；只需添加账户并打开"自动同步"。

您可以通过"设置">"账户"看到您设备上的所有账户，如图 10-26 所示。

"自动同步"将自动同步您的设备与服务的服务器，无需用户进行干预。要从图 10-27 所示的同一账户面板上打开"自动同步"，请选择右上角的三点图标并轻触"自动同步数据"。

Android 同步还允许用户选择要同步的数据类型。要在 Android 上按照数据类型打开或关闭数据同步，请使用以下路径：

"设置">"账户">轻触您要配置的账户>相应地打开或关闭数据类型，如图 10-27 所示。

iOS

iOS 上有两个不同的设备数据同步流程。它们是"备份"和"同步"。

"备份"将您的个人数据从您的电话复制到您的计算机中。这包括应用设置、文本消息、语音邮件和其他数据类型。

图 10-26　在 Android 上同步数据

图 10-27　在 Android 上指定要备份的数据类型

"同步"将新的应用、音乐、视频或书籍从 iTunes 复制到您的电话并从您的电话复制到 iTunes，从而实现两台设备上的完全同步。

"备份"保存用户和应用创建的所有数据的一份副本。鉴于 iTunes "同步"定义中所指定的内容，"同步"仅复制通过 iTunes Store 移动应用所下载的媒体。例如，如果用户不在手机上观看电影，就可以不将电影同步到手机中。

一般情况下，将 iOS 设备连接到 iTunes 时，请始终先执行"备份"，然后再进行"同步"。此顺序可在 iTunes 的"首选项"中进行更改。

在 iOS 上执行"同步"或"备份"时，还有几个有用的选项。

- **备份存储位置**：iTunes 允许将备份存储在本地计算机的硬盘驱动器或 iCloud 在线服务上。
- **直接从 iOS 设备备份**：除了将数据从 iOS 设备备份到本地硬盘驱动器或通过 iTunes 备份到 iCloud，用户还可将 iOS 设备配置为将其数据的副本直接上传到 iCloud。这非常有用，因为"备份"可自动执行，而无需连接到 iTunes。与 Android 类似，用户也可以指定要发送到 iCloud 备份的数据类型，如图 10-28 所示。
- **通过 WiFi 的同步**：iTunes 可扫描并连接到同一 WiFi 网络上的 iOS。连接之后，可自动在 iOS 设备和 iTunes 之间启动"备份"过程。这非常有用，因为每次 iTunes 和 iOS 设备处于同一 WiFi 上时，都可以自动执行"备份"，从而无需有线 USB 连接。

当新的 iPhone 连接到计算机时，iTunes 将主动使用来自其他 iOS 设备上的数据的最新备份（如果可用）来恢复该手机。图 10-29 显示了计算机上的 iTunes 窗口。

2. 同步连接类型

要在设备之间同步数据，设备必须使用共同的通信媒介。USB 和 WiFi 连接是在设备之间同步数据的最常见连接类型。

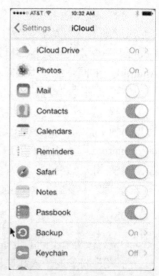

图 10-28　在 iOS 上指定要备份的数据类型

图 10-29　在 iOS 上同步数据

由于大多数 Android 设备没有可执行数据同步的台式机程序，因此大多数用户与 Google 不同的 Web 服务进行同步，即使与台式机或笔记本电脑进行同步时也是如此。使用此方法同步数据的一个优势在于：登录到 Google 账户后，可随时从任何计算机或移动设备访问数据。这种安排的缺点是很难将数据与计算机上本地安装的程序（例如用于电子邮件的 Outlook、日历和联系人）进行同步。

在 iOS 5 之前，同步局限于使用 USB 连接电缆将设备连接到计算机。现在可以使用 WiFi Sync 与 iTunes 同步。要使用 WiFi Sync，必须首先使用 USB 电缆将 iOS 设备与 iTunes 同步。还必须打开 iTunes "摘要"窗格中的"通过 WiFi 连接的同步"。之后，您可以使用 WiFi Sync 或 USB 电缆。iOS 设备与运行 iTunes 的计算机处于同一无线网络并已插入电源时，它将自动与 iTunes 同步。

Microsoft 还使用 OneDrive 为设备之间的同步数据提供了云存储。OneDrive 还可以在移动设备和 PC 之间同步数据。

10.4　Linux 和 OS X 操作系统

Linux 和 OS X 是除了 Microsoft Windows 以外用户最熟悉的操作系统。

10.4.1　Linux 和 OS X 工具和功能

本节将探究 iOS 设备上的操作系统、OS X 以及用于 Android 的操作系统（Linux 的修改版本）。这些操作系统均为开发提供了开源代码。

1. Linux 和 OS. X 操作系统简介

Unix 是一个基于 C 编程语言和用户命令界面的非专有操作系统。一些受欢迎的桌面操作系统都基于 UNIX，例如 Linux、OS X、Android 和 iOS。

Linux

Linux 操作系统几乎用于每个平台中，包括嵌入式系统、可穿戴设备、智能手表、移动电话、上网本、PC、服务器和超级计算机等。虽然 Linux 正在获得更大的用户群，但是 Android（Linux 的修改版本）实现了操作系统在消费市场中的广泛应用。

图 10-30 显示了 Ubuntu Linux 的桌面。

图 10-30　Ubuntu 桌面——Unity

OS X（之前称为 Mac OS X）

Macintosh 计算机的操作系统为 OS X。OS X 之前称为 Mac OS X。OS X 针对 Macintosh 计算机硬件进行了简化，它可以无缝地与其他 Apple 设备（例如 iPhone）配合使用。

图 10-31 显示了 OS X 10.10 Yosemite 的桌面。

图 10-31　OS X Yosemite 桌面

> **注意：** 本章着重介绍 Ubuntu Linux 14.04 LTS（Trusty Tahr）和 Apple OS X 10.10（Yosemite）。

一个内置于 OS X 中的特定工具可实现一些独特的安装配置。该工具称为 Netboot，它可以远程启动多台 OS X 计算机。计算机重新启动后，会话的任何内容都将丢失。这在教室等环境中很有用，在下课或放学时可重置计算机。该工具还可将操作系统安装内容或程序同时放置于多台计算机上。这对于创建计算机映像或升级所有计算机的公司非常有用。

2. Linux 和 OS. X. GUI 概述

大多数操作系统都包含一个或多个 GUI 组件，以方便用户与计算机进行交互。

Linux GUI

不同的 Linux 发行版配备不同的软件包，但是用户可通过安装或删除软件包来决定其系统上的内容。Linux 中的图形界面是由用户可删除或更换的许多子系统组成的。尽管有关这些子系统及其交互的详细信息不属于本课程的范围，但必须了解的是，Linux GUI 总的来说可以由用户轻松更换。由于Linux 发行版的数量相当庞大，因此本章在讲述 Linux 时着重介绍 Ubuntu。

Ubuntu Linux 使用 Unity 作为其默认 GUI。Linux GUI 的另一个特性是能够拥有多个桌面或工作空间。这允许用户在特定工作空间上安排各个窗口。

Canonical 有一个模拟 Unity 的 UI 并详细讲解 Unity 主要功能的网站。要通过 Canonical 的网站体验 Unity，请访问 http://tour.ubuntu.com/en/。

图 10-32 显示了 Ubuntu Unity 桌面主要组件的分类。

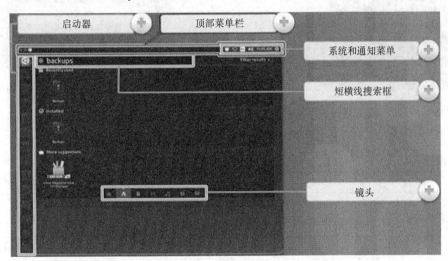

图 10-32　Ubuntu Unity GUI

表 10-2 描述了 Ubuntu Unity 桌面 GUI 的主要组件。

表 10-2　　　　　　　　　　Ubuntu Unity GUI 主要组件

组　件	描　述
启动器	屏幕左侧放置的停靠区域可以用作应用启动器和切换器。右键单击启动器上托管的任意应用可以查看该应用可执行的任务列表
顶部菜单栏	该多功能菜单栏包含当前正在运行的应用、用来控制活动窗口的按钮以及系统控制和通知
系统和通知菜单	屏幕右上角的指示器菜单中有许多重要功能。使用指示器菜单可切换用户、关闭计算机、控制音量或更改网络设置
短横线搜索框	包含搜索工具和最近使用的应用列表。短横线在短横线区域底部包含一个镜头，可以让用户优化短横线搜索结果。要访问短横线，请单击启动器顶部的 Ubuntu 按钮
镜头	可以让用户优化结果

OS X GUI

Mac 操作系统和 OS X 较早版本之间的主要区别是添加了 Aqua GUI。Aqua 围绕水的主题来设计，组件类似于水滴，并刻意使用了反射和半透明效果。OS X 10.10 Yosemite 的最新版本引入了较柔和的 Aqua 主题。

图 10-33 显示了 OS X Aqua 桌面的分类。

图 10-33　Ubuntu Unity GUI

表 10-3 描述了 OS X Aqua 桌面 GUI 的主要组件。

表 10-3 OS X Aqua 桌面 GUI 的主要组件

组　件	描　述
Apple 菜单	访问系统首选项、软件更新、电源控制和其他设置
应用菜单	粗体显示活动应用的名称以及活动应用的菜单
菜单栏	包含 Apple 菜单、当前活动的应用菜单、状态菜单和指示器、聚光灯和通知中心
通知中心图标	可以让用户查看所有通知
聚光灯图标	用于搜索应用、文档、图像和其他文件
状态菜单	显示计算机和某些功能（例如蓝牙和无线）的日期和时间及状态
停靠面板	显示常用应用的缩略图和已经最小化且正在运行的应用。停靠面板的一个重要功能是强制退出。右键单击停靠面板中正在运行的某个应用，用户可以选择关闭不响应的应用

在 OS X 中，Mission Control 是查看 Mac 上当前打开的所有内容的快捷方式。根据触摸板或鼠标设置的不同，可使用三个或四个手指滑动手势来访问 Mission Control。Mission Control 允许您在多个桌面上组织应用。为了导航文件系统，OS X 包含了 Finder。Finder 与 Windows 文件资源管理器非常类似。

OS X 还可以实现屏幕共享。屏幕共享是指能够让使用 Mac 的其他人查看您的屏幕的一项功能。他们甚至可以控制您的计算机。在您需要帮助或希望帮助他人时，这非常有用。

3. Linux 和 OS. X. CLI 概述

在 Linux 和 OS X 中，用户可以使用命令行界面（CLI）与操作系统通信。命令行界面（CLI）是基于文本的界面，用户可根据提示在该界面中按指定的格式或语法输入系统能够响应的命令。为了提高灵活性，支持参数、选项和开关的命令（或工具）通常都在前面加短横线（"-"）。某个命令支持的选项和开关也同该命令一起由用户输入。

一个称为 Shell 的程序会解释来自键盘的命令，并将它们传递到操作系统。用户登录系统时，登录程序检查用户名和密码；如果凭据正确，登录程序启动 Shell。从这时起，经授权的用户可以通过基于文本的命令开始与操作系统交互。

Shell 充当用户和内核之间的接口层。内核负责将 CPU 时间和内存分配给各个进程。它还管理文件系统以及为响应系统呼叫而进行的通信工作。

如图 10-34 所示，用户通过 Shell 与内核进行交互。

大多数操作系统都包含图形界面。虽然命令行界面仍然存在，但是操作系统通常默认引导至 GUI 中，并让用户看不到命令行界面。要想访问基于 GUI 的操作系统命令行界面，一种方法是通过终端仿真应用。这些应用允许用户访问命令行界面，且通常被命名为"终端（terminal）"一词的某种变化形式。在 Linux 上，受欢迎的终端仿真程序有

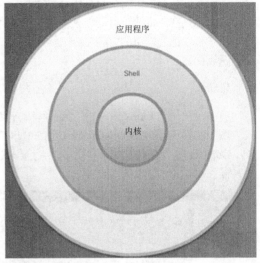

图 10-34 UNIX 概要图

Terminator、Eterm、Xterm、Konsole、Gnome-Terminal。OS X 包含名为 Terminal 的终端仿真程序，但是还有大量的第三方仿真程序可用。

图 10-35 显示了 Gnome-Terminal，这是一个很受欢迎的 Linux 终端仿真程序。

图 10-36 显示了 Terminal，这是一个很受欢迎的 OS X 终端仿真程序。

图 10-35 Linux 终端仿真程序——Gnome 终端 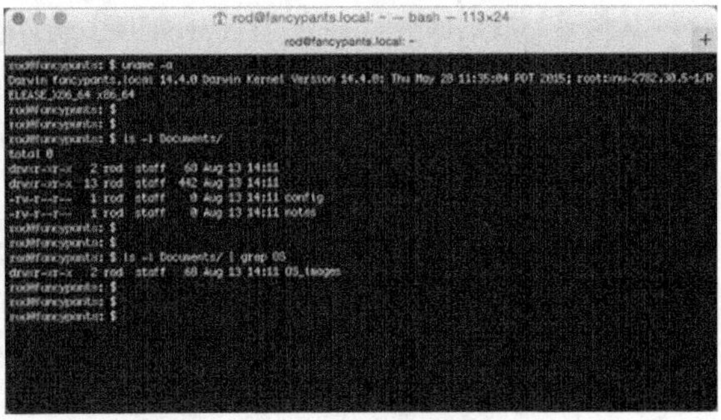　　　　**图 10-36 OS X 终端仿真程序**

> 注意：　我们在两个终端上执行相同命令，目的是阐述命令行界面在类 Unix 系统中有多么相似。

4. Linux 和 OS X 文件系统

Linux 和 OS X 具有独特的文件系统。

Linux 上的常用文件系统是 ext3 和 ext4（第三代和第四代扩展文件系统）。它们是一种日志式（Journaled）文件系统，记录对文件系统进行的所有更改的日记或日志。这些日记可在突然断电时最大限度降低文件系统受损的风险，因为恢复供电之后，可使用该日记应用以前的各种更改。两个文件系统均支持最大为 32TiB（太字节）的大型 ext4 文件。

HFS+（分层文件系统）是 OS X 使用的主要文件系统。与 ext3 和 ext4 类似，HFS+也支持日记卷。HFS+卷在 OS X 10.4 和更高版本中可支持最大为 8EiB（艾字节）的大型文件。

5. 备份和恢复概述

备份数据是指为了安全起见创建数据的一个副本（或多个副本）。备份流程完成后，副本称为备份。其主要目的是在出现故障时能够恢复数据。访问数据的较早版本通常被视为备份流程的次要目标。

虽然可以通过简单的复制命令来实现备份，但是有许多工具和技术可使用户的这一流程实现自动化和透明化。

Linux

有多个适用于 Linux 的备份工具和解决方案。Déjà Dup 是一款简单、高效的数据备份工具。图 10-37 显示了在 Ubuntu Linux 上的 Déjà Dup 程序。

DéjàDup 支持多种功能，包括本地、远程或云备份位置。图 10-38 显示了 Déjà Dup 程序的备份位置功能。

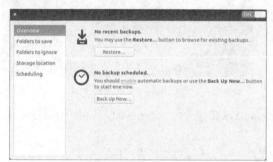 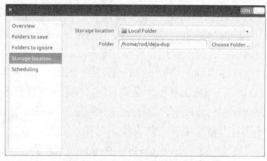

图 10-37　Déjà Dup　　　　　　　　　　　　图 10-38　Déjà Dup 备份位置

其他诸如数据加密压缩、增量备份、定期备份以及 GNOME 桌面集成等功能也是可用选项。图 10-39 显示了 Déjà Dup 程序的备份计划。

它还能够从任何特定备份中恢复数据。图 10-40 显示了使用 Ubuntu Linux 上的 Déjà Dup 程序选择从何处恢复数据的选项。

 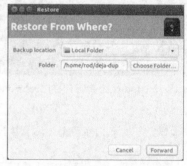

图 10-39　Déjà Dup——备份计划　　　　　　图 10-40　Déjà Dup 还原备份

要在 Ubuntu Linux 上启用自动备份，请使用以下路径：

单击"启动器"顶部的"Ubuntu"按钮>键入"deja dup">单击"Déjà Dup"图标>单击位于 Déjà Dup 窗口右上角的切换开关将备份设置为"启动"。

OS X

OS X 包括一种称为 Time Machine 的备份工具。借助 Time Machine，用户可选择外置驱动器作为备份目标设备，并通过 USB、FireWire 或 Thunderbolt 将其连接到 Mac。Time Machine 为磁盘接收备份做好准备，磁盘准备就绪时，它定期执行增量备份。Time Machine 保留过去 24 个小时的每小时备份，过去一个月的每日备份，以及每周备份。当备份驱动器已满时，将删除最旧的备份。

如果用户尚未指定 Time Machine 目标磁盘，Time Machine 将询问是否将最新连接的外部磁盘用作目标备份磁盘，如图 10-41 所示。

要调整 Time Machine 设置，请使用以下路径：

设置>Time Machine

图 10-42 显示了调整 Time Machine 设置的路径。

图 10-41　Time Machine——目标备份磁盘

图 10-42　Time Machine——设置

如果 Time Machine 已配置但尚未连接目标磁盘，Time Machine 将根据其时间表执行自动备份。或者，用户可以随时通过单击 Time Machine 菜单栏菜单上的"立即备份"来启动备份。

要从 Time Machine 恢复数据，请确保目标备份磁盘已连接到 Mac，并单击 Time Machine 菜单上的"进入 Time Machine"。Time Machine 允许用户将数据恢复到目标备份磁盘中当前可用的任何以前版本。

6. 磁盘实用程序概述

大多数操作系统都非常可靠，但是问题仍可能发生并会损坏系统。已损坏或有坏扇区的磁盘可能会丢失数据或导致操作系统发生故障。大多数磁盘问题都是相同的，无论使用的是什么操作系统。为了帮助您诊断和解决与磁盘有关的问题，大多数现代操作系统都包含磁盘实用程序工具。以下是可以使用磁盘实用程序软件执行的几种常见维护任务。

- **分区管理**：使用计算机磁盘进行工作时，可能需要创建分区、删除分区或调整分区大小。如果操作系统即将用尽某个分区，在系统分区上执行任何工作之前，应通过外部磁盘启动计算机。
- **安装或删除磁盘分区**：在类 Unix 系统中，安装分区涉及到将磁盘分区或磁盘映像文件（通常为.iso）绑定到文件夹位置。这是类 Unix 系统中的常见任务。
- **磁盘格式**：用户或系统使用分区之前必须对其进行格式化。
- **坏扇区检查**：现代磁盘可以检测并标记坏扇区。某个磁盘扇区被标记为坏扇区时，它不会损坏操作系统，因为系统不会用它存储数据。虽然任何磁盘中有几个坏扇区很常见，但是大量的坏扇区可能表示磁盘发生了故障。磁盘实用程序不仅可以搜索、检测和标记坏扇区，还可以通过将坏扇区上存储的数据移动到正常的磁盘扇区来尝试恢复这些数据。
- **查询 S.M.A.R.T.属性**：S.M.A.R.T.是自我监控、分析和报告技术的缩写，这是添加到现代磁盘中的一项强大功能。S.M.A.R.T.包含在磁盘的控制器中，可以检测并报告有关磁盘运行状况的许多属性。S.M.A.R.T.的目标是预测磁盘故障，使用户在故障磁盘无法访问之前将数据移到正常磁盘上。现代磁盘实用程序可以查询 S.M.A.R.T.属性、警告用户并建议维护操作。

Ubuntu Linux 包括 Disks 程序，如图 10-43 所示。

图 10-43　Ubuntu 实用程序——Disks

借助 Disks，用户能够执行与磁盘相关的最常见任务，包括分区管理、安装或卸载、格式化磁盘和查询 S.M.A.R.T.。

要访问 Disks，请使用以下路径：

单击启动器顶部的"**Ubuntu**"按钮>键入 Disks>单击 Disks 图标

OS X 包括 Disk 实用程序，如图 10-44 所示。

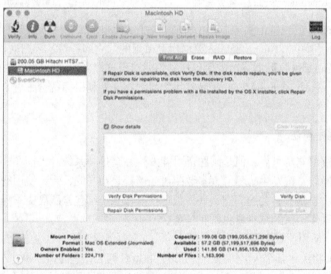

图 10-44　Disk 实用程序——OS X 程序

除了支持主要的磁盘维护任务，Disk 实用程序还支持"验证磁盘权限"和"修复磁盘权限"。"修复磁盘权限"是 OS X 中常见的故障排除步骤。

要在 OS X 上启动 Disk 实用程序，请使用以下路径：

应用>实用程序>Disk 实用程序

Disk 实用程序也可用于将磁盘内容备份到映像文件，并通过映像文件对磁盘执行映像恢复。这些文件包含磁盘的全部内容。

多重引导

有时，可能有必要在计算机上安装多个操作系统。在这些情况下，用户必须执行一个操作系统的安装，安装引导管理器，然后安装第二个操作系统。引导管理器是引导扇区中的一个程序，允许用户选择在引导时使用哪个操作系统。通过跟踪已安装特定操作系统的分区，引导管理器可将 BIOS 指向正确的分区，以便能够加载所需的操作系统。

一个很受欢迎的 Linux 引导管理器是 grub。对于 OS X，常见的引导管理器是 boot camp。

最多允许安装多少个操作系统取决于磁盘大小，而且虽然引导管理器技术允许在计算机上安装多个操作系统，但是一次只能使用一个操作系统。要从一个操作系统切换到另一个操作系统，必须重新引导。

注意：　在操作其中包含重要数据的磁盘前，建议您进行完整的磁盘备份，这也被视为最佳实践。

10.4.2　Linux 和 OS X 最佳实践

计算机系统需要定期进行预防性维护，确保发挥最佳性能。您应该经常安排和执行维护任务，防止问题出现或早日检测出问题。为了避免因人为错误而错过维护任务，可将计算机系统编程为自动执行这些任务。

1．定期任务

两项应安排和自动执行的任务是"备份"和"磁盘检查"。

安排备份任务对于确保重要数据不会由于硬件故障而丢失非常重要。备份越频繁，数据丢失的风险越小。

为了存储数据，基于磁性的介质能保留电磁电荷，但该能力会随时间的推移而减弱。通过定期检查磁盘的坏扇区，管理员可以发现潜在的故障，以便进行规划和数据迁移。

备份和磁盘检查通常是非常耗时的任务。定期执行维护任务的另一个优势在于，它允许计算机在没有用户使用系统时执行这些任务。CLI 实用程序 cron 可以将这些任务安排到非高峰时段来执行。

如何安排任务——Cron 服务

在 Linux 和 OS X 中，cron 服务负责安排各种任务。作为一项服务，cron 在后台运行并在特定的日期和时间执行任务。cron 使用一种称为"cron 表格"的安排表，crontab 命令可编辑该表格。

cron 表格是一个具有 6 列的明文文件，格式如图 10-45 所示。

分钟	小时	天	月	工作日	命令

图 10-45　cron 表格

我们通常通过命令、程序或脚本来表示任务。要安排任务，用户可在 cron 表格中添加一行。新的行指定应由 cron 服务执行的任务的分钟、小时、日期以及星期。到达指定的日期与时间时，系统就会执行该任务。

表 10-4 解释了 cron 表格的各个字段。中间列显示了该字段可接受的数据类型。

表 10-4　　　　　　　　　　　　　　　　　cron 表格字段

分钟	0～59	命令执行时间：分钟
小时	0～23	命令执行时间：小时
天	1～31	命令执行时间：日
月	1～12	命令执行时间：月

续表

		命令执行时间：工作日
工作日	0~6	0=星期日， 1=星期一， 等等
命令	视情况而定	命令或命令组；必须与 Shell 和用途兼容

图 10-46 所示的 crontab 中有两个条目。

第一个条目告知 cron 服务在每月的第一天和第五天以及每周一的午夜（00:00）执行位于 /myDirectory/处的 myFirstTask 脚本。第二个条目显示，cron 服务将在每周三凌晨的 02:37 执行位于 /myDirectory/处的 mySecondTask 脚本。

如上所述，cron 使用一种称为"cron 表格"的安排表，crontab 命令可编辑该表格。打开一个终端窗口，执行以下步骤：

要创建或编辑 cron 表格，请从终端执行 crontab –e 命令。

要列出当前的 cron 表格，请使用 crontab –l 命令。

要删除当前的 cron 表格，请使用 crontab –r 命令。

2. 安全

尽管人们不断在努力打造一个非常安全的操作系统，但还是可以找到漏洞。恶意用户会探测操作系统，以寻找代码中的漏洞。找到漏洞时，可用它为基础创建病毒或其他恶意软件。

我们可以采取许多措施来防止恶意软件感染计算机系统。最常见的措施包括操作系统更新、固件更新、防病毒软件和反恶意软件。

操作系统更新

操作系统公司定期发布操作系统更新（也称为补丁），以解决其操作系统中的所有已知漏洞问题。虽然操作系统公司拥有更新时间表，但是在操作系统代码中找到主要漏洞时，不定期地发布操作系统更新也很常见。现代操作系统会在有可供下载和安装的更新时警告用户，但是用户可以随时检查更新。

要在 Ubuntu Linux 上手动检查和安装更新（如图 10-47 所示），请使用以下路径：

单击短横线>键入 software updater>单击 Software Updater 图标

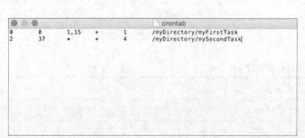

图 10-46　crontab 示例　　　　　　　　图 10-47　在 Ubuntu Linux 上检查和安装更新

要在 OS X 上手动检查和安装更新（如图 10-48 所示），请使用以下路径：

单击屏幕左上角的 Apple 徽标>选择"有关此 Mac">在概要选项卡中，单击"软件更新…">选择"更新"选项卡

图 10-48　在 OS X 上检查和安装更新

固件更新

固件通常保留在非易失性存储器（例如 ROM 或闪存）中，是旨在为设备提供低级别功能的一种软件类型。固件在嵌入式设备（例如数字手表、红绿灯和家用电器）中比较常见。它还常见于计算机和计算机外围设备、数码相机和移动电话中。固件易受到漏洞和黑客程序的影响；但是，更新固件的过程可能比更新操作系统更为复杂。检查制造商的固件，如果有新版本可用，请立即更新系统。

防病毒和反恶意软件

一般来说，防病毒和反恶意软件依赖代码签名运行。签名或签名文件是包含病毒和恶意软件所用代码示例的文件。根据这些签名文件，防病毒和反恶意软件会扫描计算机磁盘的内容，将磁盘上存储的文件内容与签名文件中存储的示例进行比较。如果找到匹配项，防病毒或反恶意软件将警告用户可能出现的恶意软件。

每天都有人创建并发布新的恶意软件；因此，防病毒和反恶意软件程序的签名文件必须尽可能经常更新。

安全凭据管理器

用户名、密码、数字证书、加密密钥是与用户相关的几种安全凭据。由于必要的安全凭据数量日益增加，因此现代操作系统中包含了一个管理这些凭据的服务。应用和其他服务随后可以请求并使用通过安全凭据管理器服务存储的凭据。

Gnome-Keyring 是 Ubuntu Linux 中的安全凭据管理器。要在 Ubuntu Linux 上访问 Gnome-Keyring，请使用以下路径：

单击短横线>搜索"密钥">单击"密码和密钥"

Keychain 是适用于 OS X 的安全凭据管理器。要在 OS X 上访问 Keychain，请使用以下路径：

应用>实用程序>Keychain Access

10.4.3 基本 CLI

命令行界面（CLI）是用于执行命令的一种用户界面，用户通过在提示符下键入文本而非在 GUI Shell 中用鼠标指向并点击图标来执行命令。

1. 文件和文件夹命令

类 Unix 系统中默认包含很多命令行工具。要调整命令行工具的运行方式，用户可以使用命令输入参数和开关。

表 10-5 列举了几个基本的 CLI 命令。

表 10-5   基本 CLI 命令

命　　令	描　　述
man	显示特定命令的文档
ls	显示目录中的文件
cd	更改当前目录
mkdir	在当前目录下创建一个目录
cp	将文件从源位置复制到目的位置
mv	将文件移至不同的目录
rm	删除文件
grep	在文件或其他命令的输出内容中搜索特定字符串
cat	列出文件的内容并将文件名视为参数

在 CLI 中创建和编辑文本文件非常方便。vi 命令可打开文本编辑器。q 命令用于在您完成后退出编辑器。

2. 管理命令

为了组织系统和强化系统内的边界，Unix 使用文件权限。文件权限内置于文件系统结构中，所提供的机制可定义每个文件的权限。Unix 系统中的每个文件都包含其文件权限，该文件权限定义了所有者、组和其他人可以利用该文件执行的操作。可能的权限为"读取"、"写入"和"执行"。

使用 ls 命令和–l 参数列出有关文件的其他信息，请思考以下 ls –l 命令的输出：

rod@machine: $ ls –l my_awesome_file

-rwxrw-r-- 1 rod staff 1108485 Aug 14 7:34

My_Awesome_File

rod@machine: $

上面的输出提供了许多有关 My_Awesome_File 的信息。

上面输出的第一部分显示了与 My_Awesome_File 相关的权限。文件权限通常按照"用户"、"组"和"其他"顺序来显示，因此，My_Awesome_File 的权限如下所示。

- 拥有该文件的用户可以读取、写入和执行该文件。这通过 rwx 来表示。
- 拥有该文件的组可以读取和写入到该文件。这通过 rw- 来表示。
- 系统中的任何其他用户或组只能读取文件。这通过 r-- 来表示。

下一部分是到该文件的硬链接数量，在本例中为数字 1。这一部分不属于本课程的范围。

第三部分显示文件所有者的用户名。第四部分显示拥有该文件的组的名称。在本例中，用户 rod 和组 staff 都对文件拥有一定级别的所有权。

第五部分显示以字节为单位的文件大小。

My_Awesome_File 拥有 1108485 个字节，或约 1.1MB。

第六部分显示上次修改此文件的日期与时间。

第七部分显示文件名。

图 10-49 显示了 Unix 中的文件权限分类。

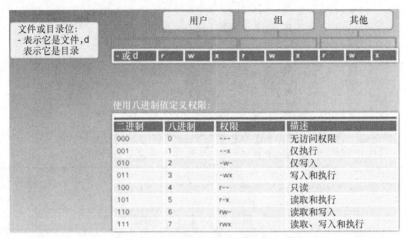

图 10-49 UNIX 文件权限

能够在 Unix 中覆盖文件权限的唯一用户是根用户。根用户拥有覆盖文件权限的权利，并且可以对任何文件执行写入操作。由于所有内容都作为文件来对待，因此根用户可以完全控制 Unix 操作系统。在执行维护和管理任务之前通常需要根访问权限。

> 注意： 由于 Linux 和 OS X 都基于 Unix，因此两个操作系统完全符合 Unix 文件权限要求。

10.5 移动、Linux 和 OS X 操作系统的基本故障排除流程

排除移动设备故障时，请确定设备是否在保修期内。如果在保修期内，通常可将设备返回至购买地点进行更换。如果不在保修期内，请确定维修是否具有成本效益。为了确定最佳做法，请将维修成本与移动设备的更换成本进行比较。由于许多移动设备在设计和功能方面变化迅速，因此它们的维修成本通常比更换它们的费用还要高。因此，人们通常更换移动设备。

10.5.1 对移动、Linux 和 OS X 操作系统应用故障排除流程

按照这一部分列出的步骤准确识别、修复并记录问题。

1. 识别问题

移动设备问题可能是由硬件、软件和网络问题综合导致的。移动技术人员必须能够分析问题并确

定错误原因才能维修移动设备。此过程称为故障排除。

故障排除过程中的第一步是识别问题。如下显示了需要向客户询问的开放式和封闭式问题的列表。表 10-6 重点关注移动设备操作系统。

表 10-6	步骤 1：识别移动设备操作系统的问题
开放式问题	■ 您遇到了什么问题？ ■ 您正在使用什么移动操作系统版本？ ■ 您使用哪个服务提供商？ ■ 您最近安装了哪些应用？
封闭式问题	■ 过去发生过这个问题吗？ ■ 其他人是否用过此移动设备？ ■ 您的移动设备是否在保修期内？ ■ 您是否修改过移动设备上的操作系统？ ■ 您是否安装了来自未批准来源的任何应用？ ■ 移动设备是否连接到 Internet？

表 10-7 着重介绍了 Linux 和 OS X 操作系统的问题。

表 10-7	步骤 1：识别 Linux 和 OS X 的问题
开放式问题	■ 您遇到了什么问题？ ■ 计算机的构造和型号是什么？ ■ 您正在使用哪个版本的 Linux 或 OS X？ ■ 您最近安装了哪些程序或驱动程序？ ■ 您最近安装了哪些操作系统更新？ ■ 您最近更改了什么系统配置？
封闭式问题	■ 过去发生过这个问题吗？ ■ 其他人是否用过此计算机？ ■ 您的计算机是否在保修期内？ ■ 您是否修改过计算机上的操作系统？ ■ 计算机是否连接到 Internet？

2. 推测潜在原因

与客户交谈后，就可以推测问题的潜在原因。

表 10-8 显示了针对移动设备操作系统、Linux 和 OS X 问题的一些常见潜在原因列表。

表 10-8	步骤 2：推测潜在原因
移动设备操作系统问题的常见原因	■ 移动设备无法发送或接收电子邮件 ■ 应用停止工作 ■ 旁加载了一个恶意应用 ■ 移动设备软件或应用不是最新的 ■ 用户忘记其密码

续表

Linux 或 OS X 问题的常见原因	■ 计算机无法发送或接收电子邮件 ■ 应用停止工作 ■ 安装了一个恶意应用 ■ 计算机停止响应 ■ 用户忘记其登录凭证 ■ 操作系统不是最新的

3. 验证推测以确定原因

推测出导致错误的一些原因后，可以验证推测以确定问题原因。如果某个快速程序的确纠正了问题，您可以开始检验完整的系统功能。如果快速程序未能纠正问题，则需要进一步研究问题以确定确切的原因。

表 10-9 显示了可确定确切问题原因，甚至可纠正问题的快速程序列表。

表 10-9	步骤 3：验证推测以确定原因
确定移动设备操作系统问题原因的常见步骤	■ 强制关闭正在运行的应用 ■ 重新配置电子邮件账户设置 ■ 重新启动移动设备 ■ 通过备份还原移动设备 ■ 将 iOS 设备连接到 iTunes ■ 更新操作系统 ■ 将移动设备重置为出厂默认设置
确定 Linux 或 OS X 问题原因的常见步骤	■ 强制关闭正在运行的程序 ■ 重新配置电子邮件账户设置 ■ 重启计算机 ■ 通过备份还原计算机 ■ 执行完整的操作系统安装，将计算机还原到出厂默认设置 ■ 更新操作系统

4. 制定行动方案，解决问题并实施解决方案

确定了问题的确切原因后，可制定行动计划来解决问题并实施解决方案。

表 10-10 显示了您可以用于收集更多信息以解决问题的一些信息来源。

表 10-10	步骤 4：制定行动方案，解决问题并实施解决方案
如果上一步骤没有解决问题，则需要进一步调查以实施解决方案	■ 支持人员修复手册 ■ 其他技术人员 ■ 制造商常见问题网站 ■ 技术网站 ■ 新闻组 ■ 手册 ■ 在线论坛 ■ Internet 搜索

5. 检验完整的系统功能并实施预防措施

纠正问题后，请检验完整的系统功能，如果适用，并实施预防措施。

表 10-11 显示了用于检验解决方案的步骤列表。

表 10-11	步骤 5：检验完整的系统功能并实施预防措施
验证解决方案和移动设备操作系统的完整系统功能	■ 重新启动移动设备 ■ 使用 WiFi 浏览 Internet ■ 使用 4G、3G 或另一个运营商网络类型浏览 Internet ■ 拨打电话 ■ 发送文本消息 ■ 打开不同类型的应用 ■ 仅使用电池操作移动设备
验证解决方案以及 Linux 和 OS X 的完整系统功能	■ 重启计算机 ■ 使用 WiFi 浏览 Internet ■ 使用有线连接浏览 Internet ■ 拨打电话 ■ 发送测试电子邮件 ■ 打开不同的程序

6. 记录调查结果、措施和结果

在故障排除流程的最后一步，您必须记录您的调查结果、措施和结果。

表 10-12 列出了记录问题和解决方案所需的任务。

表 10-12	步骤 6：记录调查结果、措施和结果
记录调查结果、措施和结果	■ 与客户讨论已实施的解决方案 ■ 让客户确认问题是否已解决 ■ 为客户提供所有书面材料 ■ 在工单和技术人员日志中记录解决问题所采取的步骤 ■ 记录任何用于修复的组件 ■ 记录解决问题所用的时间

10.5.2 移动、Linux 和 OS X 操作系统的常见问题和解决方案

移动设备问题可归因于硬件、软件、网络，或者这三种问题的任意组合。与其他问题相比，有些类型的问题要更为常见。

1. 识别常见问题和解决方案

表 10-13 是常见的移动设备问题和解决方案列表。

表 10-13	移动设备的常见问题和解决方案	
识 别 问 题	潜 在 原 因	可能的解决方案
移动设备无法连接到 Internet	■ WiFi 不可用 ■ 飞行模式打开 ■ WiFi 设置不正确 ■ WiFi 关闭	■ 打开 WiFi ■ 关闭飞行模式 ■ 重新配置 WiFi 设置
移动设备无法安装其他应用或保存照片	移动设备的存储空间已用完	■ 插入内存卡或换用容量更大的内存卡（如果可能） ■ 删除不必要的文件 ■ 卸载不必要的应用
移动设备无法连接蓝牙设备	■ 蓝牙功能未启用 ■ 蓝牙设备没有打开 ■ 输入设备不在范围内	■ 启用蓝牙 ■ 打开蓝牙 ■ 将蓝牙设备移至范围内
移动设备无法与蓝牙设备配对	■ 蓝牙功能未启用 ■ 蓝牙设备没有打开 ■ PIN 码不正确	■ 启用蓝牙 ■ 打开蓝牙 ■ 输入正确的 PIN 码
移动设备显示屏看上去有点暗	■ 显示屏设置中的亮度设置太低 ■ 自动亮度在强光区域下不起作用 ■ 自动亮度没有正确校准	■ 增加显示屏设置中的亮度 ■ 关闭自动亮度 ■ 重新校准光传感器
移动设备无法广播到外部显示器	■ 没有支持无线显示的设备 ■ Miracast、WiDi、AirPlay 或其他无线显示技术未启用	■ 安装支持无线显示的设备，如果已经有此设备，则打开它 ■ 启用无线显示功能
移动设备展示出的性能较低	■ GPS 应用正在运行 ■ 一个或多个电源密集型应用正在运行	■ 关闭 GPS 或者结束 GPS 应用 ■ 关闭所有不必要的应用 ■ 重启设备
移动设备无法解密电子邮件	■ 您的电子邮件客户端未设置为解密电子邮件 ■ 您没有正确的解密密钥	■ 配置电子邮件以对解密电子邮件 ■ 从加密电子邮件的发件人那里获得正确的解密密钥。
移动设备操作系统已冻结	■ 应用与设备不兼容 ■ 网络连接不佳 ■ 设备中的硬件有故障	■ 卸载不兼容的应用 ■ 移动到网络覆盖更好的区域 ■ 更换所有故障硬件
移动设备的扬声器没有声音	■ 设备的音频设置或应用中的音量设置过低 ■ 音量已静音 ■ 扬声器出现故障	■ 调大音频设置或应用中的音量 ■ 取消静音 ■ 更换扬声器

表 10-14 是常见的移动设备操作系统安全问题列表。

表 10-14   移动操作系统安全的常见问题和解决方案

识 别 问 题	潜 在 原 因	可能的解决方案
移动设备信号弱或没有信号	■ 该区域没有足够的信号塔 ■ 该区域在运营商的多个覆盖区域之间	■ 移动到具有更多手机信号塔、信号更好的区域中 ■ 移动到运营商范围内的一个区域
移动设备的电源比正常时候用得快	■ 设备在手机信号塔或覆盖范围之间漫游 ■ 显示屏设置为较高的亮度级别 ■ 应用占用过多资源 ■ 使用的无线应用过多	■ 移动到运营商范围内的一个区域 ■ 将显示屏设置为较低的亮度级别 ■ 关闭所有不必要的应用 ■ 重新启动设备
移动设备的数据传输速度很慢	■ 所连接的手机信号塔太远，无法实现高速数据传输 ■ 移动设备正在漫游 ■ 数据传输超过设备的使用限制 ■ 设备的资源利用率很高	■ 移动到距离手机信号塔更近的距离 ■ 移动到运营商范围内的一个区域 ■ 提高设备的数据限制 ■ 关闭设备的数据使用 ■ 关闭所有不必要的应用 ■ 重启设备
移动设备意外连接到 WiFi 网络	设备已设置为自动连接到未知的 WiFi 网络	将设备设置为只连接到已知 WiFi 网络
移动设备无意中与蓝牙设备配对	设备已设置为与未知设备自动配对	将设备设置为默认情况下关闭蓝牙配对
移动设备已泄露个人文件和数据	■ 设备丢失或被盗 ■ 设备已被恶意软件攻陷	■ 远程锁定或擦除设备 ■ 扫描并从设备上删除恶意软件
未经授权的人员访问了移动设备账户	■ 默认存储了凭证 ■ 未使用 VPN ■ 设备上未设置密码 ■ 已发现了设备上的密码 ■ 设备已被恶意软件攻陷	■ 将设备设置为默认情况下不存储凭证 ■ 使用 VPN 连接 ■ 设置设备上的密码 ■ 将密码改为强度更高的密码 ■ 扫描并从设备上删除恶意软件
应用实现了对根的未授权访问	设备已被恶意软件攻陷	浏览并从设备删除恶意软件。
在未获得允许的情况下跟踪移动设备	■ GPS 已开启，但任何应用都未使用 ■ 应用可连接至 GPS ■ 设备已被恶意软件攻陷	■ 在不使用时关闭 GPS ■ 关闭或删除可连接至 GPS 的所有不需要应用 ■ 扫描并从设备上删除恶意软件
在未获得允许的情况下使用移动设备摄像头或麦克风	■ 应用可连接至摄像头或麦克风 ■ 设备已被恶意软件攻陷	■ 关闭或删除可连接至摄像头或麦克风的所有不需要应用 ■ 扫描并从设备上删除恶意软件

计算机问题可归因于硬件、软件、网络，或者这三种问题的任意组合。与其他问题相比，有些类型的计算机问题要更为常见。

表 10-15 是常见的 Linux 和 OS X 问题和解决方案图表。

表 10-15　　　　　　　　　Linux 和 OS X 操作系统的常见问题和解决方案

识 别 问 题	潜 在 原 因	可能的解决方案
自动备份操作未启动	■ OS X 中的 Time Machine 已关闭 ■ Linux 中的 Deja Dup 已关闭	■ 打开 OS X 中的 Time Machine ■ 打开 Linux 中的 Deja Dup
目录是空的	■ 目录是另一个磁盘或分区的装入点 ■ 文件已被意外删除	■ 利用针对 OS X 的 Disk 实用程序，使用正确的目录重新装入磁盘 ■ 利用针对 Linux 的 Disks 实用程序，使用正确的目录重新装入磁盘 ■ 使用 Time Machine 或 Deja Dup 从备份中还原已删除的文件
OS X 中的应用停止响应	■ 应用已停止工作。 ■ 应用正在使用的资源不可用了	强制退出应用
无法使用 Ubuntu 访问 WiFi	没有正确安装无线网卡驱动程序	■ 从制造商的网站安装 Linux 驱动程序（如果有） ■ 从 Ubuntu 存储库安装 Linux 驱动程序（如果有）
OS X 无法使用 Remote Disc 读取远程光盘	■ Mac 已安装了一个光驱 ■ 已启用了请求允许使用光驱的选项	■ 将介质放入本地光驱 ■ 接收允许使用光驱的请求
Linux 无法启动，并且您收到"缺少 GRUB"或"缺少 LILO"的消息	■ GRUB 或 LILO 已损坏 ■ GRUB 或 LILO 已删除	■ 从安装介质运行 Linux，打开终端并使用以下命令安装启动管理器：sudo grub-install 或 sudo lilo-install
Linux 或 OS X 在启动时停止。并在停止屏幕上显示内核严重错误	■ 驱动程序已损坏 ■ 硬件发生故障	■ 从制造商的网站更新所有设备驱动程序 ■ 更换所有故障硬件

　　许多计算机问题可以通过关闭后重新启动设备来解决。移动设备不响应重新启动命令时，可能需要执行重置。

　　以下是重置 Android 设备的一些方法，查看您的移动设备文档，确定如何重置设备。

■　按下电源按钮直到移动设备关闭。重新启动设备。

■　按下电源按钮和音量减弱按钮，直到移动设备关闭。重新启动设备。

　　以下是 iOS 设备的重置方式：按住"睡眠/唤醒"按钮和"主页"按钮 10 秒，直到 Apple 徽标出现。

　　在某些情况下，标准的重置不能纠正问题时，可能需要执行出厂设置。要在 Android 设备上执行恢复出厂设置，请使用以下路径：

　　设置>备份和重置>恢复出厂设置>重置设备

　　要在 iOS 设备上执行恢复出厂设置，请使用以下路径：

　　设置>通用>重置>清除所有内容和设置

> **警告：**　出厂设置会将设备恢复到出厂状态。执行出厂设置后，所有设置和用户数据都将从设备上删除。执行出厂设置之前，请确保已备份所有数据并记录所有设置，因为执行出厂设置后，所有的数据和设置都将丢失。

　　如果重新启动不能修复 PC，应进行更多调查。您可能发现一些配置需要更改，需要进行软件更新，或操作不当的程序可能有问题，因此必须重新安装。

10.6 总结

操作系统是允许计算机、笔记本电脑、智能手机、平板电脑以及其他设备运行应用和程序的软件程序。在众多操作系统中，最受欢迎的计算机操作系统是微软公司的 Windows 和苹果公司的 OS X 以及 Linux 的各类发布版本。在之前的章节中，您已经了解了 Windows，在本章中，您又了解了苹果公司的 OS X 和 Ubuntu Linux 以及移动设备。

移动设备比以往任何产品更接近于掌上电脑。它们是计算和网络环境的一个永久性部分，理解移动设备和运行它们的操作系统对技术人员而言非常重要。

本章为您介绍了移动设备、移动设备上使用的操作系统、如何保护移动设备、用于移动设备的云基服务的使用，以及移动设备连接到网络、设备和外围设备的方式。

本章还涵盖了 Ubuntu Linux 和 Apple OS X 操作系统以及其中的一些主要特征，包括命令行界面、基于命令行的工具、使用的图形用户界面和一些基于 GUI 的工具。本章还涵盖了主要维护任务及其相关工具。

本章以常见问题的简单解决方案为例，讨论了排除移动操作系统、Linux 和 OS X 故障的基础知识。必须要牢记本章中的以下概念。

- 开源软件可由任何人以低成本进行修改或免费修改。
- 仅使用可信的内容源，避免恶意软件和不可靠的内容。
- Android 和 iOS 在使用应用和其他内容方面具有相似的 GUI。
- 电子邮件账户与移动设备密切相关，并且可提供许多不同的数据同步服务。
- Android 设备使用应用来同步无法由 Google 自动同步的数据。
- iOS 设备使用 iTunes 同步数据和其他内容。
- 密码锁可以保护移动设备。
- 您可执行远程备份，将移动设备数据备份到云。
- 远程锁定或远程擦除可用来保护已丢失或被盗的移动设备。
- 防病毒软件通常用于移动设备，以防止恶意程序传输到其他设备或计算机。

检查你的理解

您可以在附录中查找下列问题的答案。

1. 可以使用 iOS 设备"主页"按钮完成哪三项任务？（选择 3 项）
   - A. 将应用放进文件夹
   - B. 响应警告
   - C. 返回主屏幕
   - D. 唤醒设备
   - E. 显示导航图标
   - F. 打开音频控制

2. 哪两个术语描述解锁 Android 和 iOS 移动设备，让用户能完全访问文件系统和内核模块？（选择两项）
   - A. 打补丁
   - B. 远程擦除
   - C. 越狱
   - D. Root
   - E. 创建沙盒

3. 哪两种信息来源用于在 Android 和 iOS 设备上启用地谜藏宝、地理标记和设备跟踪功能？（选择两项）

　　A. GPS 信号　　　　　　　　　　　B. 相对于其它移动设备的位置

　　C. 手机或 WiFi 网络　　　　　　　　D. 集成相机提供的环境图像

　　E. 用户配置文件

4. Windows Phone 操作系统界面中的应用表示与 Android 和 iOS 中使用的表示有什么不同？

　　A. Windows Phone 使用徽章来表示每个应用使用的系统资源

　　B. Windows Phone 使用的小部件在从"开始"屏幕删除时也删除相关的应用

　　C. Windows Phone 使用必须在应用显示前按下的按钮

　　D. Windows Phone 使用可显示活动内容并且可以调整大小的矩形

5. 判断正误 Android 和 OS X 均基于 UNIX 操作系统。

　　错误

　　正确

6. 应将哪两项预防性维护任务安排为自动执行？（选择两项）

　　A. 应用恢复出厂设置功能，重置设备　　B. 检查磁盘坏扇区

　　C. 执行备份　　　　　　　　　　　　　D. 扫描签名文件

　　E. 更新操作系统软件

7. 拥有 Android 移动设备的人按下电源按钮和音量减弱按钮，直到设备关闭。然后此人重新启动设备。此人在对设备执行什么操作？

　　A. 设备的标准重置　　　　　　　　　B. 到 iCloud 的完整备份

　　C. 正常关闭　　　　　　　　　　　　D. 恢复出厂设置

　　E. 操作系统更新

8. 移动设备有哪两类支持云的服务？（选择两项）

　　A. 屏幕应用锁定　　　　　　　　　　B. 屏幕校准

　　C. 远程备份　　　　　　　　　　　　D. 密码配置

　　E. 定位器应用

9. 哪个术语用于描述在任何两台蓝牙设备之间建立连接的过程？

　　A. 匹配　　　　　　　　　　　　　　B. 加入

　　C. 同步　　　　　　　　　　　　　　D. 配对

10. Android 或 iOS 移动设备的哪项功能有助于防止恶意程序感染设备？

　　A. 电话运营商阻止移动设备应用程序访问某些智能手机功能和程序

　　B. 移动设备应用程序在沙盒中运行，沙盒会将移动设备应用程序与其它资源隔离开

　　C. 密码限制移动设备应用程序访问其它程序

　　D. 远程锁定功能防止恶意程序感染设备

11. 下列哪项陈述正确描述了大多数移动设备上的飞行模式功能？

　　A. 飞行模式功能可自动降低设备的音频输出音量

　　B. 飞行模式功能允许设备从一个手机网络漫游到另一个手机网络

　　C. 飞行模式功能可锁定设备，以便在设备丢失或被盗的情况下其他人无法使用该设备

　　D. 飞行模式功能可在设备上关闭手机通话、WiFi 和蓝牙无线电

12. 移动设备使用的哪种电子邮件协议允许在电子邮件消息中包含图片和文档？

　　A. MIME　　　　　　　　　　　　　B. SMTP

　　C. POP3　　　　　　　　　　　　　D. IMAP

13. Android 操作系统有哪两项特征？（选择两项）

A. Android 已在照相机、智能电视和电子书阅读器等设备上实施

B. 所有可用的 Android 应用均已经过测试并经 Google 批准，能够在该开源操作系统上运行

C. Android 是开源操作系统，允许任何人为其开发和发展做出贡献

D. 每次实施 Android 都需向 Google 支付版税

E. Android 应用仅可从 Google Play 下载

14. 哪个 Linux CLI 命令删除文件？

A. rm   B. man

C. ls   D. cd

E. mkdir

15. 哪个 Linux CLI 命令显示特定命令的文档？

A. rm   B. man

C. ls   D. cd

E. mkdir

16. 哪个 Linux CLI 命令显示目录中的文件？

A. rm   B. man

C. ls   D. cd

E. mkdir

17. 哪个 Linux CLI 命令更改当前目录？

A. rm   B. man

C. ls   D. cd

E. mkdir

18. 哪个 Linux CLI 命令在当前目录下创建一个目录？

A. rm   B. man

C. ls   D. cd

E. mkdir

第 11 章

打印机

学习目标

通过完成本章的学习，您将能够回答下列问题：

- 目前可用的打印机类型有哪些；
- 本地打印机的安装和配置流程是什么；
- 如何安装和配置本地打印机和扫描仪；
- 如何在网络上共享打印机；
- 如何升级打印机；
- 如何确定和应用常见的打印机预防性维护技术；
- 如何排除打印机故障。

打印机是许多企业中一种重要的外围设备。大多数人仍然会打印他们的办公文档，因此硬拷贝并未消失。同时，除非打印机无法工作，否则人们无需太多考虑打印机的工作方式。他们所关心的只是在他们需要使用打印机时打印机能够正常工作即可。一旦打印机无法提供支持，专业人员关于的打印机知识和他们的操作将会变得相关且必要。针对该部分内容的培训将为企业和 IT 支持人员带来高水平的专业素质和客户支持。

打印机生成电子文件的纸质副本。在许多情况下（例如政府法规）都需要实物记录；因此，同数年前无纸化革命刚刚兴起时相比，计算机文档的硬拷贝在当下同样重要。

本章讲解有关打印机的基本信息。您将了解打印机的运行方式、购买打印机时的注意事项，以及如何将打印机连接到单个计算机或网络。

您必须了解各种类型打印机的操作，以便能够对其进行安装和维护，并排除所出现的任何故障。

11.1 常见的打印机特性

打印机有各种型号和类型，选择打印机时应满足不同的需求和企业的需要。选择正确的型号可以节约时间，提高成本效益，是对企业资源的一种有效利用。

11.1.1 特征和功能

多种类型的打印机有共同的特征，但根据不同的需求和需要也有不同的功能。打印速度、黑白或彩色、墨盒的成本和可用性、驱动程序兼容性、耗电情况、网络类型以及总拥有成本等特性是在购买、维修和维护打印机时需要考虑的众多因素中的几种。

1. 打印机的特征和功能

作为计算机技术人员，您可能需要购买、维修或维护打印机。客户可能要求您执行以下任务：

- 选择打印机
- 安装并配置打印机
- 对打印机进行故障排除

现今的打印机通常为使用成像鼓的激光打印机或使用静电喷涂技术的喷墨打印机。使用击打式打印技术的点阵打印机用于需要复写副本的应用。图 11-1 显示了三种类型的打印机。

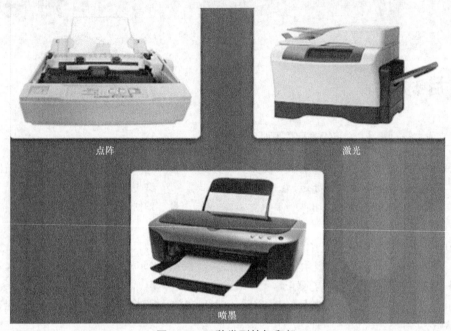

图 11-1　三种类型的打印机

功能和速度

打印机的功能和速度是选择打印机时要考虑的因素。打印机的速度以页/每分钟（ppm）来衡量。打印机速度因品牌和型号的不同而不同。图像的复杂程度和用户的质量要求也会影响打印速度。例如，打印草稿质量的文本页面要比打印高质量的文本页面更快。打印彩色数字照片的草稿质量图像要比照片质量的更快。喷墨打印机通常较慢，但对于家庭或小型办公室来说足够了。

彩色或黑白

彩色打印过程使用青、品红和黄这几种原色（CMY）。喷墨打印机以黑色为基色或主色。因此，缩写 CMYK 指的是喷墨彩色打印过程。

选择黑白打印机还是彩色打印机取决于客户的需求。如果客户主要打印文字，并不需要彩色功能，一台黑白打印机就足够了，而且还更便宜。小学老师可能需要彩色打印机为课程增加趣味。

质量

打印质量以每英寸的点数（dpi）来衡量。dpi 数字越大，图像分辨率越高。分辨率越高，文本和图像越清晰。要生成最佳的高分辨率图像，请使用高质量的墨水或墨粉，以及高质量的纸张。

可靠性

打印机应该非常可靠。由于市场上打印机种类繁多，请先研究几款打印机的规格再进行选择。下面是一些需要考虑的制造商选项。

- **保修**：确定保修范围。
- **定期服务**：根据预期的使用情况提供服务。使用情况信息在文档中或制造商的网站上。
- **平均无故障工作时间（MTBF）**：打印机无故障工作的平均时长。此信息在文档中或在制造商的网站上。

总拥有成本

购买打印机时，要考虑的不仅仅是打印机的初始成本。总拥有成本（TCO）包括许多因素：

- 初始购买价格；
- 耗材成本，例如纸张和墨水；
- 每月打印的页数；
- 每页价格；
- 维护成本；
- 保修成本。

计算 TCO 时，请考虑所需的打印数量和打印机的预期寿命。

2. 打印机连接类型

打印机的接口必须与要打印内容的计算机兼容。打印机通常使用并行、USB 或无线接口连接到家用计算机。图 11-2 显示了各种连接类型的示例。但是，打印机还可以使用网络电缆或无线接口直接连接到网络。

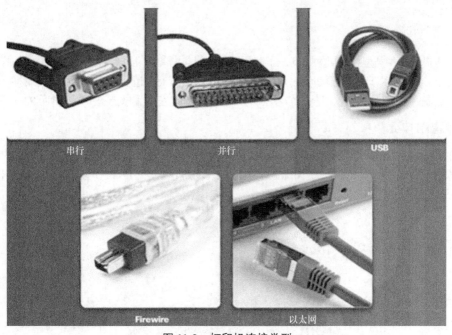

图 11-2　打印机连接类型

串行

串行数据传输是在一个周期内移动一位信息。串行连接可用于点阵打印机，因为这类打印机不需要高速数据传输。打印机的串行连接通常称为 COM。

并行

并行数据传输比串行数据传输更快。并行数据传输在一个周期内移动多位信息。数据传输路径比串行数据传输路径更宽，从而使数据更快地进出打印机。

IEEE 1284 是并行打印机端口的标准。增强型并行端口（EPP）和增强型功能端口（ECP）是允许双向通信的 IEEE 1284 标准中的两种操作模式。打印机的并行连接通常称为 LPT。

USB

USB 是打印机和其他设备的通用接口。将 USB 设备添加到支持即插即用的电脑系统时，系统会自动检测设备并开始驱动程序安装过程。

FireWire

FireWire（也称为 i.LINK 或 IEEE 1394）是不依赖于平台的高速通信总线。FireWire 可连接各种数字设备，例如数字打印机、扫描仪、数码相机和硬盘驱动器等。

以太网

将打印机连接到网络需要与网络和打印机中所安装的网络端口相兼容的电缆。大多数网络打印机使用 RJ-45 接口和以太网连接以便连接到网络。

无线

许多家庭打印机包括无线天线和无线软件，以无线方式连接到您的家庭或小型办公室网络。

11.1.2 打印机类型

本节将描述多种类型打印机的特征。了解不同打印机类型的特性和特征对于做出最佳的打印机使用选择而言十分必要。打印机的预期使用方式对于做出购买决策而言也非常重要。选择商用打印机还是家用打印机、联网的还是本地的、是否是专用打印机，这些都是有助于做出决策所要询问的一些问题。

1. 喷墨打印机

喷墨打印机可实现高质量的打印内容。喷墨打印机易于使用，并且与激光打印机相比成本稍低。喷墨打印机的打印质量以 dpi 衡量。dpi 数字越大，图像细节越好。图 11-3 显示了喷墨打印机组件。

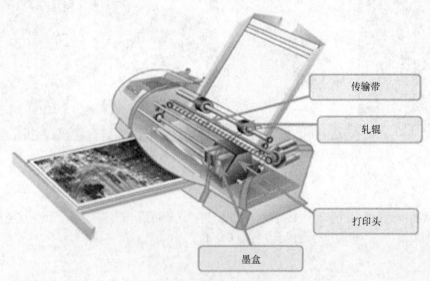

传输带

轧辊

打印头

墨盒

图 11-3　喷墨打印机组件

喷墨打印机使用墨盒并通过小孔将墨水喷在页面上。这些小孔称为喷头，位于打印头中。打印头和墨盒位于字车（carriage）上，字车与传送带和电机相连。当轧辊将纸从进纸器送入打印机时，皮带会带动字车沿着纸张来回移动，同时在页面上喷绘图案。

喷墨打印机喷头有两种类型。

- **热敏**：电流脉冲被施加到喷头四周的加热室。加热室内的热量会产生蒸汽气泡。蒸汽通过喷头将墨水压出，喷在纸上。
- **压电式**：压电晶体位于每个喷头后的墨水盒中。晶体通电后会振动。晶体的振动控制着喷到纸上的墨水流。

喷墨打印机使用普通纸张，使打印更经济。专用纸张用于制作高质量的照片打印。带有双面打印组件的喷墨打印机可以在一张纸的两面打印内容。纸张从打印机出来后，墨迹通常是潮的。您应在10到15秒后再去触碰打印件，以免抹脏打印内容。如果喷墨打印机的打印质量下降，请使用打印机软件检查打印机校准。

表11-1列出了喷墨打印机的一些优点和缺点：

表 11-1　　　　　　　　　　　喷墨打印机的优点和缺点

优　点	缺　点
■ 初始成本低	■ 喷头很容易堵塞
■ 高分辨率	■ 墨盒非常昂贵
■ 快速预热	■ 打印后墨迹潮湿

2. 激光打印机

激光打印机是一种使用激光生成图像的高质量快速打印机。图11-4显示了激光打印机的示例。

激光打印机的核心部分是成像鼓。成像鼓是表面涂有光敏绝缘材料的金属柱面。激光束照射成像鼓时，激光照射的地方会变成导体。

成像鼓旋转时，激光束会在成像鼓上绘制一个静电潜像。干墨或墨粉被施加到未显影的图像上。静电荷将墨粉吸引到图像上。成像鼓转动并将曝光的图像与纸张接触，纸张则从成像鼓上吸附墨粉。随后纸张通过由热辊组成的定影组件，该组件可将墨粉融入纸张。

以下是激光打印机的一些优点：

- 每页成本低；
- 高 ppm；
- 容量大；
- 打印件是干燥的。

以下是激光打印机的一些缺点：

- 启动成本高；
- 墨粉盒很昂贵；
- 需要高级维护。

图 11-4　激光打印机

3. 激光打印流程

激光打印机将信息打印到一张纸上需要7个步骤。

该流程的详细信息解释如下且如图11-5所示。

1. 处理：必须将打印源的数据转换为可打印的形式。打印机将来自通用语言（例如 Adobe 语言 PostScript[PS]或 HP 打印机命令语言[PCL]）的数据转换为存储在打印机内存中的位图图像。一些激光打印机具备内置图形设备接口（GDI）支持。Windows 应用使用 GDI 在显示器上显示要打印的图像，因此无需将输出转换为另一种格式（例如 PostScript 或 PCL）。

2．充电：之前成像鼓上的潜像被删除，然后成像鼓为形成新的潜像做好准备。线缆、栅格或轧辊会接收整个成像鼓表面的大约-600 伏的直流电电荷。带电线缆或栅格称为主电晕。轧辊称为调节辊。

3．曝光：为了写入图像，成像鼓要暴露在激光束下。激光在成像鼓上扫描过的每个部分表面电荷会减少到大约-100 伏直流电。此电荷比成像鼓上剩余电荷的负电荷要低。成像鼓转动时，鼓上会生成一个未显影的潜像。

4．显影：将墨粉施加在成像鼓的潜像上。墨粉是带负电荷的塑料和金属微粒的组合。控制刮板使墨粉与成像鼓保持极小的距离。墨粉从控制刮板移动到成像鼓上带更多正电荷的潜像上。

5．转印：将附在潜像上的墨粉转印到纸上。电晕线在纸上施加正电荷。由于成像鼓带有负电荷，所以成像鼓上的墨粉会吸附到纸上。现在图像就显示在纸上，并且带有正电荷。由于彩色打印机有三个墨盒，因此一个彩色的图像必须通过多次转印才能完成。为了确保得到准确的图像，一些彩色打印机会在传输带上多次写入信息，然后传输带会将整个图像转印到纸上。

6．熔结：将墨粉永久熔结在纸上。打印纸在加热辊和压力辊之间进行滚压。纸张通过轧辊时，松散的墨粉会熔化并与纸纤维熔结在一起。接着，纸张会移动到输出托盘，即形成打印页。带有双面打印组件的激光打印机可以在一张纸的两面打印内容。

7．清洁：在纸张上已成像且成像鼓已经与纸张分离时，必须从成像鼓上清除剩余的墨粉。打印机可能会有一个刮去多余墨粉的刮片。有些打印机在线缆中使用交流电压清除成像鼓表面的电荷并可让多余的墨粉从成像鼓上落下。多余的墨粉存储在一个废墨粉收集器中，该收集器可以清空，也可以丢弃。

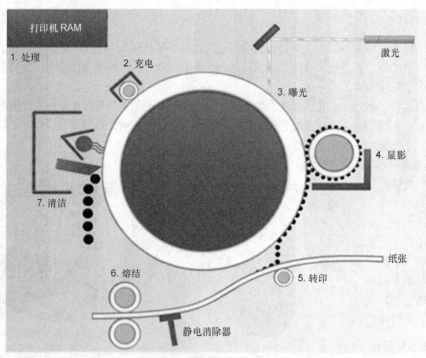

图 11-5　激光打印机流程

4. 热敏式打印机

一些零售收银机或老式的传真机可能会用到热敏打印机。热敏纸是经过化学处理并具有蜡质的纸张。热敏纸加热后会变黑。一卷热敏纸装好后，送纸组件会移动纸张使其通过打印机。电流传输到打印头中的加热元件，以产生热量。打印头的加热部分在纸上形成图案。

图 11-6 是热敏打印机的一个示例。

热敏打印机具有以下优点：

- 因为移动部件不多，所以寿命更长；
- 运行无噪声；
- 无墨水或墨粉成本。

热敏打印机具有以下缺点：

- 纸张昂贵；
- 纸张保存期很短；
- 图像质量很差；
- 纸张必须常温存储；
- 无彩印功能。

5. 击打式打印机

击打式打印机的打印头会撞击上面涂有墨水的色带，使字符印在纸张上。点阵式打印机和菊轮式打印机是击打式打印机的示例。

图 11-7 是击打式打印机的一个示例。

图 11-6　热敏打印机

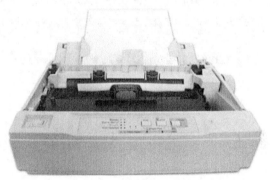

图 11-7　击打式打印机

以下是击打式打印机的一些优点：

- 使用的墨水比喷墨打印机或激光打印机的更便宜；
- 使用不间断的进纸；
- 有复印功能。

以下是击打式打印机的一些缺点：

- 有噪音；
- 图形分辨率低；
- 有限的彩色功能。

击打式打印机的类型

菊轮式打印机使用包含字母、数字和特殊字符的轮。该轮旋转至所需的字符位置后会停下，然后电锤会对字符施压，将其推入墨带。接着，字符撞击纸张，将字符印在纸张上。

点阵打印机与菊轮式打印机类似，不同之处在于，它有一个包含打印针的打印头，打印针的周围是电磁铁而不是轮。通电后会将打印针向前推至墨带，在纸张上形成字符。打印头上打印针的数量（9个或 24 个）代表了不同的打印质量。点阵式打印机打印的最高质量称为近铅字质量（NLQ）。

大多数点阵打印机使用持续送纸，也称为牵引送纸。每张纸之间有孔眼，边上的孔眼带用于送纸，防止纸张倾斜或偏移。更高级的打印机有一次打印一页的送纸器。一种称为压纸滚筒的轧辊对纸张施加压力，避免其滑动。如果送入了多张打印纸，您可以根据纸张厚度调节压纸滚筒的间隙。

6. 虚拟打印机

虚拟打印不会向本地网络中的打印机发送打印作业。相反，打印软件会将打印作业发送到文件，或将信息传输到云中的远程目的地进行打印。

将打印作业发送到文件的典型方法如下所示。

- **打印到文件**：最初，打印到文件将您的数据保存到一个扩展名为.prn 的文件中。然后您可在任何时间快速打印.prn 文件，而无需打开原始文档。如图 11-8 所示，现在也可将打印到文件保存为其他格式。
- **打印到 PDF**：Adobe 的可移植文档格式（PDF）于 2008 年作为开放标准发布。
- **打印到 XPS**：由 Microsoft 在 Windows Vista 中推出，XML 文件规格书（XPS）格式可替代 PDF。
- **打印到图像**：要防止他人轻松复制文档中的内容，您可以选择打印到图像文件格式（例如 JPG 或 TIFF）。

如图 11-9 所示，云打印正在向远程打印机发送打印作业。打印机可以位于组织网络内的任何位置。您可以安装印刷企业提供的软件，然后将打印作业发送到距离他们最近的位置进行处理。

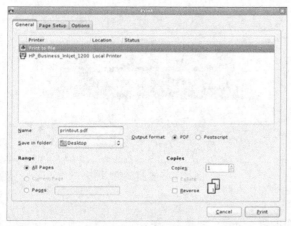

图 11-8　打印到文件

图 11-9　云打印

另一个云打印示例是 Google 云打印，它可以将您的打印机连接到 Web。连接后您可以从任何地方将打印作业发送到您的打印机。

11.2　安装和配置打印机

打印机通常是家庭用户和企业的附加外围设备。当您选择好所需的打印机类型并完成购买后，下一步就是安装和配置设备。这一部分将提供有关打印机安装和配置的信息。安装打印机时，您需要打印机硬件本身，以及适用于操作系统的正确的驱动程序，以确保计算机能够与打印机正常通信。打印机驱动程序必须与所使用的操作系统相兼容。

11.2.1 安装和更新打印机

只有在您安装好随附的驱动程序和软件后，计算机打印机才能够正常工作。在安装和/或更新打印机的规划中，需要准备好所有正确的组件以便使得硬件和软件都能够正常运行。

1. 安装打印机

购买打印机时，制造商通常会提供安装和配置信息。打印机随附的安装 CD 中包含了驱动程序、手册和诊断软件。如果没有 CD，可以从制造商的网站下载工具。

虽然所有类型的打印机的连接和配置略有不同，但确实有适用于所有打印机的流程。安装打印机前，请拆除打印机的所有包装材料。取下所有在发货过程中为避免移动部件发生位移而填充的材料。请保留原始包装材料，以便将打印机返回制造商进行保修。

注意： 将打印机连接到 PC 前，请阅读安装说明。有时，需要先安装打印机驱动程序才能将打印机连接到 PC。

如果打印机有 USB、FireWire 或并行端口，请将相应的电缆连接到打印机端口。将数据线的另一端连接到计算机背面的相应端口。如果正在安装网络打印机，请将网络电缆连接到网络端口。

正确连接数据电缆后，请将电源线连接到打印机。将电源线的另一端连接至可用的电源插座。打开设备电源时，计算机会尝试确定要安装的正确设备驱动程序。

2. 打印机驱动程序的类型

打印机驱动程序是让计算机和打印机可以相互通信的软件程序。配置软件提供了一个接口，让用户能够设置和更改打印机选项。每种型号的打印机都有其特有的驱动程序和配置软件类型。

页面描述语言（PDL）是一种用打印机能够理解的语言描述文档外观的代码。页面的 PDL 包括文本、图形和格式信息。软件应用使用 PDL 将所见即所得（WYSIWYG）图像发送到打印机。打印机转换 PDL 文件，让打印的内容与屏幕上显示的任何内容相同。PDL 通过一次性发送大量数据来加速打印流程。它们还管理计算机字体。

Adobe Systems 开发的 PostScript 可使纸张和屏幕上的字体和文本类型具有相同的特征。Hewlett-Packard 开发的打印机命令语言（PCL）可用于同早期喷墨打印机通信。PCL 现已成为几乎所有打印机类型的行业标准。

表 11-2 比较了 PostScript 和 PCL。

表 11-2   PostScript 和 PCL 比较

PostScript	PCL
页面由打印机渲染	页面在本地工作站渲染
更优质的输出	更快地完成打印作业
处理更复杂的打印作业	需要较少的打印机内存
不同打印机上的输出相同	不同打印机上的输出略有不同

3. 更新和安装打印机驱动程序

将电源和数据线连接到打印机后，操作系统会发现打印机并安装驱动程序。

打印机驱动程序是让计算机和打印机相互通信的软件程序。驱动程序还为用户提供了一个界面，以配置打印机选项。每个型号的打印机都有唯一的驱动程序。打印机制造商经常更新驱动程序，以提高打印机性能、添加选项或进行故障修复。您可以从制造商的网站下载已更新的打印机驱动程序。

要安装打印机驱动程序，请执行以下步骤。

How To 🔍
> **步骤 1** 确定新的驱动程序是否可用。大多数制造商的网站有提供驱动程序和支持的页面的链接。确保驱动程序与您正在更新的计算机和操作系统兼容。
>
> **步骤 2** 将打印机驱动程序文件下载到您的计算机中。大多数驱动程序文件是压缩的。将文件下载到文件夹并解压内容。将指令或文档保存到计算机上单独的文件夹中。
>
> **步骤 3** 自动或手动安装已下载的驱动程序。大多数打印机驱动程序有安装文件，可自动搜索系统中更早的驱动程序并将其更换为新的驱动程序。如果无可用的安装文件，请按照制造商提供的说明操作。
>
> **步骤 4** 测试新的打印机驱动程序。执行多次测试，确保打印机工作正常。使用各种应用打印不同类型的文档。更改并测试每个打印机选项。

所打印的测试页应包含可读文本。如果文本不可读，问题可能是使用了已损坏的驱动程序或错误的 PDL。

4. 打印机测试页

安装打印机后请打印测试页，验证打印机运行正常。测试页可确认驱动程序软件已安装并且能正常工作，并且打印机和计算机正在通信。

要在 Windows Vista 中手动打印测试页，请执行以下步骤。

How To 🔍
> **步骤 1** 控制面板>打印机，以显示"打印机"窗口。
>
> **步骤 2** 右键单击所需的打印机并按照如下路径操作：属性>"常规"选项卡>打印测试页。

一个对话框会询问是否正确打印了页面。如果未打印页面，内置的帮助文件会帮助您排除问题。

要在 Windows 7 中手动打印测试页，请执行以下步骤。

How To 🔍
> **步骤 1** 选择"设备和打印机"，以显示"设备和打印机"控制面板
>
> **步骤 2** 右键单击所需的打印机并按照此路径操作：
>
> 打印机属性>"常规"选项卡>打印测试页

要在 Windows 8.0 或 8.1 中手动打印测试页，请执行以下步骤。

How To 🔍
> **步骤 1** 控制面板>设备和打印机，以显示"设备和打印机"控制面板
>
> **步骤 2** 右键单击所需的打印机并按照此路径操作：
>
> 打印机属性>"常规"选项卡>打印测试页

您可以从应用（例如记事本或写字板）打印页面来测试打印机。要访问 Windows 7 和 Vista 中的记事本，请执行以下步骤。

How To 🔍
> **步骤 1** 开始>所有程序>附件>记事本
>
> **步骤 2** 要打开 Windows 8.0 和 8.1 中的记事本，请从"开始屏幕"键入 Notepad 并单击"记事本"将其打开。

步骤 3 在打开的空白文件中键入一些文本。使用以下路径打印文档：

文件>打印

在打印机面板中测试打印机

大多数打印机有一个前面板，其中的各种控制功能允许您生成测试页。这种打印方法使您脱离网络或计算机也能验证打印机的操作。查阅打印机制造商的网站或文档，了解如何从打印机的前面板打印测试页。

5. 测试打印机功能

成功测试所有功能后，设备的安装工作才算完成。打印机功能可能包括：

- 打印双面文档；
- 不同大小的纸张要使用不同的纸盒；
- 更改彩色打印机的设置，使其以黑白或灰阶模式打印；
- 以草稿模式打印；
- 使用一种光学字符识别（OCR）应用；
- 打印一份分页文档。

注意： 需要打印一个多页文档的多个副本时，分页打印是理想之选。如图 11-10 所示，"分页"设置将依次打印每一份文档。某些复印机甚至将每份文档装订好。

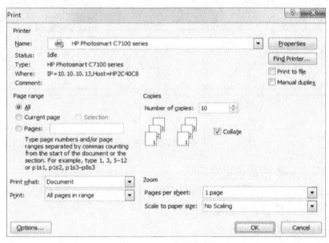

图 11-10 分页打印

一体式打印机的功能如下：

- 将传真发送到另一个已知正常运行的传真机；
- 创建文档副本；
- 扫描文档；
- 打印文档。

注意： 要了解有关清理卡纸、安装墨盒和装载纸盒的信息，请查看制造商的文档或网站。

11.2.2　配置选项和默认设置

由于打印机的硬件特性，某些配置选项是设备专有属性，例如分辨率和内存。其他配置（例如文档打印选项等）是各种型号的打印机都有的配置选项。这些设置都是默认的，描述了硬件如何用于执行打印任务。除非您覆盖它们，否则程序将使用为打印机设置的默认文档属性。这一部分将讨论各种配置和设置选项。

1. 常见配置设置

每台打印机可能有不同的配置和默认选项。查看打印机文档，了解其配置和默认设置的具体信息。图 11-11 显示了打印机配置设置的一个示例。

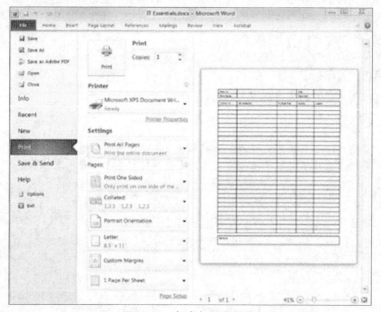

图 11-11　打印机配置设置

下面是一些打印机的常见配置选项。

- **纸张类型**：标准、草稿、光面或相纸。
- **打印质量**：草稿、普通或照片。
- **彩色打印**：使用多种颜色。
- **黑白打印**：仅使用黑色墨水。
- **灰阶打印**：仅使用不同色调的黑色墨水打印图像。
- **纸张大小**：标准纸张大小或信封和名片。
- **纸张方向**：横向或纵向。
- **打印格式**：普通、标语、小册子或海报。
- **双面打印**：在纸的两面进行打印。
- **分页**：多页文档的打印设置。

用户可以配置的常见打印机选项包括介质控制和打印机输出。

以下介质控制选项设置了打印机管理介质的方式：

- 入纸盒选择；

- 输出路径选择；
- 介质大小和方向；
- 纸重选择。

以下打印机输出选项管理墨水或墨粉如何到达介质：

- 颜色管理；
- 打印速度。

2. 全局和单个文档选项

某些打印机带有控制面板，您可使用面板上的按钮选择选项。其他打印机使用打印机驱动程序选项。您可设置全局选项或为每个文档设置选项。

全局方式

全局方式是指为影响所有文档而设置的打印选项。每次打印文档都使用全局选项，除非每个文档的选项覆盖了全局选项。

要在 Windows 8 或 7 中更改打印机的全局配置，请执行以下步骤。

How To 🔍　步骤 1　控制面板>设备和打印机>右键单击打印机

　　　　　步骤 2　要指定默认打印机，请右键单击打印机并选择"设置为默认打印机"（如图 11-12 所示）。

图 11-12　设置为默认打印机

要在 Windows Vista 中更改打印机的全局配置，请执行以下步骤。

How To 🔍　步骤 1　控制面板>打印机和传真>右键单击打印机

　　　　　步骤 2　要指定默认打印机，请右键单击打印机并选择"设置为默认打印机"。

注意：　根据已安装的驱动程序，"设置为默认打印机"选项可能不可用。在这种情况下，请双击打印机打开"文件状态"窗口，然后选择"打印机">"设置为默认打印机"。

每个文档方法

文字、电子表格和数字图像等文件类型可能需要特殊的打印机设置。您可以更改文档打印设置，从而更改单个文档的设置。

11.2.3 优化打印机性能

对打印机纸盒设置、打印排队设置、设备校准设置等其他设置进行修改可以提高打印机性能。本节将解释常见的优化设置。

1. 软件优化

对于打印机，大多数优化都是通过与驱动程序一起提供的软件来完成的。

以下工具可优化打印性能。

- **打印排队设置**：取消或暂停打印机队列中的当前打印作业。
- **颜色校准**：调整设置，使屏幕上的颜色与打印张上的颜色相符。
- **纸张方向**：选择横向或纵向图像设置。

使用打印驱动程序软件校准打印机。校准要确保打印头对齐，并且可以在不同种类的介质（例如卡片纸、相纸和光盘）上进行打印。有些喷墨打印头安装在墨盒上，因此每次更换墨盒时可能需要重新校准打印机。

2. 硬件优化

有些打印机可以通过添加硬件进行升级来提高打印速度，以满足更多的打印作业要求。硬件可能包括额外的纸盒、送纸器、网卡和扩展内存。

固件

固件是打印机中存储的一组指令。固件控制打印机的运行方式。升级固件的过程类似于安装打印机驱动程序。由于无法自动更新固件，所以请访问打印机制造商的主页，查看是否有新固件提供。

打印机内存

所有打印机都有 RAM。打印机出厂时有足够的内存，以处理涉及文本的作业。但是，如果在开始打印前打印机内存足以存储整个作业，涉及图片（尤其是照片）的打印作业会更加高效。升级打印机内存可提高打印速度并提高复杂打印作业的性能。

打印作业缓冲就是指在内部打印机内存中捕获打印作业。缓冲可使计算机继续其他工作，而不是等待打印工作完成。缓冲是激光打印机和绘图仪以及高级喷墨打印机和点阵打印机中的常见功能。

如果出现内存不足错误，这可能表示打印机内存不足或内存过载。在这种情况中，您可能需要更多的内存。

11.3 共享打印机

打印机共享是在节约硬件购买成本的同时允许用户访问打印机的一种有效的方式。这一部分概述了在 Windows 操作系统中共享打印机的流程。

11.3.1 共享打印机的操作系统设置

要使网络用户能够使用打印机，并不一定要将打印机连接到网络打印服务器。打印机是服务器上的一种资源，必须在网络中共享打印机才能对其进行访问。在基于服务器的网络中，控制对打印机的访问方式与控制对服务器上其他资源的访问方式相同。

1. 配置打印机共享

Windows 允许计算机用户与网络中的其他用户共享其打印机。

在 Windows 7 中，要配置已连接了打印机的计算机接受其他网络用户的打印作业，请执行以下步骤：

How To

步骤 1 选择"控制面板"＞"网络和共享中心"＞"更改高级共享设置"。

步骤 2 展开网络列表，查看网络配置文件。

步骤 3 如果打印机共享关闭，在"文件和打印机共享"下，选择"启用文件和打印机共享"，然后单击"保存更改"。

在 Windows Vista 中，要配置已连接了打印机的计算机接受其他网络用户的打印作业，请执行以下步骤。

How To

步骤 1 选择"控制面板"＞"打印机"。

步骤 2 右键单击要共享的打印机并选择"共享"。"打印机属性"对话框打开。

步骤 3 选择"共享此打印机"并输入所需共享的打印机名称。此名称会显示给其他用户。

步骤 4 验证共享是否成功。在"打印机"窗口中，查看打印机下方是否有共享图标，该图标表示它是共享的资源。

在 Windows 8.0 和 8.1 中，要配置已连接了打印机的计算机接受其他网络用户的打印作业，请执行以下步骤。

How To

步骤 1 选择"控制面板"＞"网络和共享中心"＞"更改高级共享设置"。

步骤 2 展开网络列表，查看网络配置文件。

步骤 3 如果打印机共享关闭，在"文件和打印机共享"下，选择"启用文件和打印机共享"，然后单击"保存更改"。

现在可以连接到共享打印机的用户可能没有安装所需的驱动程序。可能他们正在使用的操作系统与托管共享打印机的计算机上的操作系统不同。Windows 可自动为这些用户下载正确的驱动程序。在"打印机属性"窗口中，单击打开"共享"选项卡，然后单击"其他驱动程序"按钮，选择其他用户使用的操作系统。通过单击"确定"关闭对话框时，Windows 将请求获取这些额外的驱动程序。如果其他用户也使用同样的 Windows 操作系统，那么您无需单击"其他驱动程序"按钮。

2. 连接到共享计算机

在 Windows 7 中，要从网络中的另一台计算机连接到打印机，请执行以下步骤。

How To

步骤 1 选择"设备和打印机"＞"添加打印机"。

步骤 2 显示"添加打印机"向导。

步骤 3 选择"添加网络、无线或 Bluetooth 打印机"。

步骤 4 显示一个共享打印机列表。如果所需的打印机未列出，请选择"我需要的打印机不在列表中"。

步骤 5 选择打印机后，单击"下一步"。

步骤 6 此时创建一个虚拟打印机端口并显示在"添加打印机"窗口中。从打印服务器下载所需的打印驱动程序并将其安装在计算机上。然后向导会完成安装工作。

在 Windows Vista 中，要从网络中的另一台计算机连接到打印机，请执行以下步骤。

步骤 1 选择"控制面板">"打印机">"添加打印机"。

步骤 2 显示"添加打印机"向导。

步骤 3 选择"添加网络、无线或 Bluetooth 打印机"。

步骤 4 显示一个共享打印机列表。如果所需的打印机未列出，请选择"我需要的打印机不在列表中"。

步骤 5 选择打印机后，单击"下一步"。

步骤 6 此时创建一个虚拟打印机端口并显示在"添加打印机"窗口中。从打印服务器下载所需的打印驱动程序并将其安装在计算机上。然后向导会完成安装工作。

在 Windows 8.0 或 8.1 中，要从网络中的另一台计算机连接到打印机，请执行以下步骤。

步骤 1 选择"设备和打印机">"添加打印机"。

步骤 2 显示"添加打印机"向导。

步骤 3 显示一个共享打印机列表。如果所需的打印机未列出，请选择"我需要的打印机不在列表中"。

步骤 4 选择打印机后，单击"下一步"。

步骤 5 此时创建一个虚拟打印机端口并显示在"添加打印机"窗口中。从打印服务器下载所需的打印驱动程序并将其安装在计算机上。然后向导会完成安装工作。

打印机未列出

如图 11-13 所示，在 Windows 的所有版本中，如果单击"我需要的打印机不在列表中"，您将采用以下某个选项将路径映射到网络打印机。

- 在网络中浏览打印机。
- 输入通往网络中打印机的确切路径。
- 输入网络中打印机的 IP 地址或主机名。

图 11-13 查找网络中的打印机

3. 无线打印机连接

无线打印机允许主机使用蓝牙或无线 LAN（WLAN）连接来实现无线连接和打印。无线打印机若要使用蓝牙，打印机和主机设备必须都具有蓝牙功能，并将蓝牙功能配对。如有必要，您可以为计算机添加蓝牙适配器，通常将其插在 USB 端口中。无线蓝牙打印机允许您通过移动设备轻松打印内容。

针对 802.11 标准设计的无线打印机通常安装了无线网卡，可以直接连接至无线路由器或接入点。使用所提供的软件将打印机连接到计算机，或使用打印机显示面板连接到无线路由器，完成设置工作。

11.3.2 打印服务器

打印服务器可以是无线设备、内部设备、外部设备或嵌入式设备。打印服务器是计算机与打印机进行交互连接的设备。这一部分将讨论打印服务器的用途和功能。

1. 打印服务器的用途

有些打印机需要单独的打印服务器才能允许网络连接，因为这些打印机没有内置的网络接口。打印服务器允许多个计算机用户（无论是设备还是操作系统）访问一台打印机。打印服务器有以下 3 项功能。

- 提供对打印资源的客户端访问。
- 按队列存储打印作业，直到打印设备准备就绪，然后将打印信息传递到或后台打印到打印机，从而管理打印作业。
- 向用户提供反馈。

2. 软件打印服务器

在前面的主题中，您了解了 Windows 计算机如何与网络上的其他 Windows 计算机共享一台打印机。但如果共享打印机的计算机运行了不同的操作系统（例如 Mac OS X）会怎样？在这种情况下，您可以使用打印服务器软件。

一个示例是 Apple 免费的 Bonjour 打印机服务器，它是 Mac OS X 中的内置服务。如果安装了 Apple Safari 浏览器，则会在 Windows 计算机上自动安装该服务器。您还可以从 Apple 网站免费下载针对 Windows 的 Bonjour 打印机服务器。

下载并安装后，Bonjour 打印机服务器在后台运行，自动检测已连接到网络的所有兼容打印机。打开 Bonjour 打印机向导，配置 Windows 计算机以使用打印机。

共享一台计算机的打印机也有不足之处。共享该打印机的计算机要使用其自己的资源来管理进入打印机的打印作业。如果网络上的用户正在打印，同时桌面上的用户也在操作，桌面计算机用户可能会发现计算机的性能下降了。此外，如果用户重新启动或关闭了有共享打印机的计算机，则其他人无法使用该打印机。

3. 硬件打印服务器

硬件打印服务器是内含网卡和内存的简单设备。它连接到网络并与打印机通信，以支持打印共享。打印服务器通过 USB 电缆连接到打印机。硬件打印服务器可能与另一台设备（例如无线路由器）相集成。在这种情况下，打印机很可能通过 USB 电缆直接连接到无线路由器。

Apple AirPort Extreme 是硬件打印服务器的一个示例。通过 AirPrint 服务，AirPort Extreme 可以同网络中的所有设备共享一台打印机。

硬件打印服务器允许网络上的许多用户访问一台打印机。硬件打印服务器可以通过有线或无线连接管理网络打印。使用硬件打印服务器的优点是服务器接受计算机的传入打印作业，从而可以让计算机去执行其他任务。硬件打印服务器始终对用户是可用的，这与从用户的计算机共享打印机不同。

4. 专用打印机服务器

对于具有多个 LAN 和许多用户的大型网络环境，需要专用的打印服务器来管理打印服务。专用的打印服务器比硬件打印服务器更为强大。它以最高效的方式处理客户端打印作业，并且可同时管理多台打印机。专用的打印服务器必须拥有以下资源，以满足打印客户端的要求。

- **强大的处理器**：由于专用的打印服务器使用其处理器来管理和路由打印信息，因此其速度必须足够快才能处理所有传入请求。
- **足够的硬盘空间**：专用的打印服务器从客户端捕获打印作业，将它们置于打印队列中，并及时发送到打印机。此过程需要计算机有足够的存储空间来容纳这些作业，直到作业完成。
- **足够的内存**：处理器和 RAM 处理将打印作业发送到打印机的工作。如果内存不够大，以至于无法处理整个打印作业，则硬盘驱动器必须发送这个作业，这样速度比较慢。

11.4　对打印机进行维护和故障排除

预防性维护是减少打印机问题故障、延长硬件寿命的一种积极主动的方法。根据制造商的指南，应当建立并实施预防性维护计划。这一部分将探讨预防性维护指南和最佳实践。

11.4.1　打印机预防性维护

与任何计算机或网络组件类似，打印机也需要加以关注并予以维护以防止出现重大故障，避免因疏忽大意而导致成本高昂的维修，并且能够减少因故障排除和紧急维修带来的停机时间。

1. 供应商指南

预防性维护可减少停机时间并提高组件的使用寿命。维护打印机很重要，这样才能保持打印机正常工作。良好的维护计划可确保打印机实现高质量打印和不间断运行。打印机文档包含了有关如何维护和清洁设备的信息。

请阅读每台新设备随附的信息手册。按照推荐的维护说明操作。使用该制造商列出的耗材。较便宜的耗材可让您节省资金，但可能导致不良后果、损坏设备或使保修失效。

警告：　务必在开始任何类型的维护工作之前拔掉打印机电源。

维护工作完成时，请重置计数器，确保在正确的时间完成下次维护工作。在许多类型的打印机中，可通过 LCD 显示屏或位于主盖板内部的计数器查看页面计数。

大多数制造商也销售打印机维修工具箱。对于激光打印机，工具箱中可能含有经常损坏或磨损的更换部件：

- 热熔器组件；
- 转印辊；
- 分离片；
- 拾取辊。

图 11-14 显示了包含可能经常损坏或磨损的更换部件的维修工具箱。

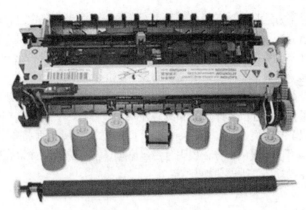

图 11-14　维修工具箱

安装新部件或更换墨粉和墨盒时，请目视检查所有内部组件并执行以下任务：

■　清除纸屑和灰尘；
■　清洁溢出的墨水或墨粉；
■　查找磨损的设备、破碎的塑料或损坏的部件。

如果不会维护打印设备，请致电已获得制造商认证的技术人员。

2. 更换耗材

所用的纸张和墨水的类型以及质量可能影响打印机的寿命。有许多类型的打印纸，包括喷墨打印纸和激光打印纸。打印机制造商可能会提供建议，告知哪些类型的纸张可获得最佳打印效果。有些纸张（尤其是照片纸、透明和多层的复写纸）有正反面。根据制造商的说明加载纸张。

使用制造商建议的墨水品牌和类型。如果安装了错误类型的墨水，打印机可能无法工作或打印质量显著下降。避免使用重新灌墨的墨盒，因为墨水可能泄漏。

喷墨打印机打出空白页面时，说明墨盒可能空了。如果其中一个墨盒空了，有些喷墨打印机会拒绝打印页面。激光打印机不会打出空白页面。相反，它们会开始打出质量粗劣的打印件。如图 11-15 所示，大多数喷墨打印机在每个墨盒中都有显示墨水高度的实用程序。某些打印机配备了 LCD 消息屏幕或 LED 灯，当墨水不足时会警告用户。

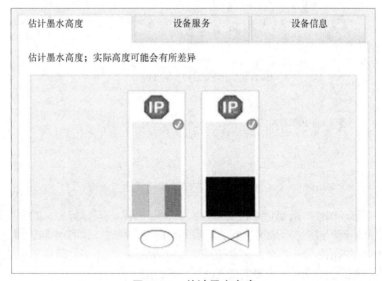

图 11-15　估计墨水高度

查看墨水高度的一个方法是看打印机内部的页面计数器，或者可确定已打印页数的打印机软件。然后请查看墨盒标签信息。标签应显示当前墨盒能够打印的页数。然后您可以轻松估算还能打印多少页。为了帮助您记录打印机使用情况，每次更换墨盒时，请重置计数器。此外，一些打印输出比其他打印输输使用的墨水要多。例如，打印文字要比打印照片使用的墨水少。

您可以将打印机设置为节省墨粉或草稿质量，以减少打印机使用的墨水或墨粉量。这些设置还可以降低激光打印和喷墨打印产品的打印质量，并且能减少喷墨打印机打印文档所花费的时间。

击打式打印机类似于打字机，因为打印头撞击上了墨水的色带，从而将墨水转印到打印输出件上。如果击打式打印机产生掉色或浅色字符，表明色带已磨损，需要更换。如果在所有字符中都有一致的缺陷，表明打印头卡住或损坏，需要更换。

3. 清洁方法

清洁打印机时，请始终遵循制造商的指导原则。制造商网站上或文档中的信息介绍了正确的清洁方法。

警告：　　在清洁之前拔掉打印机电源，以防高压造成伤害。

打印机维护

确保您在执行维护前关闭了打印机并拔掉了所有打印机的电源。使用湿布擦去脏污、纸张尘屑和设备外部溢出的墨水。

在某些打印机上，更换墨盒时会同时更换喷墨打印机中的打印头。但是，打印头有时会阻塞并需要清洁。使用制造商提供的实用工具清洁打印头（如图 11-16 所示）。清洁后进行测试。重复此过程，直到测试显示打印内容干净且统一。

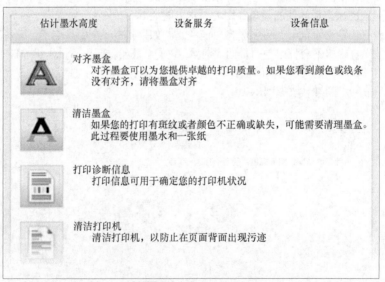

图 11-16　打印机实用程序

打印机有许多移动部件。随着时间的推移，部件会积存灰垢和其他碎屑。如果没有定期清洁，打印机可能无法很好地运行或者会彻底停止运行。使用点阵打印机时，请利用湿布清洁轧辊。在喷墨打印机上，请使用湿布清洁纸处理部分。必须使用特殊的润滑脂润滑一些打印机部件。查看文档，确定您的打印机是否需要此润滑脂以及在哪些位置使用此润滑脂。

> **警告：**   清洁时请勿触碰激光打印机的成像鼓，因为这可能损坏成像鼓表面。

激光打印机通常不需要太多维护工作，除非是在多灰尘的区域或打印机非常陈旧。清洁激光打印机时，请使用专门设计的真空吸尘器吸取墨粉微粒。标准的真空吸尘器无法吸取墨粉微粒，并且可能让其分散到四周。仅使用带高效空气过滤器（HEPA）滤网的真空吸尘器。HEPA 滤网在过滤器内捕获微小的颗粒。

热敏打印机使用热量在特殊纸张上生成图像。要延长打印机的寿命，请定期使用异丙醇清洁热敏打印机的加热元件。

选择正确的打印机纸张类型有助于延长打印机寿命并实现更高效的打印。有多种可用的纸张类型。每个纸张类型都标有适用的打印机类型。打印机制造商可能还会建议哪些纸张类型是最佳的。

4. 操作环境

打印机与其他电气设备一样，受温度、湿度和电子干扰的影响。激光打印机会产生热量，应在通风良好的区域操作，以免过热。

将纸张和墨粉盒放在其原始包装中。这些耗材也应存储在凉爽、干燥、无尘的环境中。较高的湿度会导致纸张从空气中吸收水分。这会导致纸张卷曲，卷曲的纸张会粘在一起或在打印过程中卡纸。高湿还会使墨粉很难正确地附着在纸张上。如果纸张和打印机都布满灰尘，可以使用压缩空气除尘。表 11-3 列出了常见的操作环境指南。

表 11-3	操作环境指南
■ 保持纸张干燥	
■ 将打印机放在凉爽、无尘的环境中	
■ 将墨粉放在干净、干燥的环境中	
■ 清洁扫描仪上的玻璃	

11.4.2 排除打印机故障

故障排除是一项宝贵的技能。使用有组织的方法解决问题将有助于技术人员培养他们的故障排除技能。这一部分将概述系统化的故障排除方法并提供解决打印机特有问题的方法。

1. 识别问题

打印机问题可能是由硬件、软件和连接问题综合导致的。技术人员必须能够确定问题是存在于设备、电缆连接还是打印机所连接到的计算机中。计算机技术人员必须能够分析问题并确定错误原因才能解决打印机问题。

故障排除过程中的第一步是识别问题。下文显示了需要向客户询问的开放式和封闭式问题：

识别问题

开放式问题

- ■ 您的打印机或扫描仪遇到了哪些问题？
- ■ 您的计算机上最近更改了什么软件或硬件？
- ■ 发现问题时您正在执行什么操作？
- ■ 您收到了什么错误消息？

封闭式问题

- 打印机是否在保修期内？
- 您能否打印测试页？
- 这是新打印机吗？
- 打印机能启动吗？

2. 推测潜在原因

与客户交谈后，就可以推测问题的潜在原因。以下显示了一些导致打印机问题的常见潜在原因列表。如有必要，请根据问题的症状进行内部和外部研究。下文显示了导致打印机问题的一些常见潜在原因。

推测潜在原因

导致打印机问题的常见原因：

- 电缆连接松动；
- 卡纸；
- 设备电源；
- 墨水不足警告；
- 纸用尽；
- 设备显示屏上的错误；
- 计算机屏幕上的错误。

3. 验证推测以确定原因

推测出可能导致错误的一些原因后，可以验证推测以确定问题原因。以下显示了可帮助您确定确切问题原因，甚至可帮助纠正问题的快速程序列表。如果某个快速程序的确纠正了问题，您可以检验完整系统功能。如果快速程序未能纠正问题，则需要进一步研究问题以确定确切的原因：

验证推测以确定原因

确定原因的常见步骤：

- 重新启动打印机；
- 断开并重新连接电缆；
- 重启计算机；
- 检查打印机是否卡纸；
- 在纸盒中重新放置纸张；
- 打开并关闭打印机盒；
- 确保打印机门已关闭；
- 安装新的墨水或墨粉盒。

4. 制定行动方案，解决问题并实施解决方案

确定了问题的确切原因后，可制定行动计划来解决问题并实施解决方案。以下显示您可以用于收集更多信息以解决问题的一些信息来源：

制定行动方案，解决问题并实施解决方案

如果上一步骤没有解决问题，则需要进一步调查以实施解决方案：

- 支持人员修复日志；

- 其他技术人员；
- 制造商常见问题网站；
- 技术网站；
- 新闻组；
- 计算机手册；
- 设备手册；
- 在线论坛；
- Internet 搜索。

5. 检验完整的系统功能并实施预防措施

纠正问题后，请检验完整的系统功能，如果适用，并实施预防措施。以下显示了用于检验解决方案的步骤。

检验完整的系统功能并实施预防措施

检验完整的功能：

- 重新启动计算机；
- 重新启动打印机；
- 从打印机控制面板上打印测试页；
- 从应用中打印文档；
- 重新打印客户以前出问题的文档。

6. 记录调查结果、措施和结果

在故障排除流程的最后一步，您必须记录您的调查结果、措施和结果。以下显示了记录问题和解决方案所需的任务列表。

记录调查结果、措施和结果

记录调查结果、措施和结果：

- 与客户讨论已实施的解决方案；
- 让客户确认问题是否已解决；
- 为客户提供所有书面材料；
- 在工单和技术人员日志中记录解决问题所采取的步骤；
- 记录任何用于修复的组件；
- 记录解决问题所用的时间。

11.4.3 打印机的常见问题和解决方案

打印机问题可能有许多来源，如打印机硬件、打印机驱动程序、打印服务器，或者在网络打印机遇到问题时，问题可能来源于网络。认识问题的来源并识别解决方案是这一部分的主题。

1. 识别常见问题和解决方案

打印机问题可以归因于硬件、软件、网络，或者这三种问题的任意组合。与其他问题相比，有些类型的问题要更为常见。表 11-4 显示了常见问题和解决方案图表。

表 11-4   常见问题和解决方案

识 别 问 题	潜 在 原 因	可能的解决方案
无法打印应用文档	打印队列中出现文档错误	取消打印队列中的该文档,管理打印作业,然后重新打印
无法添加打印机,或出现打印后台处理程序错误	打印机服务已停止或无法正常工作	启动打印后台处理程序,如有必要,请重新启动计算机和打印机
打印机作业已发送到打印队列,但无法打印	打印机安装到错误的端口上	使用打印机属性和设置来配置打印机端口
打印队列正常运行,但是打印机不打印	■ 电缆连接有问题 ■ 打印机处于待机状态 ■ 打印机出现错误(例如缺纸、墨粉用完或卡纸)	■ 检查打印机电缆的引脚是否弯曲,并检查打印机和计算机的打印机电缆连接 ■ 手动将打印机退出待机模式,或重新启动打印机 ■ 检查打印机状态并纠正错误
打印机打印未知字符或不打印任何内容	■ 打印机可能插入到 UPS 中 ■ 安装了错误的打印驱动程序 ■ 打印机电缆松动 ■ 打印机中没有纸张	■ 将打印机直接插入壁式插座或浪涌保护器 ■ 卸载错误的打印驱动程序并安装适当的驱动程序 ■ 固定打印机电缆 ■ 在打印机中添加纸张
打印机打印未知字符或不打印测试页	安装了错误或过时的打印机驱动程序	卸载当前的打印机驱动程序并安装适当的打印驱动程序
打印时有卡纸现象	■ 打印机脏了 ■ 使用了错误的纸张类型 ■ 潮湿导致纸张黏在一起	■ 清洁打印机 ■ 更换为制造商建议的纸张类型 ■ 在纸盒中插入新的纸张
打印作业褪色	■ 墨粉盒中墨粉不足 ■ 墨粉盒存在缺陷 ■ 纸张与打印机不兼容	■ 更换墨粉盒 ■ 更换纸张
墨粉无法在纸张上熔结	■ 墨粉盒空了 ■ 墨粉盒存在缺陷 ■ 纸张与打印机不兼容	■ 更换墨粉盒 ■ 更换纸张
纸张在打印后变皱	■ 纸张存在缺陷 ■ 无法正确加载纸张	■ 从打印机中取下纸张,检查是否存在缺陷,并更换纸张 ■ 取下、对齐并更换纸张
纸张没有进入打印机	■ 纸张褶皱 ■ 打印机设置的纸张大小与当前加载的纸张不符	■ 从打印机盒取出褶皱的纸张 ■ 在打印设置中更改纸张大小
用户收到"无法打印文档"消息	■ 电缆松动或断开 ■ 打印机不再共享	■ 检查并重新连接电缆 ■ 配置打印机进行共享
尝试安装打印机时,用户收到"拒绝访问"消息	用户没有管理或高级用户权限	注销并以管理员或高级用户身份登录

续表

识 别 问 题	潜 在 原 因	可能的解决方案
打印机打印的颜色不正确	■ 墨粉盒空了 ■ 墨粉盒存在缺陷 ■ 安装的墨粉盒不正确 ■ 需要清洁和校准打印头	■ 更换墨粉盒，使用正确的墨粉盒 ■ 清洁并校准打印机头
打印机打印空白页面	■ 打印机的墨水或墨粉不足。 ■ 打印头阻塞 ■ 电晕线出现故障 ■ 高压电源出现故障	■ 更换打印机墨水或墨粉 ■ 更换墨水盒 ■ 更换电晕线 ■ 更换高压电源
打印机显示屏没有图像	■ 打印机未开机 ■ 设置的屏幕对比度太低 ■ 显示屏已损坏	■ 打开打印机 ■ 提高屏幕对比度 ■ 更换显示屏

11.5　总结

您了解了许多不同种类和大小的打印机，每种打印机都有不同的功能、速度和使用方法。您还了解了打印机可以直接连接到计算机或在网络中共享。

本章介绍了用于连接打印机的不同类型的电缆和接口。

本章的以下概念必须牢记。

■ 某些打印机的输出量不高，但足以供家庭使用，而其他打印机具有高输出量并且专门用于商业用途。

■ 打印机可能拥有不同的打印速度和打印质量。

■ 老式打印机使用并行电缆和端口。新式打印机通常使用 USB 或 FireWire 电缆和接头。

■ 对于新式打印机，计算机可以自动安装必要的驱动程序。

■ 如果计算机无法自动安装设备驱动程序，请从制造商的网站下载驱动程序或使用打印机随附的 CD。

■ 大多数优化是通过软件驱动程序和实用程序来完成的。

■ 设置打印机后，您可以同网络中的其他用户共享打印机。这种安排比较经济高效，因为每个用户都不需要拥有打印机。

■ 一个良好的预防性维护计划可以延长打印机的寿命并使其保持良好性能。

■ 操作打印机时，请始终遵循安全程序。打印机中的多个部件在使用时带有高压或变得很烫。

■ 使用一系列步骤来解决问题。在决定解决方法之前，先从简单的任务着手。无法解决太困难的问题时，请致电已获得认证的打印机技术人员。

检查你的理解

您可以在附录中查找下列问题的答案。

1. 哪个术语用于描述在纸张的两面进行打印?
   A. 红外线打印　　　　　　　　　　　B. 后台打印
   C. 双面打印　　　　　　　　　　　　D. 缓冲

2. 哪个陈述描述了打印缓冲过程?
   A. 文档正在由应用准备进行打印
   B. 文档正在打印机上打印
   C. PC 正在将照片编码为打印机可以理解的语言
   D. 大型文档在等待打印时临时存储在打印机的内部内存中

3. 如果用非制造商建议的部件或组件更换打印机耗材,两个潜在缺点是什么?(选择两项。)
   A. 非建议的部件可能较便宜　　　　　B. 可能需要更加频繁地清洁打印机
   C. 打印质量可能不佳　　　　　　　　D. 非建议的部件可能更容易获得
   E. 制造商保修可能失效

4. 用户如何能够与相同网络上的其他用户共享本地连接的打印机?
   A. 启用打印共享　　　　　　　　　　B. 安装共享的 PCL 驱动程序
   C. 安装 USB 集线器　　　　　　　　D. 删除 PS 驱动程序

5. 技术人员想要在网络上共享打印机,但是根据公司政策,PC 不能有直接连接的打印机。技术人员将需要哪台设备?
   A. 硬件打印服务器　　　　　　　　　B. USB 集线器
   C. LAN 交换机　　　　　　　　　　　D. 扩展坞

6. 哪一个是常见的打印机纸张类型配置选项?
   A. 典型　　　　　　　　　　　　　　B. 光面
   C. 厚重　　　　　　　　　　　　　　D. 闪亮
   E. 彩印

7. 对打印机执行预防性维护时,首先应该执行哪项操作?
   A. 从打印机纸盘中取出纸张　　　　　B. 断开打印机的电源连接
   C. 使用打印机软件实用程序清洁打印头　D. 从网络中断开打印机

8. 技术人员在对打印机问题进行故障排除时,发现打印机连接到了错误的计算机端口。此错误会产生哪个打印机问题?
   A. 打印机打印空白页
   B. 打印后台处理程序显示错误
   C. 打印文档时,页面上出现未知字符
   D. 打印队列正常工作,但是打印作业不会打印

9. 建议使用哪种方法来清洁喷墨打印机的打印头?
   A. 使用打印机软件实用程序　　　　　B. 使用压缩空气
   C. 用湿布擦拭打印头　　　　　　　　D. 用异丙醇擦拭打印头

10. 技术人员在尝试确定打印机问题时可以向用户询问哪两个封闭式问题?(选择两项。)
    A. 最近对计算机软件或硬件做出了什么更改?
    B. 能否在打印机上打印测试页
    C. 问题发生时您在做什么
    D. 打开打印机电源了吗
    E. 问题发生时显示了什么错误消息

11. 哪类文档通常需要最长的打印时间?
    A. 数字彩色照片　　　　　　　　　　B. 高质量文本页

C. 草稿文本 　　　　　　　　　　D. 草稿照片质量打印输出

12. 一家小型企业使用 Google Cloud Print 将多台打印机连接到 Web。然后移动员工在路上时就可以打印作业。这是使用哪类打印机的示例?

A. 喷墨打印机 　　　　　　　　　B. 热敏打印机
C. 激光打印机 　　　　　　　　　D. 虚拟打印机

13. 什么软件允许用户设置和更改打印机选项?

A. 固件 　　　　　　　　　　　　B. 字处理应用
C. 配置软件 　　　　　　　　　　D. 驱动程序

14. 共享计算机直接连接的打印机有哪两项缺点? (选择两项)

A. 每次只有一台计算机能够使用打印机
B. 其他计算机不需要通过电缆直接连接到打印机
C. 所有使用打印机的计算机都需要使用相同的操作系统
D. 共享打印机的计算机使用其自己的资源来管理进入打印机的所有打印作业
E. 直接连接到打印机的计算机始终需要打开电源,即使不使用也是如此

15. 每英寸点数用作打印机哪个特征的衡量标准?

A. 拥有成本 　　　　　　　　　　B. 速度
C. 可靠性 　　　　　　　　　　　D. 打印质量

第 12 章

安全

学习目标

通过完成本章的学习，您将能够回答下列问题：

- 涉及恶意软件的安全威胁有哪些类型；
- 涉及 Internet 安全的安全威胁有哪些类型；
- 涉及数据和设备访问的安全威胁有哪些类型；
- 安全规程有哪些类型；
- 强有力的安全策略的组成要素是什么；
- 如何实施物理安全；

- 灾难和恢复技术有哪些；
- 如何识别 TCP/IP 攻击；
- 如何配置无线安全；
- 有关安全性的预防性维护技术有哪些；
- 如何排除安全故障；
- 故障安全排除的流程是什么。

在 IT 中，保护组织资产的安全性是目标。主要资产之一是任何形式的信息。它涉及保护信息的机密性、完整性和可用性。这一部分将探讨识别威胁和漏洞以及用于保护的方法。

在本章中，您将了解在发现、预防和记录组织的信息和资产的威胁和漏洞方面非常重要的流程、工具和策略，目标是允许授权用户在安全计算环境中执行合法和有用的任务。

本章将回顾会威胁计算机及其所含数据的安全的攻击类型。技术人员在组织中负责保护数据和计算机设备安全。您将学习如何与客户合作，确保实施尽可能最好的保护措施。

要成功地保护计算机和网络，技术人员必须了解计算机安全威胁的两种类型。

- **物理威胁**：盗窃、损坏或破坏设备（例如服务器、交换机和布线）的事件或攻击。
- **数据威胁**：删除、破坏、拒绝授权用户的访问，允许未经授权的用户访问，或窃取信息的事件或攻击。

12.1 安全威胁

安全威胁始终存在，可能难以控制，并且有可能对宝贵资源的正常使用带来负面影响。但是通过了解哪些资产处于风险之中并且易受攻击，然后处理这些漏洞，可以减轻威胁。虽然地震是不可预防的，但是如果确实发生了安全事件，可以使用防止系统崩溃的规范来采取相应措施建立防御体系。这就是 IT 安全中采用的方法。这一部分将研究信息系统中的各种威胁。

12.1.1 安全威胁的类型

本节的重点是学习威胁的类型，以及与减轻计算机和网络攻击相关的工具。信息系统安全威胁是冷酷无情的、精巧绝妙的、不断发展的。技术人员做好信息和资源方面的准备以防御复杂的和不断增长的计算机安全威胁非常重要。

1. 恶意软件

您必须保护计算机及其所含的数据不受恶意软件的攻击。

- 恶意软件是为执行恶意行为而创建的任何软件。malware（恶意软件）是 malicious software 的缩略形式。
- 这种软件通常会在用户不知情的情况下安装到计算机上。这些程序会在计算机上打开额外的窗口或更改计算机配置。
- 恶意软件能够修改 Web 浏览器并打开特定的网页，而这些网页并非您所需的网页。这称为浏览器重定向。
- 它还可以在未经用户许可的情况下收集计算机上存储的信息。

首先也是最常见的恶意软件类型是计算机病毒。病毒通过电子邮件、USB 驱动器、文件传输，甚至即时消息传输到另一台计算机。病毒通过将其自身依附于计算机上的计算机代码、软件或文档中来隐藏自己。访问这种文件时，就会执行病毒程序并感染计算机。

表 12-1 中列出了一些病毒所能做出的行为示例。

表 12-1	病毒可以……

- 篡改、损坏、删除文件甚至清除计算机上整个硬盘驱动器的内容
- 阻止计算机启动，导致应用无法正确加载或运行
- 使用用户的电子邮件账户将病毒扩散到其他计算机
- 进入睡眠模式，直到攻击者将其唤醒
- 通过记录按键来捕获敏感信息，例如密码和信用卡号码，并将数据发送给攻击者

另一种恶意软件是特洛伊木马。特洛伊木马通常看起来像一个有用的程序，但它携带着恶意代码。例如，特洛伊木马通常与免费的在线游戏一起提供。人们会将这些游戏下载到用户计算机中，同时还下载了其中包含的特洛伊木马。玩游戏时，特洛伊木马会安装到用户系统上，甚至在关闭游戏后仍继续运行。

表 12-2 中描述了特洛伊木马的几种类型。

表 12-2	特洛伊木马的类型
特洛伊木马类型	**描　述**
远程访问	特洛伊木马可以未经授权进行远程访问
数据发送	特洛伊木马为攻击者提供敏感数据，例如密码
破坏性	特洛伊木马会损坏或删除文件
代理	特洛伊木马将受害者的计算机用作源设备，用来发起攻击和执行其他非法活动
FTP	特洛伊木马可以未经授权在终端设备上进行文件传输服务
安全软件禁用程序	特洛伊木马会阻止防病毒程序或防火墙运行
拒绝服务（DOS）	特洛伊木马会减缓或停止网络活动

多年来，恶意软件在不断演进。

表 12-3 中描述了其他类型的恶意软件。

表 12-3 恶意软件变体

安 全 模 式	描　　述
蠕虫	■ 蠕虫是一种对网络有害的自我复制程序，目的是减缓或中断网络运行 ■ 蠕虫通常通过利用合法软件中的已知漏洞自动传播
广告软件	■ 通常通过下载在线软件来实现分发 ■ 它通常会以弹出窗口的形式在您的计算机上显示广告 ■ 广告软件弹出窗口有时很难控制，用户可能未来得及关闭，就会打开新的窗口
间谍软件	■ 类似于广告软件，它会在未征得用户同意的情况下，收集用户的相关信息并将信息发送到另一个实体 ■ 间谍软件可能威胁较低，比如收集浏览数据，也可能威胁较高，比如收集个人或财务信息
勒索软件	■ 类似于广告软件，但会拒绝对受感染计算机系统的访问 ■ 勒索软件随后会要求支付赎金才会解除限制
Rootkit	■ 黑客用来获取对计算机进行管理员账户级访问的程序 ■ 很难检测出来，因为它可以控制安全程序来掩盖自己 ■ 可以使用特殊的 rootkit 删除软件，但是有时为了确保 rootkit 完全删除，需要重新安装操作系统

要在恶意软件感染计算机之前检测、禁用和删除它，请始终使用防病毒软件、反间谍软件，以及广告软件删除工具。

必须了解的是，这些软件程序很快就会过时。因此，技术人员的职责就是将应用最新的更新、补丁和病毒定义作为定期维护计划的一部分。许多组织制定了书面安全策略，申明不允许员工安装任何非公司提供的软件。

2. 网络钓鱼

网络钓鱼就是恶意方发送电子邮件、打电话或放置一个文本，目的是欺骗收件人提供个人信息或财务信息。网络钓鱼攻击还用来说服用户在不知情的情况下在其设备上安装恶意软件。

例如，用户会收到看起来像来自一个合法外部组织（例如银行）的电子邮件。攻击者可能会要求用户进行信息验证（例如用户名、密码，或 PIN 码），以免产生可怕的后果。如果用户提供了所要求的信息，网络钓鱼攻击就成功了。

网络钓鱼攻击的一种形式称为鱼叉式网络钓鱼。这是针对特定个人或组织的网络钓鱼攻击。

组织必须为他们的用户提供有关网络钓鱼攻击的培训。需要在线提供敏感个人信息或财务信息的情况很少。合法的企业不会通过电子邮件请求获取敏感信息。一定要提高警惕。如有疑惑，请通过电子邮件或电话联系相关人员，确保这是有效的请求。

3. 垃圾邮件

垃圾邮件，也称为垃圾电子邮件，是来路不明的电子邮件。在许多情况下，垃圾邮件用作一种广告策略。但是，垃圾邮件也可用于发送有害的链接、恶意软件或欺骗内容。其目标是获取敏感信息，例如社会安全号或银行账户信息。大多数垃圾邮件由网络中感染了病毒或蠕虫的多台计算机发送。这些已被攻陷的计算机会尽可能多地发送垃圾邮件。

垃圾邮件无法遏止，但可以降低其影响。例如，在垃圾邮件到达用户的收件箱之前，大多数 ISP会过滤垃圾邮件。许多防病毒和电子邮件软件程序会自动执行电子邮件过滤。也就是说它们会在电子邮件收件箱中检测和删除垃圾邮件。

即使实施了这些安全功能，某些垃圾邮件仍可通过检查。注意一些比较常见的垃圾邮件迹象：

- 电子邮件没有主题行。
- 电子邮件请求您更新账户。
- 电子邮件中充满了拼错的词语或奇怪的标点符号。
- 电子邮件中的链接很长并且/或意思含糊。
- 电子邮件伪装成来自一个合法企业的通信。
- 电子邮件请求您打开附件。

组织还必须让员工意识到打开其中包含病毒或蠕虫的电子邮件附件有何危险。不要认为电子邮件附件是安全的，即使是来自可信赖的联系人也是如此。发件人的计算机可能已被试图自我传播的病毒所感染。打开电子邮件附件之前始终要对其进行扫描。

4. TCP/IP 攻击

要想控制在 Internet 上的通信，您的计算机要使用 TCP/IP 协议簇。遗憾的是，TCP/IP 的某些功能会受到操纵，从而导致网络漏洞。

TCP/IP 很容易遭受以下类型的攻击。

- **拒绝服务（DoS）**：DoS 是一种将数量异常庞大的请求发送到网络服务器（例如电子邮件或 Web 服务器）的攻击类型。其攻击目的是利用错误的请求彻底击垮服务器，让服务器无法为合法用户提供服务。
- **分布式 DoS（DDoS）**：DDoS 攻击类似于 DoS 攻击，但要使用更多的计算机来创建错误的请求（有时需要数千台），以发动攻击。计算机首先感染 DDoS 恶意软件，然后会成为僵尸计算机、一大群僵尸计算机或僵尸网络。计算机感染额外软件后，它们会处于休眠状态，直到需要创建 DDoS 攻击。僵尸计算机位于不同地理位置，因此很难跟踪攻击源。
- **SYN 泛洪**：SYN 请求是建立 TCP 连接时所发送的初始通信内容。SYN 泛洪攻击会在攻击源随机打开 TCP 端口，并利用大量伪造的 SYN 请求阻塞网络设备或计算机。这会导致与其他设备的会话遭到拒绝。SYN 泛洪攻击是 DoS 攻击的一种类型。图 12-1 显示了 TCP SYN 泛洪攻击的过程。

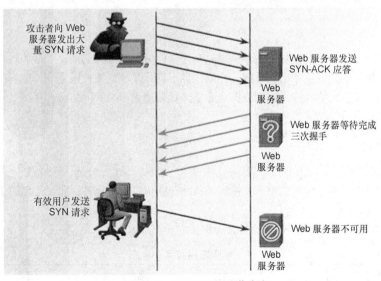

图 12-1 TCP SYN 泛洪攻击

- **欺骗**：在欺骗攻击中，计算机伪装成可信赖的计算机，以获取访问资源的权限。计算机使用伪造的 IP 或 MAC 地址冒充网络中可信赖的计算机。

■ **中间人**：攻击者通过拦截计算机之间的通信来执行中间人（MitM）攻击，以窃取通过网络传输的信息。MitM 攻击也可用于操纵信息并在主机之间传递错误信息，因为主机不会意识到消息已被修改。

图 12-2 显示了中间人攻击的过程。

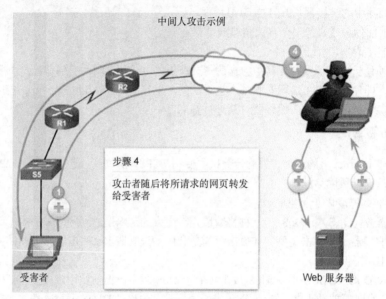

图 12-2　中间人攻击

■ **重播**：为了执行重播攻击，攻击者会拦截并记录数据传输。然后会将这些传输重播到目的计算机。目的计算机会将这些重播的传输当做是真实的和由原始源发送的。

■ **DNS 中毒**：系统上的 DNS 记录被更改，而指向冒名顶替的服务器。用户试图访问合法网站，但是流量却被转移到冒名顶替的站点。冒名顶替的站点用于获取机密信息，如用户名和密码。接着，攻击者会从该位置检索数据。

5. 零日攻击

零日攻击有时也称为零日威胁，是一种尝试利用软件供应商未知的或不明确的软件漏洞的计算机攻击。术语零时描述的是发现攻击的时间。在软件供应商开发和发布补丁期间，网络很容易受到这些攻击。防止这些快速变化的攻击需要网络安全专业人员采用更复杂的网络架构视图。只在网络中的少数点上防范入侵是不可能的。

6. 社会工程

社会工程是指攻击者通过欺骗人们提供必要的访问信息，从而尝试获取设备或网络的访问权限。例如，社会工程攻击者通过伪装成技术支持人员从而获取员工的信任并说服员工泄露他们的用户名和密码信息。

表 12-4 描述了一些用于获取信息的社会工程技术。

表 12-4　　　　　　　　　　　　　　社会工程技术

技　　术	描　　述
假托	攻击者假装需要个人或财务数据才能确认收件人的身份
网络钓鱼	攻击者发送伪装成来自合法可信来源的欺诈电子邮件。此消息的目的是欺骗收件人在他们的设备上安装恶意软件，或者共享个人或财务信息

续表

技　术	描　述
鱼叉式网络钓鱼	攻击者创建针对特定个人或组织的、有针对性的网络钓鱼攻击
垃圾邮件	攻击者使用垃圾邮件欺骗用户点击受感染的链接或下载受感染的文件
近距尾随	攻击者快速尾随获得授权的人员进入安全位置。黑客随后就可以访问安全区域
以物换物（交换条件）	黑客通过交换某些东西（例如免费礼物）来请求个人信息
引诱	攻击者通过留下 U 盘或外置驱动器等物品来诱使员工发现该设备

下面是有助于防止社会工程的一些基本预防措施：

- 不要透露您的登录凭据（例如用户名、密码、PIN）；
- 不要在您的工作区域发布凭据信息；
- 离开办公桌时，请锁定您的计算机；

要保护一个物理位置，企业应：

- 实施访问控制或入口控制名单，列出允许哪些人进入；
- 在需要门卡入内时不要让任何人尾随；
- 请始终要求身份不明的人员出示 ID；
- 限制访客的访问；
- 护送所有来访者。

12.2 安全程序

企业需要围绕对信息以及存储和处理此信息的系统的保护实施规则和法规。安全策略被设计为一种"活"的文档，它概述了在资产保护的各个领域必须遵守的规则。通常有不同的策略以应用于各个领域。安全程序是实施策略并确保遵守策略的指示和步骤。

12.2.1 Windows 本地安全策略

安全策略需要作为企业对组织中所有资源的操作的一部分来实施。Windows 本地安全策略设置允许管理员在计算机或运行 Windows 操作系统的多台计算机上强制执行规则。

1. 什么是安全策略

安全策略是一组安全目标，用于确保组织中的网络、数据和计算机系统的安全性。安全策略是一个根据技术、业务和员工需求的改变而不断发展的文档。

安全策略通常是由组织管理层和 IT 员工来创建和管理的。它们一起构成了可回答下列问题的文档。

- 哪些资产需要保护?
- 可能存在哪些威胁?
- 出现安全漏洞该怎么办?
- 应该为最终用户提供哪些培训?

安全策略通常包括表 12-5 中描述的项目。此列表并不详尽，并且可能包括特别与组织的运营相关的其他项目。

表 12-5 安全策略

策　略　项	描　述
标识和身份验证策略	指定可以访问网络资源的授权人员并概述验证过程
密码策略	确保密码符合最低要求，并且定期更改
合理使用策略	确定组织可接受的网络资源和用途。它还可以确定违反此策略的分歧
远程访问策略	明确远程用户访问网络的方式，以及通过远程连接可以访问的内容
网络维护策略	指定网络设备操作系统和最终用户应用程序的更新规程
事件处理策略	介绍如何处理安全事件

在本课程中，我们重点介绍如何在 Windows 中配置本地安全策略。

2. 访问 Windows 本地安全策略

在使用 Windows 计算机的大多数网络中，已在 Windows Server 上使用域配置了 Active Directory。Windows 计算机是域的成员，网络中作为同一个组进行管理的计算机和设备使用相同的规则和流程。管理员配置了适用于所有加入该域的计算机的域安全策略。用户登录 Windows 时，将自动设置账户策略。

Windows 本地安全策略可用于不属于 Active Directory 域的独立计算机。要在 Windows 7 和 Vista 中访问本地安全策略，请使用以下路径：

开始>控制面板>管理工具>本地安全策略

在 Windows 8 和 8.1 中，请使用以下路径：

搜索>secpol.msc，然后单击 secpol。

如图 12-3 所示，本地安全策略工具打开。

图 12-3　Windows 本地安全策略工具

注意：　在 Windows 的所有版本中，您可以使用"运行"命令 secpol.msc 打开本地安全策略工具。

3. 用户名和密码

创建网络登录时，系统管理员通常会定义用户名的命名约定。用户名的常见示例是人员名字的首字母加上整个姓氏。保持简单的命名规范，这样不会给人们记忆用户名带来不便。用户名（和密码一样）是重要信息，不应泄露。

密码指南是安全策略的重要组成部分。必须登录计算机或连接到网络资源的所有用户必须拥有密码。密码有助于防止他人窃取数据和恶意行为。密码通过确保用户的身份正确无误，有助于确保事件记录的有效性。

建议使用 3 个级别的密码保护。

- **BIOS**：在没有正确密码的情况下阻止操作系统启动和更改 BIOS 设置。
- **登录**：阻止对本地计算机未经授权的访问。
- **网络**：阻止未经授权的人员访问网络资源。

4. 账户策略的安全设置

指定密码时，密码的控制级别应与所需的保护级别相符。尽可能指定强密码。

表 12-6 显示了创建强密码的指南。

表 12-6 强密码指南

密 码 特 征	指 南
最短长度	至少包含 8 个字符
复杂性	包括字母、数字、符号和标点。可使用键盘上的各种键，而不仅是常用的字母和字符
多样性	为使用的每个站点或每台计算机设置不同的密码
到期	应使密码在一个可接受的时间段内到期。该时间越短，计算机越安全。此外，设置一个提醒，平均每三到四个月更改一次电子邮件、银行和信用卡网站的密码

使用"账户策略"中的"密码策略"指定密码要求。图 12-4 中的配置满足以下要求。

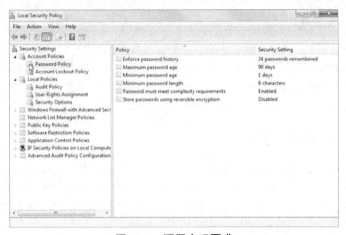

图 12-4 配置密码要求

- **强制密码历史**：在保存 24 个独特的密码后，用户可以重用一个密码。
- **密码最长存留期**：用户必须在 90 天后更改密码。
- **密码最短存留期**：用户再次更改密码之前必须等待一天。这可以防止用户为了使用之前的密码而输入一个不同的密码 24 次。
- **密码长度最小值**：密码必须至少为 8 个字符。
- **密码必须符合复杂性要求**：密码不能包含两个连续字符以上的用户账户名称或用户全称的一部分。密码必须包含以下 4 种类别中的 3 种：大写字母、小写字母、数字和符号。

■ **使用可逆的加密存储密码**：使用可逆的加密存储密码本质上与存储密码的明文版密码是相同的。因此，除非应用要求比保护密码信息更重要，否则切勿启用此策略。

在"账户策略"中使用"账户锁定策略"，防止他人暴力登录尝试。例如，配置允许用户输入错误的用户名和/或密码五次。五次尝试之后，该账户会锁定 30 分钟。30 分钟后，尝试次数重置为零，用户可以尝试重新登录。此策略还将防止词典式攻击，即将词典中的每个单词输入一次，尝试获取访问权限。

5. 本地密码管理

独立 Windows 计算机的密码管理在本地通过"用户账户"工具来完成。要在 Windows 中创建、删除或修改密码，请使用以下路径：

控制面板>用户账户

当您离开时，要防止未经授权的用户访问本地计算机和网络资源，请锁定工作站、笔记本电脑或服务器。

确保计算机在用户离开后仍是安全的很重要。安全策略应包含一个规则，要求在屏幕保护程序开启时锁定计算机。这样可以确保在短时间离开计算机之后，屏幕保护程序将启动，然后计算机将无法使用，直到用户登录为止。

在 Windows 的所有版本中，请使用以下路径：

控制面板>个性化>屏幕保护程序。选择屏幕保护程序和等待时间，然后选择"在恢复时显示登录屏幕"选项。

6. 本地策略的安全设置

大多数"本地安全策略"的"本地策略"分支中的设置不属于本课程的范围。但是，您应为每个"审核策略"启用审核。例如，对所有登录事件启用审核。

7. 导出本地安全策略

如果每个独立计算机上的"本地安全策略"是相同的，可使用导出策略功能。用一个名称来保存策略，例如 workstation.inf。然后将策略文件复制到外部媒体或网络驱动器，这样在其他独立计算机上就可使用该策略了。如果管理员需要为用户权限和安全选项配置大量的本地策略，该功能尤其有用。

10.2.2 确保 Web 访问的安全

Web 浏览器（如 Microsoft Internet Explorer、Mozilla Firefox 和 Google Chrome）几乎安装在所有计算机上，是一个经常使用但易受攻击且易被利用的应用程序。这一部分重点了解在使用 Web 浏览器时可用的技术，以及在允许对程序进一步开发利用的同时能够增强其功能。您还将了解相关的功能、漏洞以及如何保护系统免受漏洞威胁。

1. Web 安全

攻击者可利用各种 Web 工具（例如 ActiveX、闪存）在计算机上安装程序。

为了防止这种情况出现，浏览器具有可增强 Web 安全的功能：

■ ActiveX 过滤；

■ 弹出窗口阻止程序；

■ SmartScreen 过滤器；

■ InPrivate 浏览。

图 12-5 显示了 Internet Explorer 11 中工具的路径，您可以在其中访问可用于增强 Web 安全性的功能。

2. ActiveX 过滤

浏览 Web 时，如果您不安装 ActiveX 控件，有些页面可能无法正常工作。有些 ActiveX 控件是由第三方编写的，并且可能是恶意的。ActiveX 过滤允许在不运行 ActiveX 控件的情况下进行 Web 浏览。

为网站安装 ActiveX 控件后，也能在其他网站上运行该控件。这可能会降低系统的性能或带来安全风险。启用 ActiveX 过滤时，您可以选择允许哪些网站运行 ActiveX 控件。未获批准的站点无法运行这些控件，并且浏览器不会通知您安装或启用这些控件。

图 12-5 可用于增强 Web 安全性的功能

要在 Internet Explorer 11 中启用 ActiveX 过滤，请使用以下路径：

工具>ActiveX 过滤

再次单击"ActiveX 过滤"将禁用 ActiveX。

要在 ActiveX 过滤已启用时查看包含 ActiveX 内容的网站，请单击地址栏中的蓝色"ActiveX 过滤"图标，然后单击"关闭 ActiveX 过滤"。

查看内容后，您可以通过执行相同的步骤重新启用网站的 ActiveX 过滤。

3. 弹出窗口阻止程序

弹出窗口是在另一个 Web 浏览器窗口上打开的 Web 窗口。有些弹出窗口在浏览时启动，例如在网页上打开弹出窗口，以提供额外信息或图片特写的链接。其他弹出窗口由网站或广告商启动，并且这些弹出窗口经常是不需要的或令人讨厌的，尤其是当网页上同时打开多个弹出窗口时。

大多数 Web 浏览器能够阻止弹出窗口。这让用户可以限制或阻止大多数在浏览网页时出现的弹出窗口。

要启用 Internet Explorer 11 的弹出窗口阻止程序功能，请使用以下路径：

工具>弹出窗口阻止程序>启动弹出窗口阻止程序

启用弹出窗口阻止程序后，可以自定义弹出窗口阻止程序的设置。要更改 Internet Explorer 中的弹出窗口阻止程序设置，请使用以下路径：

工具>弹出窗口阻止程序>弹出窗口阻止程序设置

可以配置以下弹出窗口阻止程序设置。

- 添加网站以允许弹出窗口。
- 阻止弹出窗口时更改通知。
- 更改阻止级别。"高级"可阻止所有弹出窗口，"中级"可阻止大部分自动弹出窗口，"低级"允许安全网站的弹出窗口。

4. SmartScreen 过滤器

Web 浏览器还提供额外的 Web 过滤功能。例如 Internet Explorer 11 提供了 SmartScreen 过滤器功能。此功能可检测网络钓鱼网站、分析网站的可疑项目，并针对一个列表检查下载内容，该列表包含了已知的恶意站点和文件。

要启用 Internet Explorer 11 的 SmartScreen 过滤器功能，请使用以下路径：

工具>SmartScreen 过滤器>启动 SmartScreen 过滤器

这将打开"Microsoft SmartScreen 过滤器"窗口。在此窗口中，用户可以启用或禁用此功能。

要启用此功能，请单击"打开 SmartScreen 过滤器（推荐）"并单击"确定"。

也可以验证网页内容。要分析当前网页，请使用以下路径：

工具>SmartScreen 过滤器>检查此网站

要报告可疑网页，请使用以下路径：

工具>SmartScreen 过滤器>报告不安全网站

5. InPrivate 浏览

Web 浏览器会保留有关您访问的网页信息、执行的搜索，以及其他身份信息，包括用户名、密码及更多信息。在家中使用由密码保护的计算机时，这是一种很方便的功能。但是在使用公共计算机时（例如图书馆、酒店商务中心或网吧中的计算机），这就成了隐患。

他人可以恢复和利用 Web 浏览器保留的信息。他们可以使用此信息窃取您的身份、资金，或更改您重要账户的密码。

为了提高使用公共计算机的安全性，Web 浏览器提供了无需保留信息的匿名网页浏览功能。例如，Internet Explorer 11 中的 InPrivate 浏览功能。在浏览时，InPrivate 浏览器会临时存储文件和 cookie，并在 InPrivate 会话结束时将这些内容删除。这将防止通常在浏览会话期间存储的信息保存下来。

表 12-7 中显示的是浏览器通常存储的信息种类：

表 12-7	InPrivate 浏览可防止浏览器存储以下消息

- 用户名
- 密码
- Cookie
- 浏览历史
- Internet 临时文件
- 表单数据

可以从 Windows 桌面或浏览器中打开 "InPrivate 浏览" 窗口。

要启动 Windows 7 中的 InPrivate 浏览，请右键单击 Internet Explorer 图标，然后单击"开始 InPrivate 浏览"。

这会打开新的 "InPrivate 浏览器" 窗口。该窗口解释了 InPrivate 功能并确认此功能已启用。现在，地址栏通过在地址栏中添加 InPrivate 指示器将此标识为 "InPrivate" 窗口。关闭浏览器窗口将终止 InPrivate 浏览会话。请务必注意，只有此浏览器窗口和此窗口中任何打开的新选项卡才会提供隐私保护。其他打开的浏览器窗口不受 InPrivate 浏览功能的保护。

要在 Internet Explorer 11 中打开 "InPrivate 浏览" 窗口，请使用以下路径：

工具>InPrivate 浏览

作为替代方法，您可以按 Ctrl+Shift+P 打开 InPrivate 窗口。

12.2.3 保护数据

信息安全最重要的目标之一是保护数据。保护正在存储、处理和传输的数据至关重要。虽然可以重新安装操作系统和应用程序，但用户数据是唯一的，如果数据损坏，即使能够替换，也并非易事。

1. 软件防火墙

软件防火墙是一个在计算机上运行的程序，可允许或拒绝该计算机以及与其连接的其他计算机之间的流量。软件防火墙通过数据包检查和过滤将一系列规则应用到数据传输中。图 12-6 中所示的

Windows 防火墙是软件防火墙的示例。安装操作系统时默认也会安装它。

图 12-6 软件防火墙

您可以通过选择打开哪些端口和阻止哪些端口来控制进出计算机的数据类型。防火墙会阻止传入和传出网络连接，除非定义了打开和关闭程序所需端口的例外情况。

要在 Windows 7、8.0 或 8.1 中启用或禁用 Windows 防火墙上的端口，请执行以下步骤。

How To

步骤 1 控制面板>Windows 防火墙> "高级" 设置。

步骤 2 如图 12-7 所示，在左侧窗格中选择配置 "入站规则" 或 "出站规则" 并在右侧窗格中单击 "新建规则…"。

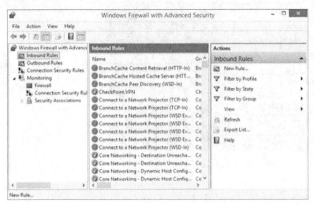

图 12-7 配置防火墙规则

步骤 3 选择 "端口" 单选按钮，然后单击 "下一步"。

步骤 4 选择 TCP 或 UDP。

步骤 5 选择 "所有本地端口" 或 "特定本地端口"，定义单个端口或端口范围，然后单击 "下一步"。

步骤 6 选择 "阻止连接"，然后单击 "下一步"。

步骤 7 选择应用规则的时间，然后单击 "下一步"。

步骤 8 为该规则提供名称和可选说明，然后单击 "完成"。

要启用或禁用 Windows Vista 中的 Windows 防火墙端口，请执行以下步骤。

How To

步骤 1 控制面板>Windows 防火墙，然后单击 "允许程序通过 Windows 防火墙"。

步骤 2 单击 "添加端口..." 并配置名称、端口号和协议（TCP 或 UDP）。

步骤 3 单击 "确定"。

2. 生物识别和智能卡

安全访问设备的其他方法如下所示。

- **生物识别安全**：生物识别安全将物理特征与已存储的配置文件进行对比，从而对人员进行身份验证。配置文件是包含个人已知特征的数据文件。如果其特征与已保存的设置相符，则允许用户访问。如图 12-8 所示的指纹读取器是一种常用的生物识别设备。

- **智能卡安全**：智能卡是一个小塑料卡，大约与信用卡的大小相同，内部嵌入了一个小芯片。此芯片是智能数据载体，能够处理、存储和保护数据。智能卡可存储个人信息，如银行账号、个人身份、医疗记录和数字签名。智能卡提供身份验证和加密功能，以保持数据安全。

- **安全密钥卡**：安全密钥卡是一种小到可以挂在钥匙链上的设备。它使用称为双因素身份验证的流程，比用户名和密码组合更安全。首先，用户输入个人识别码（PIN）。如果输入正确，安全密钥卡将显示一个数字。这是用户登录设备或网络时必须输入的第二个因素。图 12-9 描绘密钥卡的类型。

图 12-8　笔记本电脑指纹识别器

图 12-9　密钥卡

3. 数据备份

在诸如被窃、设备故障或灾难等情况下，数据可能丢失或损坏。因此，经常执行数据备份非常重要。

数据备份可将计算机上的信息副本存储到可放在安全地方的可移动备份介质中。数据备份是防止数据丢失的最有效方式之一。如果计算机硬件发生故障，可以通过备份将数据还原到正常的硬件中。

数据备份应定期执行，并包含在安全策略中。数据备份通常存储在非现场位置，在主要设施发生任何问题时能保护备份介质。备份介质通常可重用，以节省介质成本。请始终执行组织的介质轮换指导原则。

下面是数据备份要考虑的一些事项。

- **频率**：备份可能需要较长时间。有时每月或每周执行一次完全备份，然后对自上一次完全备份以来任何已更改的数据经常进行部分备份，这种做法比较轻松。但是，过多的部分备份会增加还原数据所需的时间。

- **存储**：为了提高安全性，应按安全策略要求每天、每周或每月将备份传输到非现场存储位置。
- **安全**：可以使用密码保护备份。输入密码后才能还原备份介质上的数据。
- **验证**：始终验证备份，确保数据的完整性。

要在 Windows 7 或 Vista 中执行数据备份，请使用以下路径：

控制面板>备份和还原

在此处，您可将硬盘驱动器备份到可移动磁盘，生成系统映像或创建系统修复光盘。

在 Windows 8.0 和 8.1 中，已去除了控制面板中的"备份和还原"条目。取而代之的是用"文件历史记录"来备份文件。可在控制面板中找到"文件历史记录"。首先，您需要设置"文件历史记录"驱动器并打开"文件历史记录"。可以单击左侧面板中的"选择驱动器"，选择已连接的外部驱动器或内部驱动器。您还可以选择"选择网络位置"。

4. 文件和文件夹权限

权限是您配置的各种规则，可限制单个或一组用户访问文件或文件夹。要在各种版本的 Windows 中配置文件或文件夹级别的权限，请使用以下路径：

右键单击文件或文件夹，并选择"属性">"安全">"编辑..."

表 12-8 列出了可用于文件和文件夹的权限。

表 12-8 权限类型

权 限 级 别	描　　　述
完全控制	用户可以查看文件或文件夹的内容，更改和删除现有文件和文件夹，并可以运行文件夹中的程序
修改	用户可以更改和删除现有文件和文件夹，但无法创建新的文件和文件夹
读取和执行	用户可以查看现有文件和文件夹的内容，并可以运行文件夹中的程序
读取	用户可以查看文件夹的内容，并可以打开文件和文件夹
写入	用户可以创建新的文件和文件夹，并可对现有文件和文件夹进行更改

最小特权原则

应在计算机系统或网络中限制用户仅访问他们需要的资源。例如，如果他们只需访问一个文件夹，则不能允许他们访问服务器上的所有文件。允许用户访问整个驱动器可能更轻松，但限制用户只能访问执行任务所需的文件夹会更安全。这称为最小特权原则。如果用户的计算机已被感染，限制对资源的访问还能防止恶意程序访问这些资源。

限制用户权限

可将文件和网络共享权限授予个人或组中的所有成员。这些共享权限与文件和文件夹级别的 NTFS 权限不同。如果拒绝了个人或某个组对网络共享的权限，该拒绝会覆盖任何其他已授予的权限。例如，如果您拒绝了某人的网络共享权限，则用户无法访问该共享，即使用户是管理员组的管理员或管理组的一部分也是如此。本地安全策略必须概述允许每个用户或组访问哪些资源和访问类型。

更改文件夹权限后会提供选项，允许对所有子文件夹应用相同的权限。这称为权限传播。权限传播是一种将权限快速应用到许多文件和文件夹的简单方式。设置父文件夹权限后，创建于父文件夹中的文件夹和文件可继承父文件夹的权限。

此外，数据的位置和对数据执行的操作也确定了权限的传播方式。

- **数据移至同一卷**：它将保留原始权限。
- **数据复制到同一卷**：它将继承新的权限。

- **数据移至不同的卷**：它将继承新的权限。
- **数据复制到不同的卷**：它将继承新的权限。

5. 文件和文件夹加密

加密通常用于保护数据。加密是指使用复杂的算法使数据变为不可读。必须使用特殊密钥将不可读的信息转变回可读的数据。通常我们使用软件程序加密文件、文件夹，甚至整个驱动器。

加密文件系统（EFS）是可以加密数据的 Windows 功能。EFS 直接链接到特定的用户账户。使用 EFS 加密数据后，只有对数据进行加密的用户才能访问该数据。

要在所有 Windows 版本中使用 EFS 加密数据，请执行以下步骤。

> **How To**
> **步骤1** 选择一个或多个文件或文件夹。
> **步骤2** 右键单击所选的数据>"属性"。
> **步骤3** 单击"高级..."。
> **步骤4** 选中"为保护数据而对内容进行加密"复选框。
> **步骤5** 已经使用 EFS 加密的文件和文件夹显示为绿色。

6. Windows. BitLocker

您还可以使用称为 BitLocker 的功能加密整个硬盘驱动器。要使用 BitLocker，一个硬盘上至少要有两个卷。系统卷不加密，并且必须至少为 100MB。此卷包含启动 Windows 所需的文件。

使用 BitLocker 之前，必须在 BIOS 中启用可信平台模块（TPM）。TPM 是主板上安装的一个专用芯片。TPM 存储特定于主机系统的信息，例如加密密钥、数字证书和密码。使用加密功能的应用（例如 BitLocker）可以利用 TPM 芯片。

要启用 TPM，请执行以下步骤。

> **How To**
> **步骤1** 启动计算机，并进入 BIOS 配置。
> **步骤2** 在 BIOS 配置屏幕中寻找 TPM 选项。查阅主板手册可以找到正确的屏幕。
> **步骤3** 选择"启用"或"激活"安全芯片。
> **步骤4** 保存对 BIOS 配置的更改。
> **步骤5** 重新启动计算机。

要在所有 Windows 版本中打开 BitLocker，请执行以下步骤。

> **How To**
> **步骤1** 单击"控制面板" > "BitLocker 驱动器加密"。
> **步骤2** 在"BitLocker 驱动器加密"页面中，单击操作系统卷上的"启用 BitLocker"。
> **步骤3** 如果 TPM 尚未初始化，将显示"初始化 TPM 安全硬件"向导。按照向导的说明初始化 TPM。重启计算机。
> **步骤4** "保存恢复密码"页面包含以下选项。
> - 将恢复密钥保存到 USB 驱动器上: 此选项将恢复密钥保存到 USB 驱动器。
> - 将恢复密钥保存到文件夹: 此选项将恢复密钥保存到网络驱动器或其他位置。
> - 打印恢复密钥: 此选项将打印恢复密钥。
> **步骤5** 保存恢复密钥后，单击"下一步"。
> **步骤6** 在"加密所选磁盘卷"页面中，选中"运行 BitLocker 系统检查"复选框。

步骤 7 单击"继续"。

步骤 8 单击"立即重启"。

步骤 9 显示"加密进行中"状态栏。如图 12-10 所示，重新启动计算机后，您可以验证 BitLocker 是否处于活动状态。如图 12-11 所示，您可以单击"TPM 管理"查看 TPM 详细信息。

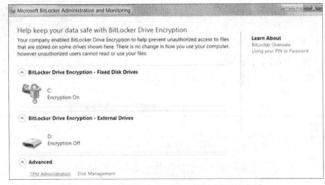

图 12-10 验证 BitLocker 处于活动状态

图 12-11 查看 TPM 详细信息

注意： 借助 BitLocker To Go，也可将 BitLocker 加密同可移动驱动器搭配使用。BitLocker To Go 不使用 TPM 芯片，但仍为数据提供加密并且需要密码。

7. 数据擦除

数据保护也包括从存储设备中删除不再需要的文件。仅简单地删除文件或重新格式化驱动器可能不足以确保您的隐私不受侵犯。例如，从硬盘驱动器删除文件不能将其完全去除。操作系统只是在文件分配表中删除该文件的引用。但是，数据仍在驱动器中。硬盘驱动器将其他数据存储在同一个位置，从而覆盖以前的数据时，才能完全删除旧的数据。

因此，很多软件工具可以恢复文件夹、文件甚至整个分区。如果不慎删除数据，这将也是一种挽救措施。但是如果数据由恶意用户进行恢复，也可能会造成灾难性的后果。

因此，应使用以下方式中的一种或多种完全擦除存储介质。

■ **数据擦除软件**：也称为安全清除，包括专用于多次覆盖现有数据使其不可读的软件工具。

■ **消磁棒**：由一个带有强大磁性的棒组成，将消磁棒置于暴露的硬盘驱动器盘片上方，以中断或消除硬盘驱动器上的磁场。

图 12-12 显示了消磁棒的示例。

■ **电磁消磁的设备**：包含可实现一个非常强大磁场的通电磁铁。该设备可以非常迅速地中断或消除硬盘驱动器的磁场。

这些方法在表 12-9 中进行了更详细的说明。

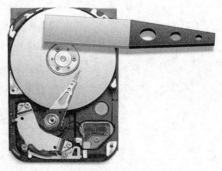

图 12-12　消磁棒

表 12-9　　　　　　　　　　　　清除硬盘驱动器的数据

数据清除方法	描　述
数据清除	■ 需要定期清除驱动器时非常有用 ■ 软件工具清除磁盘需要很长时间 ■ 工具可提供多种数据覆盖选择，包括使用由 1 和 0、数学算法和随机位组成的特殊内容形式 ■ 数据擦除工具是免费提供的
消磁棒	■ 需要定期清除驱动器时非常有用 ■ 硬盘驱动器盘片必须在消磁棒上放置大约 2 分钟 ■ 成本低于电磁消磁设备
电磁消磁棒	■ 可用于批量清除多个驱动器 ■ 消磁设备擦除硬盘驱动器需要很少的时间（例如 10 秒） ■ 消磁工具可能非常昂贵（例如 20,000 美元）

注意：　必须记住，数据擦除和消磁技术是不可逆的，并且数据无法恢复。

SSD 由闪存组成，而不是由磁盘片组成。用于擦除数据的常用技术（例如消磁）对 SSD 没有效果。要完全确保无法从 SSD 恢复数据，请执行安全清除。这也适用于混合 SSD。

其他存储介质和文档（例如光盘、eMMC、USB 记忆棒）也必须销毁。使用旨在销毁文档和每种类型介质的切碎机或焚化设备。对于必须保留的敏感文档（例如含机密资料或密码的文档），请始终将其锁定在安全位置。

考虑必须擦除或销毁哪些设备时，请记住除了计算机和移动设备，其他设备也存储数据。打印机和多功能设备可能包含了会缓存打印或扫描文档的硬盘驱动器。此缓存功能在一些情况下可以关闭，否则就需要定期擦除设备，以确保数据隐私。如有可能，在设备上设置用户身份验证是很好的安全做法，可以防止非授权人员更改有关隐私的任何设置。

8. 硬盘驱动器回收和销毁

有敏感数据的公司应始终建立明确的存储介质处理策略。不再需要某些存储介质时，可使用以下两种选择对存储解释进行处理。

■ **回收**：擦除后的硬盘驱动器可在其他计算机中重复使用。可以重新格式化驱动器并安装新操作系统。

- **销毁**：销毁硬盘驱动器可完全确保无法从硬盘驱动器恢复数据。专门设计的设备，例如硬盘驱动器压碎器、硬盘驱动器粉碎机、焚化设备，以及更多设备可处理大量的驱动器。此外，用锤子损毁驱动器也是有效的方法。

可以执行两种类型的格式化，如表 12-10 所述。

表 12-10 销毁硬盘驱动器

数据清除方法	描　　述
标准格式化	- 也称为高级格式化 - 在磁盘上创建一个启动扇区并安装一个文件系统。只有完成低级格式化后，才能执行标准格式化
低级格式化	- 磁盘的表面标有扇区标记，表明数据将存储在磁盘上，并且会创建磁轨 - 制作好硬盘驱动器后，通常会在出厂时执行低级格式化

企业可以选择一个外部承包商销毁其存储介质。这些承包商通常是有担保的，并遵守严格的政府法规要求。它们还提供销毁证书。此证书证明介质已完全销毁。

12.2.4 防护恶意软件

恶意软件是可通过多种方式感染计算机和网络设备的恶意软件。恶意软件种类繁多，包括病毒、蠕虫、木马和间谍软件。个人和组织进行尽职尽责的调查，以防止恶意软件漏洞的攻击，这一点非常重要。如果个人和商业数据被盗或被毁，其后果可能是毁灭性的，并且可能引发重大的法律和财务问题。这一部分将讨论如何使用规划和防护工具来保护您的系统免受各种形式的恶意软件攻击。

1. 恶意软件保护程序

恶意软件包括病毒、蠕虫、特洛伊木马、按键记录器、间谍软件和广告软件。这些恶意软件旨在侵犯隐私、窃取信息、破坏系统或删除损坏数据。

使用信誉良好的反恶意软件保护计算机和移动设备至关重要。以下是可用的反恶意软件程序类型。

- **防病毒保护**：持续监控病毒的程序。检测到病毒时会警告用户，并且程序会试图隔离或删除病毒。
- **广告软件防护**：在您的计算机上不断寻找可显示广告的程序。
- **网络钓鱼防护**：阻止已知钓鱼网站的 IP 地址并为用户提醒可疑站点的程序。
- **间谍软件防护**：扫描按键记录器和其他间谍软件的程序。
- **可信/不可信源**：警告将要安装的不安全程序或在访问前警告不安全网站的程序。

可能需要使用多种不同的程序和多次扫描才能完全删除所有恶意软件。每次只能运行一个恶意软件防护程序。

多个可信的安全组织（例如 McAfee、Symantec、Kaspersky）为计算机和移动设备提供全面的恶意软件防护。

在浏览 Internet 时谨防可能出现的恶意非法防病毒产品。大多数非法防病毒产品会显示一个看起来像 Windows 警告窗口的广告或弹出窗口。它们通常声称计算机被感染，必须进行清理。在窗口中单击任意位置即可开始恶意软件的下载和安装。

面对可疑的警告窗口，不要单击此警告窗口。关闭该选项卡或浏览器，查看警告窗口是否消失。如果该选项卡或浏览器不关闭，按 ALT+F4 关闭窗口或使用任务管理器结束程序。如果警告窗口没有消失，请使用已知运行良好的杀毒软件或广告软件防护程序扫描计算机，确保计算机不受感染。

未经批准或不合规的软件不只是计算机上无意中安装的软件。还可能是用户专门想要安装的软件。它可能不是恶意的，但是仍会违反安全策略的要求。这种不合规的系统可能会干扰公司软件或网络服务的运行。必须立即删除未经批准的软件。

2. 修复已感染的系统

恶意软件防护程序检测到计算机被感染后，会删除或隔离该威胁程序。但计算机很可能仍存在危险。修复已感染计算机的第一步是将计算机断开网络，防止其他计算机被感染。从计算机上拔去所有网络电缆并禁用所有无线连接。

下一步是执行所有现存的事件响应策略。这可能包括通知 IT 人员、将日志文件保存到可移动介质或关闭计算机。对于家庭用户，请更新已安装的恶意软件防护程序并对安装在计算机上的所有介质执行完全扫描。可将许多防病毒程序设置为在开始加载 Windows 之前在系统中运行。这允许该程序访问磁盘的所有区域，而不会受操作系统或任何恶意软件的影响。

病毒和蠕虫很难从计算机中删除。需要软件工具删除病毒并修复病毒所修改过的计算机代码。这些软件工具由操作系统制造商和安全软件公司提供。确保从合法网站下载这些工具。

在安全模式下启动计算机，以防止系统加载大部分驱动程序。安装额外的恶意软件防护程序并执行完全扫描，以删除或隔离额外的恶意软件。可能需要与专家联系才能确保已完全清理了计算机。有时，计算机必须重新格式化并从备份中还原，否则需要重新安装操作系统。

系统还原服务可能在还原点中包含受感染的文件。如图 12-13 所示，在计算机清除了所有恶意软件后，应删除系统还原文件。

3. 签名文件更新

软件制造商必须定期创建并分发新的补丁，以修复产品中的缺陷和漏洞。由于人们会不断开发出新的病毒，所以安全软件必须不断更新。该过程可以自动执行，但是，技术人员应知道如何手动更新所有类型的防护软件和所有客户应用程序。

恶意软件检测程序会在计算机的软件程序代码中寻找各种模式。通过分析在 Internet 和 LAN 中拦截的病毒来确定这些模式。这些代码模式称为签名。防护软件的发布方将签名编入病毒定义表。要更新防病毒软件的签名文件，请首先检查签名文件是否为最新的文件。您可以导航到防护软件的"关于"选项，或通过启动防护软件的更新工具来检查文件状态。

要更新签名文件，请执行以下步骤。

图 12-13 删除还原点

步骤 1　创建 Windows 还原点。如果您加载的文件已损坏，设置还原点可使您返回先前的状态。

步骤 2　打开防病毒程序。如果程序设置为自动更新或自动获取更新，您可能需要关闭自动功能，然后手动执行以下步骤。

步骤 3　单击"更新"按钮。

步骤 4　程序更新后，请使用它扫描计算机。

步骤 5　扫描完成后，检查病毒报告或您可能无法自行处理和删除的其他问题。

步骤 6　将防病毒程序设置为自动更新并根据计划运行该程序。

始终从制造商的网站检索签名文件，以确保更新是可信的并且未被病毒损坏。特别是在新病毒出现时，制造商网站上会有大量这样的要求。为了避免在一个网站上创建太多流量，有些制造商将其供下载的签名文件分发到多个下载站点。这些下载站点称为镜像站点。

> **警告：** 从镜像站点下载签名文件时，请确保镜像站点的合法性。始终从制造商的网站链接到镜像站点。

12.2.5 安全技术

安全是一项艰巨的任务，需要花费大量的精力通过应用可以显着降低风险级别的策略来维护安全的环境。有许多安全层需要管理，以保持低风险并减轻威胁。如果其中一个层被破坏，多层保护可以隔离和保护计算机及网络。安全需要包含一个确保物理和逻辑安全的计划。在本节，您将了解对物理和逻辑安全技术进行分层，以及监视日志和如何根据需要采取行动。

1. 常见通信加密类型

两台计算机之间进行通信时可能需要安全通信。为此需要以下协议：

- 散列编码；
- 对称加密；
- 非对称加密。

散列编码（或散列算法）可确保消息的完整性。这意味着它可以确保消息在传输过程中不会损坏或被篡改。散列算法使用一个数学函数创建一个数值，称为数据唯一的消息摘要。即使改变一个字符，函数输出都会不同。此函数只能单向使用。因此，知道消息摘要不允许攻击者重新创建该消息，这让他人难以拦截和更改消息。现在最受欢迎的散列算法是安全散列算法（SHA），它正在替换旧的消息摘要算法第五版（MD5）。

图 12-14 展示了散列编码。

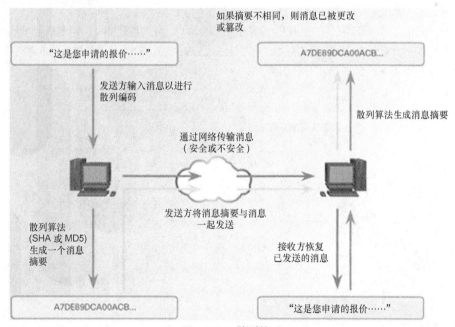

图 12-14 散列编码

对称加密可确保消息的机密性。如果加密消息被拦截，也无法理解此消息。只能使用一同加密的密码（或密钥）来解密（或读取）该消息。对称加密需要加密会话的双方都使用加密密钥才能对数据进行编码和解码。发送方和接收方必须使用相同的密钥。高级加密标准（AES）和较旧的三重数据加密算法（3DES）都是对称加密的示例。

对称加密如图 12-15 所示。

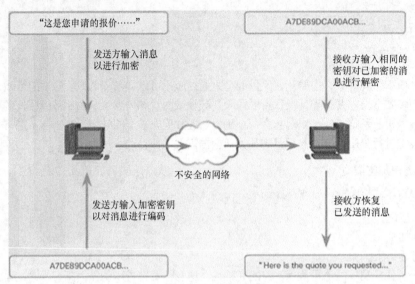

图 12-15　对称加密

非对称加密也可确保消息的机密性。它需要两个密钥，即私钥和公钥。公钥可广泛分发，包括使用明文通过电子邮件发送或发布在网站上。私钥由个人保留，且不能透露给其他任何各方。可以用两种方式使用这些密钥。

- 一个组织需要从多个源获取加密文本时，使用公钥加密。公钥可广泛分发并用于加密消息。预期的接收方是唯一拥有私钥的一方，该私钥用于解密消息。
- 至于数字签名，需要私钥加密消息，需要公钥解密消息。此方法让接收方能够确信消息来源，因为只有使用发起者的私钥进行加密的消息才能通过公钥解密。RSA 是最受欢迎的非对称加密示例。

图 12-16 显示了使用公钥的非对称加密。

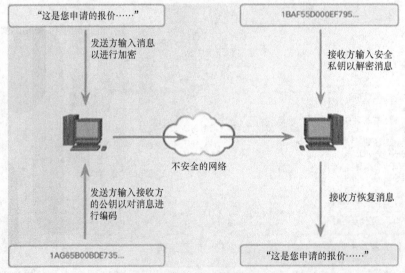

图 12-16　非对称加密

注意： 对称加密需要两个系统预配置密钥。非对称加密只需要一个系统有私钥。

---

2. 服务集标识符

由于我们使用无线电波在无线网络中传输数据，这为攻击者提供了便利，他们无需物理连接到网络就能监控和收集数据。攻击者位于无防护的无线网络范围内就能获得网络访问权限。技术人员需要将接入点和无线网卡配置为适当的安全级别。

安装无线服务时，请立即应用无线安全技术，以防未经许可的网络访问。应该为无线接入点配置与现有网络安全兼容的基本安全设置。

服务集标识符（SSID）是无线网络的名称。无线路由器或接入点默认广播 SSID，以便无线设备可以检测到无线网络。如果在无线路由器或接入点已禁用了 SSID 广播，请在无线设备中手动输入 SSID，以连接到无线网络。

禁用 SSID 广播只能提供很低的安全性。如果 SSID 广播已禁用，希望连接到无线网络的用户和知道此网络 SSID 的用户可以轻松地手动连接该网络。计算机搜索无线网络时，它将广播 SSID。高级黑客可以轻松拦截此信息，使用它冒充您的路由器并捕获您的凭据。

在图 12-17 中 SSID 广播已禁用。

3. 无线安全模式

使用无线加密系统对正在发送的信息进行编码，可防止未经许可捕获和使用数据。

大多数无线接入点都支持多种不同的安全模式。最常见的安全模式如下所示。

图 12-17 禁用 SSID 广播

- **有线等效保密（WEP）**：无线的第一代安全标准。攻击者很快就发现 WEP 加密很容易破解。
- **WiFi 保护访问（WPA）**：WEP 的改进版本，WPA 采用的加密技术比 WEP 加密更强。
- **WiFi 保护访问 2（WPA2）**：WPA 的改进版本。该协议包含比 WPA 更高的安全级别。WPA2支持强大的加密技术，可提供政府级安全性。

始终实施最强的安全模式（WPA2）是非常重要的。

许多路由器提供 WiFi 保护设置（WPS）。WPS 允许您非常轻松地设置 WiFi 安全。有了 WPS，路由器和无线设备都将有一个按钮，同时按下两个按钮，会在设备之间自动配置 WiFi 安全。使用 PIN的软件解决方案也很常见。知道 WPS 是不安全的很重要。它很容易受到暴力破解（一种密码破解方法）攻击。作为安全最佳实践，应关闭 WPS。

4. 通用即插即用

通用即插即用（UPnP）是一种协议，可将设备动态地添加到网络，而无需用户干预或配置。UPnP虽然方便，但并不安全。UPnP 协议没有验证设备的方法。因此，它认为每个设备都是可信赖的。此外，UPnP 协议有许多安全漏洞。例如，恶意软件可能使用 UPnP 协议将流量重定向到网络之外的不同 IP 地址，从而可能将敏感信息发送给黑客。

许多家庭和小型办公室无线路由器都默认启用了 UPnP。因此请检查此配置并将其禁用。

Gibson 研究公司（GRC）提供各种免费的、基于浏览器的漏洞分析工具。要使用 GRC 的测试工具确定您的无线路由器是否有 UPnP 漏洞，请在互联网上研究 Gibson 研究公司（GRC）的测试工具。

5. 固件更新

大多数无线路由器都提供可升级固件。新发布的固件可能包含针对客户报告的常见问题以及安全漏洞的修复内容。您应该定期检查制造商的网站，以更新固件。下载固件后，您可以使用 GUI 将固件加载到无线路由器。用户要断开 WLAN 和 Internet，直到升级完成。无线路由器可能需要多次重启才能恢复网络正常运行。

6. 防火墙

硬件防火墙是一个物理过滤组件，可在来自网络的数据包到达计算机和其他网络设备之前对其进行检查。硬件防火墙是一个独立设备，不使用所保护的计算机上的资源，因此不会影响处理性能。可将防火墙配置为阻止单个端口、一系列端口，甚至特定于应用的流量。大多数无线路由器还包括集成的硬件防火墙。

硬件防火墙可将两种不同类型的流量传入您的网络：

- 源于您网络内部的、对流量的响应；
- 进入您有意保持开放的端口的流量。

硬件防火墙配置的几种类型。

- **数据包过滤器**：数据包无法通过防火墙，除非它们符合防火墙中已配置的既定规则集要求。可根据不同的属性过滤流量，例如源 IP 地址、源端口或目的 IP 地址或端口。还可根据目的服务或协议过滤流量，例如 WWW 或 FTP。
- **全状态数据包检测（SPI）**：这种防火墙可跟踪通过防火墙的网络连接的状态。不属于已知连接的数据包将被丢弃。
- **应用层**：拦截所有进入或流出应用的数据包。阻止所有不需要的外部流量到达受保护的设备。
- **代理**：这是一种安装在代理服务器上的防火墙，可检测所有流量并根据已配置的规则允许或拒绝数据包。代理服务器是一种服务器，它是 Internet 上客户端和目的服务器之间的中继。

硬件和软件防火墙可以保护网络中的数据免遭未经授权的访问。除了安全软件，还应该使用防火墙。表 12-11 比较了硬件和软件防火墙。

表 12-11　　　　　　　　　　　　　　硬件和软件防火墙比较

硬件防火墙	软件防火墙
专用硬件组件	作为第三方软件提供，成本各不相同
硬件和软件更新的最初成本可能会非常高	Windows 操作系统包括免费版本
可以保护多台计算机	通常仅保护安装了防火墙的计算机
不影响计算机性能	使用计算机资源，因而可能影响性能

隔离区

DMZ 是一种为不可信网络提供服务的子网。电子邮件、Web 或 FTP 服务器通常位于 DMZ 中，这样使用服务器的流量不会进入本地网络内部。这可保护内部网络免受此流量的攻击，但是却无法保护 DMZ 中的服务器。通常会使用防火墙或代理管理进出 DMZ 的流量。

在无线路由器上，您可以将来自 Internet 的所有端口的流量转发到特定 IP 地址或 MAC 地址，从而为一台设备创建 DMZ。服务器、游戏机或网络摄像机可以位于 DMZ 中，让设备可供所有人访问。然而 DMZ 中的设备会遭到 Internet 中黑客的攻击。

7. 端口转发和端口触发

您可使用硬件防火墙拦截端口，防止 LAN 内外未经授权的访问。但是在有些情况下必须打开特定端口，以便某些程序和应用可以和不同网络中的设备通信。端口转发是一种基于规则的方法，用于在不同网络的设备之间转发流量。

流量到达路由器时，路由器根据流量的端口号确定是否应该将流量转发到特定设备。端口号与特定服务相关，例如 FTP、HTTP、HTTPS 和 POP3。规则确定了将哪些流量发送到 LAN。例如，可将路由器配置为转发与 HTTP 相关的端口 80 的流量。路由器接收到目的端口为 80 的数据包时，会将该流量转发到提供网页服务的网络的内部服务器。

图 12-18 显示了对端口 80 启用端口转发并与 IP 地址 192.168.1.254 的 Web 服务器关联。

端口触发允许路由器临时将数据从入站端口转发到特定的设备。只有指定的端口范围用于执行出站请求时，才能使用端口触发将数据转发到计算机。例如，一个电子游戏可能使用端口 27000 至 27100 连接到其他玩家。这些是

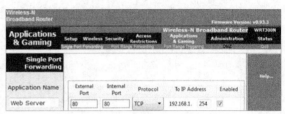

图 12-18　端口转发到 Web 服务器

触发端口。聊天客户端可能使用端口 56 连接相同玩家，以便他们可以互动。在这种情况下，如果触发端口范围内的出站端口上有游戏流量，端口 56 上的入站聊天流量将被转发到人们正在玩电子游戏和与朋友聊天的计算机上。游戏结束且不再使用触发端口时，将不再允许端口 56 发送任何类型流量到此计算机。

10.2.6　保护物理设备

与通过诸如加密和防火墙等手段对数据进行逻辑保护一样重要，对易受到数据窃取和收入损失的设备采取物理保护也同样重要。

1. 物理设备保护方法

物理安全与数据安全同样重要。计算机被盗时，数据也会被盗。使用篱笆、门锁和大门来限制他人进入房屋至关重要。例如，陷阱房间通常用于防止尾随，它是一个有两扇门的小房间，只有当一扇门关闭后另一扇门才会打开。利用以下方式保护网络基础设施，例如布线、电信设备和网络设备：

- 有安全保护的电信间、设备柜和外壳；
- 硬件设备的线缆锁和安全螺丝；
- 对未经授权的接入点进行无线检测；
- 硬件防火墙；
- 可检测对布线和配线板进行哪些更改的网络管理系统；
- 防止物理重置的无线设备。

BIOS/UEFI 密码

您登录计算机所需的 Windows、Linux 或 Mac 用户密码无法防止他人从带有不同操作系统的 CD 或闪存驱动器启动您的计算机。启动后恶意用户会访问或清除您的文件。通过输入 BIOS 或 UEFI 密码，您可以阻止他人启动您的 PC 或笔记本电脑。尽管加密硬盘驱动器是一个更好的解决方案，但在有些情况下可以考虑配置 BIOS 或 UEFI 密码。例如，经常供公共使用或在公共场所使用的计算机就很适合配置 BIOS 或 UEFI 密码。配置密码后，相对难以重置 BIOS 或 UEFI 密码。因此，请务必记住该密码。

自动运行和自动播放

自动运行是一个 Windows 功能，将新的介质（例如 CD、DVD 或闪存驱动器）插入计算机时该功能会自动执行名为 autorun.inf 的特殊文件指令。自动播放与自动运行不同。将新的介质（例如光盘、外部硬盘驱动器或 U 盘）插入或连接到计算机时，自动播放功能是非常方便的自动识别方式。自动播

放提示用户根据新介质的内容来选择操作，例如运行程序、播放音乐或浏览介质内容。

在 Windows 中，首先要执行自动运行，除非其已禁用。如果未禁用自动运行，它将执行 autorun.inf 文件中的指令。从 Windows Vista 开始，不允许自动运行绕过自动播放。但是，您只需不经意地单击一下就不会通过自动播放对话运行恶意软件。因此，这是确定什么程序将使用自动播放的最佳安全做法。从 Vista 起的所有 Windows 版本中都能在"控制面板">"自动播放"中找到自动播放。

如图 12-19 所示，最安全的解决方案是关闭自动播放。

图 12-19　禁用自动播放

多因素身份验证

之前，我们讨论了使用安全密钥卡的双因素身份验证。这两个因素，一个是您知道的（比如密码），一个是您拥有的（比如安全密钥卡）。多因素身份验证会添加您的一些特征，比如指纹扫描。考虑安全程序时，实施的成本必须与要保护的数据或设备的价值相平衡。

自带设备（BYOD）

个人和公司拥有的移动设备必须被保护。过去只能在公司基础设施中使用公司拥有的设备。随着个人设备的急剧增加，现在几乎所有公司都必须创建并执行自带设备（BYOD）策略。公司面临的最大难题之一是能在多大限度上控制设备。无论设备归谁所有，必须保护敏感、机密或特权信息。BYOD 策略可以为公司节省大量资金，但是用户必须同意并执行该策略。这种布局的另一个难题是员工隐私。员工放弃对设备的某些控制时，他们也将同时放弃某些个人隐私。

配置文件安全要求

一种良好的安全做法是创建安全配置文件并将其应用于移动设备。安全配置文件通常是在设备上定义安全设置和指定配置设置的文本文件。这些设置可直接应用于设备、特定用户或用户组。可以同时应用多个配置文件。通常针对 BYOD 设备的安全配置文件与针对企业拥有设备的安全配置文件有所不同。这些安全配置文件的要求取决于个人或组的角色、设备或操作系统的类型，以及组织的策略。

2. 安全硬件

物理安全访问控制措施包括上锁、视频监控和保安。卡密钥可保护物理区域的安全。如果卡密钥丢失或被盗，只需停用丢失的卡。卡密钥系统比安全锁更昂贵，但是，当传统的钥匙丢失时，必须对锁进行更换或重设密钥。

应在安全区域内安装网络设备。所有布线应封闭在管道中或在墙体内走线，防止未经授权的访问或篡改。管道是保护基础设施介质避免损坏和未经授权访问的外壳。应禁用不使用的网络端口。

可测量用户物理信息的生物设备是高度安全区域的理想之选。但是，对于大多数小型企业，此类解决方案非常昂贵。安全策略应确定哪些硬件和设备可用于防止被盗、蓄意损毁和数据丢失。物理安全涉及四个相互关联的方面：访问、数据、基础设施和物理计算机。

物理保护计算机设备有多种方法：

- 使用设备线缆锁；
- 保持电信间上锁；
- 为设备安装安全螺丝；
- 在设备周围使用安全外壳；
- 在设备上标记并安装传感器，例如射频识别（RFID）标记；
- 安装由运动检测传感器触发的物理警报；
- 使用带有运动检测和监控软件的网络摄像头。

对于设施的访问，有几种保护手段：

- 存储用户数据（包括访问级别）的卡密钥；
- 带照片的身份徽章；
- 识别用户物理特征（例如指纹）的生物传感器；
- 已布署的安全防护装置；
- 监控位置和访问的传感器，例如 RFID 徽章。

使用锁定盒、线缆锁和笔记本电脑扩展坞锁阻止他人移动计算机。使用可锁定的硬盘驱动器托架，安全地存储和运输备份介质，以防数据和介质被盗。

在使用数据的同时保护数据

您可使用隐私屏幕保护计算机屏幕上的信息，使其免遭他人窥探。隐私屏幕通常是由塑料制成的面板。它可以防止光从低角度投射出去，因此只有直视屏幕的用户才能看到屏幕上显示的内容。例如在飞机上，用户可以防止坐在旁边的人看到笔记本电脑屏幕上的内容。

正确的安全组合

要确定使用哪些安全设备来保护设备和数据安全是最有效的，需考虑的因素包括：

- 如何使用设备；
- 计算机设备的位置；
- 需要什么类型的用户数据访问。

例如，位于繁忙公共场所（例如图书馆）的计算机需要额外的保护，使其免于被盗和蓄意损毁。在繁忙的呼叫中心，服务器可能需要放置在上锁的设备间中来确保安全。必须在公共场所使用笔记本电脑时，安全硬件保护装置和密钥卡可确保在用户和笔记本电脑分开时锁定系统。

12.3 常见的预防性维护安全技术

预防性维护计划应包括有关计算机和网络所有方面的维护的详细信息，包括安全实践。

12.3.1 安全维护

维护主动安全实践对于保持设备和网络平稳正常运行而言至关重要。安全维护是一个需要规划和调度的持续的过程。

1. 操作系统的服务包和安全补丁

补丁是制造商提供的代码更新，可防止新发现的病毒或蠕虫成功攻击您的系统。制造商会不时地将补丁和更新集成到一个全面的更新应用程序（称为服务包）中。如果更多用户下载并安装了最新的服务包，许多灾难性的病毒攻击可能就不会造成严重的后果。

Windows 定期检查 Windows 更新网站是否有高优先级的更新，帮助您保护计算机免遭最新安全威胁的影响。这些更新包括安全更新、关键更新和服务包。根据您选择的设置，Windows 会自动下载并安装计算机所需的任何高优先级更新，或在这些更新可用时通知您。更新 Windows 的方法在前面的章节中已介绍。

2. 数据备份

您可以手动进行 Windows 备份或安排自动执行备份的频率。要想成功地在 Windows 中备份和还原数据，需要适当的用户权利和权限。

- 所有用户可以备份他们自己的文件和文件夹。他们还可备份其有权读取的文件。
- 所有用户都可以对其拥有写入权限的文件和文件夹执行还原操作。
- Administrators 组、Backup Operators 组和 Server Operators 组的成员（如果加入到域中）无论为其分配的权限如何，都可以备份和还原所有文件。默认情况下，这些组的成员拥有备份文件和目录以及还原文件目录的用户权限。

第一次启动 Windows 7 备份文件向导时，请使用以下路径：

控制面板>备份和还原>设置备份

要启动 Windows Vista 备份文件向导，请使用以下路径：

控制面板>备份和还原中心>备份文件

从 Windows 8 开始，备份和还原变成了"文件历史记录"实用程序的一部分。在 Windows 8.1 和 8.0 中，请使用以下路径：

控制面板>文件历史记录>打开

您需要指定"文件历史记录"的备份位置。可以使用网络位置或其他内部或外部物理驱动器。备份数据可能需要一些时间，因此，最好是在计算机和网络利用率较低的时间执行备份工作。单击"高级"设置更改备份参数。

3. Windows 防火墙

防火墙可以选择性地拒绝到计算机或网段的流量。防火墙的工作方式通常是打开和关闭各种应用使用的端口。通过在防火墙上仅打开所需的端口，您可实施严格的安全策略。任何未经明确允许的数据包将被拒绝。相反，如果没有明确地拒绝访问，许可安全策略将允许通过所有端口的访问。以前，软件和硬件都随附有许可设置。用户忘记配置其设备时，默认的许可设置会将许多设备暴露给攻击者。现在大多数设备都随附了尽可能严格的设置，同时仍允许您轻松进行设置。

可通过两种方式完成 Windows 防火墙的配置。

- **自动**：提示用户对主动提供的请求保持阻止、解除阻止或稍后询问我。这些请求可能来自以前未配置的合法应用或已感染了系统的病毒或蠕虫。

■ **管理安全设置**：用户手动添加网络中正在使用的应用所需的程序和端口。

要想允许程序通过 Windows 7 中的 Windows 防火墙进行访问，请使用以下路径：

控制面板>Windows 防火墙>允许程序或功能通过 Windows 防火墙>更改设置>允许其他程序…

要想允许程序通过 Windows Vista 中的 Windows 防火墙进行访问，请使用以下路径：

控制面板>安全中心>Windows 防火墙>更改设置>继续>例外>添加程序

要想允许程序通过 Windows 8.0 和 8.1 中的 Windows 防火墙进行访问，请使用以下路径：

控制面板>Windows 防火墙>允许应用或功能通过 Windows 防火墙>更改设置>允许另一个应用…

如果您想使用不同的软件防火墙，需要禁用 Windows 防火墙。

要在 Windows 7 中禁用 Windows 防火墙，请使用以下路径：

控制面板>Windows 防火墙>打开或关闭 Windows 防火墙>关闭 Windows 防火墙（不推荐）>确定

要在 Windows Vista 中禁用 Windows 防火墙，请使用以下路径：

控制面板>安全中心>Windows 防火墙>打开或关闭 Windows 防火墙>继续>关闭（不推荐）>确定

要在 Windows 8.1 和 8.0 中禁用 Windows 防火墙，请使用以下路径：

控制面板>Windows 防火墙>打开或关闭 Windows 防火墙>关闭 Windows 防火墙（不推荐）>确定

4. 维护账户

企业的员工通常需要不同的数据访问级别。例如，经理和会计师是企业中唯一拥有工资文件访问权的员工。

可以按照职位要求对员工进行分组，并根据组权限授予文件访问权。此流程有助于管理员工的网络访问权。为需要短期访问的员工设置临时账户。封闭式管理网络访问可以帮助您限制可能允许病毒或恶意软件进入网络的漏洞区域。

终止员工访问

员工离开企业时，应立即终止其对网络中数据和硬件的访问权限。如果之前的员工将文件存储在服务器上的个人空间中，请通过禁用账户来取消访问权限。如果该员工的替代者需要访问应用和个人存储空间，您可以重新启用该账户并将名称改为新员工的名称。

Guest 账户

临时员工和来宾可能需要访问网络。例如，来宾可能需要访问网络中的电子邮件、Internet 和打印机。这些资源可供称为 Guest 的特殊账户使用。当来宾出现时，可以将他们分配到 Guest 账户。没有来宾时可以禁用此账户，直到下一个来宾到来。

某些来宾账户如同顾问或财务审计师一样需要对资源进行大量的访问。仅在完成工作所需的时间内允许此类访问。

如图 12-20 所示，在 Windows 8.1 中，要配置计算机上的所有用户和组，请打开"本地用户和组管理器"。在 Windows 的所有版本中，在搜索框中键入 lusrmgr.msc 或运行命令实用程序。

登录时间

您可能想让员工仅在特定的时间内登录（例如上午 7 点到下午 6 点）。一天内的其他时间则禁止登录。

登录尝试失败

您可能想配置一个阈值，从而限制允许用户尝试登录的次数。在 Windows 中，默认情况下尝试登录失败的次数设置为零，也就是说，更改此设置之前不会拦截该用户。

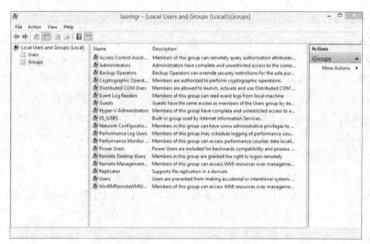

图 12-20　本地用户和组管理器

空闲超时和屏幕锁定

员工离开工作场所时，可能注销了计算机，也可能没有注销。因此，配置会自动注销用户并在指定时间内锁定屏幕的空闲计时器是最佳安全做法。用户必须重新登录才能解锁屏幕。

5. 管理用户

管理员的一项定期维护任务是在网络中创建和删除用户、更改账户密码或更改用户权限。

管理本地用户账户时，可执行以下操作：

- 创建本地用户账户；
- 重置本地用户账户密码；
- 禁用或激活本地用户账户；
- 删除本地用户账户；
- 重命名本地用户账户；
- 将登录脚本指定给本地用户账户；
- 将主文件夹指定给本地用户账户。

有两种工具可用于完成这些任务。

- **用户账户控制（UAC）**：用此工具添加、删除或更改个人用户属性。以管理员身份登录时，请使用 UAC 来配置各种设置，防止恶意代码获取安全管理特权。
- **本地用户和组管理器**：可用于创建和管理在计算机上本地存储的用户和组。

注意：　您必须拥有管理用户的管理员特权。

要打开 UAC，请使用以下路径：

控制面板>用户账户>管理另一个账户

要打开本地用户和组管理器，请使用以下路径：

控制面板>管理工具>计算机管理>本地用户和组

通过使用本地用户和组，您可以限制用户和组的功能，通过为他们指定权利和权限来执行某些操作。一项权利可授权用户在计算机上执行某些操作，例如备份文件和文件夹或关闭计算机。权限是与对象（通常是文件、文件夹或打印机）有关的规则，而且权限规定哪些用户可以访问该对象，以及以什么方式访问。

在"本地用户和组"窗口中，双击"用户"。有两个内置账户。

- **Administrator**：默认情况下已禁用此账户。启用此账户后，它可完全控制计算机，而且可以根据需要将用户权限和访问控制权限分配给用户。Administrator 账户是计算机上 Administrators 组的成员。无法从 Administrators 组中删除或移除 Administrator 账户，但是可以重命名或禁用该账户。
- **Guest**：默认情况下已禁用此账户。没有计算机账户的用户可使用此账户。默认情况下，该账户不需要密码。它是默认 Guests 组的成员，允许用户登录计算机。

图 12-21 显示了通过本地用户和组管理器访问的内置账户。

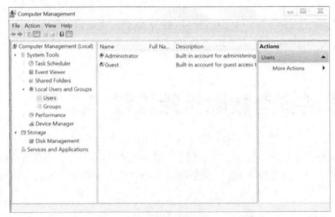

图 12-21　显示当前的用户——内置账户

要添加用户，请单击"操作"菜单，并选择"新用户"。"新用户"窗口打开。您可在此窗口中指定用户名、全名、描述和账户选项。

双击用户或右键单击并选择"属性"，打开用户属性窗口。创建用户后，此窗口允许您更改已定义的用户选项。此外，它还允许您锁定账户。此窗口还允许您使用"成员"选项卡将用户分配到组，或使用"配置文件"选项卡控制用户可以访问的文件夹。

注意：　　还有一个称为"高级用户"的重要账户类型。此账户拥有管理员的大多数权利（例如安装程序或更改防火墙设置），但出于安全原因，此账户缺少管理员的某些特权。

---

6. 管理组

为了简化管理，可以将用户指定到组。

管理本地组时，可执行以下操作：

- 创建本地组；
- 将成员添加到本地组；
- 确定本地组的成员；
- 删除本地组；
- 创建本地用户账户。

要打开本地用户和组管理器，请使用以下路径：

控制面板>管理工具>计算机管理>本地用户和组

在"本地用户和组"窗口中，双击"组"。有许多内置的可用组。但是，三个最常用的组如下。

- **Administrators**：此组的成员可完全控制计算机，并且可以根据需要将用户权限和访问控制权限分配给用户。Administrator 账户是此组的默认成员。由于此组可完全控制计算机，所以将用户添加到此组时请谨慎。

- **Guest**：此组的成员会在登录时创建一个临时配置文件，同时在成员注销时会删除该配置文件。Guest 账户（默认情况下已禁用）也是此组的默认成员。
- **Users**：此组的成员可执行常见的任务，例如运行应用、使用本地和网络打印机以及锁定计算机。但成员不能共享目录或创建本地打印机。

注意一点很重要，以 Administrators 组成员的身份运行计算机会使系统易受特洛伊木马和其他安全漏洞的攻击。建议您仅将域用户账户添加到 Users 组（而非 Administrators 组）以执行日常任务，包括运行程序和访问 Internet 网站。需要在本地计算机上执行管理任务时，请使用"以管理员身份运行"，使用管理凭据启动程序。

要创建新组，请单击"操作"菜单并选择"新组"。或者，也可以右键单击"组"并选择"新组..."，打开"新组"窗口。您可以在此处创建新组并将用户分配到新组。

12.4 基本的安全故障排除流程

采用故障排除流程来识别和纠正安全问题将有助于技术人员保持管理数据和设备并减轻对数据和设备的威胁的一致性方法。了解一些常见的安全问题和解决方案可以加快故障排除流程。

12.4.1 对安全问题应用故障排除流程

使用故障排除过程有助于解决安全问题。这些问题包括简单问题（例如防止他人的窥探）和较为复杂的问题（例如从多个联网计算机中手动删除感染的文件）。使用故障排除步骤作为指导可帮助您诊断和修复问题。

1. 识别问题

计算机技术人员必须能够分析安全威胁并找到适当的方法来保护资产和修复损坏。故障排除过程中的第一步是识别问题。

表 12-12 显示了需要向客户询问的开放式和封闭式问题的列表。

表 12-12	步骤 1：识别问题
开放式问题	■ 故障时什么时候开始的？ ■ 您遇到了什么故障？ ■ 您最近访问过什么网站？ ■ 您的计算机上安装了哪些安全软件？ ■ 还有谁最近使用过您的计算机？
封闭式问题	■ 您的安全软件是否为最新的？ ■ 您最近是否扫描过计算机病毒？ ■ 您是否打开过来自可疑电子邮件的任何附件？ ■ 您最近是否更改了您的密码？ ■ 您是否共享了您的密码？

2. 推测潜在原因

与客户交谈后，就可以推测问题的潜在原因。您可能需要根据客户的症状描述来开展其他内部或外部研究。

表 12-13 显示了一些导致安全问题的常见潜在原因列表。

表 12-13	步骤 2：推测潜在原因
安全故障的常见原因	■ 病毒 ■ 特洛伊木马 ■ 蠕虫 ■ 间谍软件 ■ 广告软件 ■ 灰色软件或恶意软件 ■ 网络钓鱼方案 ■ 密码被猜出 ■ 未受保护的设备间 ■ 不安全的工作环境

3. 验证推测以确定原因

推测出可能导致错误的一些原因后，可以验证推测以确定问题原因。如果某个快速程序的确纠正了问题，您可以开始检验完整系统功能的步骤。如果快速程序未能纠正问题，则需要进一步研究问题，以确定确切的原因。

表 12-14 中显示了可帮助您确定确切问题原因，甚至可帮助纠正问题的快速程序列表。

表 12-14	步骤 3：验证推测以确定原因
确定原因的常见步骤	■ 网络连接断开 ■ 更新病毒和间谍软件签名 ■ 使用保护软件扫描计算机 ■ 检查计算机的最新操作系统补丁和更新 ■ 重新启动计算机或网络设备 ■ 以管理用户的身份登录，更改用户密码。 ■ 确保设备间的安全 ■ 确保工作环境的安全 ■ 实施安全策略

4. 制定行动方案，解决问题并实施解决方案

确定了问题的确切原因后，可制定行动计划来解决问题并实施解决方案。

表 12-15 中显示您可以用于收集更多信息以解决问题的一些信息来源。

表 12-15	步骤 4：制定行动方案，解决问题并实施解决方案
如果上一步骤没有解决问题，则需要进一步调查以实施解决方案	■ 支持人员修复手册 ■ 其他技术人员 ■ 制造商常见问题网站 ■ 技术网站 ■ 新闻组 ■ 计算机手册 ■ 设备手册 ■ 在线论坛 ■ Internet 搜索

5. 检验完整的系统功能，如果适用，并实施预防措施

纠正问题后，请检验完整的系统功能，如果适用，并实施预防措施。

表 12-16 中显示了用于检验解决方案的步骤列表。

表 12-16	步骤 5：检验完整的系统功能，如果适用，并实施预防措施
检查完整功能	■ 重新扫描计算机，确保没有病毒 ■ 重新扫描计算机，确保没有间谍软件 ■ 检查安全软件日志，确保没有问题残留 ■ 检查计算机最新操作系统补丁和更新 ■ 测试网络和 Internet 连接 ■ 确保所有应用都能正常工作 ■ 检验到授权资源（例如共享打印机和数据库）的访问 ■ 确保条目安全 ■ 确保实施了安全策略

6. 记录调查结果、措施和结果

在故障排除流程的最后一步，您必须记录您的调查结果、措施和结果。

表 12-17 中显示了记录问题和解决方案所需的任务列表。

表 12-17	步骤 6：记录调查结果、措施和结果
记录调查结果、措施和结果	■ 与客户讨论已实施的解决方案 ■ 让客户确认问题是否已解决 ■ 为客户提供所有书面材料 ■ 在工单和技术人员日志中记录为解决问题而执行的步骤 ■ 记录任何用于修复的组件 ■ 记录解决问题所用的时间

12.4.2 常见的安全问题和解决方案

了解针对干扰计算机和网络系统的较为常见的问题的解决方案使得技术人员能够在问题出现时更好地做出准备。虽然没有针对现有漏洞的全面修复方案，但准备解决问题的一个良好的步骤是拥有解决问题所需的知识储备并做好准备。

1. 识别常见问题和解决方案

安全问题可归因于硬件、软件或连接问题，或者这三种问题的组合。与其他问题相比，有些类型的安全问题要更为常见。

表 12-18 是一些常见的安全问题和解决方案。

表 12-18 　　　　　　　　　　　　　　常见问题和解决方案

问 题 症 状	问 题 原 因	问题的解决方案
尽管使用了 128 位 WEP 加密，无线网络还是遭到了攻击	黑客发布了通用无线入侵工具来破解加密	■ 升级到 WPA 加密 ■ 为不支持 WPA 的旧客户端添加 MAC 地址过滤
一个用户每天收到数百封或数千封垃圾电子邮件	网络未针对垃圾邮件发送者攻击的电子邮件服务器提供检测或保护服务	安装防病毒软件或可从电子邮件收件箱删除垃圾邮件的电子邮件软件程序
发现身份不明的打印机维修人员在键盘下和桌面上查看内容	没有适当地监控访客或用来进入大楼的用户凭据被盗取	■ 联系安保人员或警察 ■ 建议用户切勿在他们的工作区附近隐藏密码
在网络上发现未经授权的无线接入点	为了增加公司网络的无线覆盖范围，用户添加了一个无线接入点	■ 断开并没收未经授权的设备 ■ 对负责此安全漏洞的人员予以处分，以此贯彻实施安全策略
携带闪存驱动器的用户使网络中的计算机感染病毒	闪存驱动器感染了病毒，当网络计算机访问它时，病毒防护软件没有对其进行扫描	设置病毒防护软件，使其在访问数据时扫描可移动介质
显示一条安全警报	■ Windows 防火墙已关闭 ■ 病毒定义已过期 ■ 检测到恶意软件	■ 打开 Windows 防火墙 ■ 更新病毒定义 ■ 扫描计算机，以删除所有恶意软件
Windows 更新失败	■ 下载的更新已损坏 ■ 更新所需的上一个更新尚未安装	■ 手动下载更新并安装它 ■ 使用系统还原功能将计算机还原到尝试更新之前的状态 ■ 从备份中还原计算机
系统文件已重命名，应用崩溃，文件消失，或文件权限发生更改	计算机有病毒	■ 使用防病毒软件删除病毒 ■ 从备份中还原计算机
您的电子邮件联系人报告来自您的地址的垃圾邮件	您的电子邮件已被黑客劫持	■ 更改您的电子邮件密码 ■ 请与电子邮件服务支持人员联系，以重置该账户

12.5 总结

本章讨论了计算机安全，以及保护计算机设备、网络和数据的重要性。

本章描述了与数据和物理安全相关的威胁、程序和预防性维护，以帮助您保持计算机设备和数据的安全。

本章要记住的一些重要概念如下。

- 安全威胁可能来自组织内部或外部。
- 病毒和蠕虫是攻击数据的常见威胁。
- 制定和维护安全计划，以保护数据和物理设备不受损失。
- 利用补丁和服务包保持操作系统和应用为最新的和安全的。

检查你的理解

您可以在附录中查找下列问题的答案。

1. 技术人员将在 Windows 的什么位置为临时工配置访客账户？

   A. BIOS
   B. 设备管理器
   C. 本地用户和组
   D. Windows 防火墙

2. 哪三个规则可以提高密码的强度级别？（选择三项）

   A. 密码应永不过期
   B. 密码应是大小写字母、数字和特殊字符的组合
   C. 密码应结合用户的特殊日期和姓名中的首字母，使其包含字母数字
   D. 密码应在特定的一段时间之后由用户进行更改
   E. 应实施密码重新使用和锁定策略
   F. 密码应简短，以降低客户忘记密码的概率

3. 哪个是社会工程的示例？

   A. 计算机显示未经授权的弹出窗口和广告软件
   B. 计算机被特洛伊木马所携带的病毒所感染
   C. 匿名程序员将 DDoS 攻击定向到数据中心
   D. 不明身份者声称是从员工处收集用户信息的技术人员

4. 以下哪一项是实现物理安全性的示例？

   A. 在每台计算机上建立个人防火墙
   B. 对存储在服务器上的所有敏感数据进行加密
   C. 要求员工在进入安全区域时使用密钥卡
   D. 确保所有操作系统和防病毒软件为最新状态

5. 哪项安全技术允许安全访问位于小型办公室中的服务器，而无需实施 DMZ 或购买硬件防火墙？

   A. 对所有无线设备实施散列编码
   B. 实施 MAC 地址过滤
   C. 实施端口转发
   D. 在所有无线接入点实施基本安全

6. 技术人员发现一名员工将一台未经授权的无线路由器连接到公司网络，以便其可以在外休息时也

能使用 WiFi。技术人员立即将此情况报告给主管。公司应采取哪两项措施来应对这一情况？（选择两项）

   A. 为该员工创建在办公楼之外使用的访客账户

   B. 将经授权的无线接入点添加到网络，为该员工扩展覆盖范围

   C. 确保无线路由器不广播 SSID

   D. 立即从网络中删除该设备

   E. 查阅公司的安全策略，以决定对该员工采取什么措施

7. 哪项措施可用来确定主机是否在网络上受到危害并且正在溢出流量？

   A. 在主机上先拆下然后重新连接硬盘驱动器接头

   B. 将主机与网络断开

   C. 检查主机硬盘驱动器是否有错误和文件系统问题

   D. 在主机上的设备管理器中检查是否有设备冲突

8. PC 维修人员何时希望部署空闲超时功能？

   A. 用户插入介质并运行未经公司认可的应用时

   B. 用户离开办公桌，但仍保持登录时

   C. 用户播放音乐 CD，并使其在用户下班后一直播放时

   D. 用户浏览 Internet 而不工作时

9. 出于安全考虑，网络管理员需要确保本地计算机无法彼此 ping 通。可使用哪项设置完成此任务？

   A. 智能卡设置　　　　　　　　　　B. 防火墙设置

   C. MAC 地址设置　　　　　　　　　D. 文件系统设置

10. 特洛伊木马恶意软件的最佳描述是什么？

   A. 它是最容易检测到的恶意软件形式

   B. 它是只能通过 Internet 进行散布的恶意软件

   C. 它是导致烦人但不严重的计算机问题的软件

   D. 它看起来是有用的软件，但却隐藏着恶意代码

11. 支持技术人员在系统上排除安全问题时，先应执行哪项操作，然后再记录调查发现并关闭故障单？

   A. 在安全模式下启动系统　　　　　　B. 从网络中断开系统

   C. 确保所有应用程序都工作　　　　　D. 询问客户遇到了什么问题

12. 哪个安全威胁被安装在计算机上并且不为用户所知，这种威胁可监控计算机的活动？

   A. 广告软件　　　　　　　　　　　　B. 病毒

   C. 蠕虫　　　　　　　　　　　　　　D. 间谍软件

13. 计算机可以成功地 Ping 到本地网络之外，但无法访问任何万维网服务。此问题最可能的原因是什么？

   A. Windows 防火墙正在阻拦端口 80　　B. 默认情况下，Windows 防火墙阻拦端口 23

   C. 计算机网络接口卡有故障　　　　　D. BIOS 或 CMOS 设置正在阻拦 Web 访问

14. 为了确保计算机上的防病毒软件可以检测和清除最新病毒，必须执行什么操作？

   A. 定期下载最新的签名文件

   B. 计划每周进行一次扫描

   C. 使用 Windows 任务管理器计划防病毒更新

   D. 按照防病毒制造商网站上的防火墙配置指南进行操作

15. 本地用户备份其他用户的文件时需要哪个级别的 Windows 安全权限？

   A. 写入　　　　　　　　　　　　　　B. 更改

   C. 完全控制　　　　　　　　　　　　D. 读取

第 13 章

IT 专业人员

学习目标

通过完成本章的学习，您将能够回答下列问题：

- 为什么良好的沟通技巧和专业行为很重要；
- 从事计算机技术工作有道德和法律方面的问题吗；
- 什么技术可用于让顾客专注于他们需要注意的问题；

- 沟通与故障排除之间的关系是什么；
- 什么是良好的压力和时间管理技术；
- 什么是呼叫中心环境，技术人员的责任是什么。

IT 专业人员为了能够有效地工作，需要的不仅仅是专业技能。沟通技巧、问题解决、团队合作以及规划能力也同样重要，甚至在某些情况下，它们比仅仅具有专业技能更有必要。

学习在 IT 行业工作所需要的专业技术知识仅仅是成为一名成功的 IT 专业人员必需的一个方面；但是，这项工作需要的不仅仅是技术知识。IT 专业人员必须熟悉本行业固有的法律和道德问题。当您与每个客户在现场、办公室或在呼叫中心通过电话进行交流接洽期间，必须考虑到隐私和保密性问题。

如果您成为维修中心技术人员，尽管可能不会直接与客户进行交流，但您会访问其私人和机密数据。本章讨论一些常见的法律和道德问题。

呼叫中心技术人员完全通过电话与客户沟通。本章介绍一般的呼叫中心工作过程以及与客户交流的流程。

作为 IT 专业人员，您需要排除计算机故障并对其进行修复，而且您将与客户和同事经常进行沟通。实际上，故障排除不仅需要了解如何修复计算机，还要了解如何与客户沟通。在本章中，您将学习如何像使用螺丝刀那样自信地使用良好的沟通技能。

13.1 沟通技能和 IT 专业人员

这一部分提出了在与客户共事时恰当的沟通技巧。作为一名技术人员，有必要探索这些主题，因为它会影响客户服务。发展友好关系并与客户建立专业关系，将有利于提高您的信息收集能力和问题解决能力。

13.1.1 沟通技能、故障排除和 IT 专业人员

与企业各级人员（从 IT 人员到 CEO）进行良好沟通的能力非常重要，这种能力在面向客户的角色（例如通过工作台和呼叫中心提供帮助的人员）中也同样重要。无论您是在对计算机问题进行故障

排除还是在管理一个团队，了解如何与企业各级人员进行良好的交流沟通非常重要。您需要熟练掌握解释问题、向他人说明解决方案以及有效管理团队的能力。这一部分将讲解与企业内部和外部的客户合作共事所需的恰当的沟通技巧。

1. 沟通技能和故障排除之间的关系

想一想您需要打电话请维修人员修理东西时的情景。对您来说这是不是就像一个突发事件？假如您对维修人员的印象不好。您会打电话再请同一个人来解决问题吗？

假如您对维修人员的印象很好。那位维修人员会听您解释问题，然后问您几个问题以获取更多信息。您会打电话再请那位维修人员来解决问题吗？

技术人员良好的沟通技能为故障排除过程提供帮助。发展友好关系并与客户建立专业关系，将有利于提高您的信息收集能力和问题解决能力。培养良好的沟通和故障排除技能需要时间和经验。随着您的硬件、软件和操作系统知识不断增加，您快速确定问题和找到解决方案的能力也会提高。同一原则也适用于培养沟通技能。您练习良好的沟通技能次数越多，那么与客户交流时就会变得越高效。使用良好的沟通技能且经验丰富的技术人员在就业市场中始终炙手可热。

要排除计算机故障，您需要从客户那里了解问题的详细信息。需要修复计算机问题的大多数人可能都会感到紧张。如果您与客户建立了良好的关系，客户可能会放松一些。放松的客户更容易提供您所需要的信息，以确定问题的来源并解决问题。

直接与客户交谈通常是修复计算机问题的第一步。作为技术人员，您还可以采用多个沟通和研究工具。所有这些资源都有助于您收集故障排除流程的信息。

2. 沟通技能和专业行为之间的关系

无论您是在电话里与客户沟通还是见面沟通，良好的沟通技能和专业的自我表现都至关重要。

如果您与客户当面沟通，客户可以看到您的肢体语言。如果您使用电话与客户交谈，客户可以听到您的语气和音调变化。客户还可以感觉到您与他们进行电话交谈时是否在微笑。许多呼叫中心技术人员都会在桌子上放一面镜子，以查看他们面部表情。

成功的技术人员在面对不同的客户时会控制他们的反应和情绪。每接到一个新的客户来电就是一个新的开始，这是所有技术人员需要遵循的金科玉律。不要让一次呼叫的挫败影响到下一次呼叫。

13.1.2　与客户交流

客户通常会因为正面临着系统问题而向计算机技术人员寻求支持。在提供体贴周到、关怀尊重、设身处地的积极的客户体验时，确定问题是技术人员的职责所在。聆听是沟通中一个必不可少的组成部分。请确保您在专心地聆听。这一部分将讨论如何识别客户类型并与客户联系以提供质量支持。

1. 使用沟通技能确定客户问题

技术人员的首要任务之一是确定客户面临的计算机问题类型。

在交谈开始时记住以下三条规则。

- **熟悉**：称呼客户的姓名。
- **联系**：在您与客户之间建立一对一的联系。
- **了解**：确定客户的计算机知识水平，以确定与客户进行沟通的最佳方式。

为此，请练习主动聆听技能。让客户把情况描述完整。在客户说明问题时，时不时地插入一些小词或短语，例如"我懂了"、"是的"、"我明白了"或"没问题"。这么做会让客户觉得您会帮助他，而且您正在仔细聆听。

但是，技术人员不应用问题或陈述打断客户。这是不礼貌的、失礼的，并且会让气氛变得紧张。在谈话中，有许多时候您可能会发现别人话还没讲完自己就已经考虑要说的话了。如果您这样做就不会认真聆听客户的讲话。相反，在客户讲话时要细心聆听并让他们讲完自己的想法。

听客户解释完整个问题后，请对其描述进行总结。这有助于让客户确信您已听明白客户的陈述并了解了情况。理清问题的一个出色做法是通过开门见山地说"我想您的意思是……"来解释客户的话。这是一种非常有效的手段，可向客户表明您听取并了解了情况。

让客户确信您了解了问题后，您可能需要追问一些问题。确保这些问题是相关的。不要提问客户在说明问题时已经给出答案的问题。这么做只会让客户感到不快，并显示出您没有认真听。

追加问题应该是根据您已收集到的信息而提出的有针对性的封闭式问题。封闭式问题应该侧重于获取特定信息。客户应该能够以简单的"是"或"否"或者以实际的回应（例如"Windows 8.1"）来回答封闭式问题。使用您从客户那里收集的所有信息完成工单。

2. 展示与客户沟通的专业行为

与客户交流时，有必要在您所扮演的角色的各方面都表现出专业性。您必须给予客户尊重和及时的关注。在打电话时，您务必要了解如何让客户等候呼叫，以及如何在不错过这次呼叫的情况下转接客户呼叫。

与客户交流时要积极。告诉客户您能做些什么。不要侧重于您不能做什么。随时准备向客户介绍可供选择的帮助方式，例如用电子邮件发送信息和分步说明，或使用远程控制软件解决问题等。

表 13-1 概述了让客户等候呼叫之前应遵循的流程。

表 13-1　　　　　　　　　　如何让客户持机等待

建　议	不　建　议
让客户解释完问题	打断客户
向客户说明您不得不让客户持机等待，并解释原因。请求客户允许持机等待	让客户持机等待，而不解释原因
征得同意后，感谢客户并告诉客户您将仅离开几分钟。解释您在此期间会做什么	未经过客户的同意，让客户持机等待
如果持机等待后，重新联系客户的时间比预期的要长，请确保及时更新客户状态并预估下一次呼叫时间	认为您的时间比客户的时间宝贵
尝试解决问题时，始终感谢客户给予的耐心	认为您的时间比客户的时间宝贵

表 13-2 概述了转接呼叫的流程。

表 13-2　　　　　　　　　　如何转接呼叫

建　议	不　建　议
让客户完成陈述	打断客户
说明您必须转接呼叫，并告诉客户转接给谁以及转接的原因	突然转接呼叫 转接呼叫而未向新技术人员提供信息
询问客户是否可以立即转接呼叫。征得同意后，开始转接	未经解释也未经客户同意便进行转接
告诉客户您要将呼叫转接到哪个号码。将您的姓名、申请单号和客户姓名告诉新技术人员	转接呼叫而未向新技术人员提供信息

它与等候呼叫类似，只有很小的差别。与客户交流时，解释您不应该做的事有时会容易得多。下面列出了与客户交谈时不应该做的事：

- 不要轻视客户的问题；
- 不要使用行话、缩写、首字母缩略词和俚语；
- 不要使用消极的态度或语调；
- 不要与客户争论，也不要变得很有防备心；
- 不要讲不顾及文化差异的话；
- 不要在社交媒体上公开与客户的任何经历；
- 不要对客户妄下判断或横加污蔑，也不要直呼其名；
- 与客户交谈时，避免干扰并且不要打断客户的谈话；
- 与客户交谈时，不要接打私人电话；
- 与客户交谈时，不要与同事谈论无关的话题；
- 避免不必要的通话中断或突然中断；
- 不要在没有解释转接原因和未经客户同意的情况下转接呼叫；
- 不要向客户谈论对其他技术人员的负面评价。

3. 让客户始终专注于问题

在通话过程中让客户保持专注是您的职责。使客户专注于问题时，您就可以掌控通话。这样可以充分利用您和客户的时间。不要做任何个人评价，不要对评论或批评进行反驳。如果您冷静面对客户，寻找问题的解决方案将始终是通话的焦点。

正如计算机问题多种多样，客户的类型也是多种多样。与不同类型的难应付的客户进行交流有多种策略。下列表格描述了不同的问题客户类型，但它们并不全面。通常客户会表现出同时具有几种特质，但是下面这些意在帮助技术人员识别客户所表现出的特质。识别这些特质有助于您对通话进行相应的管理。

滔滔不绝的客户

在通话期间，滔滔不绝的客户会讨论除问题外的所有话题。此类客户通常将通话作为社交机会。让滔滔不绝的客户专注于问题可能很难。表 13-3 概述了如何应对滔滔不绝的客户。

表 13-3　　　　　　　　　　　　　　应对滔滔不绝的客户

建　　议	不　建　议
让客户说一分钟 尽可能多地收集与问题相关的信息 礼貌地插话，让客户将注意力重新集中在问题上。对于从不打断客户的规则来说，这是一个例外 重新获得通话的控制权后，根据需要询问尽可能多的封闭式问题	通过询问社交性的问题鼓励与故障无关的对话，例如"今天过得怎么样？"

无礼的客户

无礼的客户会在通话过程中不断抱怨，并且通常会对产品、服务和技术做出一些负面评价。此类客户有时会恶语相向、毫不配合，并且常会愈演愈烈。表 13-4 概述了如何应对无礼的客户。

表 13-4 应对无礼的客户

建 议	不 建 议
仔细倾听，因为您不能指望客户重复任何信息 按照分步式方法确定和解决问题 如果客户有偏好的技术人员，请尝试与该技术人员联系，确定他们是否可以接听来电。例如告知客户"我可以立即帮助您，也可以看看（首选技术人员）是否有空。他们在两小时后有空。 您能接受吗？"如果客户想等待另一位技术人员，请在申请单中记录下来 为等待时间和带来的不便表示抱歉，即使没有等待时间也要如此 重申您会尽快解决客户的问题	让客户执行任何显而易见的操作步骤（如果您可以在没有客户帮助的情况下确定问题） 粗鲁地对待客户

愤怒的客户

愤怒的客户讲话很大声，并且通常在技术人员讲话时要抢着说。愤怒的客户经常因出了问题而感到沮丧，并且他们对需要打电话找人维修感到焦躁不安。

表 13-5 概述了如何应对愤怒的客户。

表 13-5 应对愤怒的客户

建 议	不 建 议
即使客户很生气，也要让客户说出他们的问题而不要打断他们。这样可以在您继续沟通前让客户宣泄一下他们的怒气 对客户的问题表示同情 为客户的等待和为客户带来的不便表示道歉	让客户等待或转接呼叫（如果可能的话） 将通话时间花费在讨论造成问题的原因上（相反，您应将对话重新引导到如何解决问题上）

经验丰富的客户

经验丰富的客户想要同与其计算机经验相当的技术人员交谈。此类客户通常会努力掌控通话，而且不想与一级技术人员从头谈论要解决的问题。

表 13-6 概述了如何应对经验丰富的客户。

表 13-6 应对经验丰富的客户

建 议	不 建 议
如果您是一级技术人员，可以尝试与二级技术人员建立通话 针对您尝试验证的内容，为客户提供整体方案	与此客户一起执行分步过程 让客户检查明显的问题，例如电源线或电源开关。例如，您可能建议重新启动

无经验的客户

无经验的客户在说明问题时存在困难。这些客户有时无法正确地按照指导来操作，并且无法传达他们遇到的错误。

表 13-7 概述了如何应对无经验的客户。

表 13-7 应对无经验的客户

建 议	不 建 议
使用一个简单的分步说明流程	使用行话
用浅显的术语	居高临下或轻视客户

4. 使用适当的网络礼仪

您是否浏览过这样的在线论坛，在那里有两三个成员停止讨论问题，开始相互辱骂？您是否想知道他们在现实中相互见面时是否也会说这样的话？或许您收到过没有问候语或完全采用大写字母书写的电子邮件。读这种内容时您会作何感受？

作为技术人员，您与客户的所有沟通都应该是专业的。对于电子邮件和文本交流，有一套称为网络礼仪的个人和商务礼仪规则。这里列出的是网络礼仪的基本规则。

- 保持亲切、礼貌。
- 在每封电子邮件的开头都要使用适当的问候语，即使是在反复往来的电子邮件中也是如此。
- 不要通过电子邮件发送连锁信。
- 不要发送或回复攻击性邮件，这是一种怀有敌意的在线互动。
- 使用混合大小写。大写被视为吼叫。
- 发布之前检查语法和拼写。
- 遵守道德规范。
- 不要用邮件发送或发布任何您不会当面对人说的话。

除了电子邮件和文本网络礼仪，还有一些适用于所有与客户和同事在线互动的通用规则：

- 尊重他人的时间；
- 共享专业知识；
- 尊重他人的隐私；
- 原谅他人的错误。

13.1.3 员工最佳实践

有效的计划使得预测问题和挑战并将它们转化为积极的机会成为可能。有效的时间管理对于压力更小的生活而言意义重大。本节将详述管理所有这些因素的各种技术。

1. 时间和压力管理技巧

作为技术人员，您是非常繁忙的。合理地使用时间和压力管理技巧对于您自身的健康而言至关重要。

工作站工作环境改造

工作区域的工作环境改造可能有助于您完成工作，也可能会给工作带来困难。由于您一天的大部分时间都在工作站度过，所以请确保良好的桌面布局。将耳机和电话放在容易够到和便于使用的地方。将您的椅子调整到舒适的高度。将您的计算机屏幕调整为舒适的角度，让您不必抬头或低头就能看到内容。确保您的键盘和鼠标位于方便的位置。您不应该弯曲手腕打字。如果可能，请努力使外部干扰（例如噪声）降至最低。

时间管理

为您的活动安排优先顺序很重要。确保您认真遵循公司的业务策略。公司策略可能规定您必须先接听"故障"呼叫，尽管它们可能更难解决。故障呼叫通常意味着服务器不工作，整个办公室或公司正在等待解决问题以恢复业务。

如果您需要回叫客户，请确保尽可能在接近回叫时间时进行此项工作。完成这些呼叫后，请保留回叫客户列表并逐个进行检查。这样做可确保您不会忘记某一个客户。

面对多个客户时，请不要为心仪的客户提供更快更好的服务。查看呼叫台时，不要只接听简单的客户呼叫。不要接听另一位技术人员的呼叫，除非您有权这么做。

请参见图 13-1 查看客户呼叫台的一个样例。

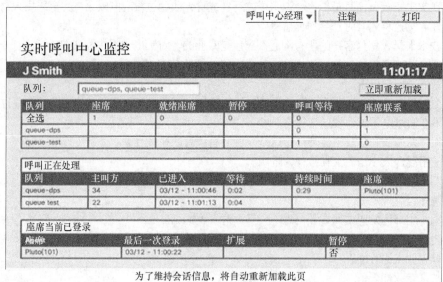

图 13-1　呼叫台

压力管理

在客户呼叫间隙抽出一些时间使自己镇定下来。每个呼叫都应与其他呼叫无关。不要让一次呼叫的挫败影响到下一次呼叫。

您可能需要做一些身体活动来缓解压力。偶尔起来溜达一会儿。做几个简单的伸展运动或挤压弹力球。如果可以，请休息片刻并努力放松。然后您会为接下来高效接听客户的呼叫做好准备。以下列出了一些放松方法。

- 练习放松呼吸：吸气—屏息—呼气—重复。
- 听舒缓的音乐。
- 按摩太阳穴。
- 休息片刻；快步走，或者爬楼梯。
- 吃点小点心（最好的是富含蛋白质的小点心）。
- 把周末的生活规划好。
- 避免咖啡、碳酸饮料和巧克力之类的刺激性食物。它们含有咖啡因，可能会增加压力。

2. 遵守服务级别协议

与客户交流时，遵守该客户的服务级别协议（SLA）至关重要。SLA 是一个定义组织和服务供应商之间合作预期的合同，旨在提供已商定好的支持级别。作为服务公司的员工，您的职责是尊重您与客户的 SLA。

SLA 通常是包含所有相关方责任和义务的一个法律协议。SLA 的一些内容通常包含以下内容：

- 响应时间保证（通常根据呼叫的类型和服务协议的级别）；
- 支持的设备和软件；
- 服务由哪里提供；
- 预防性维护；
- 诊断；
- 部件可用性（相同部件）；
- 成本和罚款；
- 提供服务的时间（例如，全天候或东部标准时间星期一至星期五上午 8 点到下午 5 点）。

图 13-2 展示了服务级别协议和一些标准部分的示例。

图 13-2　服务级别协议

有时，可能有 SLA 例外。一些例外可能包括客户的升级服务级别选项或将问题上报给管理人员查看选项。应在面对特殊情况时才向管理人员上报。例如，长期客户或大公司客户可能存在 SLA 指定参数之外的问题。在这些情况下，出于维护客户关系的原因，管理人员可会能选择为客户提供支持。

3. 遵循业务策略

作为技术人员，您应该知道所有与客户呼叫相关的所有业务策略。您不希望对留不住的客户做出承诺。还要充分了解管理员工的所有规则。

客户呼叫规则

这些是呼叫中心可能用于处理客户呼叫的规则示例：

- 呼叫的最长时间（示例：15 分钟）；
- 队列中的最长呼叫时间（示例：3 分钟）；

- 每天呼叫次数（示例：最少 30 次）；
- 将呼叫转移给其他技术人员（示例：只有在绝对必要时和经过该技术人员许可时）；
- 您可以向客户承诺什么，不可以向客户承诺什么（参阅该客户的 SLA 了解详细信息）；
- 何时遵循 SLA 以及何时上报给管理人员。

呼叫中心员工规则

还有涵盖员工一般日常活动的规则。

- 准时到达您的工作站并尽早做好准备工作，通常是在首个呼叫前大约 15 到 20 分钟。
- 不要超出允许的休息次数和时间。
- 呼叫台上有来电时，请不要休息或去吃午饭。
- 不要同其他技术人员在同一时间休息或去吃午饭（技术人员错开休息时间）。
- 不要离开正在进行的通话去休息、吃午饭或处理私人事务。
- 如果您不得不离开，请确保另一个技术人员在接听电话。
- 如果没有其他技术人员接听，请与客户协商，以确定是否能稍后回叫。

客户满意度

所有员工都应遵循以下规则，确保客户满意您的服务。

- 设置并满足合理的呼叫或预约时间线并就此与客户沟通。
- 尽早同客户沟通服务预期。
- 与客户沟通修复状态，包括对任何延迟的解释。
- 为客户提供不同的修复或更换选项（如果适用）。
- 为客户提供与所提供的全部服务有关的合适文档。
- 之后要跟进客户以确认满意度。

13.2 IT 行业的道德和法律问题

IT 人员会经常接触到与个人及公司的网络和系统有关的机密数据和知识。IT 专业人员在工作中需要面对许多道德决策和挑战，特别是涉及隐私问题时。

13.2.1 道德和法律注意事项

作为信息技术专业人员，学习道德和法律注意事项和学习技术能力同样重要。认识到在访问客户的个人和职业信息时需要履行的责任和道德义务，这一点尤为重要。

1. IT 行业的道德注意事项

与客户交流并处理其设备问题时，您应遵循某些通用的道德传统和法律规定。这些传统和规定通常会重复。

您应始终尊重您的客户及其财产。计算机和显示器就是财产，但财产还包括所有可访问的信息和数据，例如：

- 电子邮件；
- 电话列表；

- 计算机上的记录或数据；
- 桌面上的文件、信息或数据的硬拷贝。

访问计算机账户（包括管理员账户）前，要获得客户的许可。在故障排除流程中，您可能收集到了一些个人信息，例如用户名和密码。如果您要记录此类个人信息，必须做好保密工作。将客户信息泄露给其他人不仅是不道德的，而且可能会违法。客户信息中的法律细节通常包含在 SLA 中。

要特别谨慎，保持个人身份信息(PII)的机密性。PII 是可以识别个人身份的任何数据。NIST Special Publication 800-122 将 PII 定义为"由代理机构保管的有关个人的所有信息，包括（1）可用于辨别或跟踪个人身份的信息，例如姓名、社会安全号、出生日期和出生地、母亲的娘家姓或生物记录；以及（2）任何其他关联的或可与个人产生关联的信息，例如医疗、教育、财务和就业信息"。

PII 的示例包括（但不限于）：

- 姓名，例如全名、婚前姓、母亲的娘家姓或别名；
- 个人识别码，例如社会安全号（SSN）、护照号码、驾照号码、纳税人识别号、财务账户或信用卡号；
- 地址信息，例如街道地址或电子邮件地址；
- 个人特征，包括照片图像（尤其是面部或其他识别特征）、指纹、笔迹或其他生物特征辨识数据（例如视网膜扫描、语音签名、人脸识别）。

不要向客户发送未经请求的消息。不要向客户发送未经请求的群发邮件或连锁信件。不要发送伪造的或匿名的电子邮件。所有这些活动都被视为不道德，在某些情况下可能被视为非法。

2. IT 行业的法律注意事项

不同国家/地区和法律管辖区的法律有所不同，但以下行为通常都被视为非法。

- 在未得到客户允许的情况下，不允许对系统软件或硬件配置进行任何更改。
- 在未经允许的情况下，不允许访问客户或同事的账户、私人文件或电子邮件消息。
- 不允许违反版权、软件协议或适用法律来安装、复制或共享数字内容（包括软件、音乐、文本、图像和视频）。版权和商标法因州、国家/地区和区域的不同而有所不同。
- 不允许将客户的公司 IT 资源用于商业用途。
- 不允许将客户的 IT 资源提供给未经授权的用户。
- 不允许故意将客户的公司资源用于非法活动。犯罪或非法用途通常包括淫秽、儿童色情、威胁、骚扰、版权侵犯、互联网盗版、大学品牌价值侵犯、诽谤、盗窃、身份盗窃和未经授权的访问。
- 不允许共享敏感的客户信息。您需要保持此数据的机密性。

此列表并不详尽。所有企业及其员工必须了解和遵循运营区域的所有适用法律。

3. 许可

作为 IT 技术人员，您可能会遇到非法使用软件的客户。一定要了解常见软件许可证的用途和类型，这样能确定犯罪行为。您的职责通常包含在您公司的企业最终用户策略中。在所有情况下，您都必须遵循安全最佳做法，包括文档记录和监管链过程。

软件许可证是概述此软件的合法使用或重新分发的合同。大多数软件许可证允许最终用户使用软件的一个或多个副本。它们还指定最终用户的权利和限制。这样可以确保软件所有者的版权得到维护。在没有适当许可证的情况下使用许可软件是非法的。

个人许可证

大多数软件是被授予许可，而不是进行销售。某些类型的个人软件许可证规定了可以运行软件副本的计算机数量。其他许可证指定了可访问软件的用户数。大多数个人软件许可证只允许您在一台计算机上运行该软件。也有允许您将软件复制到多台计算机上的私人软件许可证。这些许可证通常会详细说明不能同时使用该软件的副本。

个人软件许可证的一个示例是最终用户许可协议（EULA）。EULA是软件所有者和单个最终用户之间的许可证。最终用户必须同意接受EULA的条款。有时接受EULA就像打开软件的CD包一样简单，或像下载并安装软件那样简单。在平板电脑和智能手机上更新软件时会出现同意EULA的常见示例。更新操作系统或安装、更新设备上的软件时，最终用户必须通过单击"我接受许可证条款"同意EULA，如图13-3所示。

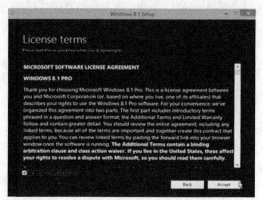

图13-3　最终用户许可协议

最终用户可以通过返回未打开的软件包，或出现提示时单击"我不接受"来拒绝EULA。

企业许可证

企业许可证是公司拥有的软件站点许可证。通常拥有企业许可证的公司会为员工支付款项来使用软件。此软件每次安装到另一个员工的计算机上时无需注册。有时，员工可能需要使用密码激活许可证的每个副本。

开源许可证和商业许可证

开源许可是软件的版权许可，允许开发人员修改和共享运行该软件的源代码。有时，开源许可证意味着软件对所有用户都是免费的。在其他情况下，这意味着您可以购买此软件。在这两种情况下，用户有权访问源代码。开源软件的一些示例包括Linux、WordPress和Firefox。

如果软件由不以盈利为目的的个人使用，此人将拥有此软件的个人许可证。个人软件许可证通常是免费的或价格低廉的。

如果一个人使用软件盈利，那么此人需购买商业许可证。商业软件许可证通常比个人许可证要贵。

数字版权管理

除了许可，还有帮助您控制非法使用软件和内容的软件。数字版权管理（DRM）软件旨在防止他人非法访问数字内容和设备。DRM供硬件和软件制造商、发布方、版权所有者和个人使用。他们使用DRM的目的是防止随意复制有版权的内容。这有助于版权所有者维护其对内容的控制，并在他人访问内容时向其收取费用。

13.2.2　合法程序概述

随着公司在业务的各个方面使用计算机和计算机网络，许多法律和道德问题逐渐显现。关于业务流程以及客户和员工的所有类型的数据都会被收集并存储起来。在刑事调查、审计和诉讼过程中，此类数据可能会被要求作为法律诉讼的一部分。本节将讨论出于法律目的进行处理数据的不同方法。

1. 计算机取证

在刑事调查中，可能需要收集和分析来自计算机系统、网络、无线通信和存储设备的数据。为此目的而对数据进行的收集和分析工作称为计算机取证。计算机取证的流程涉及IT和特定法律，以确保收集的所有数据可作为证据被法庭采纳。

根据国家/地区的不同，计算机或网络的非法使用可能包括：

- 身份盗窃；
- 使用计算机销售假冒商品；
- 在计算机或网络上使用盗版软件；
- 使用计算机或网络创建受版权保护的资料（例如电影、电视节目、音乐和电子游戏等）未经授权的副本；
- 使用计算机或网络销售受版权保护的资料未经授权的副本；
- 色情。

这不是一个详尽的列表。

执行计算机取证程序时，要收集两种基本类型的数据。

- **持久数据**：持久数据存储在本地驱动器（例如内部或外部硬盘驱动器或光驱）中。计算机关闭时，此数据保留。
- **易失性数据**：RAM、缓存和注册表包含易失性数据。在存储介质和 CPU 之间传输的数据也是易失性数据。必须了解如何捕获此数据，因为计算机关闭后此数据就会消失。

2. 网络法和第一响应

并没有一部称为网络法的法规。网络法是一个描述可影响计算机安全专业人员的国际、地区、国家/地区和州法律的术语。IT 专业人员必须了解网络法，以便了解其责任和义务，因为它与网络犯罪相关。第一响应是一个术语，用于描述那些有资格收集证据的人员所采用的官方程序。

网络法

网络法解释了可在哪些情况下从计算机、数据存储设备、网络和无线通信中收集数据（证据）。它们还可以指定收集该数据的方式。在美国，网络法主要由 3 部分组成：

- 窃听法；
- 禁用笔式拨号信息记录器和通讯信号捕获追踪设备法案；
- 存储电子通信法案。

IT 专业人员应了解其国家、地区或州的网络法。

第一响应

系统管理员（像执法人员一样）通常是潜在犯罪现场的第一响应者。如果有明显的非法活动，计算机取证专家会介入。

例行的管理任务可能会影响取证流程。如果未正确执行该取证流程，那么所收集的证据可能不会被法庭采纳。

作为现场或工作台技术人员，您可能是发现非法计算机或网络活动的人。如果发生这种情况，请勿关闭计算机。有关计算机当前状态的易失性数据可能包括正在运行的程序、开放的网络连接和已登录到网络或计算机的用户。此数据可帮助您确定安全事件的逻辑时间。它还有助于确定从事非法活动的人。计算机关闭时，此数据可能会丢失。

熟悉公司有关网络犯罪的政策。了解向谁呼叫，要做什么，（同样重要的是）不要做什么。

3. 记录和监管链

监管链能够使收集、保护和记录证据的过程方法合法化，以便能够证明其真实可靠。在法律诉讼中，使用证据是至关重要的。为确保监管链的保存完整而严谨，必须存有详细记录。

记录

系统管理员和计算机取证专家需要的记录非常详细。他们不仅要记录收集到了什么证据，还要记录证据是如何收集的，以及用到了哪些工具。事件记录应与取证工具输出使用一致的命名约定。为日志标记时间、日期和执行取证收集人员的身份。尽可能多地记录有关安全事件的信息。这些最佳做法为信息收集流程提供了审核线索。

即使您不是系统管理员或计算机取证专家，创建所有工作的详细文档也是一种良好的习惯。如果您在工作的计算机或网络中发现了非法活动，至少要记录以下内容：

- 访问计算机或网络的初始原因；
- 时间和日期；
- 连接到计算机的外围设备；
- 所有网络连接；
- 计算机所在的物理区域；
- 您找到的非法材料；
- 您目击的（或您怀疑已发生的）非法活动；
- 您在计算机或网络上已执行的操作流程。

第一响应者想要知道您做了什么和没做什么。您的记录可能成为犯罪起诉证据的一部分。如果您要对此记录进行添加和更改，通知所有利益相关方至关重要。

监管链

要使证据得到承认，必须通过验证。系统管理员可以证明所收集的证据。但从收集了证据到证据进入法庭审理程序之间的这段时间里，还必须能够证明此证据的收集方式，它储存在哪里，以及谁有权访问它。这称为监管链。为了证明监管链，第一响应者首先会以书面形式记录跟踪所收集证据的步骤。这些步骤还可以防止篡改证据，以便确保证据的完整性。

将计算机取证步骤与您的计算机和网络安全方法相结合，以确保数据的完整性。这些步骤会在网络出现漏洞的情况下帮助您捕获必要的数据。确保所捕获数据的可用性和完整性有助于您起诉入侵者。

13.3 呼叫中心技术人员

呼叫中心技术人员除了应具备技术技能外，还需要具有良好的书面表达和口头交流能力。本节将描述呼叫中心环境以及呼叫中心技术人员的职责。

13.3.1 呼叫中心、一级技术人员和二级技术人员

呼叫中心技术人员接听客户的电话，然后为他们分析、排除故障并解决技术问题。根据呼叫的类型，这些问题将由不同级别的技术人员通过提供从基本到中级的技术支持来进行处理。

1. 呼叫中心

呼叫中心环境通常是非常专业和快节奏的。客户来电是要获取特定计算机问题的帮助。呼叫中心的的典型工作流是显示在呼叫台上的客户呼叫。一级技术人员按照呼叫顺序应答这些来电。如果一级技术人员无法解决问题，问题会上报给二级技术人员。在所有情况下，技术人员必须提供客户 SLA 中概述的支持级别。

呼叫中心可能位于公司内，并向该公司的员工以及该公司产品的客户提供服务。或者，呼叫中心可能是一个向外部客户出售计算机支持服务的独立公司。无论是哪种情况，呼叫中心都是一个繁忙的

快节奏工作环境，通常每天 24 小时都会提供服务。

呼叫中心往往有大量的隔间。每个隔间有一把椅子、至少一台计算机、一部电话和一副耳机。在这些隔间中工作的技术人员具有不同的计算机经验级别，并且有些技术人员具备特定类型计算机、硬件、软件或操作系统方面的专长。

呼叫中心的所有计算机都有支持软件。技术人员使用此软件管理他们的许多工作职能。

表 13-8 显示了支持软件的一些功能。

表 13-8   **支持软件的功能**

记录并跟踪事件	该软件可以管理呼叫队列、设置呼叫优先级、分配呼叫和上报呼叫
记录联系人信息	该软件可以在数据库中存储、编辑和撤消客户名称、电子邮件地址、电话号码、位置、网站、传真号码和其他信息
研究产品信息	该软件可以为技术人员提供有关支持产品的信息，包括功能、限制、新版本、配置限制、已知漏洞、产品可用性、联机帮助文件链接和其他信息
运行诊断实用程序	该软件可以有多个诊断实用程序，包括远程诊断软件，借助该软件，技术人员坐在呼叫中心的桌子前就可以接管客户的计算机
研究知识库	该软件可能包含的知识数据库中有预先制定好的常见问题及其解决方案。随着技术人员添加他们自己的问题和解决方案记录，该数据库可能会增长
收集客户反馈	该软件可以收集有关对呼叫中心产品和服务满意度的客户反馈

每个呼叫中心都有关于呼叫优先级的业务策略。表 13-9 提供了一个如何命名、定义和确定呼叫优先级的示例图表。

表 13-9   **呼叫优先级**

名　　称	定　　义	优　先　级
关闭	公司无法运行其任何计算机设备	1（最紧急）
硬件	一个（或多个）公司的计算机无法正常运行	2（紧急）
软件	一个（或多个）公司的计算机遭遇软件或操作系统错误	2（紧急）
网络	一个（或多个）公司的计算机无法访问网络	2（紧急）
增强功能	公司已请求增加更多的计算机功能	3（重要）

2. 一级技术人员的职责

呼叫中心有时对一级技术人员的称呼有所不同。这些技术人员可能被称为一级分析师、调度员或事件分级人员。无论使用什么头衔，不同呼叫中心的一级技术人员的职责非常相似。

一级技术人员的主要职责是从客户那里收集相关信息。技术人员必须准确地将所有信息输入到申请单或工单中。以下是一级技术人员必须获取的信息类型示例。

- 联系人信息。
- 计算机的制造商和型号。
- 计算机使用的操作系统。
- 计算机使用交流电源还是直流电源。
- 计算机是否已接入网络？如果是，是有线连接还是无线连接？
- 问题发生时，是否正在使用特定应用。
- 最近是否安装了任何新的驱动程序或更新？如果有，包括哪些？
- 问题的描述。

■ 问题的优先级。

某些问题非常容易解决，一级技术人员通常可以处理这些问题，而无需将工单上报给二级技术人员。

通常某个问题需要级二级技术人员的专业知识。在这些情况下，一级技术人员必须用一两句简洁的语言编写客户的问题说明并输入到工单中。此说明非常重要，因为它有助于其他技术人员快速了解情况，而无需再询问客户同样的问题。

3. 二级技术人员的职责

与一级技术人员一样，呼叫中心有时对二级技术人员的称呼也有所不同。这些技术人员可能被称为产品专家或技术支持人员。在不同的呼叫中心，二级技术人员的职责通常是相同的。

二级技术人员在技术方面通常比一级技术人员知识更丰富，或者在公司工作的时间更长。无法在预定的时间内解决问题时，一级技术人员会准备一份上报的工单。二级技术人员收到包含问题说明的上报工单后回叫客户，以询问任何其他问题并解决该问题。

二级技术人员还可以使用远程访问软件连接到客户的计算机以更新驱动程序和软件、访问操作系统、检查 BIOS，并收集其他诊断信息以解决问题。

13.4　总结

在本章中，您了解了沟通技能和故障排除技能之间的关系。您还了解到要想成为成功的技术人员，需要将这两种技能相结合。您还了解了涉及计算机技术和客户财产的法律和道德问题。

本章的以下概念必须牢记。

■ 要成为成功的技术人员，您必须练习与客户和同事进行良好沟通的技能。这些技能与专业技术一样重要。

■ 您应始终在客户和同事面前表现出专业性。专业行为会增加客户的信心并增强您的可信度。您还应该学会如何识别难应付客户的典型特征，并学会在接到此类客户呼叫时该做什么和不该做什么。

■ 在通话中您可以使用一些技巧使难应付的客户专注于问题。首先，您必须保持镇定并以适当的方式提出相关的问题。这些技巧使您能够保持对通话的掌控。

■ 要使客户等候呼叫或将客户转接到另一位技术人员，有正确的方式也有错误的方式。学习并在每次接听来电时使用正确的方式。不正确地执行这些操作可能会给公司与客户之间的关系带来负面影响。

■ 网络礼仪是您在通过电子邮件、文本消息、即时消息和博客通信时使用的一系列规则。

■ 您必须了解和遵守客户的 SLA。如果问题出在 SLA 的参数之外，请以积极的方式告知客户您能提供的帮助，而不是告知客户您无法做什么。在特殊情况下，您可能会决定将工单上报管理人员。

■ 除了 SLA，您必须服从公司的业务策略。这些策略包括公司的优先呼叫方式，将呼叫上报给管理人员的方式和时间，以及允许休息和吃午饭的时间。

■ 计算机技术人员的工作很紧张。您很少能遇见心情愉快的客户。通过以最佳的方式改造您的工作站环境，可以缓解一些压力。每天练习时间和压力管理技巧。

■ 有很多从事计算机技术工作的道德和法律方面的知识。您应该了解公司的政策和做法。此外，您可能需要熟悉当地或国家/地区的商标和版权法。

■ 软件许可证是概述此软件的合法使用或重新分发的合同。大多数软件许可证允许最终用户使用软件的一个或多个副本。它们还指定最终用户的权利和限制。软件许可证有许多不同的类型，包括个人、企业、开源和商业。

- 收集和分析计算机系统、网络、无线通信和存储设备的数据称为计算机取证。
- 网络法解释了可在哪些情况下从计算机、数据存储设备、网络和无线通信中收集数据（证据）。第一响应是一个术语，用于描述那些有资格收集证据的人员所采用的官方程序。
- 即使您不是系统管理员或计算机取证专家，创建所有工作的详细文档也是一个良好的习惯。可以证明证据如何收集，以及从收集完证据到证据进入法庭审理程序之间的这段时间里证据在哪里，这称为监管链。
- 呼叫中心是一个快节奏的环境。一级技术人员和二级技术人员各有其具体的职责。在不同的呼叫中心，这些职责可能稍有不同。

检查你的理解

您可以在附录中查找下列问题的答案。

1. 技术人员收到"故障"呼叫时意味着什么？
   A. 较容易解决的呼叫
   B. 超出了最大响应时间的呼叫
   C. 技术人员与客户之间突然中断的呼叫
   D. 表明大部分 IT 基础结构出现故障从而影响了公司业务能力的呼叫

2. 术语 SLA 的定义是什么？
   A. 一份规定技术人员在支持客户时的相关期望的合同
   B. 一份包含服务提供商的责任和义务的法律协议
   C. 客户在技术人员提供硬件和软件支持时所承担的责任
   D. 压力水平协议的首字母缩写词

3. 在计算机取证调查过程中，计算机断电时会丢失哪种类型的数据？
   A. 存储在 RAM 中的数据　　　　　　　B. 存储在磁盘上的数据
   C. 存储到外部驱动器的数据　　　　　　D. 存储在固态驱动器上的数据

4. SLA 中通常包括以下哪两个部分？（选择两项）
   A. 其他客户的联系信息　　　　　　　　B. 所支持的设备和软件
   C. 服务提供商的零部件供应商　　　　　D. 技术人员的家庭联系信息
   E. 提供服务的时间

5. 什么是一级呼叫中心技术人员的常见责任？
   A. 接收来自较低级技术人员的上报工单
   B. 回电客户并询问其他问题，以解决该问题
   C. 将客户问题的简明描述输入申请单系统
   D. 远程连接到客户设备并实施驱动程序和软件更新

6. 一级技术人员必须具备哪项技能？
   A. 能够从客户那里收集相关信息并将信息传递给二级技术人员，以便可将信息输入到工单中
   B. 能够将客户对问题的描述转换成简洁易懂的语句并输入到工单中
   C. 能够获取二级技术人员准备好的工单并尝试解决问题
   D. 能够提出与客户相关的问题，并在工单中包含此信息后立即将其上报给二级技术人员

7. 下列哪项陈述最准确地描述了呼叫中心?
   A. 它是一个客户携带计算机进行修理所前往的帮助台环境
   B. 它是一个向客户提供计算机支持的地方
   C. 它是一个客户用于进行预约以报告其计算机问题的帮助台
   D. 它是一个在技术人员解决计算机问题后记录问题的繁忙、快节奏的工作环境

8. 与客户通信时,哪种技术人员行为被认为是符合道德规范的?
   A. 技术人员可以将大量电子邮件发送给客户
   B. 向客户发送连锁电子邮件,这很正常
   C. 技术人员可以将仿冒的电子邮件发送给客户
   D. 技术人员只能发送请求的电子邮件

9. 下列对客户财产的处理哪一项是正确的?
   A. 客户 PC 上保留的数据不是财产,因为其对他人可见
   B. 客户的电话列表是客户的财产,并且必须保密
   C. 客户财产仅限于硬件
   D. 技术人员无需关心客户文件的副本,因为副本并非原件

10. 技术人员将几部商业电影复制到公司服务器,并与同事分享。应如何对此行为进行分类?
    A. 不合法,但道德   B. 不道德,但合法
    C. 可接受   D. 不道德、不合法

11. 客户解释计算机问题时,什么被视为技术人员的良好沟通实践?
    A. 不想浪费时间来聆听用户解释问题
    B. 询问临时性问题,以澄清一些要点
    C. 让客户意识到问题并不重要
    D. 客户在讲话时,不时打断其谈话以澄清每一个要点

12. 与二级技术人员有关的两个角色或任务是什么?（选择两项。）
    A. 收集来自客户计算机的诊断信息
    B. 根据来电的轻重缓急排列其优先顺序
    C. 将故障通知单上报给更高级别的技术人员
    D. 收集客户信息,以启动工单
    E. 远程更新客户计算机上的驱动程序和软件

13. 哪两个数据存储位置包含可供计算机取证专家使用的持久性数据?（选择两项。）
    A. 固态驱动器   B. 缓存
    C. RAM   D. 硬盘驱动器
    E. CPU 寄存器

14. 什么是适用于通过 Internet 进行书面沟通的一组一般规则?
    A. 网络礼仪   B. Internet 俚语
    C. 热情   D. 在线交互

15. 作为一名技术人员,应使用什么方法与滔滔不绝的客户通过电话呼叫进行交流?
    A. 使用行业术语显示对计算机技术的了解
    B. 对待客户的问题,要急客户之所急
    C. 礼貌地打断客户,以控制对话
    D. 重新控制对话后根据需要询问多个开放式问题
    E. 让客户等候接听或转接呼叫

第 14 章

高级故障排除

学习目标

通过完成本章的学习，您将能够回答下列问题：

- 在收集有关计算机硬件或软件问题的信息时，要询问的高级诊断问题有哪些；

- 与计算机组件和外围设备、操作系统、网络及安全性有关的高级问题有哪些；

- 解决与计算机组件和外围设备、操作系统、网络及安全性有关的问题的高级解决方案有哪些；

- 作为呼叫中心技术人员，在诊断和修复问题的过程中，如何与客户进行交流沟通。

作为技术人员，在职业生涯中培养对计算机组件、操作系统、网络和安全问题的故障排除技术和诊断方法方面的高级技能至关重要。

高级故障排除有时可能意味着问题很独特或解决方案难以执行。通常，高级故障排除还意味着很难诊断出问题的潜在原因。

在处理硬件和软件故障时，高级故障排除不仅会用到您的高级诊断技能，还会用到技术人员与客户或与其他技术人员之间的互动。您与客户或其他技术人员的合作方式决定了您是否能快速全面地诊断并解决问题。利用您的资源、其他技术人员和在线技术人员社区解决您的诊断难题。您也可以帮助有问题的其他技术人员。

使用表 14-1 中的故障排除步骤作为指导，帮助您诊断和修复问题。

表 14-1   故障排除的 6 个步骤

故障排除步骤	
步骤 1	识别问题
步骤 2	推测潜在原因
步骤 3	验证您的推测，以确定问题起因
步骤 4	制定行动方案，解决问题并实施解决方案
步骤 5	检验完整的系统功能，如果适用，并实施预防措施
步骤 6	记录调查结果、措施和结果

14.1 计算机组件和外围设备

计算机系统的物理组件由系统内部的主要系统组件组成。这些组件包括内存、CPU 和主板等。还有一些外围设备，外围设备是添加到计算机以扩展其功能的设备，例如网卡、扬声器、用于备份存储的外置硬盘以及常用的打印机等。这些设备本质上是可选设备，对于计算机的基本功能运行而言并不是必要的。

14.1.1 将故障排除流程应用于计算机组件和外围设备

本节将描述如何运用 6 步故障排除流程修复计算机组件和外围设备问题，并提供了常见问题和技术人员用于排除这些问题的解决方案图表。

1. 组件和外围设备方面的高级问题和解决方案

计算机问题可归因于硬件、软件、网络，或者这三种问题的任意组合。与其他问题相比，有些类型的问题要更为常见。表 14-2 显示了与硬件相关的高级问题和解决方案。

表 14-2 硬件方面的常见问题和解决方案

识 别 问 题	潜 在 原 因	可能的解决方案
无法找到 RAID	■ 外部 RAID 控制器未接通电源 ■ BIOS 设置错误 ■ RAID 控制器发生故障	■ 检查 RAID 控制器的电源连接 ■ 重新配置 RAID 控制器的 BIOS 设置 ■ 更换 RAID 控制器
RAID 停止工作	■ 外部 RAID 控制器未接通电源 ■ RAID 控制器发生故障	■ 检查 RAID 控制器的电源连接 ■ 更换 RAID 控制器
计算机性能缓慢	■ 计算机的 RAM 不足 ■ 计算机过热	■ 安装额外的 RAM ■ 清洁风扇或安装额外的风扇
计算机无法识别可移动外部驱动器	■ 操作系统没有用于可移动外部驱动器的正确驱动程序 ■ USB 端口连接了太多需供电的设备	■ 下载用于驱动器的正确驱动程序 ■ 减少所连接的设备的数量或为 USB 设备添加外部电源
更新 BIOS 芯片固件后，计算机无法启动	■ BIOS 芯片固件没有正确安装	■ 通过板载备份还原原始固件（如果可用） ■ 如果主板有两个 BIOS 芯片，可使用第二个 BIOS 芯片 ■ 请与主板制造商联系，以获取新的 BIOS 芯片
计算机无警告重启、锁定或显示错误消息或 BSOD	■ RAM 发生故障 ■ 前端总线速度设置太高 ■ CPU 倍率设置太高 ■ CPU 电压设置太高	■ 测试每个 RAM 模块，以确定他们是否正确运行 ■ 重置为主板的出厂默认设置 ■ 降低前端总线设置 ■ 降低 CPU 倍率设置 ■ 降低 CPU 电压设置
从单核 CPU 升级到多核 CPU 后，计算机运行变慢，并且在任务管理器中仅显示一个 CPU 图形	■ BIOS 无法识别多核 CPU	■ 更新 BIOS 固件，以支持多核 CPU

表 14-3 显示了与打印机相关的高级问题和解决方案。

表 14-3 打印机方面的高级问题和解决方案

识 别 问 题	潜 在 原 因	可能的解决方案
打印机打印未知字符	■ 安装了错误的打印驱动程序 ■ 打印机电缆松动	■ 卸载错误的打印驱动程序并安装正确的驱动程序 ■ 固定打印机电缆
打印机不打印大型或复杂图像	■ 打印机内存不足	■ 为打印机添加更多内存
激光打印机在每页上打印垂直线或条纹	■ 成像鼓损坏 ■ 墨粉在墨盒中没有均匀分布	■ 请更换成像鼓或更换墨粉盒（如果它包含成像鼓） ■ 取下并摇动墨粉盒

续表

识别问题	潜在原因	可能的解决方案
墨粉无法在纸张上熔结	■ 热熔器存在缺陷	■ 更换热熔器
纸张在打印后变皱	■ 拾取辊阻塞、损坏或弄脏	■ 清洁或更换拾取辊
纸张没有进入打印机	■ 拾取辊阻塞、损坏或弄脏	■ 清洁或更换拾取辊
每次重新启动网络打印机时，用户会收到"文档无法打印"的消息	■ 打印机的IP设置为DHCP配置 ■ 网络中有重复的IP	■ 为打印机分配静态IP地址 ■ 为每台打印机分配不同的静态 IP 地址

14.2 操作系统

故障排除是为计算机硬件和软件进行问题解决的所有领域都需要的一项技能。

操作系统充当硬件和应用之间的接口，因此某一问题可能并不在于操作系统，而实际上有可能是由硬件、应用或操作系统自身的故障所引起。大多数计算机还会连接到网络，因此问题可能由系统与网络及其他设备的交互所引起。这使得解决操作系统问题成为计算机技术人员进行故障排除的一个极难攻克的领域。

14.2.1 将故障排除流程应用于操作系统

操作系统问题并非总是显而易见并且易于诊断，因为问题的根源可能是硬件或软件不兼容、驱动程序故障、操作系统固有的问题或其他一些问题。解决方案可能并不容易找到，但是运用实际可行、逻辑清晰的方法查找问题将会使这一过程变得更为简洁容易。

1. 操作系统方面的高级问题和解决方案

操作系统的问题可以归因于硬件、软件、网络，或者这三种问题的组合。与其他问题相比，有些类型的操作系统问题要更为常见。停止错误是导致系统锁定的硬件或软件故障。此类错误的示例称为蓝屏死机（BSOD），并且出现在系统无法从错误中恢复时。

事件日志和其他诊断实用程序可用于研究停止错误或 BSOD 错误。要防止这些类型的错误，请验证硬件和软件驱动程序是否兼容。此外，请安装 Windows 的最新补丁和更新。系统在启动期间锁定时，计算机可自动重新引导。重新引导由 Windows 的自动重启功能导致，并且使人很难看到错误消息。

在"高级启动选项"菜单中可以禁用自动重启功能。表 14-4 显示了高级操作系统的问题和解决方案。

表 14-4 操作系统方面的高级问题和解决方案

识别问题	潜在原因	可能的解决方案
加电自检后计算机显示一个"无效的启动磁盘"错误	■ 驱动器中的介质上没有操作系统 ■ BIOS/UEFI 设置中的启动顺序设置不正确 ■ 未检测到硬盘驱动器 ■ 硬盘驱动器上没有安装操作系统 ■ MBR/GPT 损坏 ■ 计算机感染了引导扇区病毒 ■ 硬盘驱动器故障	■ 取出驱动器中的所有介质 ■ 更改 BIOS/UEFI 设置中的启动顺序，使用正确的启动设备启动 ■ 重新连接硬盘驱动器电缆 ■ 安装一个操作系统 ■ 在 Windows 7 或 Vista 的系统恢复选项中使用 bootrec /fixmbr 命令 ■ 运行病毒删除软件 ■ 更换硬盘驱动器

识 别 问 题	潜 在 原 因	可能的解决方案
加电自检后计算机显示一个"无法访问启动设备"错误	■ 最近安装的设备驱动器程序与启动控制器不兼容 ■ BOOGMGR 损坏	■ 使用最后一个已知良好的配置启动计算机 ■ 在安全模式下启动计算机，并加载安装新硬件之前的还原点
加电自检后计算机显示"BOOTMGR 丢失"错误	■ BOOTMGR 丢失或损坏 ■ BIOS/UEFI 设置中的启动顺序设置不正确 ■ MBR/GPT 损坏 ■ 磁盘驱动器故障	■ 使用 Windows 恢复环境还原 BOOTMGR ■ 更改 BIOS/UEFI 设置中的启动顺序，使用正确的启动设备启动 ■ 从恢复控制台运行 chkdsk /F /R
计算机启动时，一项服务无法启动	■ 计算机启动时，一项服务无法启动 ■ 该服务未启用 ■ 该服务设置为手动模式，启动失败的服务需要启用另一项服务	■ 启用该服务 ■ 将该服务设置为自动模式，并重新启用所需的服务
计算机启动时，一台设备没有启动	■ 已在 BIOS 设置中禁用了该设备 ■ 设备与最近安装的某台设备发生冲突 ■ 驱动程序损坏	■ 在 BIOS 设置中启用该设备 ■ 删除最近安装的设备 ■ 重新安装或回滚设备驱动程序
未找到注册表列出的某个程序	■ 卸载程序不能正常运行 ■ 硬盘驱动器已损坏 ■ 计算机有病毒	■ 重新安装程序并再次运行卸载程序 ■ 运行 chkdsk /F /R，以修复硬盘驱动器文件条目 ■ 扫描并删除病毒
计算机连续重新启动，不显示桌面	■ 已设置计算机在出现故障时从新启动 ■ 某个启动文件已损坏	■ 按 F8 打开"高级选项"菜单，并选择"禁用系统失败时自动重新启动" ■ 从恢复环境下运行 chkdsk /F /R ■ 从 Windows 8 的恢复环境下运行自动修复
计算机显示黑屏或蓝屏死机（BSOD）状态	■ 驱动程序与硬件不兼容 ■ 存在硬件故障	■ 研究这种停止错误和造成此错误的模块名称 ■ 使用已知良好的设备更换任何故障设备
计算机锁定，不显示任何错误消息	■ 主板或 BIOS 设置中的 CPU 或 FSB 设置不正确 ■ 计算机过热 ■ 某个更新损坏了操作系统 ■ 存在硬件故障 ■ 计算机有病毒	■ 检查并重置 CPU 和 FSB 设置 ■ 检查并按需更换任何冷却装置 ■ 卸载软件更新或执行系统还原 ■ 从恢复环境下运行 chkdsk /F /R ■ 使用已知良好的设备更换任何故障设备 ■ 扫描并删除病毒
一个应用程序没有安装	■ 安装程序与操作系统不兼容	■ 在兼容模式下运行安装程序
搜索功能需要很长时间才能找到结果	■ 索引服务无法运行 ■ 索引服务无法索引正确位置	■ 使用 service.msc 启动索引服务 ■ 更改"高级选项"面板中的索引服务设置
计算机运行缓慢，并且存在响应延迟	■ 某进程正在使用大部分 CPU 资源	■ 使用 service.msc 重新启动该进程 ■ 如果不需要此进程，请使用任务管理器终止它 ■ 重启计算机

续表

识 别 问 题	潜 在 原 因	可能的解决方案
运行某个程序时，显示 DLL 丢失或损坏消息	■ 使用该 DLL 文件的一个或多个程序已卸载，并删除了另一个程序所需要的 DLL 文件 ■ 该 DLL 文件在某次失败的安装中已损坏	■ 重新安装 DLL 文件已丢失或损坏的程序 ■ 重新安装已卸载了 DLL 的应用 ■ DLL 文件的副本并重新安装它 ■ 在安全模式下启动计算机并运行 sfc /scannow
安装过程中未检测到 RAID	■ Windows 没有用来识别 RAID 的正确驱动程序 ■ BIOS/UEFI 中的 RAID 设置不正确	■ 安装正确的驱动程序 ■ 更改 BIOS/UEFI 中的设置，以启用 RAID
系统文件已损坏	■ 计算机错误关闭	■ 从高级启动选项菜单修复计算机。 ■ 在安全模式下启动计算机并运行 sfc /scannow
计算机启动到安全模式	■ 计算机已配置为在安全模式下启动	■ 使用 msconfig 调整系统的启动设置
某个文件无法打开	■ 计算机有病毒 ■ 该文件已损坏 ■ 该文件类型没有与任何程序关联	■ 扫描并删除病毒 ■ 从备份中还原文件 ■ 选择用于打开该文件类型的程序

14.3 网络

网络是若干个独立系统之间的交互，用于共享信息和资源。它们需要硬件和软件的配合使用才能正常运行。

14.3.1 对网络应用故障排除流程

网络问题可以归因于硬件、软件或两者的组合。

1. 网络方面的高级问题和解决方案

与其他问题相比，有些类型的问题要更为常见，而其他问题可能需要更深入的故障排除技能。

网络连接问题

如表 14-5 所示，这些类型的连接问题通常与不正确的 TCP/IP 配置、防火墙设置或已停止运行的设备相关。

表 14-5 网络连接方面的高级问题和解决方案

识 别 问 题	潜 在 原 因	可能的解决方案
计算机可以通过 IP 地址连接到网络设备，但是不能通过主机名连接	■ 主机名不正确 ■ DNS 设置不正确 ■ DNS 服务器不运行	■ 重新输入主机名 ■ 重新输入 DNS 服务器的 IP 地址 ■ 重新启动 DNS 服务器
计算机未获取或更新网络中的 IP 地址	■ 计算机使用了来自不同网络的静态 IP 地址 ■ 防火墙阻止了 DHCP ■ DHCP 服务器不运行 ■ 无线网卡已禁用	■ 让计算机自动获取 IP 地址 ■ 更改防火墙设置，以允许 DHCP 流量 ■ 重新启动 DHCP 服务器 ■ 启用无线网卡

续表

识 别 问 题	潜 在 原 因	可能的解决方案
将新的计算机连接到网络时,显示 IP 地址冲突消息	■ 网络中的两台设备被分配了相同的 IP 地址 ■ 另一台计算机配置了一个静态 IP 地址,而 DHCP 服务器已将该地址分配给其他设备	■ 为每台设备配置唯一的 IP 地址 ■ 使用 ipconfig /release 和 ipconfig /renew 命令配置每台设备
计算机具有网络访问,但是没有 Internet 访问	■ 网关 IP 地址不正确 ■ 路由器配置错误 ■ DNS 服务器不运行	■ 重新启动调制解调器 ■ 重新启动路由器 ■ 重新配置路由器设置 ■ 重新启动 DNS 服务器
计算机自动获得 IP 地址 169.254.x.x,但是无法连接到网络	■ DHCP 服务器不运行	■ 重新启动 DHCP 服务器
用户的无线网络传输速度较慢、信号较弱、连接断时续	■ 未实施无线安全,导致用户未经授权进行访问 ■ 太多用户连接到接入点 ■ 用户离接入点太远 ■ 无线信号受到外部来源的干扰	■ 实施无线安全计划 ■ 确保接入点在中心位置 ■ 重新启动接入点 ■ 移动接入点 ■ 关闭不需要的相连设备 ■ 添加另一个接入点或中继器来增强信号 ■ 升级接入点 ■ 更改无线网络上的信道

电子邮件故障

如表 14-6 所示,不正确的电子邮件软件设置、防火墙设置和硬件连接问题通常导致无法发送或接收电子邮件。

表 14-6 　　　　　　　　　　电子邮件故障方面的高级问题和解决方案

识 别 问 题	潜 在 原 因	可能的解决方案
计算机无法发送或接收电子邮件	■ 计算机的电子邮件客户端设置不正确 ■ 电子邮件服务器发生故障	■ 重新配置电子邮件客户端设置 ■ 重新启动电子邮件服务器或通知您的电子邮件服务提供商
计算机可以发送电子邮件,但是无法接收电子邮件	■ 收件箱已满 ■ 计算机的电子邮件客户端设置不正确	■ 存档和/或删除电子邮件,以便腾出空间 ■ 重新配置电子邮件客户端设置
计算机无法收到包含附件的特定电子邮件	■ 电子邮件附件太大 ■ 电子邮件附件包含病毒,已被病毒保护程序阻止 ■ 电子邮件附件文件类型是不允许的,因此已被拦截	■ 请求发件人将附件拆分为较小的部分,然后在多个电子邮件中重新发送 ■ 请求发件人在发送附件之前进行扫描 ■ 请求发件人压缩文件并重新发送电子邮件

FTP 和安全 Internet 连接问题

FTP 客户端和服务器之间的文件传输问题通常由不正确的 IP 地址和端口设置或安全策略造成。如

表 14-7 所示，安全 Internet 连接问题通常与不正确的证书设置和软件或硬件阻止的端口相关。

表 14-7　　　　　　　FTP 和安全 Internet 连接方面的高级问题和解决方案

识 别 问 题	潜 在 原 因	可 能 的 解 决 方 案
用户无法访问 FTP 服务器	■ 网络和/或基于主机的防火墙拦截了 FTP ■ 已达到最大用户数	■ 确保防火墙允许端口 20 和 21 ■ 增加 FTP 服务器上的最大用户数量
FTP 客户端软件找不到 FTP 服务器	■ FTP 客户端有一个不正确的服务器/域名或端口设置 ■ FTP 服务器不运行或脱机 ■ DNS 服务器不运行且不能解析名称	■ 在 FTP 客户端输入正确的服务器/域名和端口设置 ■ 重新启动 FTP 服务器 ■ 重新启动 DNS 服务器
计算机无法访问特定 HTTPS 站点	■ 该站点不在该系统上浏览器的可信站点列表中	■ 决定是否应该将该站点添加到安全站点列表中

使用网络故障排除工具的问题

如表 14-8 所示，CLI 命令报告的意外信息通常由不正确的 IP 地址设置、硬件连接问题和防火墙设置造成。

表 14-8　　　　　　　使用网络故障排除工具时的高级问题和解决方案

识 别 问 题	潜 在 原 因	可 能 的 解 决 方 案
计算机可以 ping 通 IP 地址，但不能 ping 通主机名	■ 主机名不正确 ■ 计算机的 DNS 设置不正确 ■ DNS 服务器不运行	■ 输入正确的主机名 ■ 输入正确的 DNS 设置 ■ 重新启动 DNS 服务器
一个网络中的计算机无法 ping 通位于其他网络中的计算机	■ 两个网络之间的链路断开 ■ 网络和基于主机的防火墙拦截了 ICMP	■ 使用 tracert 查找已断开的链路并修复中断的链路 ■ 配置防火墙允许 ICMP ping ■ 纠正默认网关配置
nslookup 报告"找不到地址为 127.0.0.1 的服务器名称：超时"	■ DNS 服务器未响应 ■ 客户端上未配置 DNS 服务器	■ 重新启动 DNS 服务器 ■ 更改 DNS 服务器设置 ■ 为客户端 TCP/IP 设置添加 DNS 服务器地址
计算机无法使用 net use 命令连接到共享网络文件夹	■ 未共享文件夹 ■ 计算机不在同一个工作组	■ 使用 net share 命令确保网络文件夹已共享 ■ 将计算机设置为与具有共享网络文件夹的计算机位于相同的工作组
尝试使用 ipconfig /release 或 ipconfig /renew 命令时，您收到消息"适配器上无法执行任何操作，因为其介质已断开连接"	■ 网络电缆已拔出 ■ 计算机配置了静态 IP 地址	■ 重新连接网线 ■ 重新配置网卡，以自动获取 IP 地址
计算机无法通过 Telnet 连接到远程计算机。	■ 远程计算机未配置为接受 Telnet 连接，或 Telnet 服务尚未启动	■ 启动远程计算机上的 Telnet 服务，并将远程计算机配置为接受 Telnet 连接
尝试使用 ipconfig /release 或 ipconfig /renew 命令时，您收到消息"操作失败，因为没有适配器处于此操作允许的状态"	■ 已为接口分配了静态 IP 地址	■ 重新配置网卡，以自动获取 IP 地址

14.4　安全

要成功地保护计算机和网络避免与安全相关的问题，技术人员必须了解与之相关的潜在问题和解决方案。

14.4.1　对安全问题应用故障排除流程

本将描述如何将故障排除流程应用于与安全相关的问题，并提供了技术人员用于排除这些问题的常见问题和解决方案列表。

1.　全方面的高级问题和解决方案

安全问题可以归因于硬件、软件、网络，或者这三种问题的组合。与其他问题相比，有些类型的安全问题要更为常见。

恶意软件设置

恶意软件防护问题通常与不正确的软件设置或配置相关。由于有这些错误设置，计算机会显示一种或多种由恶意软件和引导扇区病毒造成的症状，如表 14-9 所示。

表 14-9　　　　　　　　　　恶意软件方面的高级问题和解决方案

识 别 问 题	潜 在 原 因	可能的解决方案
在启动时显示消息 "MBR 已更改或修改"	启动扇区病毒更改了主引导记录	启动具有可启动介质的计算机并运行杀毒软件，以删除引导扇区病毒
Windows 7 或 Windows Vista 计算机启动时显示错误消息 "加载操作系统时出错"	病毒损坏了主引导记录	从安装介质启动计算机。在 "安装 Windows" 屏幕上，请选择 "修复计算机"。在命令提示符下键入 bootrec.exe /fixmbr
Windows7 或 Windows Vista 计算机启动时显示错误消息 "警告：此硬盘驱动器可能已感染病毒！"	病毒损坏了引导扇区	从安装介质启动计算机。在 "安装 Windows" 屏幕上，请选择 "修复计算机"。在命令提示符下键入 bootrec.exe /fixboot
Windows 7 计算机无法启动	病毒损坏了 Windows 系统文件	从 Windows PE 介质启动计算机。访问 Windows 启动修复工具，恢复已损坏的系统文件
您的联系人收到来自您的电子邮件账户的垃圾邮件	您的电子邮件账户被病毒或间谍软件劫持	运行杀毒软件并修复、删除或隔离受感染的文件。运行反间谍软件并删除所有间谍软件感染内容。清理计算机后，更改电子邮件账户密码

用户账户和权限

如表 14-10 所示，不正确的用户账户设置或不正确的权限通常会导致未经授权的访问或访问被拦截。

表 14-10　　　　　　　　　　用户权限方面的高级问题和解决方案

识 别 问 题	潜 在 原 因	可能的解决方案
尝试访问某些文件夹和文件时，用户可以登录，但收到 "拒绝访问" 消息	不允许该用户所在的组访问文件夹和文件	将该用户添加到正确的组 为文件夹和文件添加正确的用户权限

续表

识 别 问 题	潜 在 原 因	可能的解决方案
用户可以查找服务器上的文件，但无法下载该文件	用户权限不正确	将文件的用户权限更改为读取和执行
用户获得对本不该访问的子文件夹的访问权限	子文件夹继承了上层文件夹的权限	更改子文件夹权限设置，使其不继承父文件夹的权限。为子文件夹设置适当的权限
某个组的用户看不到他们应有权访问的一个文件夹	该文件夹权限已设置为拒绝	将文件夹权限改为允许
通过网络移动到新计算机的加密文件不再加密	新的计算机没有 NTFS 分区	将新计算机上的分区转换为 NTFS 并再次加密文件

计算机安全

如表 14-11 所示，计算机安全问题可能是由 BIOS 中或硬盘驱动器中不正确的安全设置造成的。

表 14-11   **计算机安全设置方面的高级问题和解决方案**

识 别 问 题	潜 在 原 因	可能的解决方案
计算机在每天的同一时间运行缓慢	杀毒软件已设置为在每天的同一时间扫描计算机	将杀毒软件配置为在不使用计算机时扫描计算机
用户抱怨计算机 BIOS 设置总是变化	未设置 BIOS 密码，使得其他人可以更改 BIOS 设置	设置密码，保护对 BIOS 设置的访问
设备管理器中未显示可信平台模块（TPM）	TPM 已禁用	启用 TPM

防火墙和代理设置

如表 14-12 所示，阻止连接到网络资源和 Internet 通常与不正确的防火墙和代理规则，以及不正确的端口设置有关。

表 14-12   **防火墙或代理设置方面的高级问题和解决方案**

识 别 问 题	潜 在 原 因	可能的解决方案
计算机无法 ping 通网络中的另一台计算机	■ Windows 防火墙正在拦截 ping 请求 ■ 路由器正在拦截 ping 请求	■ 将 Windows 防火墙配置为允许 ping 请求 ■ 将路由器配置为允许 ping 请求
笔记本电脑的防火墙例外允许从非法计算机进行未经授权的连接	■ Windows 防火墙设置不正确 ■ Windows 防火墙已禁用	■ 将 Windows 防火墙设置为"使用公共网络时不允许例外" ■ 启用 Windows 防火墙
电子邮件程序已正确配置，但无法连接到电子邮件服务器	■ 电子邮件服务器发生故障 ■ Windows 防火墙正在拦截电子邮件软件	■ 验证电子邮件服务器是否正常运行 ■ 为电子邮件软件创建 Windows 防火墙例外
计算机可以 ping 通代理服务器，但是没有 Internet 连接	■ 浏览器代理服务器设置不正确 ■ 代理服务器离线	■ 重新输入代理服务器设置，包括代理服务器的 IP 地址和端口，以及应定义的所有例外 ■ 重新启动代理服务器

14.5 总结

故障排除和解决问题既可以亲临现场完成也可以远程执行。尽管在这两种情况下都是由技术人员负责，有时也需要让远程用户实际完成修复问题的工作。逻辑清晰且考虑周详的方法在这些情况下非常重要。本章为您介绍了与之相关的诸多潜在问题和解决方案。本章还提供了在现场和远程环境中解决问题的方法的故障排除步骤指南。

使用逻辑清晰的故障排除方法并不断增加经验能够提高问题解决的能力。本章提供了各种计算机问题和解决方案的参考以及练习故障排除技能和使用动手实验练习问题解决能力的方法。

本章为您提供了更多机会来提高您的故障排除知识和技能。

本章介绍了收集有关计算机硬件或软件问题的信息时会问到的高级诊断问题。本章还展示了更多计算机组件和外围设备、操作系统、网络和安全方面的高级问题和解决方案。

您可以在实验中修复故障。然后，您像呼叫中心技术人员那样在诊断和解决问题过程中与其他人沟通。

检查你的理解

您可以在附录中查找下列问题的答案。

1. 什么是墨粉未在打印机墨粉盒中均匀分布的迹象？
   A. 纸张上出现鬼影
   B. 纸张上出现垂直线条或条纹
   C. 墨粉未热熔到纸张上
   D. 频繁卡纸

2. 用户报告公司的 Web 服务器无法访问。技术人员已验证可通过 Web 服务器的 IP 地址对其进行访问。此问题可能的原因有哪两条？（选择两项）
   A. 工作站上的默认网关地址配置有误
   B. 工作站上的 DNS 服务器地址配置有误
   C. 网络连接出现故障
   D. DNS 服务器上的 Web 服务器信息配置有误
   E. Web 服务器配置有误

3. 用户需要打开远程计算机中共享的一些文件。但是，用户尝试打开某些文件和文件夹时收到 "access denied"（拒绝访问）消息。此问题的可能原因是什么？
   A. TPM 必须处于启用状态
   B. 用户不是有权访问那些资源的组的成员
   C. 防火墙阻止访问那些资源
   D. BIOS 设置配置不正确

4. 启动运行 Windows Vista 的计算机时，技术人员发现在 POST 后出现 "BOOTMGR 丢失" 错误消息。此问题的可行解决方案有哪两个？（选择两项）
   A. 运行病毒删除软件
   B. 从恢复控制台运行 chkdsk /F /R
   C. 固定主板上的显卡
   D. 运行 bootrec /fixboot 命令
   E. 从安装介质还原 boot.ini
   F. 使用 Windows 恢复环境还原 BOOTMGR

5. 打印机没有足够内存的迹象是什么？
   A. 纸张无法正确送入打印机
   B. 打印了未知字符

C. 打印的页面上有鬼影　　　　　　　　D. 不打印较大或复杂的图像

6. 用户报告工作站 CPU 和引导设置被修改。网络管理员怀疑有人可能要篡改计算机。哪种可能的解决方案可以防止此情况再次发生？

　　A. 设置 Windows 账户密码　　　　　　B. 运行启动修复工具

　　C. 用杀毒软件扫描操作系统　　　　　　D. 设置 BIOS 密码

7. 多名用户报告工作站被分配了 169.254.x.x IP 地址。用户只能彼此相互通信。可能的解决方案是什么？

　　A. 确认所有用户计算机上网络电缆连接正确无误

　　B. 静态配置每个工作站上的默认网关

　　C. 重新启动 DNS 服务器

　　D. 重新启动 DHCP 服务器

8. 计算机为什么无法识别外部驱动器？

　　A. 驱动程序不正确　　　　　　　　　　B. RAM 不足

　　C. CMOS 固件更新失败　　　　　　　　D. RAM 故障

9. 什么 Windows OS 实用程序可用于确定 BSOD 的潜在原因？

　　A. BIOS 引导顺序　　　　　　　　　　B. 任务管理器

　　C. 事件日志　　　　　　　　　　　　　D. 磁盘管理

10. 用户报告工作站连续重新启动。技术人员应如何停止这种重新启动，以排除故障？

　　A. 更改 BIOS 或 UEFI 中的启动顺序

　　B. 重新向工作站通电

　　C. 禁用"高级启动选项"菜单中的自动重启功能

　　D. 使用已知良好的内存替换现有内存

11. 工作站已从总部迁移到分支机构。用户现在报告工作站无法连接到网络。技术人员怀疑该工作站未从 DHCP 服务器正确获取 IP 地址。此问题可能的原因有哪两条？（选择两项）

　　A. DHCP 服务器配置有误　　　　　　　B. 该工作站已配置了静态 IP 地址

　　C. 工作站上的默认网关地址配置有误　　D. 一个基于主机的软件防火墙正在拦截 DHCP

　　E. 发生了 IP 地址冲突

12. 排除疑似恶意软件感染故障时，技术人员可能会询问哪个开放式问题？

　　A. 您最近是否扫描过计算机病毒　　　　B. 您之前是否碰到过这个问题

　　C. 您的系统上是否安装了防火墙　　　　D. 您的系统中安装了哪个安全软件

13. PC 中的 RAM 出现故障时有什么症状？

　　A. 性能缓慢　　　　　　　　　　　　　B. 未识别的驱动程序

　　C. 蓝屏死机（BSOD）　　　　　　　　D. 显示 BOOTMGR 错误

附录 A

"检查你的理解" 问题答案

第1章

1. B。解析：电压选择开关为电源设置正确的输入电压，这取决于使用电源的国家。

2. B。解析：FireWire 使用电气和电子工程师协会（IEEE）1394 标准，也称为 i.Link。IEEE 1284 是定义计算机和其他设备之间双向并行通信的标准。IEEE 1451 是一组智能传感器接口标准。

3. D。解析：USB 2.0 允许的传输速度最高可达 480Mbit/s。USB 1.1 允许的传输速度在全速模式下最高可达 12Mbit/s，在低速模式下可达 1.5Mbit/s。USB 3.0 允许的传输速度最高可达 5Gbit/s。

4. D。解析：键盘、视频、鼠标（KVM）切换器是一种硬件设备，可实现用一套键盘、显示器和鼠标控制多台计算机。KVM 切换器可以用一套键盘、显示器和鼠标提供对多台服务器经济高效的访问。

5. A。解析：不要打开电源。即使在断开主电源之后，电源内部的电容器仍然可以长期储存电荷。

6. C。解析：超频是用于使处理器的工作速度超过其原始规格的一种技术。超频并非提升计算机性能的一种可靠方式，可能导致 CPU 损坏。

7. D。解析：RAID 控制器控制内部和外部驱动器的扩展，并为存储设备提供驱动器冗余和数据保护。

8. C。解析：可热插拔是指当计算机或其他设备仍然接通电源时即可连接或断开设备，从而无需重启计算机或设备即可检测这些设备的能力。例如，eSATA。

9. A。解析：虚拟计算的其他功能包括：

- 在不损害当前操作系统环境的环境中测试软件或软件更新；
- 在同一台计算机上使用其他类型的操作系统，如 Linux 或 Mac OS X；
- 运行现代操作系统不兼容的早期应用程序。

10. A、B、E。解析：外形规格与主板和机箱的形状相关。此外，机箱必须能适应电源的形状。

11. A。解析：电源将交流输入电压转换为直流输出电压。

第2章

1. B。解析：可以使用玻璃清洁剂和软布来清洁计算机和鼠标的外部。

2. A。解析：安全数据表（SSD）汇总了有关材料的信息，包括有害成分、火灾和急救要求。

3. D。解析：万用表——一种测量交流/直流电压、电流及其他电气特征的设备。电源测试仪——一种检查计算机电源是否正常工作的设备。电缆测试仪——一种检查线路短路、故障或连接至错误引脚的电线的设备。环回塞——一种连接到计算机、交换机或路由器端口以执行诊断流程（称为环回测试）的设备。

4. C。解析：磁盘管理实用程序可用于在硬盘上创建或删除不同类型的分区。然后可使用格式化工具通过合适的文件系统对这些分区进行格式化。Chkdsk、碎片整理和 SFC 工具可用于执行其它磁盘管理任务。

5. D。解析：电磁干扰（EMI）是一种可能由电动机所产生的干扰。向计算机提供恒定电力水平的设备称为不间断电源（UPS）。静电放电（ESD）是指积聚的静电，当它通过电子组件释放时可能会损坏电子组件。

6. C。解析：防静电腕带可平衡技术人员和设备之间的电荷，并保护设备免受静电放电的影响。

7. A。解析：使用尺寸正确的六角螺丝刀来松紧六角头的螺栓。

8. B。解析：应小心处理任何包含用于计算机清洁或维修溶剂的罐子或瓶子，并将其作为危险废弃物进行处置。

9. C。解析：Windows 系统文件检查器（SFC）可以扫描和自动修复损坏的系统文件。Chkdsk 用于检验硬盘驱动器上文件系统的完整性。Fdisk 用于在磁盘上创建和删除分区。碎片整理用于优化硬盘驱动器上的空间以加快访问速度。

10. C。解析：压线钳用于将电线连接到 RJ-45 接头。终结网络布线时，会用到压线工具。音频探针的一部分与电缆的一端相连，可用于确定电缆另一端的插孔或端口。环回适配器可检查 RJ-45 NIC 等计算机端口的功能。

11. C。解析：电涌抑制器——帮助防止电源浪涌和尖峰电压导致的损坏。不间断电源（UPS）——通过为计算机或其他设备提供恒定的功率水平来帮助防止潜在的电源问题。当 UPS 处于使用状态时，电池一直持续充电。备用电源（SPS）——当输入电压降至正常水平以下时，通过提供备用电池来供电，帮助避免潜在的电源问题。在正常运行情况下，电池处于待命状态。

12. A。解析：技术人员应撰写一个记录升级和维修的日记。这对将来出现的各种状况来说是一种宝贵的资源，还可在提供正式文档和发票时提供参考。

13. B。解析：文档可以是纸质文档或以电子方式存储的文档。技术人员必须记录所有服务和维修，以便其他技术人员将来可将此文档作为类似问题的参考。

14. A、C。解析：射频干扰（RFI）是由无线电发射器和以相同频率发射信号的其它设备造成的干扰。

15. A、E。解析：激光打印机需要高电压进行初始启动和为成像鼓充电，从而为写入数据做好准备。此高电压要求是大多数激光打印机通常不会连接到 UPS 的原因。激光打印机还有一个热熔器组件，通过施加热量和压力，从而将墨粉永久吸附到纸张上。在打印机内部进行操作之前，必须拔掉激光打印机的电源和热熔器组件，且必须使其冷却。

16. A、B、G。解析：维修计算机时要使用的基本安全流程包括：1）取下所有首饰并固定领带和 ID 徽章等物品；2）关闭所有设备的电源；3）用胶带包裹锐利的边缘；4）请勿打开电源；5）知道灭火器的位置和用法；6）保持工作空间干净整洁；7）举起重物时，请弯曲膝盖。

17. D。解析：当使用压缩空气在计算机内部进行清洁时，请在离喷嘴至少 10 厘米（4 英寸）的位置向元件周围吹气。请从机箱后方清洁电源和风扇。

第 3 章

1. A。解析：错误答案均不是安装硬件。

2. C。解析：外用酒精水的含量可能比异丙醇的含量要高。在重新安装散热器时，使用异丙醇清洁散热器的底座。异丙醇可以擦干净残留的旧散热膏，以便新涂抹的散热膏正常发挥作用。散热膏有助于为 CPU 散热。

3. A。解析：在安装内存模块之前，务必确认没有兼容性问题。DDR3 RAM 模块无法安装在 DDR2 插槽中。最好通过查阅主板文档或访问制造商网站来进行确认。

4. D。解析：ATX（先进技术扩展）主电源连接器可以是 20 针或 24 针。电源也可能有连接至主板的 4 针或 6 针辅助（AUX）电源连接器。因此 20 针连接器可以在具有 24 针插座的主板上使用。错误答案均不是在 ATX 主板电源连接器上引脚数量的正确选项。

5. C。解析：访问主板制造商网站可获取正确的软件来更新位于 BIOS 芯片上的 BIOS 程序。

6. B。解析：CPU 应安装到处理器插槽中并通过放下和固定负载锁杆进行保护。其他答案都是主板和内存安装步骤的一部分。

7. A。解析：支架可防止主板与机箱接地。主板上的孔应与支架对齐。每个支架用螺丝固定在机箱内。然后使用螺丝将主板牢固地连接到机箱（通过支架）。其他答案都是 CPU、CPU 散热系统和内存安装步骤的一部分。

8. B。解析：机箱、主板和电源都有 ATX 外形规格的，但是仅机箱拥有驱动器槽位。

9. C。解析：电源。电源配备有风扇，可为计算机机箱内部提供适当的气流。应将电源用螺丝紧固到机箱(但不是过紧)上,以便风扇振动不会使其松动。

10. C、E。解析:BIOS 包含了可在计算机启动期间测试硬件的加电自检(POST)程序。一声蜂鸣声通常表示一切良好。若干声蜂鸣声表示硬件有问题。BIOS 内置在主板上,因此要解决此问题,应查阅主板文档。

11. C。解析:BIOS 配置数据被保存到一个特殊的存储器芯片上,称为互补金属氧化物半导体(CMOS)。

12. A、E。解析:如果添加了内存模块、存储设备和适配器卡,可使用 BIOS 设置程序更改设置。大多数制造商都提供了修改引导设备选项、安全性和电源设置以及调整电压和时钟设置的功能。

13. C。解析:增加 CPU 时钟速度将使计算机以较快速度运行,但也会产生更多的热量并导致过热问题。

14. C。解析:带有签名的驱动程序是已经通过 Windows 硬件质量实验室测试并由 Microsoft 提供驱动程序签名的驱动程序。安装无签名的驱动程序可能导致系统不稳定、出现错误消息和启动问题。

15. A。解析:在新主板安置妥当并且连接了电缆之后,应该安装并固定所有扩展卡。最后,连接键盘、鼠标和显示器,然后打开计算机电源检查是否有问题。

16. C。解析:计算机时间和日期保留在 CMOS 中。CMOS 需要小型电池为其供电。如果电池电量不足,系统时间和日期可能会不正确。

第 4 章

1. C。解析:机箱正面上的每个灯都由主板通过连接在板上的电缆提供电力。如果此电缆松动,机箱正面的特定灯将不会工作。

2. B。解析:故障排除流程的步骤如下。步骤 1 确定问题。步骤 2 推测潜在原因。步骤 3 测试推测以确定原因。步骤 4 制定行动方案以解决问题,并实施解决方案。步骤 5 检验完整的系统功能,如果适用,并实施预防措施。步骤 6 记录调查结果、措施和结果。

3. A。解析:关闭电源后旋转风扇叶片(尤其是使用压缩空气来旋转)可能会损坏风扇。确保风扇工作的最佳方法是打开电源后目视检查风扇。

4. C。解析:在完成修复之后,验证全部系统功能,继续执行故障排除流程。

5. B。解析:故障电源还可能会导致计算机意外重启。如果电源线连接不正确,则所使用电源线的类型可能不正确。

6. D。解析:在开始任何故障排除之前务必执行备份。

7. D。解析:要清除计算机内部的灰尘,请使用一罐压缩空气。

8. A。解析:电源。电源过载和损坏时,通常会闻到烧焦的电子产品气味。

9. C。解析:确定问题的原因后,技术人员应研究可行解决方案,有时是通过访问各种网站和查阅手册进行研究。

10. A。解析:存储设备问题通常与松动或错误的电缆连接有关。

11. B。解析:预防性维护通过防止组件过度磨损来帮助减少软件和硬件问题,从而延长组件寿命。预防性维护还有助于查找需要更换的故障组件,如冷却风扇。

12. B。解析:可以通过系统 BIOS 更改速度和电压等 CPU 设置。

13. B。解析:技术人员应一次测试一个潜在原因,从最快、最容易的开始排除,以确定计算机问题的确切原因。

14. B。解析:用压缩空气清洁计算机的内部时,固定住风扇叶片,以防止转子旋转过快或风扇沿错误的方向移动。

15. A、D。解析:内存问题通常是由故障内存模块、安装后松动的内存、内存不足以及兼容性问题导致的。

16. A。解析:进行所有维修工作后,故障排除流程的最后一步是为客户验证问题和解决方案,并演示解决方案如何能纠正问题。

第 5 章

1. C、E。解析:网络操作系统有时被称为服务器操作系统,其设计宗旨是支持通过网络连接到服务器的多个用户。许多网络用户能够访问存储和打印机资源,并且可同时运行多用户应用。桌面操作系统可以支持访问共享资源的数量有限的用户。但是,安全性和用户管理功能有限。因此,桌面操作系统的网络共享功能很有限,大多数企业需要为重要业务使用网络操作系统。

2. A。解析:NFS(网络文件系统)用于通过网络访问其他计算机上的文件。Windows 操作系统支持多个文件系统。FAT、NTFS 和 CDFS 用于访问计算机中已安装驱动器上存储的文件。

3. A。解析:克隆某个操作系统,从而将其安装在多台计算机上时,技术人员可以使用 Sysprep 删除不应包含在克隆映像中的设置。

4. B、E。解析:两种类型的计算机操作系统用户界面是 CLI 和 GUI。CLI 代表命令行界面。在命令行界面中,用户使用键盘在提示符处输入命令。第二种类型是 GUI 或图形用户界面。借助此类用户界面,用户可使用图标和菜单与操作系统进行交互。鼠标、手指或触控笔都可用于与 GUI 进行交互。PnP 是操作系统为计算机的不同硬件组件分配资源的过程名称。其他答案都是应用编程接口(API)的示例。

5. C。解析:注册表包含有关应用程序、用户、硬件、网络设置和文件类型的信息。注册表还包含每个用户的特有部分,其中包含该特定用户配置的设置。

6. B。解析:主引导记录(MBR)是引导扇区标准,支持 2TB 的最大主分区。MBR 允许在每个驱动器上创建 4 个主分区。全局唯一标识符(GUID)分区表标准(GPT)可以支持理论上最大为 9.4ZB(9.4×10 的 24 次方字节)的大型分区。GPT 支持在每个驱动器上最多有 128 个主分区。

7. A。解析:硬盘驱动器由若干物理和逻辑结构组成。分区是磁盘的逻辑部分,可以进行格式化以存储数据。分区中包括多个磁道、扇区和簇。磁道是磁盘表面上的同心环。磁道被划分为多个扇区,多个扇区按照逻辑合并组成簇。

8. A。解析:Windows 升级顾问用于在系统上运行扫描,以检测不兼容的软件和硬件。Windows Easy Transfer 允许技术人员将个人文件和设置从一台计算机迁移到另一台计算机。Microsoft 系统准备工具用于准备在基础系统上创建的操作系统并将其复制到多台计算机。

9. C。解析:RAID 5 卷在多个冗余硬盘驱动器上创建分区。数据以条带形式存储在这些磁盘中,并为每个条带提供奇偶校验。RAID 5 卷拥有容错能力。

10. C。解析:线程是执行中程序的一小部分。多重处理与具有多个处理器的系统有关。多用户与同时支持多个用户的系统有关。多任务是一个可以同时执行多项任务的系统。

11. B。解析:硬盘驱动器的磁道形成磁盘盘片表面上的完全圆圈。磁道被划分为多个扇区,多个扇区组成簇。

12. C。解析:在引导过程中按下 F8 键可让用户选择在安全模式下启动计算机。

13. A。解析:多重处理可使操作系统使用两个或多个 CPU。多用户功能提供对两个或多个用户的支持。多任务可使多个应用同时运行。多线程可使同一程序的不同部分同时运行。

14. A。解析:主引导记录(MBR)是引导扇区标准,支持 2TB 的最大主分区。MBR 允许在每个驱动器上创建四个主分区。

第 6 章

1. B。解析:在 Windows 命令提示符使用 AT 命令,可以安排命令和程序在特定的日期和时间运行。后面跟有/?的任何命令都会列出与特定命令关联的选项。

2. D。解析:Windows 任务管理器实用程序包括一个"用户"选项卡,该选项可显示每个用户消耗的系统资源。

3. D。解析:常规——配置基本 Internet 设置,例如选择 Internet Explorer(IE)主页、查看和删除浏览历史、调整搜索设置以及自定义浏览器外观。安全——调整 Internet、本地 Intranet、受信任站点和受限制站点的安全设置。每个区域安全级别的范围是从低(最低安全性)到高(最高安全性)。隐私——配置 Internet 区域的隐私设置,管理位置服务和启用弹出窗口阻止程序。高级——调整高级设置和将 IE 的设置重置为默认状态。

4. D。解析:因为视频采集卡在操作系统升级之前运行良好,最可能的原因就是 Windows 7

的驱动程序在 Windows 8.1 中不起作用。因为该视频采集卡是第三方产品，因此升级操作系统或视频编辑软件不会解决该问题。相反，将驱动程序更新到 Windows 8.1 版本应该会解决该问题。

5. C。解析：虚拟 PC 是第 2 类（托管）虚拟机监控程序，因为它由操作系统托管并且不直接在硬件上运行。

6. A。解析：每台虚拟机运行其自己的操作系统。可用的虚拟机数量取决于主机的硬件资源。与物理计算机类似，虚拟机也易受威胁和恶意攻击。要连接到 Internet，虚拟机使用虚拟网络适配器，该适配器就像物理计算机中的物理适配器那样工作，通过主机上的物理适配器建立到 Internet 的连接。

7. A。解析：在 Windows 8 上运行 Hyper-V 需要至少 4GB 的系统 RAM。

8. C。解析：Windows 操作系统中的"服务"控制台可管理本地和远程计算机上的所有服务。服务控制台中的"自动"设置可使所选服务在计算机启动时启动。

9. B、C。解析：封闭式问题通常具有固定的或有限的可能答案，例如"是"或"否"。开放式问题并不意味着任何有限或固定的答案，通常是提示受访者提供更有意义的反馈。

10. A、C。解析：还原点包含有关系统和注册表设置的信息，可用于将 Windows 系统还原到以前的配置。安装或更新软件之前，都应该创建还原点。由于还原点并不备份用户数据，因此还应该实施专用的备份系统来备份数据。

11. C、D。解析：在执行故障排除流程期间，如果快速程序没有更正问题，则应该进一步研究以查找问题的确切原因。

12. C。解析：显示出运行缓慢并且对输入有响应延迟等症状的 PC 通常与使用了大多数 CPU 资源的一个或多个进程有关。不兼容的驱动程序将会导致设备无法响应。最近安装的与启动控制器不兼容的驱动程序可能导致 PC 在 POST 之后显示"无法访问启动设备"错误。

13. A。解析：主启动记录（MBR）用于定位操作系统启动加载器。如果 MBR 丢失或损坏，操作系统将无法启动。

14. C。解析：ReadyBoost 可使用外部闪存驱动器或硬盘驱动器作为硬盘驱动器缓存。安装最

大容量的 RAM 后且性能变差时，ReadyBoost 特别有用。

15. B。解析："系统信息"工具可显示本地和远程计算机上的各种硬件、软件和其他计算机组件的状态。Chkdsk 工具可验证文件系统未损坏。"系统配置"实用程序允许您修改 Windows 启动过程，以诊断问题。"组件服务"允许您修改 COM 组件，"性能监控器"用于监控系统资源的使用和排除性能问题。

16. B。解析：任务计划程序可使您在 Windows 图形用户环境中创建各种自动化任务。

第 7 章

1. A。解析：IEEE 标准描述了最新以太网功能。以太网的 IEEE 标准为 802.3。

2. D。解析：T568B 标准中电线颜色的顺序如下：
橙色/白色
橙色
绿色/白色
蓝色
蓝色/白色
绿色
棕色/白色
棕色

3. C。解析：交换机维护一个交换表，其中包含网络中可用的 MAC 地址列表。交换机会检查每个传入帧的源 MAC 地址，从而记录各个 MAC 地址。

4. B。解析：当 PC 没有静态 IP 地址或者无法从 DHCP 服务器选择地址时，Windows 将使用 APIPA 为 PC 自动分配一个 IP 地址，APIPA 使用的地址范围为 169.254.0.0 到 169.254.255.255。

5. C。解析：虚拟 PC 是第 2 类（托管）虚拟机监控程序，因为它由操作系统托管并且不直接在硬件上运行。

6. B。解析：OSI 模型将网络通信划分为 7 层。其作用是确保由一家供应商开发的设备和应用与其他供应商开发的设备和应用保持兼容。

7. B。解析：集线器有时也称为中继器，因为它们可以重新生成信号。连接至集线器的所有设备均共享相同的带宽（与为每台设备提供专用

带宽的交换机不同）。

8. B、D。解析：TCP/IP 模型包括 4 层。应用层、传输层、互联网层和网络接入层。每一层的运行需要不同的协议。传输层包括 TCP 和 UDP 协议。

9. B。解析：TCP/IP 模型包括四层。应用层、传输层、互联网层和网络接入层。每一层都支持不同的协议和功能。互联网层支持路由和路由协议。

10. D。解析：255.0.0.0 子网掩码相应的 CIDR 表示法为/8。这是因为/8 表示子网掩码的前八位已设置为二进制 1。

11. E。解析：主机是适用于网络上可以发送和接收数据的任何设备的一般术语。

12. C。解析：子网掩码 255.255.0.0 表示地址主机部分中的十六位均用零标识。十六位可实现 2^16 个网络上可用的主机地址。当在子网中为主机计算可用地址时，您需要减去 2 个地址（用于网络地址和广播地址）。

13. D。解析：WAN 用于连接分布于不同地理位置的多个 LAN。MAN 用于连接位于大型园区或城市中的多个 LAN。WLAN 是覆盖较小地理区域的无线 LAN。

14. D。解析：个人区域网（PAN）可连接鼠标、键盘、打印机、智能手机和平板电脑等设备。这些设备通常借助蓝牙技术进行连接。蓝牙可让设备在较短的距离内进行通信。

15. B。解析：有两个 IPv6 地址压缩规则。规则 1：可以删除任何十六进制数中的前导零。规则 2：连续的全零十六进制数可以压缩为一个双冒号。规则 2 只能使用一次。

16. A。解析：协议与以下 TCP/IP 层关联：
   HTTP>应用层
   TCP>传输层
   IP 和 ICMP>Internet 层

17. D。解析：有线电视公司和卫星通信系统都使用铜质或铝质同轴电缆来连接设备。

第 8 章

1. D。解析：可使用动态主机配置协议（DHCP）让终端设备自动配置 IP 信息，例如其 IP 地址、子网掩码、DNS 服务器和默认网关。DNS 服务用于提供域名解析，将主机名映射到 IP 地

址。Telnet 是远程访问交换机或路由器 CLI 会话的方法。Traceroute 命令用于确定数据包遍历网络所需的路径。

2. D。解析：与连接所在中心局 CO 的距离越近，可能的 DSL 速度就越高。

3. B。解析：网络预防性维护流程包括检查电缆状态、网络设备、服务器和计算机的情况，确保它们保持整洁并处于良好的工作状态。

4. D。解析：文件夹名称末尾的美元符号（$）可将该文件夹标识为管理共享。

5. B。解析：云服务提供商使用一个或多个数据中心提供数据存储等服务和资源。数据中心是位于公司内部的数据存储设施，由 IT 员工进行维护，或是从主机代管提供商处租赁的数据存储设施，由提供商或其 IT 员工进行维护。

6. C。解析：实施 IDS 系统的目的是被动监控网络上的流量。IPS 和防火墙均可主动监控网络流量，并在符合之前定义的安全条件时立即采取行动。代理服务器充当防火墙时，它也可以主动监控所通过的流量，并立即采取行动。

7. C。解析：nslookup 命令允许用户手动查询 DNS 服务器来解析给定的主机名。ipconfig /displaydns 命令只是显示之前已解析的 DNS 条目。tracert 命令可以检查数据包通过网络时所用的路径，并能通过自动查询 DNS 服务器来解析主机名。net 命令用于管理网络计算机、服务器、打印机和网络驱动程序。

8. A。解析：制造商维护最新的驱动程序。

9. B。解析：无线路由器使用"网络地址转换"将内部或私有地址转换为 Internet 可路由地址或公有地址。

10. C。解析：如果 LED 不亮，可能意味着网卡、交换机端口或电缆出现故障，也可能表示网卡配置有问题。绿色或琥珀色的指示灯通常表示网卡运行正常。闪烁的绿色或琥珀色的指示灯通常表示网络活动。

11. A。解析：此题目基于演示中所包含的信息。路由器、交换机和防火墙都是可在云中提供的基础设施设备。

12. C。解析：宽带技术使用不同的频率并将这些频率划分为不同的信道，使多个不同的信号同时在同一电缆上传输信号。DSL、有线电视电缆和卫星都是宽带网络连接的示例。

13. A、E。解析：在故障排除过程中，从用户那

里收集了数据之后，技术人员必须查找问题。

14. B。解析：Windows 远程桌面允许技术人员通过现有的用户账户登录到远程计算机。技术人员可以运行程序并查看和操作远程计算机系统内的文件。

15. B、E。解析：通常，无线网卡离接入点越近，连接速度就越快。这个问题并不需要重新发布网络密码。同时出现带宽低和间歇性连接中断表明信号弱或受到外部干扰源的干扰。

第 9 章

1. B。解析：通过使用内置端口和扩展坞，可以向移动设备添加某项功能。

2. A。解析：AGP、ISA 和 EISA 不是笔记本电脑插槽。USB 是端口，PCI 是内部插槽，不是外部插槽。有些笔记本电脑包含 PC 卡插槽或 ExpressCard 插槽。

3. A、B、E。解析：笔记本电脑比台式计算机更可在恶劣的条件下使用。笔记本电脑更可能跌落或被泼洒上液体或成为其他事故的目标。有病毒、性能问题或驱动程序过时是台式机和笔记本电脑的共同问题。

4. B。解析：封闭式问题是用于确定故障问题确切原因的问题。它侧重于故障问题的特定方面，并且用于推测可能原因。

5. C。解析：SRAM 并不作为 RAM 模块用于台式机或笔记本电脑，而是用作 CPU 内部的 L1 缓存。SIMM 已由台式机上的 DIMM 替换作为 RAM 模块。

6. D。解析：S4 ACPI 状态定义是 CPU 和 RAM 处于关闭状态，且 RAM 的内容已经保存到硬盘上的临时文件中。此状态也称为休眠模式。

7. B。解析：1 类蓝牙网络的最大距离为 100 米。2 类蓝牙网络的最大距离为 10 米，3 类蓝牙网络的最大距离为 1 米。

8. C。解析：与键盘相关的某些常见问题通常是由于打开了 Num Lock 键所引起的。错误选项与键盘无关。

9. B。解析：电池不存储电荷时，需更换电池。即使电池有问题，外围设备（例如硬盘和屏幕）在笔记本电脑开启时也会开启。

10. D。解析：主动保持笔记本电脑清洁是指预测可能的意外情况，如液体溅落或食物掉落到设备上。错误选项都是在计算机变脏后安排的清洁任务。

11. D。解析：在此阶段，只是在查找问题，还无法推测可能原因。

12. A。解析：笔记本电脑使用专有的外形规格，因此它们因制造商的不同而不同。

13. A。解析：固态驱动器将数据存储在闪存芯片上，而且没有常规硬盘驱动器的移动部件，例如磁头、磁盘盘片或主轴。

14. C。解析：CMOS 芯片和 SODIMM 内存本质上是易失性存储器，拔掉电源时会丢失信息。外部硬盘驱动器有机械移动部件。

第 10 章

1. C、D、F。解析：iOS 设备上的物理"主页"按钮可以根据其用法执行多项功能。在设备屏幕关闭时按下该按钮可唤醒设备。正在使用某个应用时，按下"主页"按钮会让用户返回主屏幕。屏幕锁定时按"主页"按钮两次将显示音频控制，这样用户可调整音乐的音量，而无需输入密码进入系统。

2. C、D。解析：Root 和越狱是描述解锁 Android 和 iOS 移动设备，让用户能完全访问文件系统和内核模块的术语。远程擦除、创建沙盒和打补丁是与设备安全性相关的移动操作系统特征和功能示例。

3. A、C。解析：移动设备常常安装有 GPS 无线电接收机，从而使移动设备能够计算它们的位置。有些设备没有 GPS 接收机。它们改用 WiFi 和手机网络中的信息。

4. D。解析：在 Windows Phone 界面中，应用由磁贴来表示。磁贴不仅仅是到应用的快捷方式。它还可以显示活动内容，而且可以调整其大小，以整理和直观地组织屏幕内容。

5. 正确。解析：OS X 和 Android 操作系统使用 Unix 操作软件作为基础。

6. B、C。解析：要避免丢失无法替代的信息，必须执行常规备份，并定期检查硬盘驱动器。反恶意软件会持续扫描签名文件。应按需更新操作系统，但是不应自动执行该任务。由于将设备恢复到出厂设置会删除所有设置和用户数据,因此仅在重要问题需要时才应恢复出厂设置。

7. A。解析:如果 Android 设备出现的故障,且无法通过正常的关机和开机来解决该故障,用户可以尝试重置设备。对大多数 Android 设备进行重置的一种方法是:按住电源按钮和音量减弱按钮,直到设备关闭,然后重新启动设备。

8. C、E。解析:定位器应用和远程备份是移动设备两种支持云的服务。密码配置、屏幕校准和屏幕应用锁定可由用户直接在设备上执行,而不是作为一项支持云的服务来执行。

9. D。解析:在配对过程中,蓝牙设备设置为可发现模式,以便被其它蓝牙设备检测到。此外,在配对过程中可能会请求 PIN。

10. B。解析:由于移动设备应用程序确实在沙盒(一个被隔离的位置)中运行,因此恶意程序难以感染设备。密码和远程锁定功能可以保护设备以防止未经授权使用。运营商可以根据服务合同禁止访问某些功能和程序,但这是商业功能,而不是安全功能。

11. D。解析:大多数航空公司不允许在起飞和着陆过程中使用无线设备,以防无线设备干扰飞机系统。大多数移动设备有一个称为"飞行模式"的设置,此设置会关闭 WiFi、手机和蓝牙无线电,同时会使所有其它功能处于启用状态。这样,便可以在飞机上或在不允许数据传输的任何其它地方使用移动设备。

12. A。解析:IMAP 协议允许在客户端和服务器之间同步电子邮件数据。在一个位置做出的更改(例如将电子邮件标记为已读)会自动应用到另一个位置。POP3 也是一种电子邮件协议。但是它不会在客户端和服务器之间同步数据。SMTP 用于发送电子邮件,而且通常与 POP3 协议配合使用。多用途互联网邮件扩展(MIME)是一种用于定义附件类型并且可将图片和文档等额外内容附加到电子邮件消息的电子邮件标准。

13. A、C。解析:作为一种开源操作系统,Android 允许任何人为兼容软件的开发和发展做出贡献。Android 已在大量设备和平台上实施,包括照相机、智能电视和电子书阅读器。版税并未付给 Google,并且 Google 并未测试和批准所有可用的 Android 应用。您可从多种来源获得 Android 应用。

14. A。解析:
man:显示特定命令的文档
ls:显示目录中的文件。cd:更改当前目录
mkdir:在当前目录下创建一个目录
cp:将文件从源位置复制到目的位置
mv:将文件移至不同的目录
rm:删除文件

15. B。解析:
man:显示特定命令的文档
ls:显示目录中的文件。cd:更改当前目录
mkdir:在当前目录下创建一个目录
cp:将文件从源位置复制到目的位置
mv:将文件移至不同的目录
rm:删除文件

16. C。解析:
man:显示特定命令的文档
ls:显示目录中的文件。cd:更改当前目录
mkdir:在当前目录下创建一个目录
cp:将文件从源位置复制到目的位置
mv:将文件移至不同的目录
rm:删除文件

17. D。解析:
man:显示特定命令的文档
ls:显示目录中的文件。cd:更改当前目录
mkdir:在当前目录下创建一个目录
cp:将文件从源位置复制到目的位置
mv:将文件移至不同的目录
rm:删除文件

18. E。解析:
man:显示特定命令的文档
ls:显示目录中的文件。cd:更改当前目录
mkdir:在当前目录下创建一个目录
cp:将文件从源位置复制到目的位置
mv:将文件移至不同的目录
rm:删除文件

第 11 章

1. C。解析:一些打印机可以执行双面打印,即在纸张的两面上进行打印。红外线打印是使用红外线技术的一种无线打印形式。缓冲是使用打印机的内存来存储打印作业的流程。后台打印将打印作业放入一个打印队列中。

2. D。解析：由于打印机在忙于打印其他文档时可以接收多个作业，因此必须将这些作业临时存储起来，直到打印机有空打印这些作业。这一过程称为打印缓冲。

3. C、E。解析：如果使用非制造商建议的组件，可能导致打印质量差并且会使制造商保修失效。非建议部件的价格和可获得性可能存在优势，并且清洁要求可能不同。

4. A。解析：如果启用打印共享，则允许计算机通过网络共享打印机。如果安装 USB 集线器，则允许很多外围设备连接至同一计算机。打印驱动程序不提供打印机共享功能。

5. A。解析：硬件打印服务器允许多位用户连接到一台打印机，而不需要计算机来共享打印机。USB 集线器、LAN 交换机和扩展坞无法共享打印机。

6. B。

7. B。解析：在对打印机、任何计算机或外围设备执行维护之前，务必要断开电源以防止接触危险电压。

8. D。解析：如果打印机连接到了错误的计算机端口，则打印作业将出现在打印队列中，但打印机不会打印文档。

9. A。解析：通常无法通过物理方式有效地清洁喷墨打印头。建议使用供应商提供的打印机软件实用程序。

10. B、D。解析：封闭式问题只需要回答是或否来确认某个事实。开放式问题则需要用户详细描述问题症状。

11. A。解析：打印输出的结构越复杂，打印所需的时间就越长。照片质量图片、高质量文本以及草稿文本都没有数字彩色照片复杂。

12. D。解析：虚拟打印将打印作业发送到文件中（.pm、.pdf、.XPS 或图像文件）或发送到云中的远程目标。使用 Google Cloud Print 等应用将打印机连接到 Web，就可以从任何位置进行虚拟打印。

13. C。解析：打印机驱动程序是让计算机和打印机相互通信的软件。配置软件允许用户设置和更改打印机选项。固件是打印机上存储的一组指令，这些指令可控制打印机的运行方式。字处理应用可创建文本文档。

14. D、E。解析：其它计算机不需要通过电缆直接连接到打印机，这是打印机共享的一项优点。要共享打印机，计算机并不需要运行相同的操作系统，并且多台计算机可以同时将打印作业发送到共享的打印机。但是，直接连接到打印机的计算机确实需要打开电源，即使不使用也是如此。它使用其自己的资源来管理进入打印机的所有打印作业。

15. D。解析：每英寸点数越多，图片的分辨率越佳，因此打印质量也越佳。

第 12 章

1. C。解析：应谨慎使用访客账户。此外，应对访客账户施加限制，让该用户无法访问不需要的数据或资源。

2. B、D、E。解析：密码应包含大小写字母、数字和特殊字符。密码的长度应至少为 8 个字符。此外，密码应在一段时间（例如 90 天）后到期，并且应限制密码的重复使用。此外，应将计算机配置为在一系列失败的密码尝试后锁定用户。

3. D。解析：社会工程师会尝试获取员工的信任，并说服该员工泄露机密和敏感信息，例如用户名和密码。DDoS 攻击、弹出窗口和病毒都是基于软件的安全威胁示例，而不是社会工程。

4. C。解析：加密数据、保持软件最新状态以及使用个人防火墙全都是安全防范措施，但不会将安全区域的物理访问权限仅限于授权人员。

5. C。解析：端口转发可提供一个基于规则的方法，在不同网络上的设备之间定向流量。与使用 DMZ 相比，此方法能够以更廉价的方式让用户访问 Internet 上的设备。

6. D、E。解析：将未经授权的无线路由器或接入点添加到公司网络是一个严重的潜在安全威胁。应立即将该设备从网络中删除，以减轻威胁。此外，应处分该员工。员工同意遵守的公司安全策略应描述对威胁公司安全行为有何处罚。

7. B。解析：如果网络遇到特别大的流量，则从网络中断开主机可以确认主机在网络上是否受到危害并且正在溢出流量。其它问题则是硬件问题，通常与安全性无关。

8. B。解析：空闲超时和屏幕锁定功能是两种强大的安全措施,如果用户离开办公桌一段时间而忘记锁定计算机或注销计算机,该功能会保护计算机及其可访问的数据。

9. B。解析：智能卡和文件系统设置对网络运行没有影响。MAC 地址设置和过滤可用于控制设备的网络访问,但不能用于过滤不同的数据流量类型。

10. D。解析：特洛伊木马恶意软件的最佳描述,以及它与病毒和蠕虫的区别在于,它看起来是有用的软件,但却隐藏着恶意代码。特洛伊木马恶意软件可能会导致烦人的计算机问题,但还可能会导致严重的问题。一些特洛伊木马可能在 Internet 上进行散布,但是,它们也可以通过 U 盘和其他方式进行散布。具有明确目标的特洛伊木马恶意软件可能是最难检测的恶意软件。

11. C。解析：记录发现的问题之前,最后一步是验证全部系统功能。例如,确保所有应用程序都工作就是验证功能。询问用户遇到了什么问题属于第一步：查找问题。从网络中断开以及在安全模式下重启都属于第三步：确定确切原因。

12. D。解析：间谍软件通常安装在系统上并且不为最终用户所知,它会监控计算机上的活动,然后将活动发送到该间谍软件的来源。病毒会感染系统并执行恶意代码。蠕虫可自行复制并从单个主机传播到网络,消耗大量带宽。广告软件通常通过已下载的软件进行散布,并导致系统上出现多个弹出窗口。

13. A。解析：万维网（HTTP）协议使用端口 80；Telnet 使用端口 23。如果成功 ping 通其它设备,则表示网络接口卡工作正常。BIOS 和 CMOS 设置控制系统硬件功能,而不是诸如万维网之类的网络应用程序。

14. A。解析：在计算机上安装防病毒程序不能保护 PC 免受病毒攻击,除非定期进行签名更新才能检测到较新以及新出现的威胁。务必注意,如果签名更新缺少针对新威胁的签名,则将无法保护软件不受该威胁。

15. D。解析：本地用户需要读取权限才能备份文件,但恢复文件则需要写入权限。

第 13 章

1. D。解析："故障"呼叫通常意味着服务器不工作,整个办公室或公司正在等待解决问题以恢复业务。

2. B。解析：服务等级协议（SLA）规定了技术人员或服务提供商必须向客户提供的服务的等级。它概述了责任和义务,例如提供服务的时间和地点、响应时间保证以及在违反协议的情况下所适用的赔偿。

3. A。解析：计算机断电时,缓存、RAM 和 CPU 寄存器中所包含的易失性数据将会丢失。

4. B、E。解析：SLA 通常包括以下内容：
- 响应时间保证（通常根据呼叫类型和服务协议级别而定）
- 所支持的设备和软件；
- 提供服务的地点；
- 预防性维护；
- 诊断；
- 零部件的供应（相当的零部件）；
- 成本和罚金；
- 提供服务的时间（例如 24×7；东部标准时间周一至周五上午 8:00 到下午 5:00 等）。

5. C。解析：一级技术人员的主要职责是从客户处收集相关信息,并将信息输入到工单或申请单系统。

6. B。解析：一级技术人员必须能够将客户问题的描述转换成一两句简洁的句子并将其输入到工单中。

7. B。解析：呼叫中心可能存在于公司内,并向该公司的员工以及该公司的客户提供服务。或者,呼叫中心可能是一个向外部客户出售计算机支持服务的独立公司。无论是哪种情况,呼叫中心是一个繁忙的快节奏工作环境,通常每天 24 小时都会提供服务。

8. D。解析：发送未经请求、连锁和仿冒的电子邮件是不道德行为,并且可能是非法行为,因此技术人员不得向客户发送这些电子邮件。

9. B。解析：所有客户财产（包括文件、电话列表、硬件和其他数据）都很重要,并应进行妥善处理。任何数据均应被视为私有和机密信息。

10. D。解析：不允许违反版权、软件协议或适用法律来安装、复制或共享数字内容（包括软件、音乐、文本、图像和视频）。这是不合法、不道德的。

11. B。解析：技术人员必须询问若干问题，但是不能打断客户谈话。技术人员必须耐心聆听，而客户必须意识到问题的重要性。

12. A、E。解析：二级技术人员的主要任务是接收和处理已上报的工单。他们的任务涉及使用远程访问软件连接到客户的计算机，以执行维护和修复工作。

13. A、D。解析：持久性数据是存储于内置或外置硬盘驱动器或光驱中的数据。这些数据在计算机关机时会被保留。

14. A。解析：网络礼仪是通过 Internet 与其他人交流时确保交流专业性的一组一般规则。避免辱骂、垃圾邮件和写大写字母，以及尊重他人的隐私，都是良好网络礼仪的示例。

15. C。解析：只有确定客户是滔滔不绝型的，才可破例打断客户。确定滔滔不绝的客户后，技术人员可以礼貌地干预对话，并转移客户的谈话重点。不应为了控制对话而让客户等候接听或转接呼叫。应避免开放式问题，使用封闭式问题。不建议采用处处为客户着想或使用行业术语的方法控制与滔滔不绝的客户的对话。

第 14 章

1. B。解析：打印机打印出带有垂直线条或条纹的页面可能是墨粉未在打印机墨粉盒中均匀分布的迹象。

2. B、D。解析：可通过 Web 服务器的 IP 地址对其进行访问的事实表明，Web 服务器正在运行，且工作站和 Web 服务器之间有连接。但是，Web 服务器域名未正确解析为其 IP 地址。这可能由于工作站上的 DNS 服务器 IP 地址配置错误或 DNS 服务器中错误的 Web 服务器条目所导致的。

3. B。解析：当用户缺少访问资源所需的权限时会出现拒绝访问消息。配置有误的 BIOS 设置不会阻止访问文件。防火墙与文件系统访问无关，TPM 用于保护对系统的访问。

4. B、F。解析：消息"BOOTMGR 丢失"可能是以下情况的迹象：BOOTMGR 丢失或损坏、引导配置数据文件丢失或损坏、BIOS 中未正确设置引导顺序、MBR 损坏或硬盘驱动器出现故障。无法使用普通命令完成该修复工作，因为无法定位操作系统并开始启动过程。屏幕显示错误消息的事实表明，显卡可以执行最基本的功能，而且该错误与显示屏无关。

5. D。解析：打印机无法打印较大或复杂的图像可能是需要安装更多内存的迹象。

6. D。解析：应使用密码来防止有人篡改工作站 BIOS 中的设置。

7. D。解析：网络设备自动获得 IP 地址 169.254.x.x 时，该设备无法从 DHCP 服务器接收 IP 地址。应重新启动 DHCP 服务器，确保其运行正常。

8. A。解析：计算机无法识别外部驱动器可能表明已安装的驱动程序不正确。

9. C。解析：您可使用事件日志来研究 BSOD 错误，因为它记录了操作系统运行期间出现的警告和通知。BIOS 引导顺序表示引导操作系统时搜索设备的顺序。磁盘管理用于格式化和管理存储分区。任务管理器监控并显示当前在 PC 上运行的程序、流程和服务。

10. C。解析：如果工作站在启动期间锁定，可能会发生自动重新启动。连续的重新启动会让人们很难查看任何错误消息。要停止工作站重新启动，请转至"高级启动选项"菜单，并禁用自动重新启动功能。在 BIOS 或 UEFI 中修改启动顺序会更改在查找可启动分区设备时的搜索顺序。在工作站上进行重新通电不会有所帮助，因为问题出在启动过程中。故障内存将导致 POST 在启动期间失败。

11. B、D。解析：在大多数情况下，将计算机从一个位置移到另一个位置时，它需要使用新的 IP 地址才能连接到网络。计算机配置了静态 IP 地址时，它将无法开始从 DHCP 服务器获取新 IP 地址的流程。此外，如果防火墙配置有误，它可能会拦截 DHCP 消息。当工作站尝试连接到位于另一个网络或位于 Internet 上的设备时，配置有误默认网关不会导致工作站尝试连接到网络的错误。IP 地址需要是唯一的，错误将会阻止设备配置重复的 IP 地址。

12. D。解析：相对于只能用是或否回答的封闭式问题，开放式问题应能得到更长、更详细的答案。

13. C。解析：计算机中的 RAM 出现故障时，计算机可能会重新启动、锁定或显示蓝屏死机（BSOD）等错误消息。

欢迎来到异步社区！

异步社区的来历

异步社区（www.epubit.com.cn）是人民邮电出版社旗下 IT 专业图书旗舰社区，于 2015 年 8 月上线运营。

异步社区依托于人民邮电出版社 20 余年的 IT 专业优质出版资源和编辑策划团队，打造传统出版与电子出版和自出版结合、纸质书与电子书结合、传统印刷与 POD 按需印刷结合的出版平台，提供最新技术资讯，为作者和读者打造交流互动的平台。

社区里都有什么？

购买图书

我们出版的图书涵盖主流 IT 技术，在编程语言、Web 技术、数据科学等领域有众多经典畅销图书。社区现已上线图书 1000 余种，电子书 400 多种，部分新书实现纸书、电子书同步出版。我们还会定期发布新书书讯。

下载资源

社区内提供随书附赠的资源，如书中的案例或程序源代码。

另外，社区还提供了大量的免费电子书，只要注册成为社区用户就可以免费下载。

与作译者互动

很多图书的作译者已经入驻社区，您可以关注他们，咨询技术问题；可以阅读不断更新的技术文章，听作译者和编辑畅聊好书背后有趣的故事；还可以参与社区的作者访谈栏目，向您关注的作者提出采访题目。

灵活优惠的购书

您可以方便地下单购买纸质图书或电子图书，纸质图书直接从人民邮电出版社书库发货，电子书提供多种阅读格式。

对于重磅新书，社区提供预售和新书首发服务，用户可以第一时间买到心仪的新书。

用户账户中的积分可以用于购书优惠。100 积分 =1 元，购买图书时，在 使用积分 里填入可使用的积分数值，即可扣减相应金额。

纸电图书组合购买

社区独家提供纸质图书和电子书组合购买方式，价格优惠，一次购买，多种阅读选择。

社区里还可以做什么？

提交勘误

您可以在图书页面下方提交勘误，每条勘误被确认后可以获得100积分。热心勘误的读者还有机会参与书稿的审校和翻译工作。

写作

社区提供基于 Markdown 的写作环境，喜欢写作的您可以在此一试身手，在社区里分享您的技术心得和读书体会，更可以体验自出版的乐趣，轻松实现出版的梦想。

如果成为社区认证作译者，还可以享受异步社区提供的作者专享特色服务。

会议活动早知道

您可以掌握 IT 圈的技术会议资讯，更有机会免费获赠大会门票。

加入异步

扫描任意二维码都能找到我们：

| 异步社区 | 微信服务号 | 微信订阅号 | 官方微博 | QQ 群：436746675 |

社区网址：www.epubit.com.cn

投稿 & 咨询：contact@epubit.com.cn